怎样识读建筑工程图

本书编委会　编

中国建筑工业出版社

图书在版编目(CIP)数据

怎样识读建筑工程图/本书编委会编. —北京：中国建筑工业出版社，2016.2
ISBN 978-7-112-18916-8

Ⅰ.①怎… Ⅱ.①本… Ⅲ.①建筑制图-识别 Ⅳ.①TU204

中国版本图书馆 CIP 数据核字(2015)第 316375 号

本书共十一章，内容主要包括房屋建筑概述；画法几何基础知识；房屋建筑制图基本知识；视图、剖面图和断面图；怎样识读总平面图；怎样识读建筑施工图；怎样识读结构施工图；怎样识读施工现场作业图；怎样识读给水排水工程图；怎样识读暖通空调及燃气工程图以及怎样识读电气工程图等。各章均附有练习题，以便学习过程中加深印象。

本书可作为各类高校相关专业的师生参考用书，也可作为建筑工人、工长、工地技术员、预算员、工程开发人员、基础管理人员的参考资料。

责任编辑：张 磊 万 李
责任设计：李志立
责任校对：陈晶晶 党 蕾

怎样识读建筑工程图
本书编委会 编
*
中国建筑工业出版社出版、发行（北京西郊百万庄）
各地新华书店、建筑书店经销
北京科地亚盟排版公司制版
北京建筑工业印刷厂印刷
*
开本：787×1092 毫米 1/16 印张：16 字数：385 千字
2016 年 7 月第一版 2016 年 7 月第一次印刷
定价：**40.00** 元
ISBN 978 - 7 - 112 - 18916 - 8
(28167)

本书编委会

主　编：张建新
参　编：牛云博　冯义显　杜　岳　李冬云
张晓霞　张　彤　张　敏　杨蝉玉
高少霞　隋红军

前 言

本书依据了《总图制图标准》GB/T 50103—2010、《房屋建筑制图统一标准》GB/T 50001—2010、《建筑制图标准》GB/T 50104—2010 等相关规范。本书共十一章，内容主要包括房屋建筑概述；画法几何基础知识；房屋建筑制图基本知识；视图、剖面图和断面图；怎样识读总平面图；怎样识读建筑施工图；怎样识读结构施工图；怎样识读施工现场作业图；怎样识读给水排水工程图；怎样识读暖通空调及燃气工程图以及怎样识读电气工程图等内容，注重理论与实践相结合，图文并茂，简明易懂。

本书将读图的基本原理与具体施工图例相结合，力求深入浅出，实用，覆盖面广，突出立体形象图以辅助文字解释，达到易于理解，易于记忆的效果。

本书可作为各类高校相关专业的师生参考用书，也可作为建筑工人、工长、工地技术员、预算员、工程开发人员、基础管理人员的参考资料。

本书编写过程中，尽管编写人员尽心尽力，但错误及不当之处在所难免，敬请广大读者批评指正，以便及时修订与完善。

目　录

第一章　房屋建筑概述

第一节　房屋建筑的种类

一、按用途分类

（1）民用建筑（图 1-1）：民用建筑根据建筑物的使用权功能，分为公共建筑、居住建筑。居住建筑是供人们生活起居用的建筑物，包括普通住宅、公寓、别墅、宿舍等。公共建筑是人们进行政治文化活动、行政办公，以及其他商业、生活服务等公共事业所需要的建筑物，包括行政办公楼、文教卫生建筑、商业建筑、交通建筑和风景园林建筑等。

图 1-1　民用建筑

（2）工业建筑（图 1-2）：根据建筑层数不同，工业建筑可以分为单层厂房、多层厂房和层次混合厂房；根据用途不同，工业建筑分为生产厂房、生产辅助厂房、活力用厂房、仓储建筑、运输用建筑和其他建筑；根据建筑跨度不同，工业建筑分为单跨厂房、多跨厂房和纵横跨厂房；根据跨度尺寸不同，工业建筑分为小跨度厂房和大跨度厂房，小跨度厂房指跨度小于或等于 12m 的单层工业厂房，以砌体结构为主。大跨度厂房是指跨度在 15m 以上的单层工业厂房，其中跨度为 15～30m 的厂房以钢筋混凝土结构为主，跨度在 36m 以上的厂房以钢结构为主；根据生产状况不同，工业建筑分为冷加工车间、热加工车间、洁净车间、恒温恒湿车间和其他特种状况的车间。

图 1-2　工业建筑

（3）农业建筑（图 1-3）：农业建筑指为农业生产或加工服务的建筑，包括农用仓库、灌溉机房、饲养房等。

图 1-3　农业建筑

二、按建筑物（住宅）的层数分类

（1）低层建筑（图 1-4）：1～3 层，多为住宅、别墅、幼儿园、中小学校、小型办公楼、轻工业厂房等。

（2）多层建筑（图 1-5）：4～6 层，多为一般住宅、写字楼等。

图 1-4　低层建筑

图 1-5　多层建筑

图 1-6　高层建筑

（3）中高层建筑：7～9 层，多为居民住宅楼、普通办公楼等。

（4）高层建筑（图 1-6）：10 层以上，多为多功能的大厦（商住、写字楼等多功能大厦）。

（5）超高层建筑（图 1-7）：房屋檐高超过 100m 的建筑。

三、按建筑物主要承重构件材料分类

（1）钢结构（图 1-8）：钢结构建筑物指其承重构件用钢材制作，如梁、柱、房架等。

特点：建造成本较高，多用于高层公共建筑和跨度大的工业建筑，如体育馆、影剧院、跨度大的工业厂房等。

（2）钢筋混凝土结构（图 1-9）：承重构件如梁、板、柱、墙（剪力墙）、屋架等，是由钢筋和混凝土两大材料构成。其维护构件如外墙、隔墙等，是由轻质砖或其他砌块做成。

特点：结构适应性强、抗震性能好，耐用年限较长。

（3）砖混结构（图 1-10）：这类建筑物的竖向承重构件采用砖墙或砖柱，水平承重构件采用钢筋混凝土楼板、屋顶板，其中也包括少量的屋顶采用木屋架。

特点：建造层数一般在 6 层以下，造价较低，但抗震性能较差，开间和进深的尺寸及层高都受到一定的限制。所以，这类建筑物正逐步被钢筋混凝土结构的建筑物所替代。

（4）砖木结构（图 1-11）：承重的主要结构是用砖、木材建造的。其中，竖向承重构件的墙体和柱采用砖砌，水平承重构件的楼板、屋架采用木材。

图 1-7　超高层建筑

图 1-8　钢结构建筑

图 1-9　钢筋混凝土结构建筑

图 1-10　砖混结构建筑

特点：层数交底，一般在 3 层以下。1949 年以前建造的城镇居民住宅，20 世纪 50～60 年代建造的民用房屋和简易房屋，大多为这种结构。

（5）其他结构：凡不属于上述结构的建筑物都归此类，如竹结构（图 1-12）、石结构（图 1-13）、砖拱结构、窑洞、木板房、土草房等。

图 1-11　砖木结构建筑

图 1-12　竹结构建筑

图 1-13　石结构建筑

四、按建筑物承重结构体系分类

（1）横墙承重结构（图 1-14）：该类建筑用墙体来承受由屋顶、楼板传来的荷载，如砖混结构的住宅、办公楼、宿舍。

（2）排架结构（图 1-15）：采用柱和屋架构成的排架作为其承重骨架，外墙起围护作

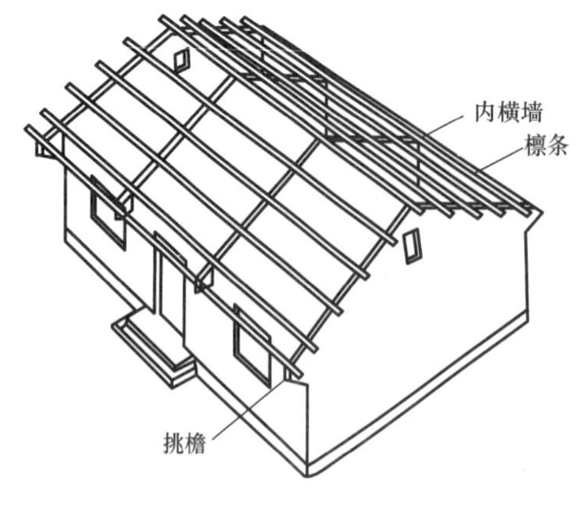

图 1-14　横墙承重结构示意图

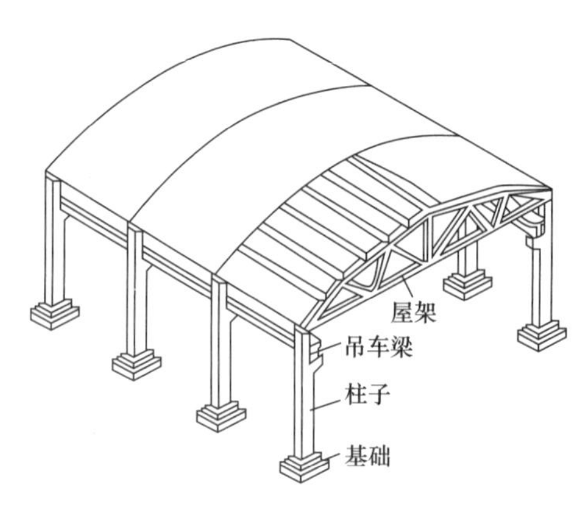

图 1-15　排架结构示意图

用，如单层厂房。

图 1-16　筒体结构建筑

（3）筒体结构（图 1-16）：筒体结构有框架内单筒结构、单筒外移式框架外单筒结构、框架外单筒结构、筒中筒结构及成组筒结构。

一般由内外筒构成，侧向刚度很大；筒体可以为剪力墙，也可以采用密柱框架；可以根据实际需要采用数量不同的筒，但位置一定要均衡对称；筒之间应有良好的连接，保证其共同工作，保证刚度；角部受力较大，不能满足简单的类似悬臂梁的计算分析，应力不保持直线形分布状态——剪力滞后效应。

（4）框架结构（图 1-17）：它是以柱、梁、板组成的空间结构体系作为骨架的建筑。

（5）剪力墙结构：剪力墙结构的楼板与墙体均为现浇或预制钢筋混凝土结构，常用于高层住宅楼和公寓建筑。

（6）框架-剪力墙结构：它是在框架结构中设置部分剪力墙，使框架和剪力墙结构起来，共同抵抗水平荷载的空间结构（图 1-18）。

图 1-17　框架结构示意图

图 1-18　框架-剪力墙结构建筑

（7）大跨度空间结构：该类建筑通常中间没有柱子，通过网架等空间结构把荷重传到建筑四周的墙、柱上去，如游泳馆、体育馆、大剧场等（图 1-19）。

图 1-19　大跨度空间结构建筑

五、按建筑施工方法分类

（1）现浇、现砌式建筑：这种建筑物的主要承重构件均是在施工现场浇筑和砌筑而成。

（2）预制、装配式建筑：这种建筑物的主要承重构件均是在加工厂制成预制构件，在施工现场进行装配而成。

（3）部分现浇先砌、部分装配式建筑：这种建筑物的一部分构件（如墙体）是在施工现场浇筑或砌筑而成，而一部分构件（如楼板、楼梯）是采用在加工厂制成的预制构件。

六、按建筑物耐火等级分类

分为一、二、三、四级，其中一级耐火性能最好。建筑材料分为非燃烧材料、难燃烧材料和燃烧材料。

七、按建筑物耐久年限分类

（1）一级：耐久年限为 100 年以上，适用于具有历史性、纪念性、代表性的重要建筑物（图 1-20）。

（2）二级：耐久年限为 50 年以上，适用于重要的公共建筑物。

（3）三级：耐久年限为 40～50 年，适用于比较重要的公共建筑和居住建筑。

（4）四级：耐久年限为 15～40 年，适用于普通的建筑物。

（5）五级：耐久年限为 15 年以下，适用于简易建筑和使用年限在 15 年以下的临时建筑（图 1-21）。

图 1-20　历史性建筑

图 1-21　临时性建筑

八、按房屋完损等级分类

（1）完好房屋：10～8 成新。

（2）基本完好房屋：六七成新。

（3）一般损坏房屋：四五成新。

（4）严重损坏房屋：3 成以下。

（5）危房。

第二节　房屋构造基本知识

一、基础

基础是结构的重要组成部分，是在建筑物地面以下承受房屋全部荷载的构件，基形式一般取决于上部承重结构的形式和地基等形式。地基是指支承建筑物重量和作用的土层或岩层，基坑是为基础施工而在地面开挖的土坑。埋入地下的墙称为基础墙，基础墙与垫层之间做成阶梯形的砌体，称为大放脚。防潮层是为防止地下水对墙体侵蚀的一层防潮材料。如图 1-22所示。

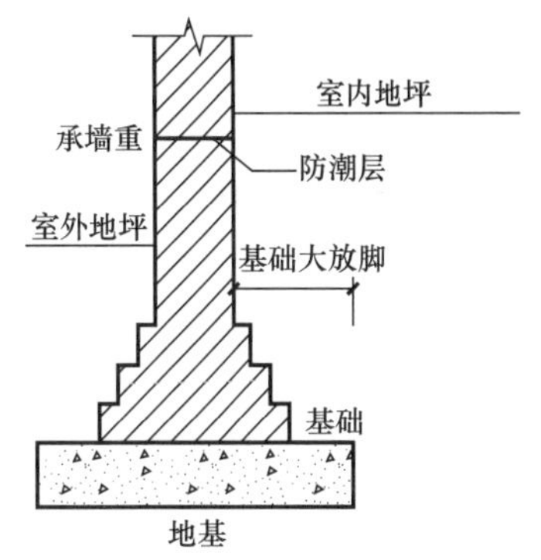

图 1-22　墙下基础与地基示意图

按基础结构型式的不同，可以将其分为条形基础、独立基础、井格基础（图 1-23）、筏形基础（图 1-24）、箱形基础（图 1-25）、十字交叉基础（图 1-26）、壳体基础（图 1-27）、大块基础和桩基础等。基础的构造类型与上部结构特点、荷载大小和地质条件有关。

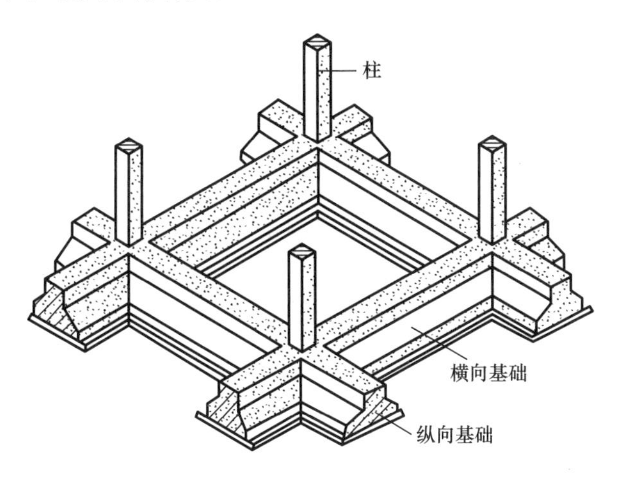

图 1-23　井格基础

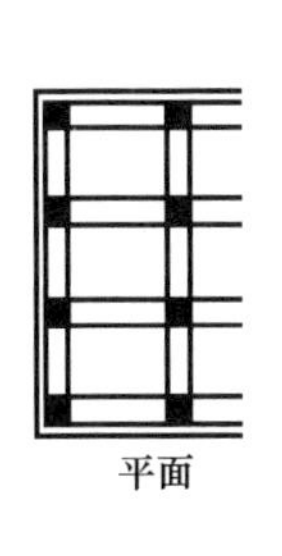

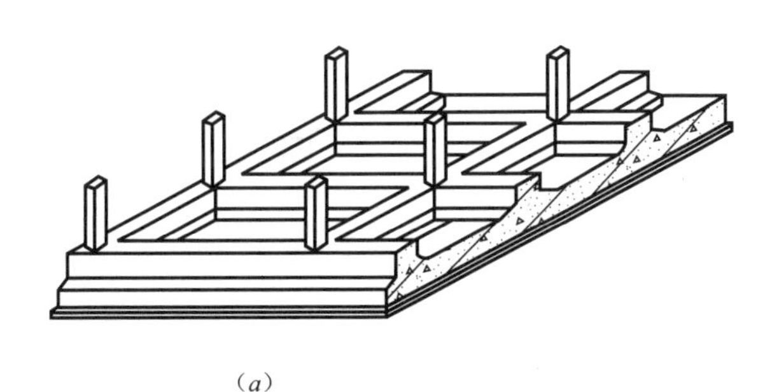

（*a*）

图 1-24　筏形基础（一）

（*a*）梁板式

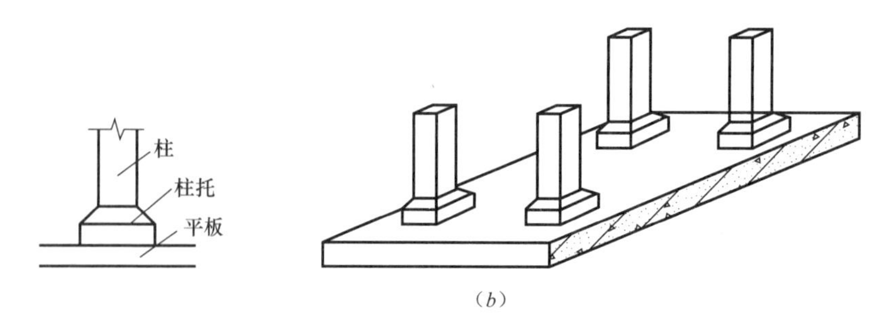

图 1-24 筏形基础（二）
（b）平板式

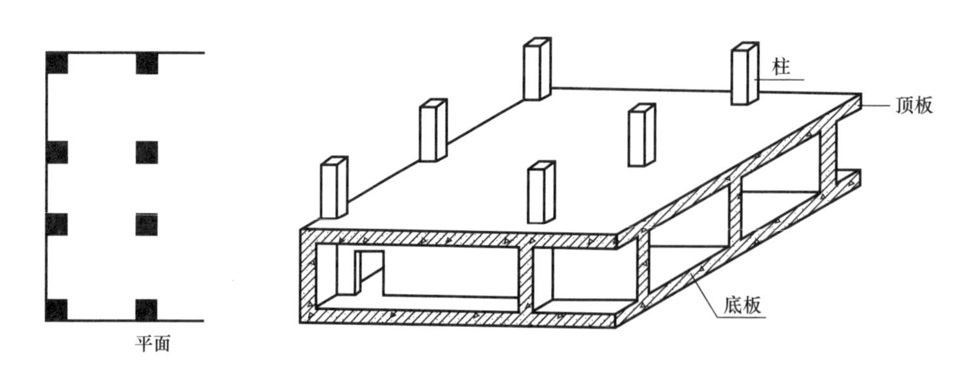

图 1-25 箱形基础

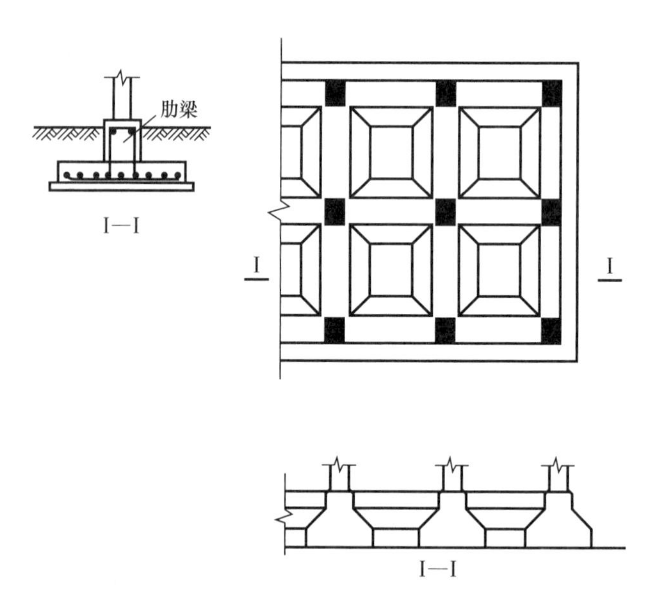

图 1-26 柱下十字交叉基础

（1）条形基础：按上部结构型式，可分为墙下条形基础（图 1-28）和柱下钢筋混凝土条形基础。

（2）独立基础：独立基础分为柱下独立基础和墙下独立基础（图 1-29）。

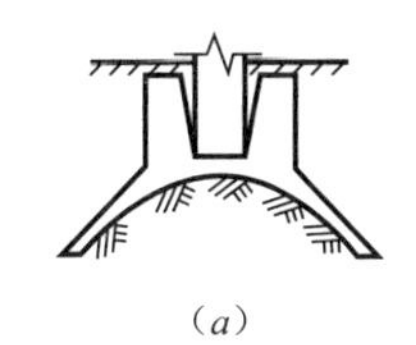

（a）

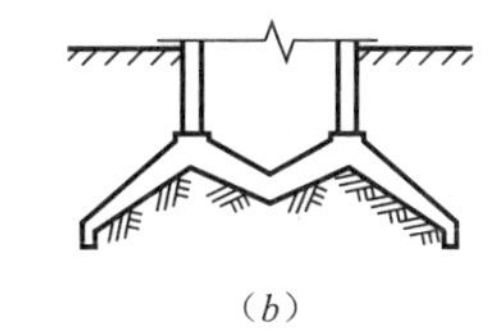

（b）

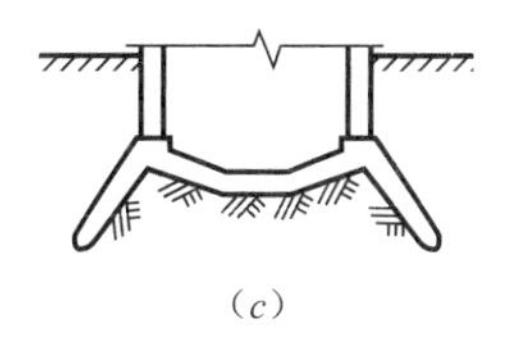

（c）

图 1-27　壳体基础的结构型式

（a）正圆锥壳；（b）M 型组合壳；（c）内球外锥组合壳

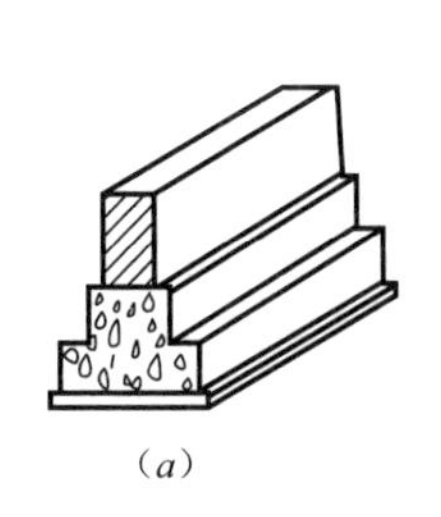

（a）

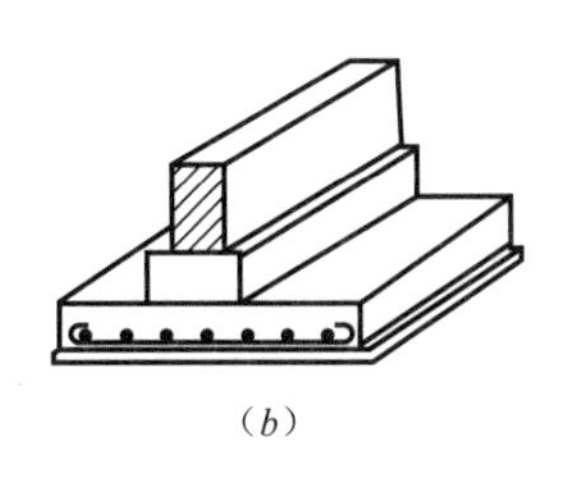

（b）

图 1-28　墙下条形基础

（a）墙下刚性条形基础；（b）钢筋混凝土条形基础

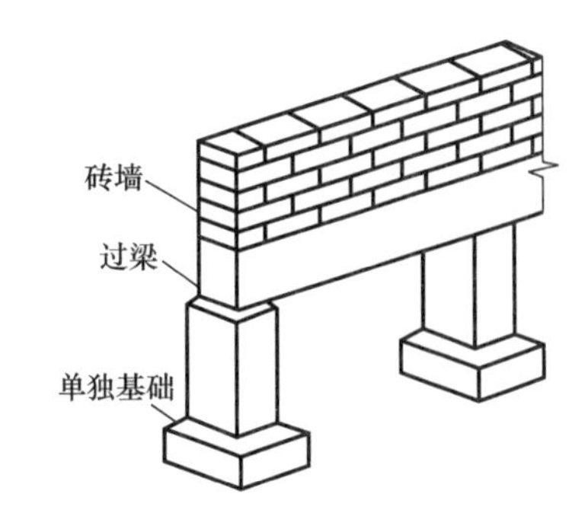

图 1-29　墙下独立基础

二、楼梯

楼梯是建筑物中连接上、下楼层房间交通的主要构件，也是出现各种灾害时人流疏散的主要通道，其位置、数量及平面形式应符合相关规范和标准的规定，并应考虑楼梯对建筑整体空间效果的影响。

(一) 楼梯组成

楼梯一般由楼梯段、楼梯平台、栏杆（板）扶手三部分组成，如图 1-30 所示。

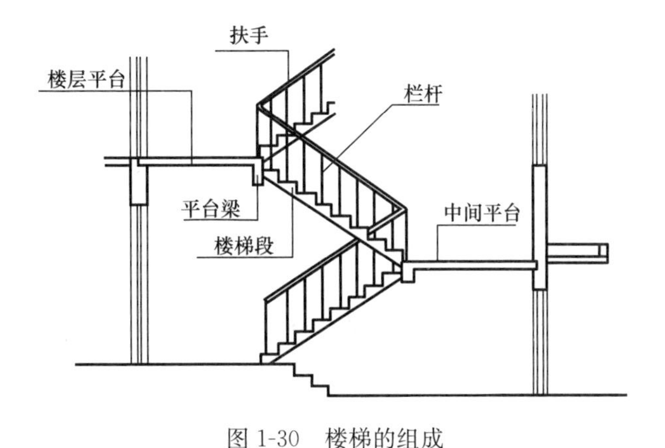

图 1-30　楼梯的组成

1. 楼梯段

从图 1-30 中可以看出，楼梯段是指两平台之间带踏步的斜板，是由若干个踏步构成的。每个踏步一般由两个相互垂直的平面组成，供人行走时踏脚的水平面称为踏面，其宽度为踏步宽。踏步的垂直面称为踢面，其数量称为级数，高度称为踏步高。为了消除疲劳，每一楼梯段的级数一般不应超过 18 级，同时，考虑人们行走的习惯性，楼梯段的级数也不应少于 3 级，这是因为级数太少不易为人们察觉，容易摔倒。公共建筑中的装饰性弧形楼梯可略超过 18 级。

2. 楼梯平台

楼梯平台是连系两个楼梯段的水平构件，设置平台主要是为了解决楼梯段的转折，同时也使人们在上下楼时在此处稍做休息，所以又称休息平台。楼梯平台一般分成两种：与楼层标高一致的平台通常称为楼层平台，位于两个楼层之间的平台通常称为中间平台。

楼层平台与楼层地面标高平齐，除起着中间平台的作用外，还用来分配从楼梯到达各层的人流，解决楼梯段转折的问题。

3. 栏杆（板）扶手

栏杆（板）扶手是设在梯段及平台边缘的安全保护构件。当梯段宽度不大时，可只在梯段临空面设置。当梯段宽度较大时，非临空面也应加设靠墙扶手。当梯段宽度很大时，则需在楼梯中间加设中间扶手。

（二）楼梯类型

建筑中楼梯的形式多种多样，根据建筑及使用功能的不同有以下几种不同的分类方法：

1. 按照楼梯的位置分类

按照楼梯位置的不同分为室内楼梯和室外楼梯两类。

2. 按照楼梯的使用性质分类

按照楼梯使用性质的不同分为主要楼梯、辅助楼梯、安全楼梯和防火楼梯四类。安全楼梯又称太平梯，是发生火灾或意外事故时供疏散人群用的；防火楼梯主要是发生火灾时供消防人员救火用的。

3. 按照楼梯的材料分类

按照楼梯材料的不同分为钢筋混凝土楼梯、钢楼梯、木楼梯及组合材料楼梯（如钢木楼梯、型钢混凝土楼梯）。

4. 按照楼梯间的平面形式分类

按照楼梯间平面形式的不同分为开敞楼梯间、封闭楼梯间和防烟楼梯间，如图 1-31

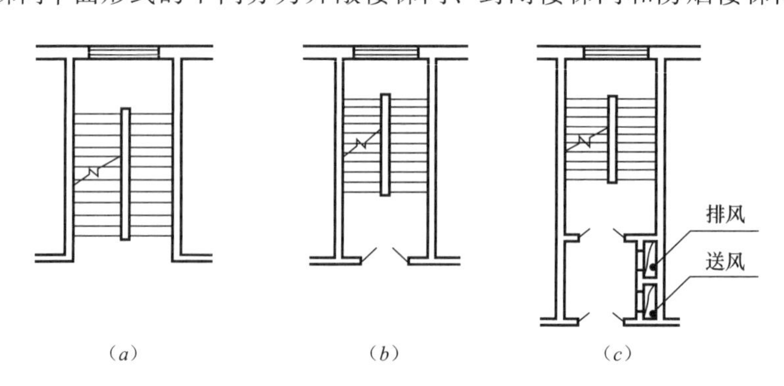

图 1-31　楼梯间平面图

（*a*）开敞楼梯间；（*b*）封闭楼梯间；（*c*）防烟楼梯间

所示。

5. 按照楼梯平面形式分类

楼梯的形式主要是由楼梯段（又称楼梯跑）与平台的组合形式来区分的，主要有直上楼梯（图 1-32）、曲尺楼梯、双折楼梯（又称转弯楼梯、双跑楼梯）（图 1-33）、三折楼梯（图 1-34）、螺旋形楼梯（图 1-35）、弧形楼梯（图 1-36）、有中柱的盘旋形楼梯、剪刀式（图 1-37）和交叉式楼梯（图 1-38）等。

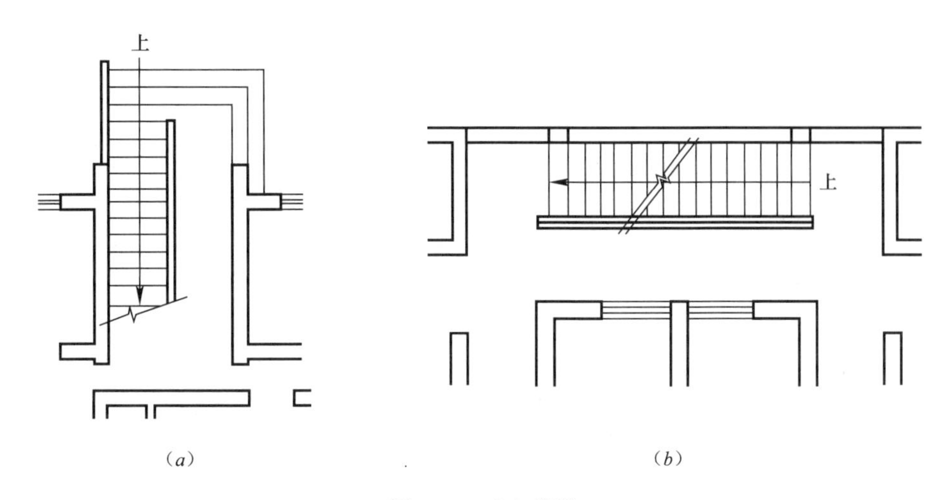

图 1-32　直上楼梯

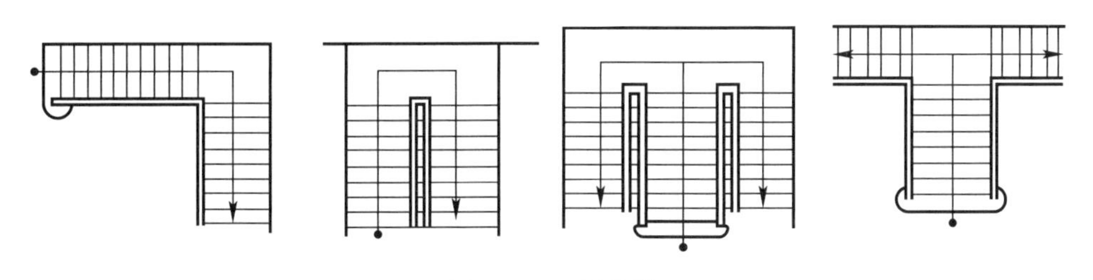

图 1-33　双折楼梯

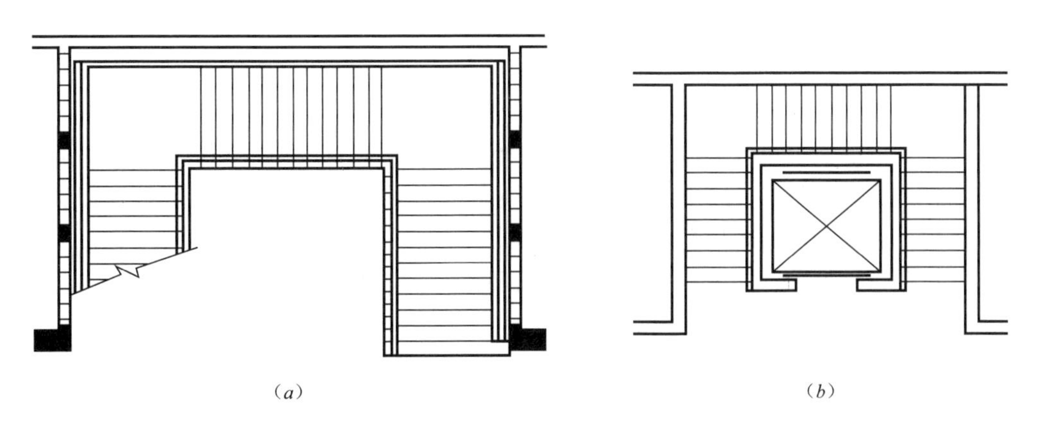

图 1-34　三折式楼梯

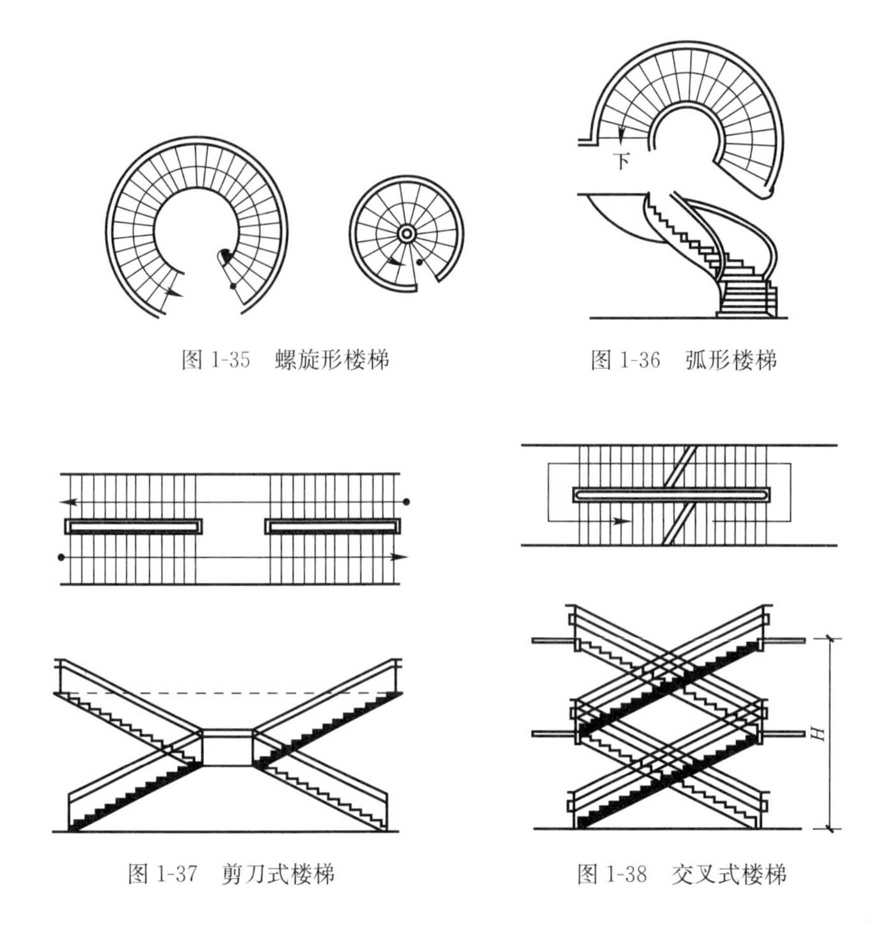

图 1-35　螺旋形楼梯　　图 1-36　弧形楼梯

图 1-37　剪刀式楼梯　　图 1-38　交叉式楼梯

三、门窗

门窗按其所处的位置不同分为围护构件或分隔构件，有不同的设计要求要分别具有保温、隔热、隔声、防水、防火等功能，新的要求节能，寒冷地区由门窗缝隙而损失的热量，占全部采暖耗热量的25％左右。门窗的密闭性的要求，是节能设计中的重要内容。门和窗是建筑物围护结构系统中重要的组成部分。作用之二：门和窗又是建筑造型的重要组成部分（虚实对比、韵律艺术效果，起着重要的作用）所以它们的形状、尺寸、比例、排列、色彩、造型等对建筑的整体造型都要很大的影响。

门窗的分类方式主要有以下几种：

（1）依据门窗材质分：木门窗、钢门窗、塑钢门窗、铝合金门窗、玻璃钢门窗、不锈钢门窗、铁花门窗、改革开放以来，人民生活水平不断提高，门窗及其衍生产品的种类不断增多，档次逐步上升，例如隔热断桥铝门窗、木铝复合门窗、铝木复合门窗、实木门窗、阳光房、玻璃幕墙、木质幕墙等等。

（2）按门窗功能分：防盗门、自动门、旋转门。

（3）按开启方式分为：固定窗、上悬窗、中悬窗、下悬窗、立转窗、平开门窗、滑轮平开窗、滑轮窗、平开下悬门窗、推拉门窗、推拉平开窗、折叠门、地弹簧门、提升推拉门、推拉折叠门、内倒侧滑门。

（4）按性能分为：隔声型门窗、保温型门窗、防火门窗、气密门窗。

(5) 按应用部位分为：内门窗、外门窗。

四、楼底层

楼板层是用来分隔建筑空间的水平承重构件，其在竖向将建筑物分成许多个楼层，可将使用荷载连同其自重有效地传递给其他的竖向支撑构件，即墙或柱，再由墙或柱传递给基础，在砖混结构建筑中，楼板层对墙体起着水平支撑作用，并且具有一定的隔声、防水、防火等功能。

地面是分隔建筑物最底层房间与下部土壤的水平构件，其承受着作用在上面的各种荷载，并将这些荷载安全地传给地基，分为实铺和空铺两种类型。

按所使用材料的不同，楼板可分为木楼板、砖拱楼板、钢筋混凝土楼板、压型钢板组合楼板等类型，见表 1-1，构造如图 1-39 所示。

楼板类型 **表 1-1**

序号	类型	内　容	特　点
1	木楼板	木楼板是我国的传统做法，它是在木搁栅之间设置剪力撑，形成有足够整体性和稳定性的骨架，并在木搁栅上下铺钉木板所形成的楼板	这种楼板具有自重轻、构造简单等优点，但其耐火性、耐久性、隔声能力较差，为节约木材，现在已很少采用
2	砖拱楼板	砖拱楼板是先在墙或柱上架设钢筋混凝土小梁，然后再在钢筋混凝土小梁之间用砖砌成拱形结构所形成的楼板	这种楼板可以节约钢材、水泥，但自重较大，抗震性能差，而且楼板层厚度较大，施工复杂，目前已经很少使用
3	钢筋混凝土楼板	钢筋混凝土楼板的强度高，刚度好，具有较强的耐火性、防火性能和良好的可塑性，便于工业化生产和机械化施工，是目前我国房屋建筑中广泛采用的一种楼板形式	
4	压型钢板组合楼板	压型钢板组合楼板是在钢筋混凝土墙板基础上发展起来的，这种组合体系是利用凹凸相间的压型薄钢板作衬板与现浇混凝土浇筑在一起而形成的钢衬板组合楼板	这种楼板既提高了楼板的强度和刚度，又加快了施工进度。近年来主要用于大空间、高层民用建筑和大跨度工业厂房中

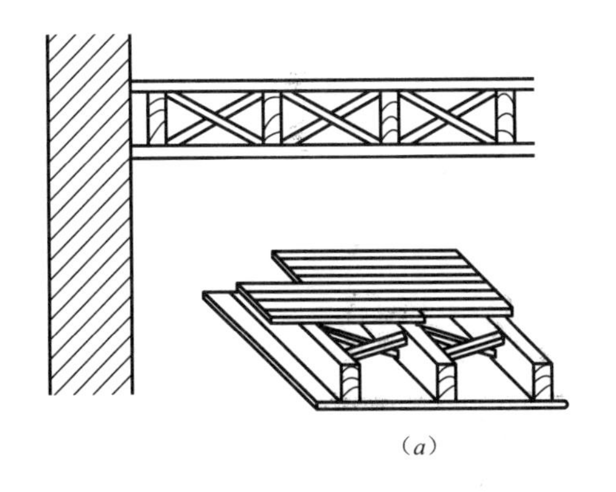
(a)

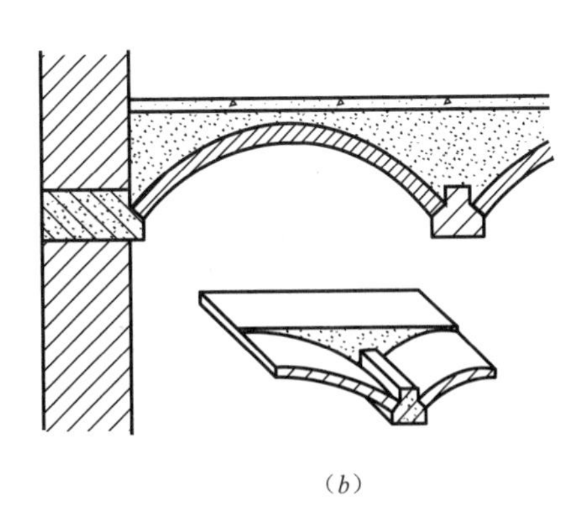
(b)

图 1-39　楼板的类型（一）
(a) 木楼板；(b) 砖拱楼板

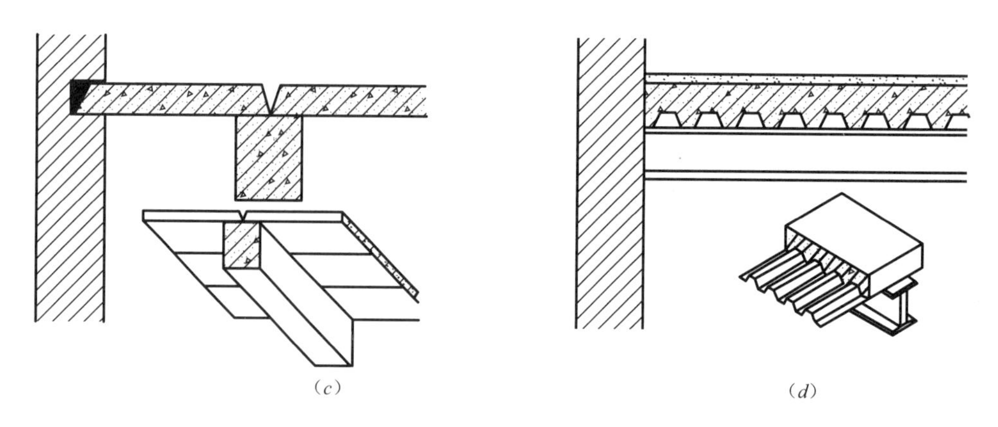

图 1-39　楼板的类型（二）

(c) 钢筋混凝土楼板；(d) 压型钢板组合楼板

五、墙体和柱

(一) 墙体类型

作为建筑的重要组成部分，墙体在建筑中分布广泛。如图 1-40 所示为某宿舍楼的水平剖切立体图，从图中可以看到很多面墙，由于这些墙所处位置不同及建筑结构布置方案的不同，其在建筑中起的作用也不同。

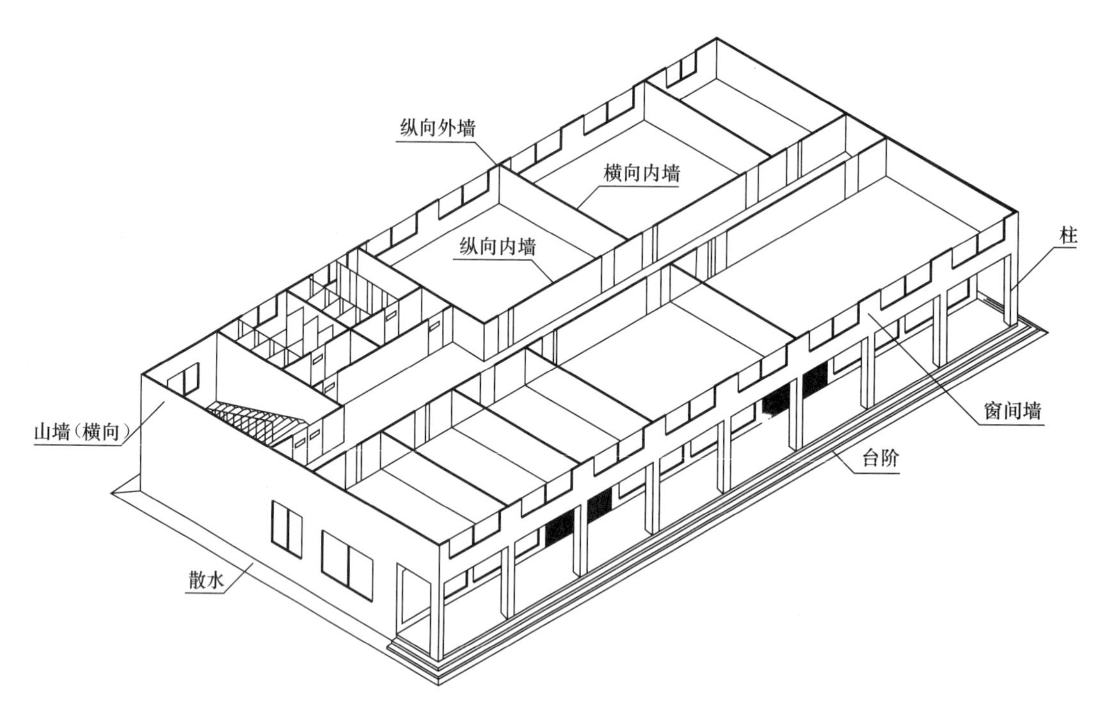

图 1-40　墙体的位置、作用和名称

1. 按墙体的承重情况分类

按墙体的承重情况分为承重墙和非承重墙两类。凡是承担建筑上部构件传来荷载的墙称为承重墙；不承担建筑上部构件传来荷载的墙称为非承重墙。

非承重墙包括自承重墙、框架填充墙、幕墙和隔墙。其中，自承重墙不承受外来荷载，其下部墙体只负责上部墙体的自重；框架填充墙是指在框架结构中，填充在框架中间的墙；幕墙是指悬挂在建筑物结构外部的轻质外墙，如玻璃幕墙、铝塑板墙等；隔墙是指仅起分隔空间、自身重量由楼板或梁分层承担的墙。

2. 按墙体在建筑中的位置、走向及与门窗洞口的关系分类

按墙体在建筑中的位置，可以分为外墙、内墙两类。沿建筑四周边缘布置的墙称为外墙；被外墙所包围的墙体称为内墙。按墙体的走向，可以分为纵墙和横墙。从图 1-41 中可以看出沿建筑物长轴方向布置的墙为纵墙；沿建筑物短轴方向布置的墙为横墙。沿着建筑物横向布置的首尾两端的横墙为山墙；在同一道墙上门窗洞口之间的墙体为窗间墙；门窗洞口上下的墙体称为窗上或窗下墙。

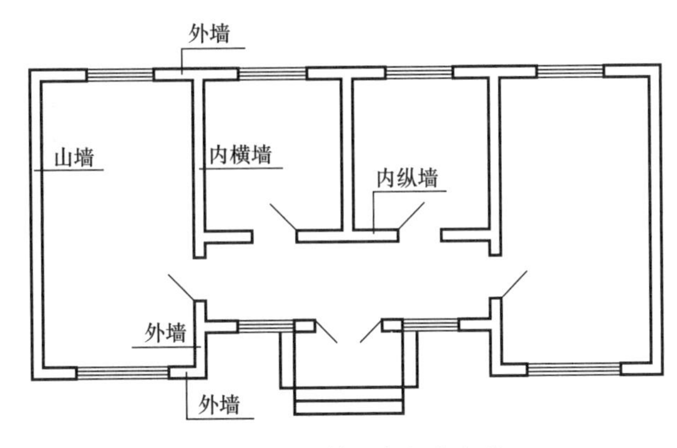

图 1-41　墙体的各部分名称

3. 按砌墙材料分类

按砌墙材料的不同可以分为砖墙、砌块墙、石墙、混凝土墙、板材墙和幕墙等。

4. 按墙体的施工方式和构造分类

按墙体的施工方式和构造，可以分为叠砌式、版筑式和装配式三种。其中，叠砌式是一种传统的砌墙方式，如实砌砖墙、空斗墙、砌块墙等；版筑式的砌墙材料往往是散状或塑性材料，依靠事先在墙体部位设置模板，然后在模板内夯实与浇筑材料而形成墙体，如夯土墙、滑模或大模板钢筋混凝土墙；装配式墙是由构件生产厂家事先制作墙体构件，在施工现场进行拼装，如大板墙、各种幕墙。

（二）柱的分类

柱是建筑物中垂直的主结构构件，承托在它上方物件的重量。

1. 按截面形式分类

按截面形式可以分为方柱、圆柱、矩形柱、工字形柱、H 形柱、T 形柱、L 形柱、十字形柱、双肢柱、格构柱。

2. 按所用材料分类

按所用材料可以分为石柱、砖柱、砌块柱、木柱、钢柱、钢筋混凝土柱、劲性钢筋混凝土柱、钢管混凝土柱和各种组合柱。

3. 按长细比分类

短柱在轴心荷载作用下的破坏是材料强度破坏。

长柱在同样荷载作用下的破坏是屈曲，丧失稳定，根据欧拉公式分析。

中长柱，承压中长柱通常采用经验公式计算。

六、屋顶

屋顶是建筑物围护结构的一部分，是建筑立面的重要组成部分，除应满足自重轻、构造简单、施工方便等要求外，还必须具备坚固耐久、防水排水、保温隔热、抵御侵蚀等功能。

屋顶的类型与建筑物的屋面材料、屋顶结构类型以及建筑造型要求等因素有关。按照屋顶的排水坡度和构造形式，屋顶分为平屋顶、坡屋顶和曲面屋顶三种类型。

1. 平屋顶

平屋顶形式如图 1-42 所示。

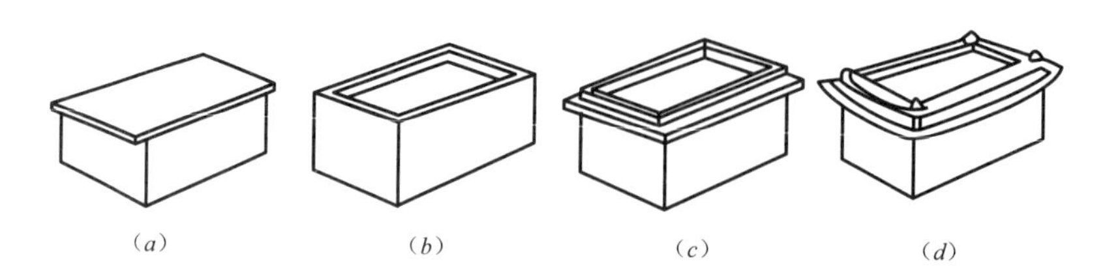

图 1-42 平屋顶的形式

(*a*) 挑檐平屋顶；(*b*) 女儿墙平屋顶；(*c*) 挑檐女儿墙平屋顶；(*d*) 盝顶平屋顶

平屋顶是指屋面排水坡度小于或等于 10%的屋顶，从图中可以看出平屋顶坡度平缓。常用的坡度为 2%～3%，上部可做成露台、屋顶花园等供人使用，同时平屋顶的体积小、构造简单、节约材料、造价经济，在建筑工程中应用最为广泛。

2. 坡屋顶

坡屋顶形式如图 1-43 所示。

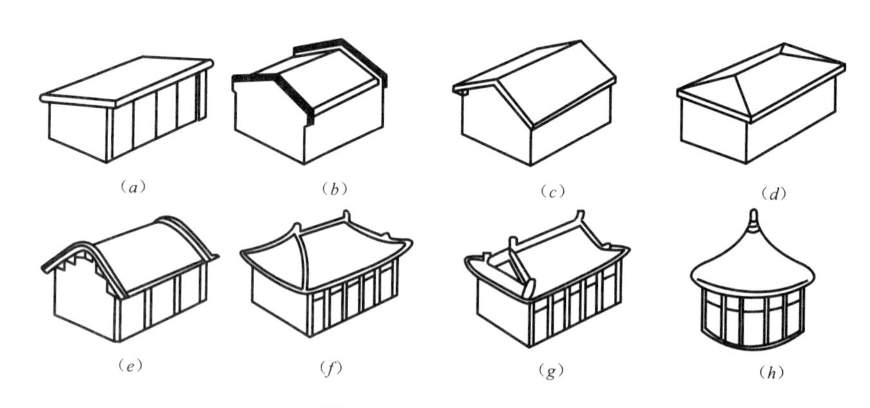

图 1-43 坡屋顶的形式

(*a*) 单坡顶；(*b*) 硬山两坡顶；(*c*) 悬山两坡顶；(*d*) 四坡顶；(*e*) 卷棚顶；
(*f*) 庑殿顶；(*g*) 歇山顶；(*h*) 圆攒尖顶

坡屋顶是指屋面坡度大于 10%的屋顶。从图中可以看出，坡屋顶按分坡的多少可分为单坡屋顶、双坡屋顶和四坡屋顶。双坡屋顶有硬山和悬山之分。房屋两端山墙高出屋面，山墙封住屋面的为硬山。屋顶的两端挑出山墙外面，屋面盖住山墙的为悬山。当建筑物进深较小时，可选用单坡顶，当建筑物进深较大时，宜采用双坡顶或四坡顶。对坡屋顶稍加处理，即可形成卷棚顶、庑殿顶、歇山顶、圆攒尖顶等形式，古建筑中的庑殿屋顶和歇山屋顶均属于四坡屋顶。

3. 曲面屋顶

曲面屋顶形式如图 1-44 所示。

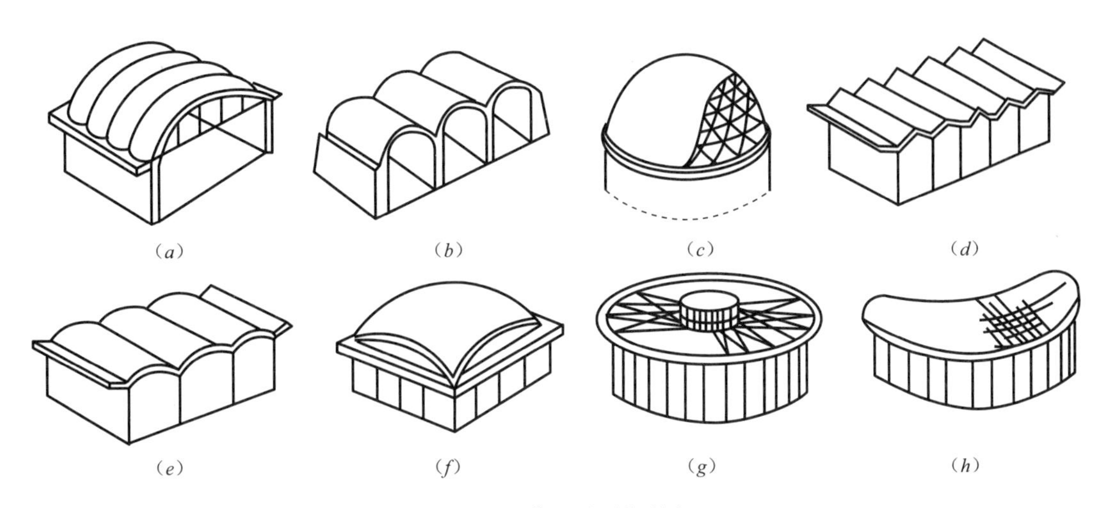

图 1-44 曲面屋顶的形式

(a) 双曲拱屋顶；(b) 砖石拱屋顶；(c) 球形网壳屋顶；(d) V 形折板屋顶；(e) 筒壳屋顶；(f) 扁壳屋顶；(g) 车轮形悬索屋顶；(h) 鞍形悬索屋顶

曲面屋顶是由各种薄壳结构、悬索结构以及网架结构等作为屋顶承重结构的屋顶，如图 1-44 所示的双曲拱屋顶、扁壳屋顶、鞍形悬索屋顶等。这类结构的受力合理，能充分发挥材料的力学性能，因而能节约材料。但是，这类屋顶施工复杂，造价高，故常用于大跨度的大型公共建筑中。

第三节 建筑工程图纸

建筑工程图纸是用于表示建筑物的内部布置情况，外部形状，以及装修、构造、施工要求等内容的有关图纸。建筑工程图纸分为建筑施工图、结构施工图、设备施工图。它是审批建筑工程项目的依据；在生产施工中，它是备料和施工的依据；当工程竣工时，要按照工程图的设计要求进行质量检查和验收，并以此评价工程质量优劣；建筑工程图还是编制工程概算、预算和决算及审核工程造价的依据；建筑工程图是具有法律效力的技术文件。

建筑工程图纸分为建筑施工图、结构施工图、设备施工图。

(1) 建筑施工图：包括建筑总平面图、建筑平面图、建筑立面图、建筑剖面图和建筑详图。

(2) 结构施工图：包括基础平面图，基础剖面图，屋盖结构布置图，楼层结构布置图，柱、梁、板配筋图，楼梯图，结构构件图或表，以及必要的详图。

（3）设备施工图：包括采暖施工图、电气施工图、通风施工图和给水排水施工图。

根据工程性质的不同，工程图纸也可以分为不同类型。采用平面图表达立体外形和尺寸时，一般都采用三视图的方法，即正视图、侧视图、俯视图。按照三视图的原理，建筑工程图纸分为建筑平面图、立面图和剖面图，另外还包括建筑详图和结构施工图。建筑工程平面图分为两大类，一类为总平面图，另一类为表达一项具体工程的平面图。

第二章　画法几何基础知识

第一节　投影概述

一、摄影的形成和分类

（一）投影的形成

我们在日常生活中可以看到许多有关投影的现象，例如，在阳光照射下，一幢楼、一棵树等都会在地面上或墙面上形成影子。在室内，当灯光照射桌子时，会在地板上产生影子，如图 2-1 所示。当光线照射角度或者光源位置发生变化时，影子的位置、形状也会随之变化。工程上的投影图应精确表达工程物体及其内部的形状和结构，所以，假设光线必须能够穿透物体内部。即把生活中的投影现象抽象出来，表述为光线照射在物体上在投影面上就形成了投影。

投影中心投射出投影线在投影面上形成投影图，如图 2-2 所示。

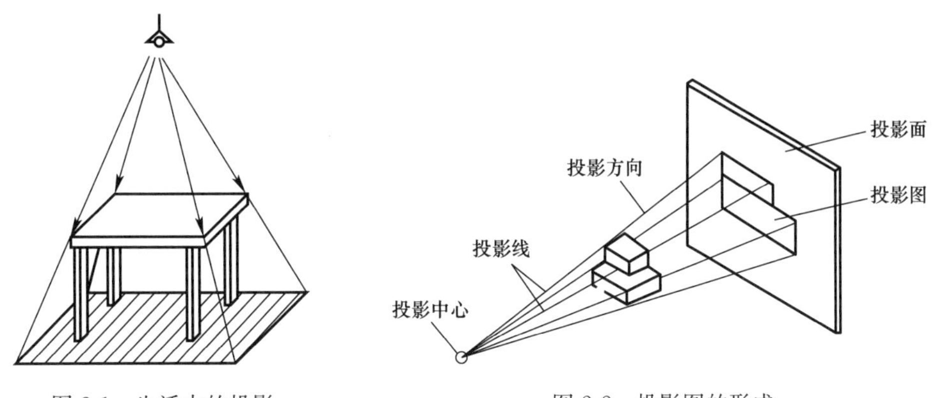

图 2-1　生活中的投影　　　　图 2-2　投影图的形成

投影线所确定的投影方向不同，反映出的投影对象的大小及形状不同，得到的投影图也不同。而根据不同的投影方向得到不同的投影图，也就对应着不同的投影方法。

（二）投影的分类

1. 中心投影法

投影线从一点射出所产生的投影方法，被称为中心投影法，如图 2-3 所示。

2. 平行投影法

（1）投影线互相平行所产生的投影方法，称为平行投影法。

（2）平行投影法又可分为正投影法和与斜投影法。

（3）投影线互相平行且垂直于投影面所产生的投影方法，称为正投影法，是工程图样中所常用的投影方法，如图 2-4 所示。

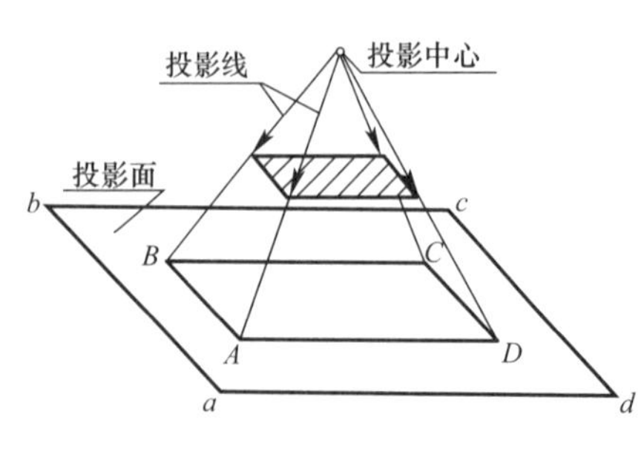

图 2-3　中心投影法

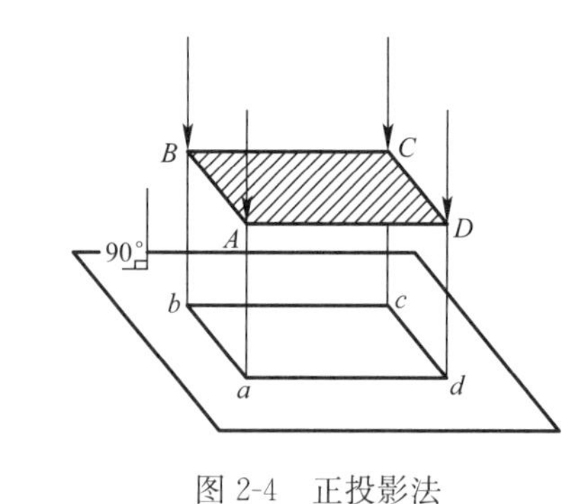

图 2-4　正投影法

（4）正投影的基本特征如图 2-5 所示。

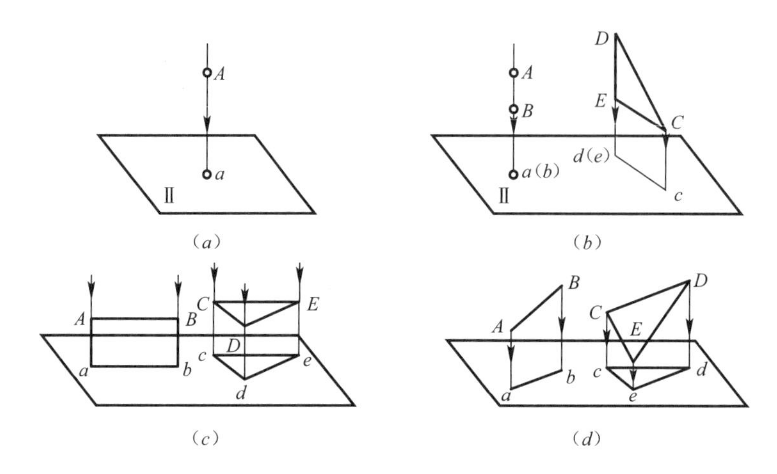

图 2-5　正投影的基本特征

（*a*）积聚性；（*b*）积聚性；（*c*）显实性；（*d*）相似性

1）积聚性的特征：当直线和平面与投影面垂直时，直线和平面的投影积聚成一个点和一条直线。

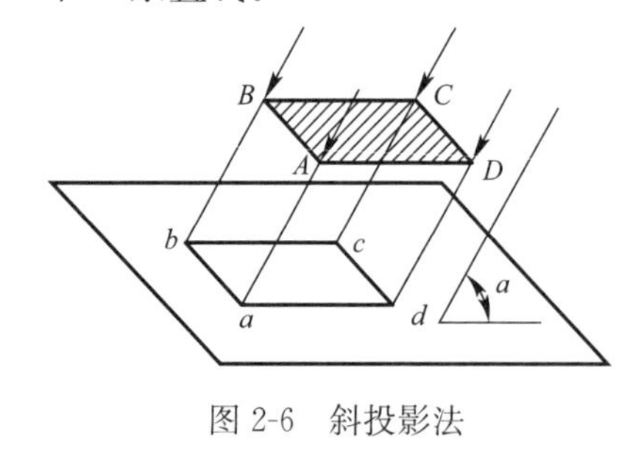

图 2-6　斜投影法

2）显实性的特征：当直线和平面与投影面平行时，直线和平面的投影分别反映实长和实形。

3）相似性的特征：当直线和平面与投影面倾斜时，直线的投影变短，平面的投影变小，但投影的形状与原来形状相似。

（5）投影线互相平行且倾斜于投影面所产生的投影方法，称为斜投影法，如图 2-6 所示。

二、正投影的形成及其特征

（一）正投影的形成

运用正投影法所绘制的投影图称为正投影图。

将形体向一个投影面作正投影所得到的投影图称形体的单面投影图。形体的单面投影图不能够反映出形体的真实形状及大小，也就是说，根据单面投影图不能唯一确定一个形体的空间形状，如图 2-7 所示。

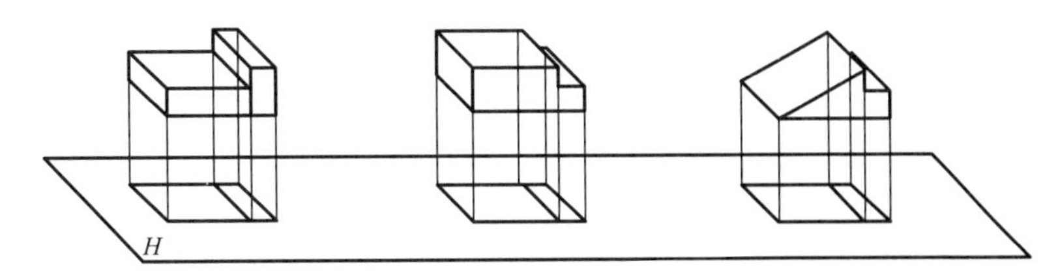

图 2-7　形体的单面投影

将形体向互相垂直的两个投影面作正投影所得到的投影图称形体的两面投影图。依据两个投影面上的投影图来分析空间形体的形状时，有些情况下所得到的答案也不是唯一的，如图 2-8 所示。

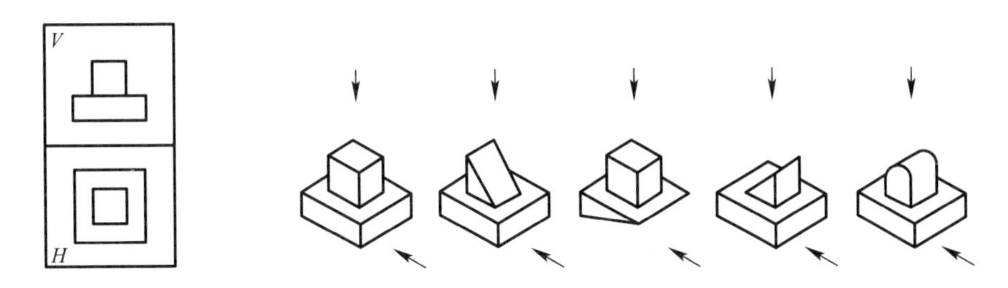

图 2-8　形体的两面投影

将形体向互相垂直的三个投影面作正投影所得到的投影图称形体的三面投影图。这是在工程实践中最为常用的投影图。

如图 2-9（*a*）就是把一个形体分别向三个相互垂直的投影面 *H*、*V*、*W* 作正投影的情形；图 2-9（*b*）、（*c*）是将物体移走之后，将投影面连同物体的投影展开到同一个平面上的方法；图 2-9（*d*）是去掉投影面边框后得到的三面投影图。

按照多面投影法绘图不但简便，而且度量容易，因此在工程实践上应用最为广泛。但这种图示法的缺点是所绘的图形直观性较差。

如图 2-9（*a*）所示，选择三个互相垂直的平面作为投影面，建立三投影面体系。将其中水平放置的投影面称为水平投影面，简称水平面，用字母 *H* 表示；其中立在正面的投影面称为正立投影面，简称正面，用字母 *V* 表示；而将其中立在右侧面的投影面称为侧立投影面，简称侧面，并用字母 *W* 表示。把三投影面的三个交线 *OX*、*OY*、*OZ* 称为投影轴。将被投影的物体放在这三个互相垂直的投影面体系之中，并将物体分别向三个投影面作投射。在 *H* 面上的投影称为水平投影，在 *V* 面上的投影称为正面投影，而在 *W* 面上的投影则称为侧面投影。

在工程制图标准中规定：物体的可见轮廓线画成粗实线，不可见轮廓线画成虚线。

在实际画投影图时需要把三个投影面展开成一个平面。其中展开的方法是：正立投影面（*V* 面）保持原位置不动，水平投影面（H 面）绕 *OX* 轴向下旋转 90°，侧立投影面（*W* 面）绕 *OZ* 轴向右旋转 90°。此时，将 *OY* 轴一分为二，随 *H* 面的轴记为 OY_H，随 *W*

面的轴记为OY_W，如图 2-9（*b*）所示。物体在各投影面上的投影也会随着其所在的投影面一起旋转，就得到了在同一平面上的三面投影图，如图 2-9（*c*）所示。为简化作图，在三面投影图中可以不画投影面的边框及投影轴，投影之间的距离可根据具体实际情况而定，如图 2-9（*d*）所示。

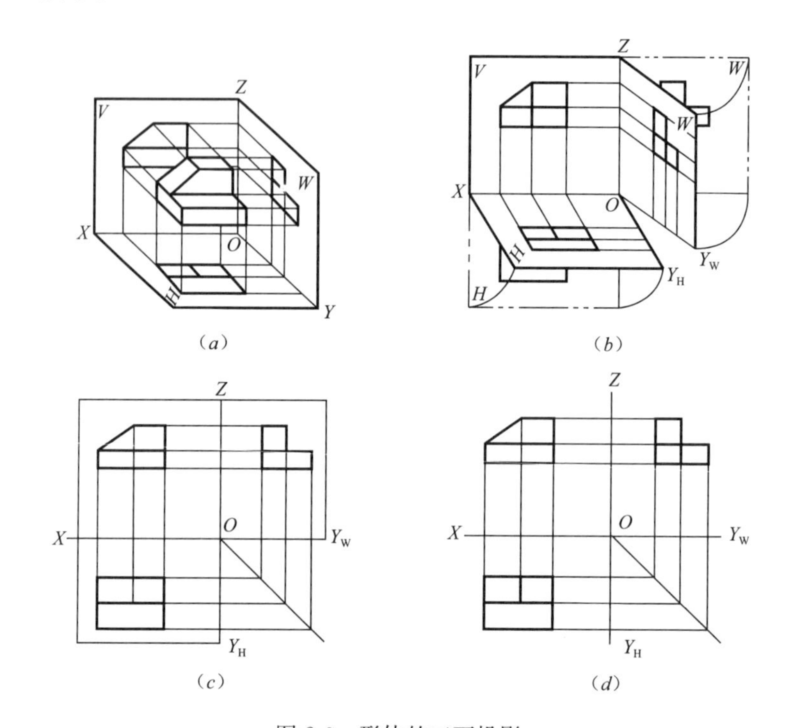

图 2-9　形体的三面投影

（二）正投影的特征

1. 真实性

当直线线段或平面图形与投影面平行时，其投影反映实长或实形，如图 2-10（*a*）、（*b*）所示。

2. 积聚性

当直线或平面与投影线平行时（或垂直于投影面），其投影积聚为一点或一直线，如图 2-10（*c*）、（*d*）所示。

3. 类似性

当直线或平面与投影面倾斜而又不平行于投影线时，其投影小于实长或不反映实形，但类似于原形，如图 2-10（*e*）、（*f*）所示。

4. 平行性

互相平行的两直线在同一投影面上的投影保持平行，如图 2-10（*g*）所示 $AB /\!/ CD$，则 $ab /\!/ cd$。

5. 从属性

若点在直线上，则此点的投影必在直线的投影上，如图 2-10（*e*）中 *C* 点在 *AB* 上，*C* 点的投影 *c* 必在 *AB* 的投影 *ab* 上。

6. 定比性

直线上一点所分直线线段的长度之比与它们的投影长度之比相等；两平行线段的长度之比与它们没有积聚性的投影长度之比相等，如图 2-10（*e*）中 AC：CB=ac：cb，图 2-10（*g*）中 AB：CD=ab：cd。

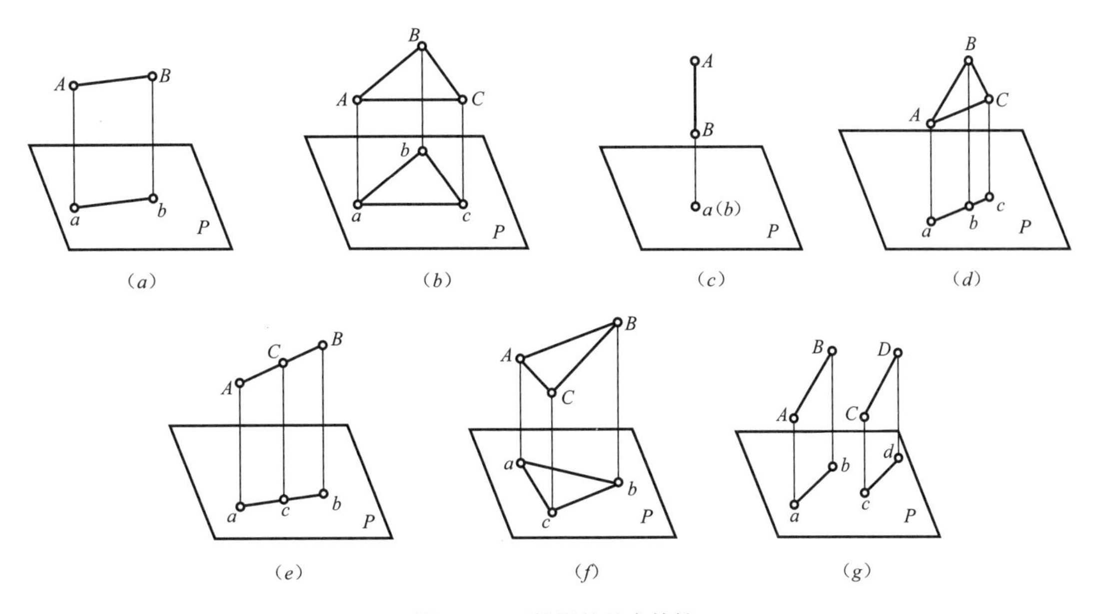

图 2-10　正投影的基本特性

第二节　点、直线和平面的投影

一、点的投影

点虽然在任何投影面上的投影均是点，但它是绘制线、面、体投影的基础，学习物体在三面正投影体系中的投影，必须从点投影入手。

（一）点在两投影面体系中的投影

1. 两面投影体系

建立两个空间相互垂直的投影面，处于正面直立位置的投影面称为正面投影面，以 V 表示，简称 V 面（或称正立投影面，简称正立面、正平面）；处于水平位置的投影面称为水平投影面，以 H 表示，简称 H 面（或简称水平面）。V 面和 H 面所组成的体系称为两面投影体系。V 和 H 两个投影面的交线称为 OX 投影轴，简称 X 轴。

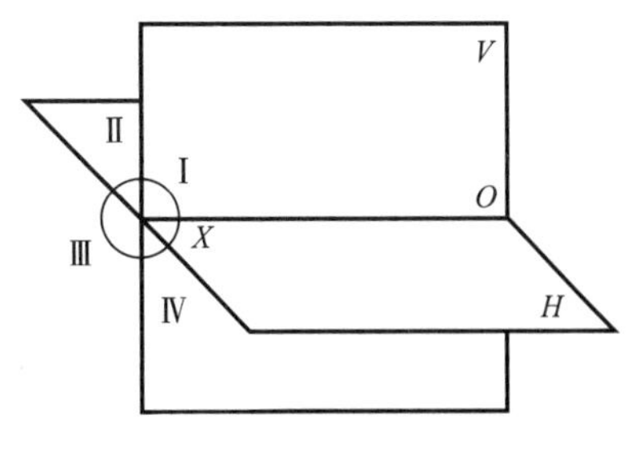

图 2-11　两面投影体系

在互相垂直的 V 面和 H 面构成的两投影面体系中，V 面和 H 面将空间分成第一分角，第二分角，第三分角和第四分角四个分角，如图 2-11 所示。

2. 点的两面投影

如图 2-12（a）所示，空间点 A 位于 V/H 两面投影体系中，过 A 点分别向 V 和 H 面作垂线，得垂足 a' 和 a，则 a' 称为空间 A 点的正面投影，a 称为 A 的水平投影。

在实际作图时，为把空间元素在一个平面上表示出来，而把空间两个投影面展开成一个平面，使 V 面保持不动，使 H 面绕 OX 轴向下旋转 90°与 V 面重合，即得 A 点的正投影图，如图 2-12（b）所示。

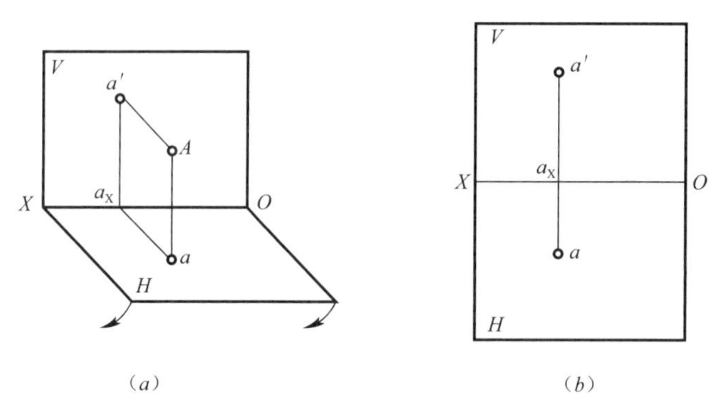

图 2-12　点在两面投影体系中的投影

（a）直观图；（b）投影图

（二）点在三投影面体系中的投影

在三面投影体系中，三个投影面将空间分为 8 个空间，如图 2-13 所示，这 8 个空间称为 8 个分角。H 面以上、V 面以前、W 面以左的空间称为第一分角。

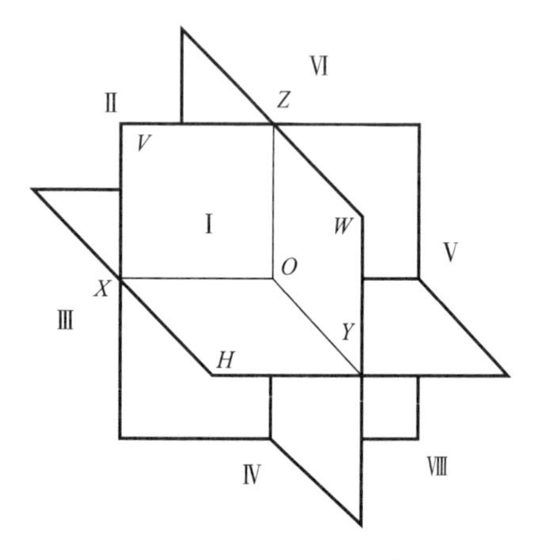

图 2-13　点的三面投影体系

1. 点的三面投影

点 A 在三面投影体系中的投影如图 2-14 所示。过点 A 分别向 H 面、V 面和 W 面作投影线，投影线与投影面的交点 a、a'、a''，即点 A 的三面投影图。点 A 在 H 面上的投影 a，称为点 A 的水平投影；点 A 在 V 面上的投影 a'，称为点 A 的正面投影；点 A 在 W 面上的投影 a''，称为点 A 的侧面投影。

2. 点的空间位置及坐标

（1）点的空间位置。

点在空间的位置大致有四种，即点悬空、点在投影面上、点在投影轴上、点在投影原点处。点处于悬空状态，如图 2-14（a）所示，点处于投影面上、投影轴上、投影原点上，如图 2-15 所示。

（2）点的坐标

研究点的坐标，也就是研究点与投影面的相对位置。在 H、V、W 投影体系中，常将 H、V、W 投影面看成坐标面，而三条投影轴则相当于三条坐标轴 OX、OY、OZ，三轴的

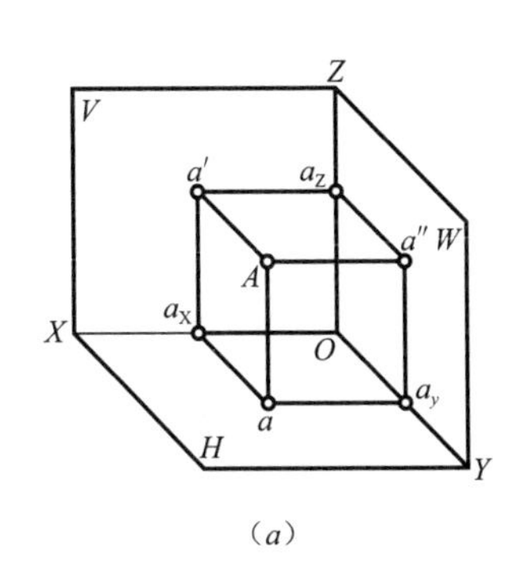

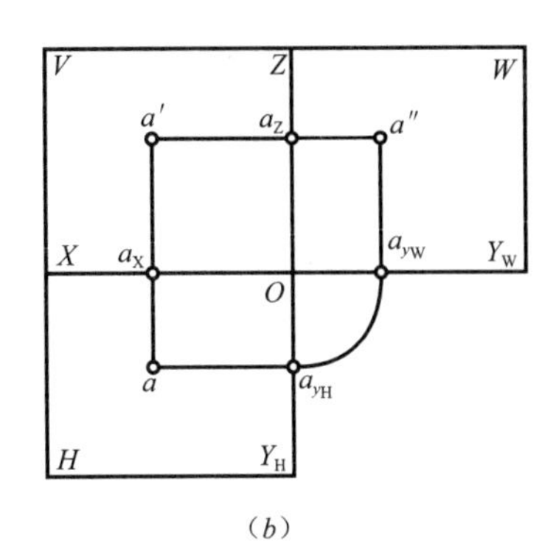

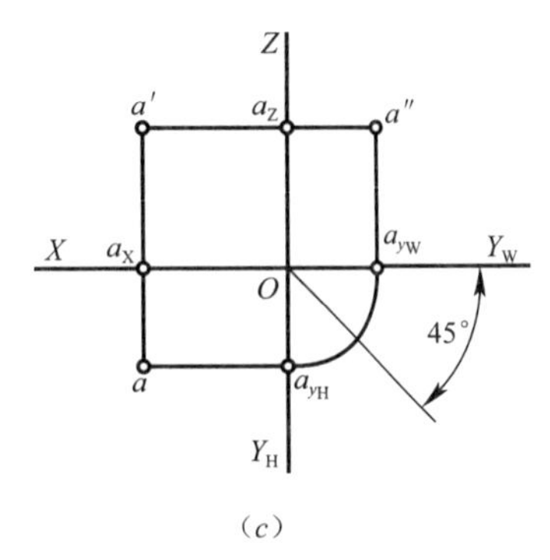

图 2-14　点的三面投影图

（a）直观图；（b）展开图；（c）投影图

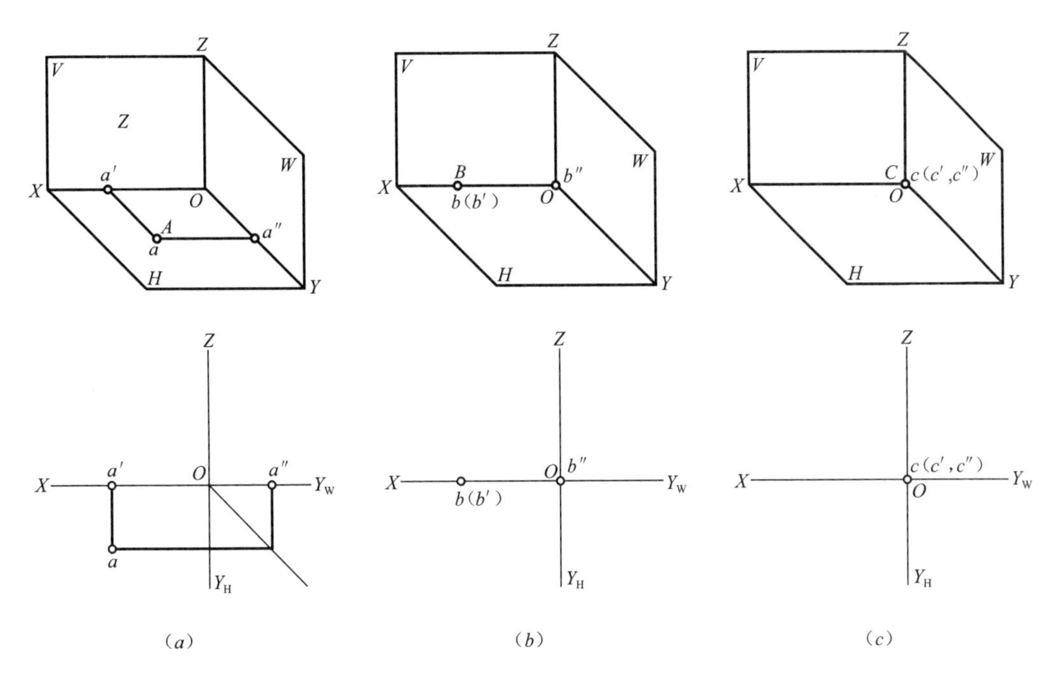

图 2-15　点在投影面、投影轴和投影原点处的投影

（a）点在投影面上；（b）点在投影轴上；（c）点在投影原点上

交点为坐标原点，如图 2-14 所示。空间点到三个投影面的距离就等于它各方向坐标值，即点 A 到 W 面、V 面和 H 面的距离 Aa''、Aa'和 Aa 分别称为 x 坐标、y 坐标和 z 坐标。空间点的位置可用 $A(x，y，z)$ 形式表示，所以 A 点的水平投影以的坐标是（x，y，0）；正面投影的 a'的坐标是（x，0，z）；侧面投影 a''的坐标是（0，y，z）。

在图 2-14（a）中，四边形 Aaa_Xa'是矩形，Aa 等于 $a'a_X$，即 $a'a_X$；反映点 A 到 H 面的距离；Aa'等于 aa_X，即 aa_X 反映点 A 到 V 面的距离。由此可知：

$$Aa''=aa_{Y_H}=a'a_Z=Oa_X\text{（点 }A\text{ 的 }x\text{ 坐标）}$$

$$Aa'=aa_X=a''a_Z=Oa_Y\text{（点 }A\text{ 的 }y\text{ 坐标）}$$

$$Aa=a'a_X=a''a_{Y_W}=Oa_Z\text{（点 }A\text{ 的 }z\text{ 坐标）}$$

空间点的位置不仅可以用其投影确定，也可以由它的坐标确定。若已知点的三面投影，就可以量出该点的三个坐标；反之，已知点的坐标，也可以作出该点的三面投影。

空间点可以处于悬空位置，也可以处于投影面上、投影轴上或投影原点上。通常我们把处于投影面、投影轴或坐标原点上的点称为特殊位置点。当空间位于投影面上时，它的一个坐标等于零，在它的三个投影中必然有两个投影位于投影轴上；当空间点位于投影轴上时，它的两个坐标等于零，在它的投影中必有一个投影位于原点；而当空间点在原点上时，它的坐标均为零，它的投影均位于原点上。

例题 2-1：已知点 A 的正面投影 a' 和侧面投影 a''，如图 2-16（a）所示，求作水平投影 a。

解：

（1）分析：

根据点的投影规律可知，$a'a \perp OX$，过 a' 点作 OX 轴的垂线 $a'a_X$，所求以点必在 $a'a_X$ 的延长线上。由 $aa_X=a''a_Z$ 可确定 a 点在 $a'a_X$ 延长线上的位置。

（2）作图：

① 过 a' 点按箭头方向作 $a'a_X \perp OX$ 轴，并适当延长，如图 2-16（b）所示。

② 在 $a'a_X$ 的延长线上量取 $aa_X=a''a_Z$，可求得 a 点。

也可如图 2-16（c）所示方法作图，通过 O 点向右下方作出 45°辅助斜线，由 a'' 点作 Y_W 轴的垂线并延长与 45°斜线相交，然后再由此交点作 Y_H 轴的垂线并延长，与过 a' 点且与 OX 轴垂直的投影连线 $a'a_X$ 相交，交点 a 即为所求点。

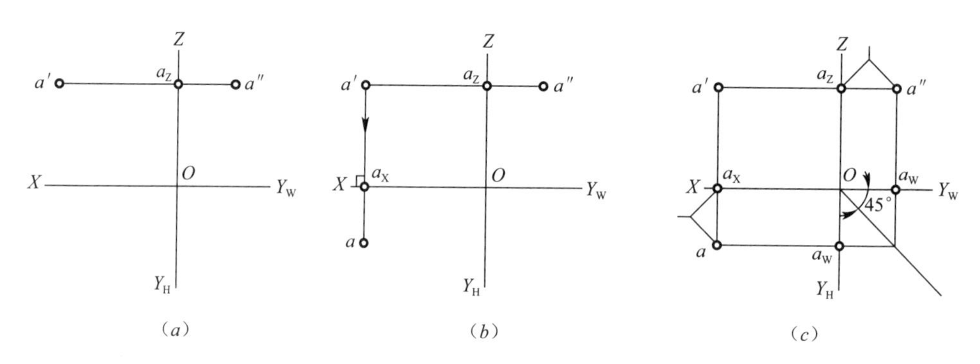

图 2-16　已知点的两面投影求第三投影

（a）已知条件；（b）方法一；（c）方法二

例题 2-2：已知空间点 A 的坐标为：$X=12$mm，$Y=12$mm，$Z=15$mm，也可写成点 A(12，12，15)，如图 2-17 所示，求作 A 点的三面投影图。

解：

作 A 点的三面投影图步骤如下：

（1）先画出投影轴（即坐标轴），在 OX 轴上从 O 点开始向左量取 X 坐标 12mm，定出 a_X，过 a_X 作 OX 轴的铅垂线，如图 2-17（a）所示。

（2）在 OZ 轴上从 O 点开始向上量取 Z 坐标 15mm，定出 a_Z，过点 a_Z 作 OZ 轴的垂线，两条垂线的交点即为 a'，如图 2-17（b）所示。

（3）在 $a'a_X$ 的延长线上，从 a_X 向下量取 Y 坐标 12mm 得 a；在 $a'a_Z$ 的延长线上，从 a_Z 向右量取 Y 坐标 12mm 得 a''。

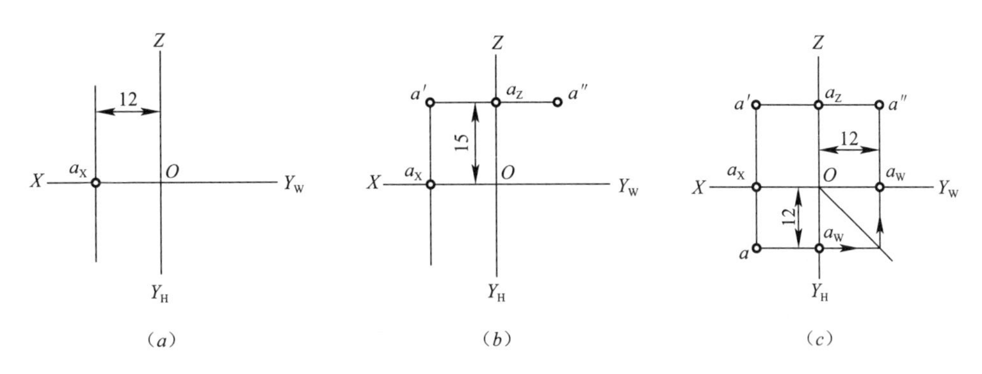

图 2-17　已知点的坐标作点的三面投影

（*a*）已知条件；（*b*）方法一；（*c*）方法二

或者由投影 a'和 a 借助 45°辅助斜线的作图方法也可作出投影点 a''，A 点的三投影为 a'、a、a''，如图 2-17（*c*）所示。

练习 2-1：如图 2-18 所示，已知空间 B 点的正面投影 b'和水平投影 b，求空间 B 点的侧面投影 b''。

练习 2-2：如图 2-19 所示，已知空间 C 点的正面投影 c'和侧面投影 c''，求水平投影 c。

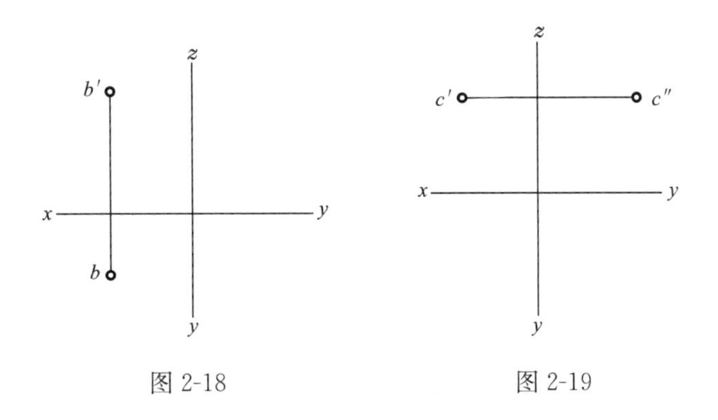

图 2-18　　　　图 2-19

二、直线的投影

直线的投影，在一般情况下仍是直线，特殊情况下是一点。两点的连线可确定一直线，所以，直线的三面投影，可以由它两端点的同一投影面上的投影连线而得到。

直线在三投影面体系中按与投影面的相对位置不同，直线可分为一般位置直线、投影面平行线、投影面垂直线。投影面平行线与投影面垂直线称为特殊位置直线。

（一）一般位置直线

对三个投影面都处于倾斜位置的直线称为一般位置直线，如图 2-20 所示。倾斜于三个投影面的直线与投影面之间的夹角，称为直线对投影面的倾角。直线对 H 面、V 面和 W 面的倾角，分别用 α、β、γ 表示。

此外，一般位置直线的投影特性如下：

（1）直线的三个投影都是倾斜于投影轴的斜线，但是长度缩短，不反映实际长度。

（2）各个投影与投影轴的夹角不反映空间直线对投影面的倾角。

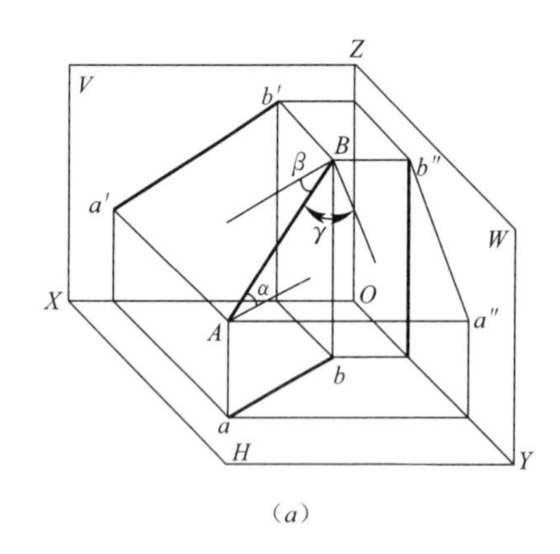

(a)

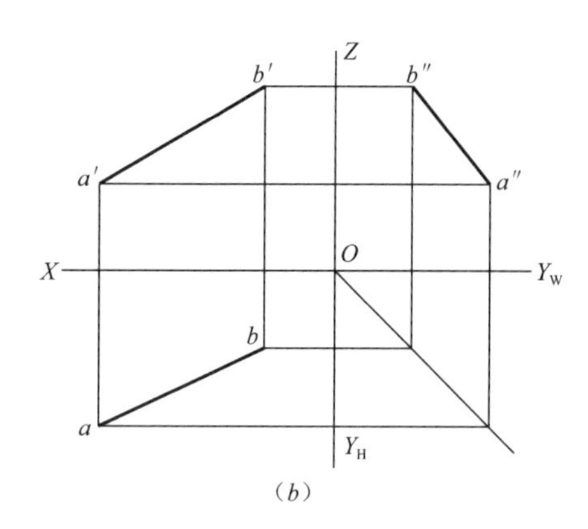

(b)

图 2-20　一般位置直线

(a) 直观图；(b) 投影图

(二) 投影面平行线

投影面平行线是指平行于某一个投影面，而倾斜于其他两个投影面的直线。它包括水平线、正平线和侧平线三种状态。

(1) 水平线——平行于 H 面，倾斜于 V、W 面的直线。

(2) 正平线——平行于 V 面，倾斜于 H、W 面的直线。

(3) 侧平线——平行于 W 面，倾斜于 H、V 面的直线。

投影面平行线在它所平行的投影面上的投影反映实长，而且该投影与相应投影轴的夹角，反映直线与其他两个投影面的倾角；直线在另外两个投影面上的投影分别平行于相应的投影轴，但是不反映实长。

在投影图上，若有一个投影平行于投影轴，而另有一个投影倾斜。那么，这个空间直线一定是投影面的平行线。

(三) 投影面垂直线

投影面垂直线是垂直于某一投影面，同时，也平行于另外两个投影面的直线。投影面垂直线可分为铅垂线、正垂线和侧垂线三种状态。

(1) 铅垂线——垂直于 H 面，与 V 面、W 面平行的直线。

(2) 正垂线——垂直于 V 面，与 H 面、W 面平行的直线。

(3) 侧垂线——垂直于 W 面，与 H 面、V 面平行的直线。

此外，需要注意的是在投影面上，只要有一条直线的投影积聚为一点，那么，它一定为投影面的垂直线，并且垂直于积聚投影所在的投影面。

例题 2-3：已知直线 AB 和点 C 的投影，如图 2-21 (a) 所示，请作出经过点 C 并与直线 AB 平行的直线 CD 的投影。

解：

(1) 分析

对于一般位置两直线，若它们的两组同面投影互相平行，则此两直线在空间也一定互相平行。所求直线 CD 的投影应该在各个投影面上经过点 C 的投影并与直线 AB 的投影相平行。

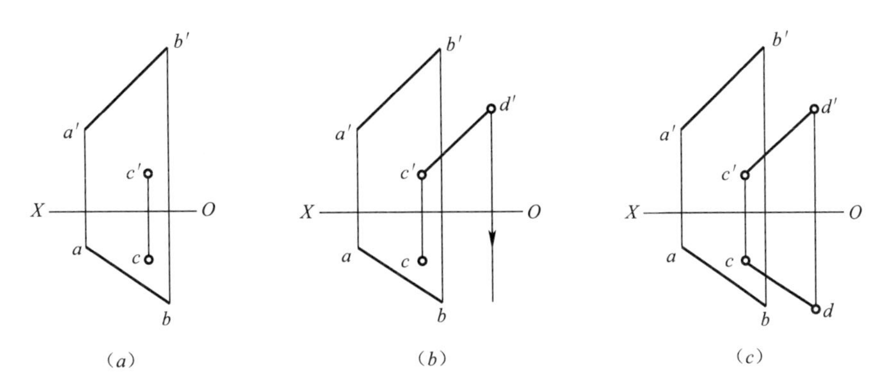

图 2-21　过已知点作已知直线的平行线

（a）已知条件；（b）作 $a'b'$ 平行线 $c'd'$；（c）作 ab 的平行线 cd

（2）作图

① 过点 c' 作 $a'b'$ 的平行线 $c'd'$，并从 d' 点向下作 OX 轴的铅垂线，如图 2-21（b）所示。

② 过点 c 作 ab 的平行线 cd，与过点 d' 所作的 OX 轴的铅垂线的延长线交于点 d，则 cd 和 $c'd'$ 即为所求，如图 2-21（c）所示。

例题 2-4： 判别如图 2-22 所示的直线 AB、MN 的空间位置。

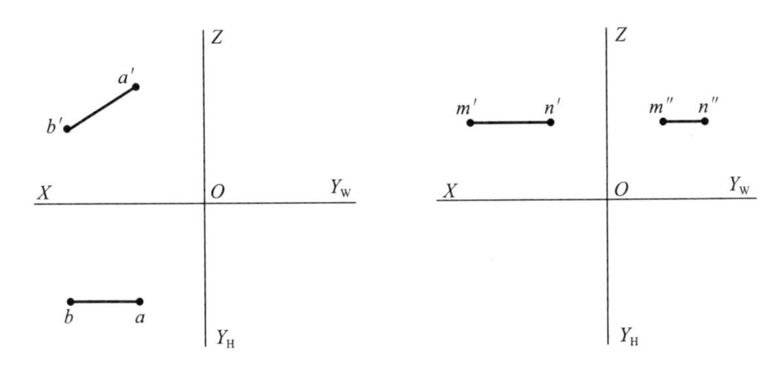

图 2-22　直线的两面投影

解：

根据直线空间位置的判别方法，由于 $a'b'$ 为斜线，ab 垂直 OY 轴，所以 AB 为正平线；由于 $m'n'$、$m''n''$ 共同垂直 OZ 投影轴，所以 MN 为水平线。

例题 2-5： 判别如图 2-23 所示的直线 AB、MN 的空间位置。

解：

根据直线空间位置的判别方法，由于水平投影 a（b）积聚为一点，$a'b'$ 平行 OZ 轴，所以 AB 为铅垂线；由于 $m'n'$、$m''n''$ 共同平行 OX 投影轴，所以 MN 为侧垂线。

练习 2-3： 根据图 2-24 判别空间直线 EF 平行于那个投影面？那个投影面上的投影反应空间直线 EF 的实长？

练习 2-4： 如图 2-25 所示，在投影图上，已知空间 AB 直线的正投影 $a'b'$ 和它的水平投影 ab，求 AB 直线的侧面投影 $a''b''$。

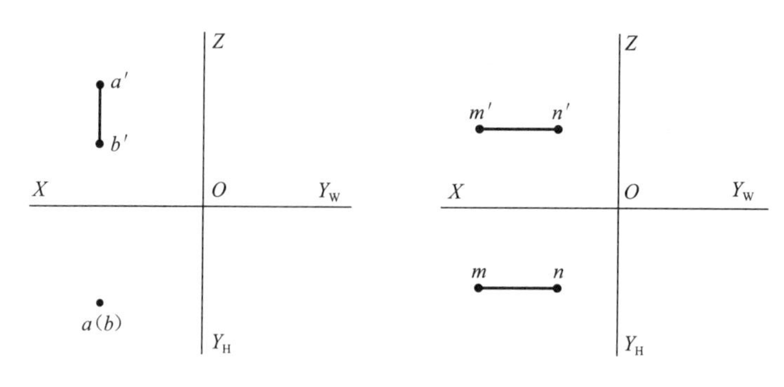

图 2-23　直线的两面投影

练习 2-5： 图 2-26 中的 *EF* 直线，垂直于哪个投影面？平行于哪几个投影面？

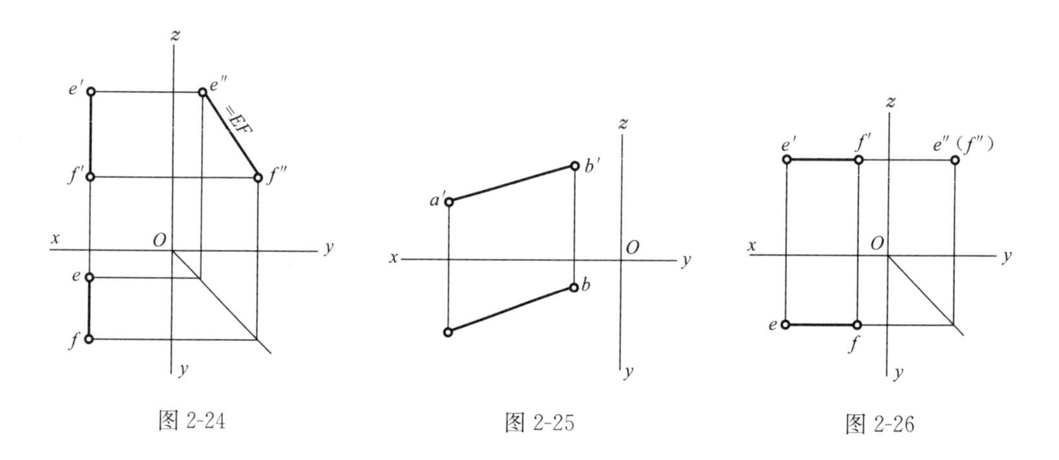

图 2-24　　图 2-25　　图 2-26

三、平面的投影

平面是直线沿某一方向运动的轨迹。要作出平面的投影，只要作出构成平面形轮廓的若干点与线的投影，然后连成平面图形即可。平面通常用确定该平面的几何元素的投影表示，也可用迹线表示。

（一）用几何元素表示平面

下列几何元素组可以决定平面的空间位置：

（1）不在同一直线上的三个点，其是决定平面位置最基本的几何元素组，如图 2-27（*a*）所示。

（2）一直线和直线外一点，如图 2-27（*b*）所示。

（3）平行两直线，如图 2-27（*c*）所示。

（4）相交两直线，如图 2-27（*d*）所示。

（5）平面图形，例如三角形、平行四边形、圆等，如图 2-27（*e*）所示。

（二）用迹线表示平面

平面与投影面的交线，称为平面的迹线，也可以用迹线表示平面。用迹线表示的平面

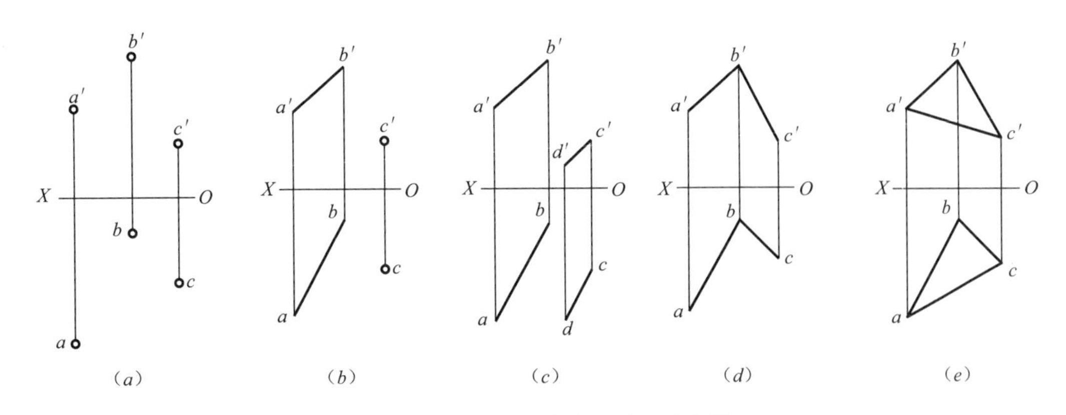

图 2-27　用几何元素表示平面示意图

(a) 不在同一直线上的三个点；(b) 一直线和直线外一点；(c) 平行两直线；(d) 相交两直线；(e) 平面图形

称为迹线平面。平面与 H、V、W 面的交线分别称为水平迹线、正面迹线和侧面迹线。如图 2-28 所示为用迹线表示平面的示意图。

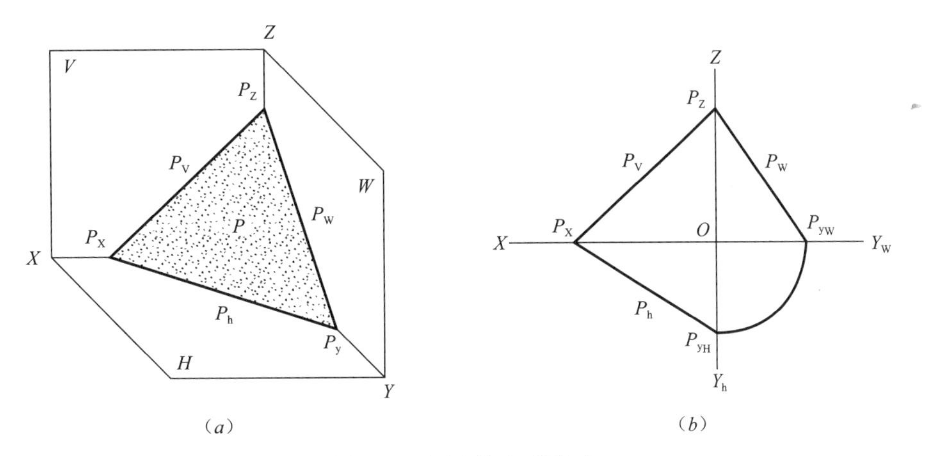

图 2-28　用迹线表示平面

(a) 直观图；(b) 投影图

平面与投影面之间按相对位置的不同可分为一般位置平面、投影面平行面和投影面垂直面，投影面平行面和投影面垂直面统称为特殊位置平面。

(三) 一般位置平面

与三个投影面均倾斜的平面称为一般位置平面，也称倾斜面，如图 2-29 所示。从中可以看出，一般位置平面的各个投影均为原平面图形的类似形，并且比原平面图形本身的实形小。它的任何一个投影，既不反映平面的实形，也无积聚性。

(四) 投影面垂直面

投影面垂直面是垂直于某一投影面的平面，对其余两个投影面倾斜。投影面垂直面可分为铅垂面、正垂面和侧垂面。

一个平面只要有一个投影积聚为一倾斜线，那么，这个平面一定垂直于积聚投影所在的投影面。

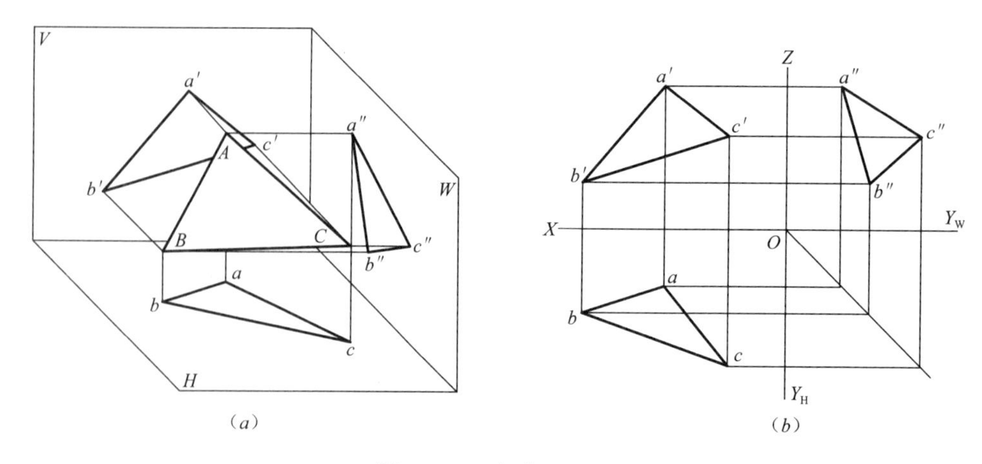

图 2-29 一般位置平面

（a）立体图；（b）投影图

（五）投影面平行面

投影面平行面是平行于某一投影面的平面，同时也垂直于另外两个投影面。投影面平行面可分为水平面、正平面和侧平面。

一个平面只要有一个投影积聚为一条平行于投影轴的直线，那么该平面就平行于非积聚投影所在的投影面，并且反映实形。

练习 2-6：如图 2-30 所示，已知三角形平面的正投影 $a'b'c'$ 和水平投影 abc，要求判别空间三角形平面 ABC 垂直哪个投影面？同时，要求补出它的侧面投影。

练习 2-7：根据图 2-31 判别平面 ABC 的侧面投影是三角形还是一条直线？

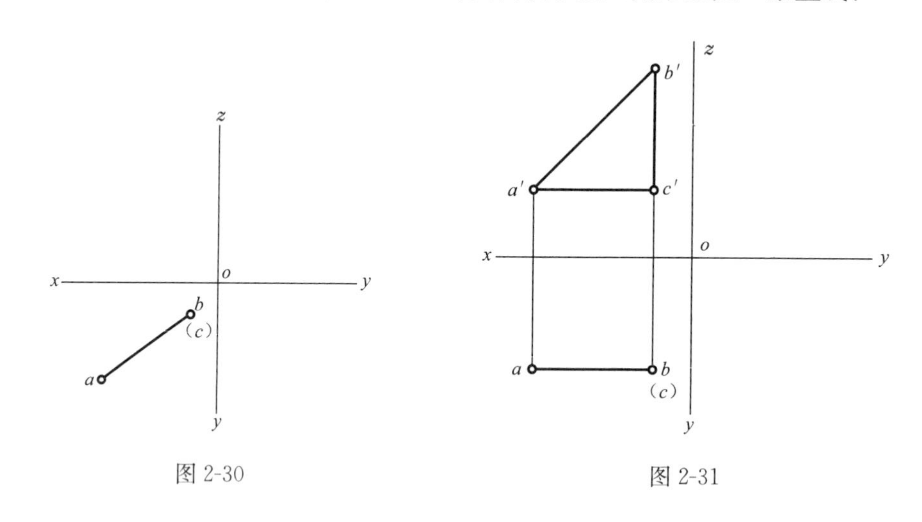

图 2-30　　图 2-31

第三节　基本形体投影

一、平面体的投影

表面由平面组成的几何体称为平面体。基本的平面体包括：正方体、长方体（统称为长方体)、棱柱(四棱柱除外)、棱锥、棱台(统称为斜面体)等，如图 2-32 所示。

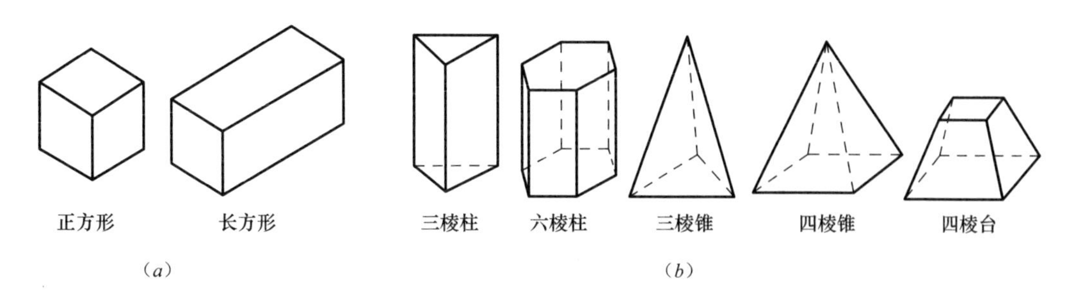

图 2-32　平面体

(a)长方体；(b)斜面体

(一)长方体的投影

长方体的表面是由 6 个长方形(包括正方形)平面组成的，它的棱线之间都互相垂直或平行(相邻的互相垂直，相对的互相平行)。对于其投影图，把长方体放在三投影面体系中，使长方体的各个面分别和各投影面平行或垂直，例如使长方体的前、后面与 V 面平行；左、右面与 W 面平行；上、下面与 H 面平行。凡平行于一个投影面的平面，必定在该投影面上反映出其实际形状和大小，而对另外两个投影面是垂直关系，它们的投影都积聚成一条直线。

如图 2-33 所示为某长方体的三面投影图。根据长方体在三面投影体系中的位置，底面、顶面平行于 H 面，则在 H 面的投影反映实形，并且相互重合。前后面、左右面垂直于 H 面，其投影积聚成为直线，构成长方形的各条边。

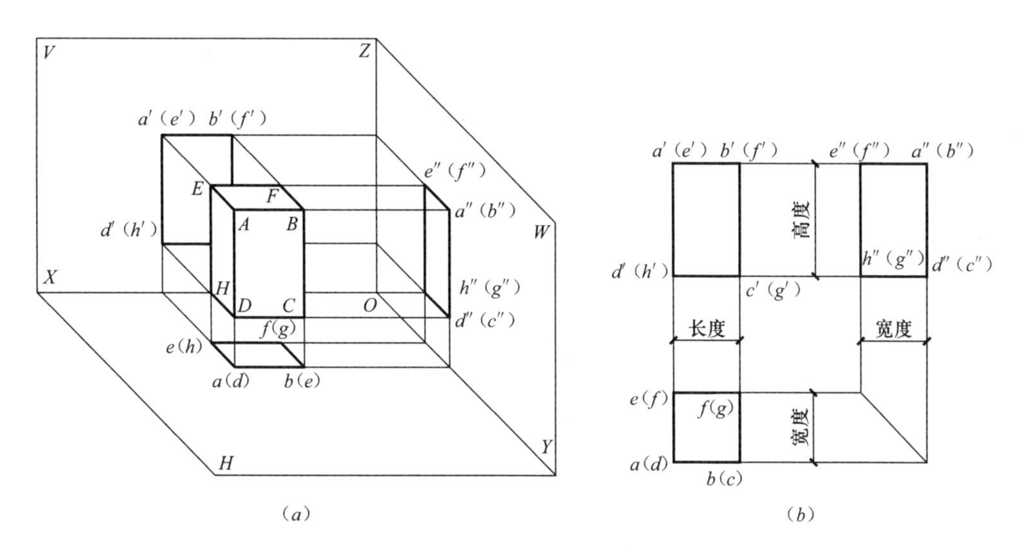

图 2-33　长方体的投影

(a)立体图；(b)投影图

由于前后面平行于 V 面，在 V 面的投影反映实形，并且重合。左右面由于左右侧面平行于 W 面，在 W 面的投影反映实形，并且相互重合。而前后面、顶面、底面与 W 面垂直，其投影积聚成为直线，构成 W 面四边形各边。

从长方体的三面投影图上可以看出：正面投影反映长方体长度 L 和高度 H，水平投影反映长方体的长度 L 和宽度 B，侧面反映棱柱体的宽度 B 和高度 H。完全符合三面投影图的投影特性。

（二）棱柱体的投影

棱柱体是指由两个互相平行的多边形平面，其余各面都是四边形，而且每相邻两个四边形的公共边都互相平行的平面围成的形体。这两个互相平行的平面称为棱柱的底面，其余各平面称为棱柱的侧面，侧面的公共边称为棱柱的侧棱。常见的棱柱体有三棱柱、五棱柱以及六棱柱等。

1. 三棱柱的投影

将正三棱柱体置于三面投影体系中，使其底面平行于 H 面，并保证其中一个侧面平行于 V 面，如图 2-34 所示。

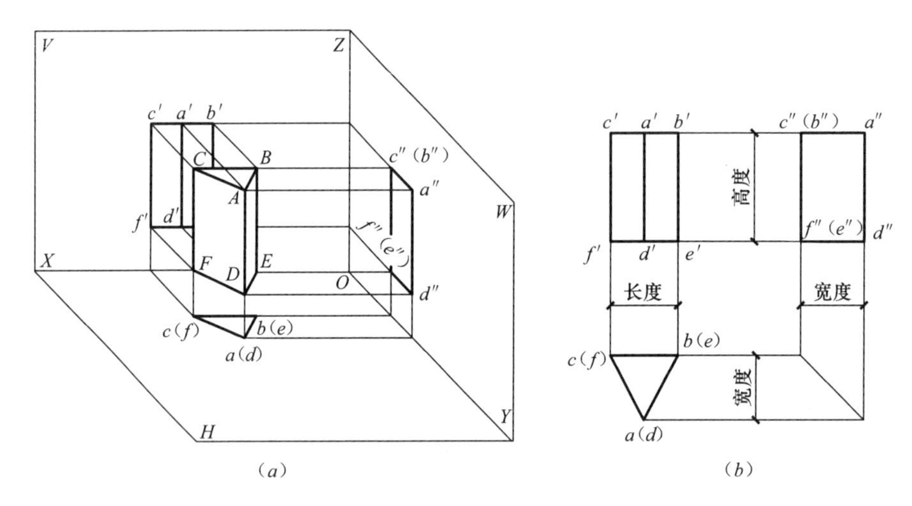

图 2-34　正三棱柱的投影

（a）立体图；（b）投影图

2. 五棱柱的投影

正五棱柱的投影如图 2-35 所示。由图可知，在立体图中，正五棱柱的顶面和底面是两个相等的正五边形，都是水平面，其水平投影重合并且反映实形；正面和侧面的投影重影为一条直线，棱柱的五个侧棱面，后棱面为正平面，其正面投影反映实形，水平和侧面投影为一条直线；棱柱的其余四个侧棱面为铅垂面，其水平投影分别重影为一条直线，正面和侧面的投影都是类似形。

五棱柱的侧棱线 AA_0 为铅垂线，水平投影积聚为一点 a（a_0），正面和侧面的投影都反映实长，即 $a'a_0'=a''a_0''=AA_0$。底面和顶面的边及其他棱线可进行类似分析。

（三）棱锥体的投影

棱锥与棱柱的区别是侧棱线交于一点，即锥顶。棱锥的底面是多边形，各个棱面都是有一个公共顶点的三角形。正棱锥的底面是正多边形，顶点在底面的投影在多边形的中

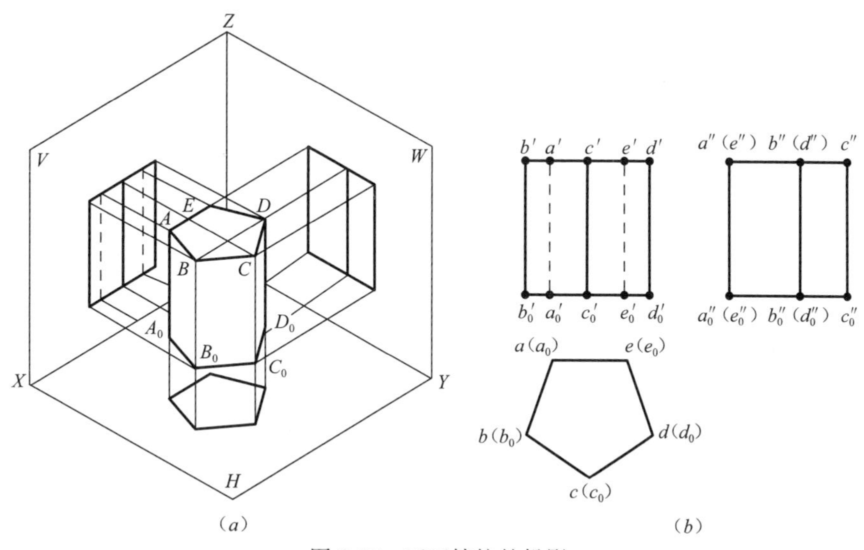

图 2-35　正五棱柱的投影

（*a*）立体图；（*b*）三视图

心。棱锥体的投影仍是空间一般位置和特殊位置平面投影的集合，其投影规律和方法同平面的投影。

（四）棱台体的投影

用平行于棱锥底面的平面切割棱锥后，底面与截面之间剩余的部分称为棱台体。截面与原底面称为棱台的上、下底面，其余各平面称为棱台的侧面，相邻侧面的公共边称为侧棱，上、下底面之间的距离为棱台的高。棱台分别有三棱台、四棱台和五棱台等。

1. 三棱台的投影

为方便作图，应使棱台上、下底面平行于水平投影面，并使侧面两条侧棱平行于正立投影面，如图 2-36 所示。

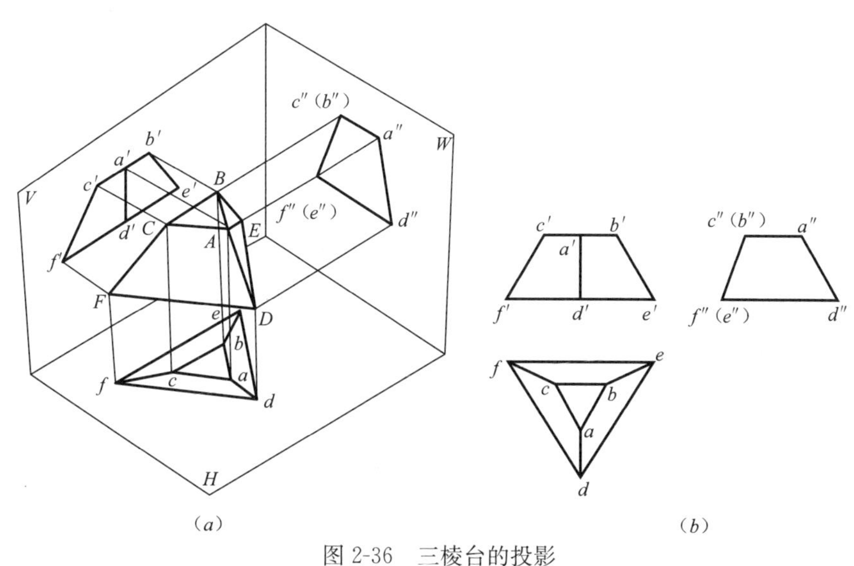

图 2-36　三棱台的投影

（*a*）直观图；（*b*）投影图

2. 四棱台的投影

用同样的方法作四棱台的投影，如图 2-37 所示。在四棱台的三个投影中，其中一个投影有两个相似的四边形，并且各相应顶点相连；另外两个投影仍为梯形。

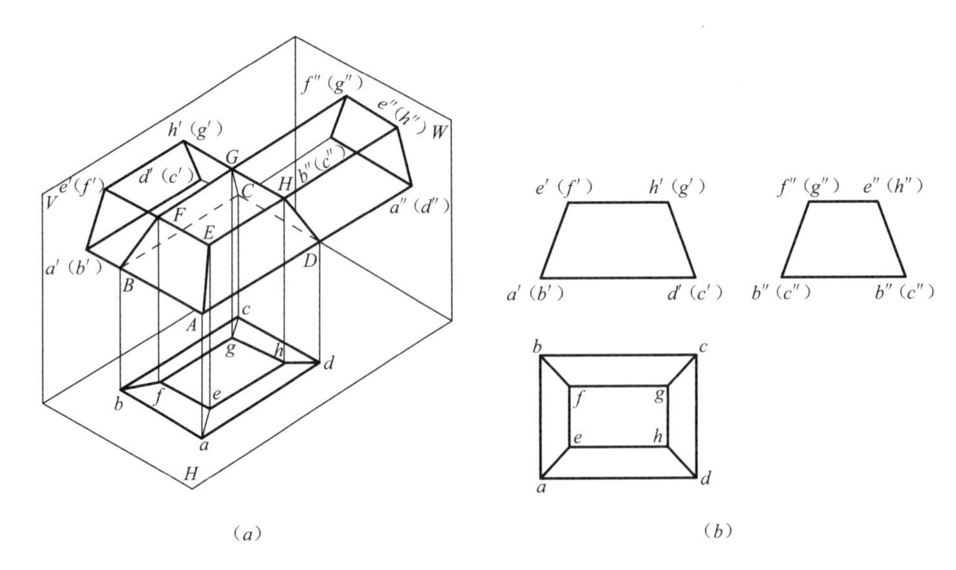

(a)　　(b)

图 2-37　四棱台的投影

(a) 直观图；(b) 投影图

从三棱台、四棱台的投影中可知，在棱台的三面投影中，其中一个投影中有两个相似的多边形，且各相应顶点相连，构成梯形；另两个投影分别为一个或若干个梯形。反之，若一个形体的投影中有两个相似的多边形，且两个多边形相应顶点相连，构成梯形，其余两个投影也为梯形，则可以得出：这个形体为棱台，从相似多边形的边数可以得知棱台的棱数。

例题 2-6： 如图 2-38 (a) 所示，已知三棱锥棱面 OAB 上点 M 的正面投影 m' 和棱面 OAC 上点 N 的水平投影 n，求作另外两个投影。

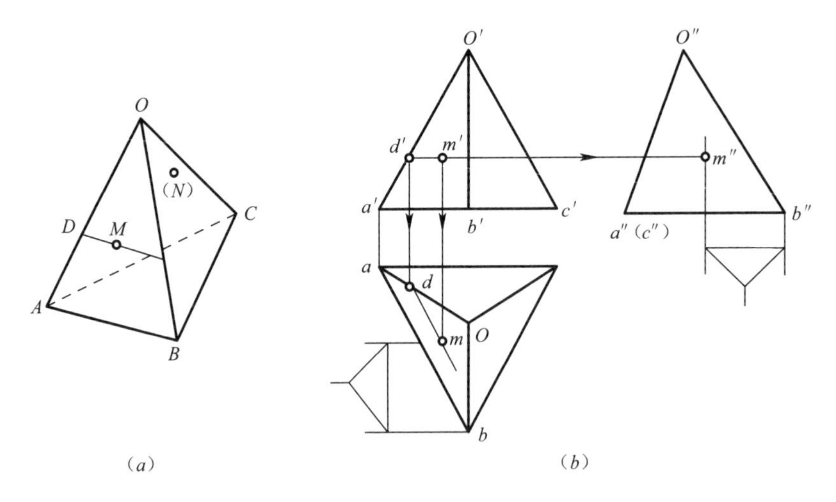

(a)　　(b)

图 2-38　二棱锥表面上取点（一）

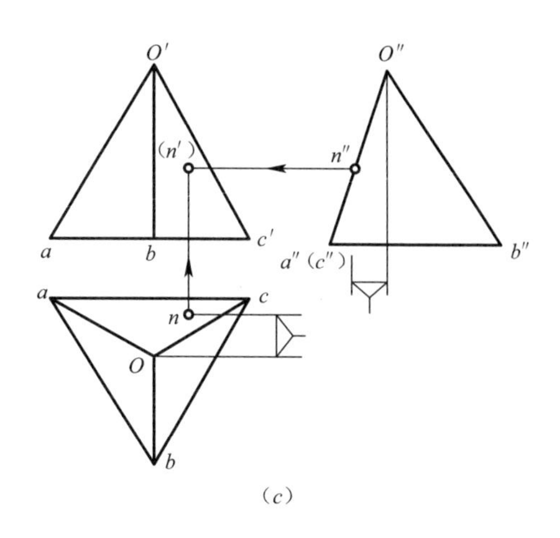

图 2-38　二棱锥表面上取点（二）

解：

（1）分析

M 点所在棱面 OAB 是一般位置平面，其投影没有积聚性，必须借助在该平面上作辅助线的方法求作另外两个投影，如图 2-38（b）所示。也可以在棱面 OAB 上过 M 点作 AB 的平行线为辅助线作出其投影。N 点所在棱面 OAC 是侧垂面，可利用积聚性画出其投影。

（2）作图。其过程如图 2-38（b）、（c）所示。

1）过 m' 作 $m'd'$ // $a'b'$ 交 $o'a'$ 于 d'，由 d' 作垂线得出 d，过 d 作 ab 的平行线，再由 m' 求得 m。

2）由 m' 高平齐、宽相等求得 m''，如图 2-38（b）所示。

3）N 点在三棱锥的后面侧垂面上，其侧面投影 n'' 在 $o''a''$ 上，因此不需要作辅助线，利用"高平齐"可直接作出 n'。

4）再由 n'、n''，根据"宽相等"直接作出 n，如图 2-38（c）所示。

5）判别可见性：m、n、m'' 可见。

练习 2-8：已知正三棱柱边长 L，棱柱高为 H，如图 2-39 所示，求正三棱柱的三面投影。

练习 2-9：如图 2-40 所示，已知正四棱锥体的底面边长和棱锥高，求作正四棱锥体的三面投影。

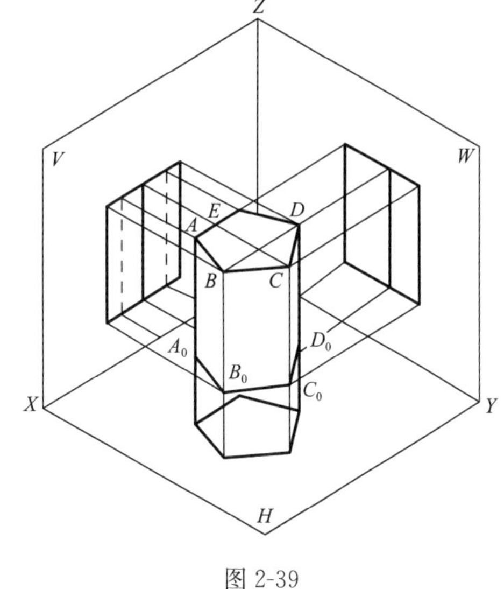

图 2-39

二、曲面体的投影

（一）曲面体的形成

1. 回转体的形成

常见的曲面体有圆柱、圆锥以及圆球等。由于这些物体的曲表面均可看成是由一根动

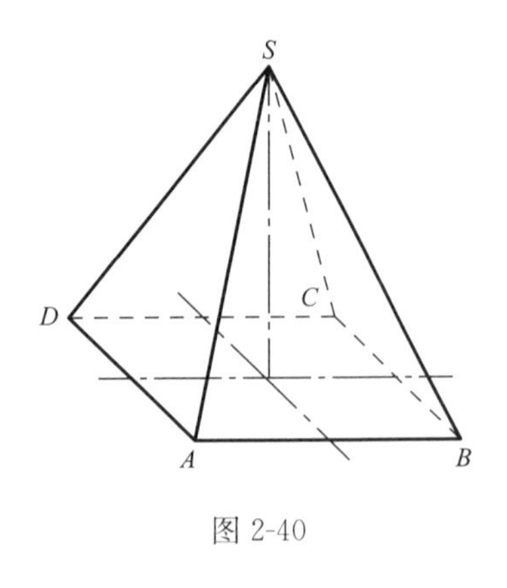

图 2-40

线绕着一固定轴线旋转而成，所以这类形体又称为回转体。如图 2-41 所示，图中的固定轴线称为回转轴，动线称为母线。

（1）回转面：直线或曲线绕某一轴线旋转而成的光滑曲面。

（2）母线：形成回转面的直线或曲线。

（3）素线：回转面上的任一位置的母线。轮廓素线则是指将物体置于投影体系中，在投影时能构成物体轮廓的素线。

（4）纬圆：母线上任意点绕轴旋转形成曲面上垂直轴线的圆。

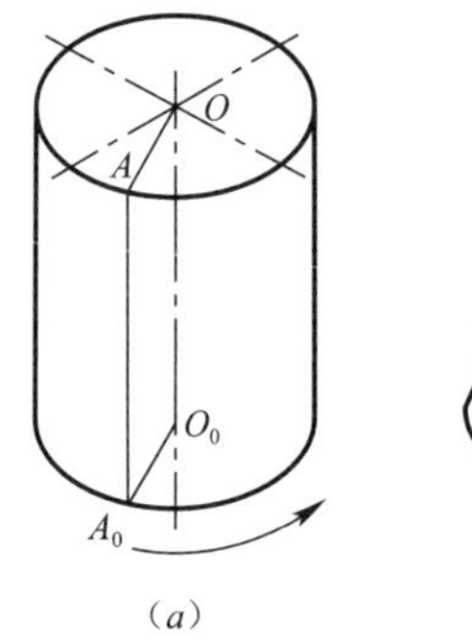

（*a*）

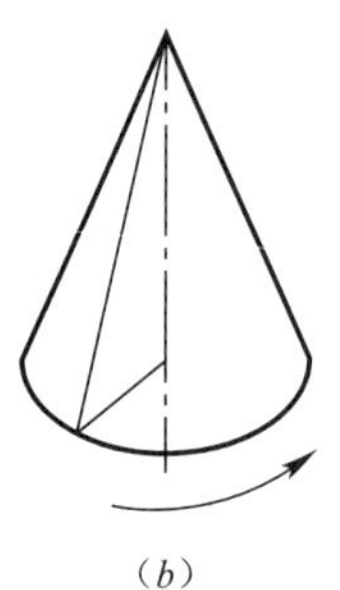
（*b*）

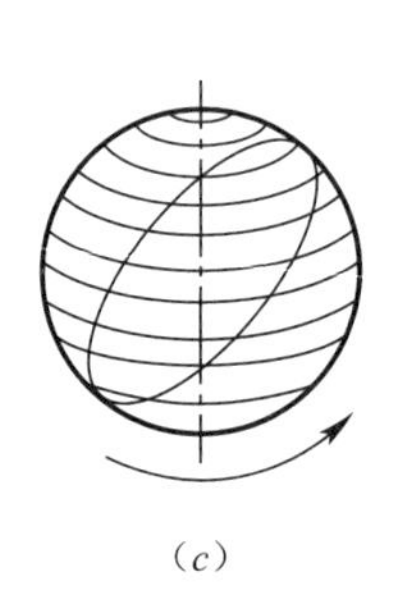
（*c*）

图 2-41　回转面的形式

（*a*）圆柱面；（*b*）圆锥面；（*c*）圆球面

2. 常见曲面体的形成

（1）当母线为直母线并且平行于回转轴时，形成的曲面为圆柱面，如图 2-41（*a*）所示。

（2）当母线为直母线并且与回转轴相交时，形成的曲面为圆锥面。圆锥面上所有母线交于一点，称为锥顶，如图 2-41（*b*）所示。

（3）由圆母线绕其直径回转而成的曲面称为圆球面，如图 2-41（*c*）所示。

（二）圆柱体的投影

圆柱体是由圆柱面和两个圆形底面组成的，圆柱面上与轴线平行的直线称为圆柱面的素线。如图 2-42 所示，当圆柱体的轴线为铅垂线时，圆柱面所有的素线都是铅垂线，在平面图上积聚为一个圆，圆柱面上所有的点和直线的水平投影，都在平面图的圆上；其正立面图和侧立面图上的轮廓线为圆柱面上最左、最右、最前、最后轮廓素线的投影。圆柱体的上、下底面为水平面，水平投影为圆（反映实形），另两个投影积聚为直线。

如图 2-42 所示，圆柱体投影图的作图步骤如下：

（1）作圆柱体三面投影图的轴线和中心线，然后由直径画水平投影圆。

（2）由“长对正”和高度作正面投影矩形。

（3）由“高平齐，宽相等”作侧面投影矩形。

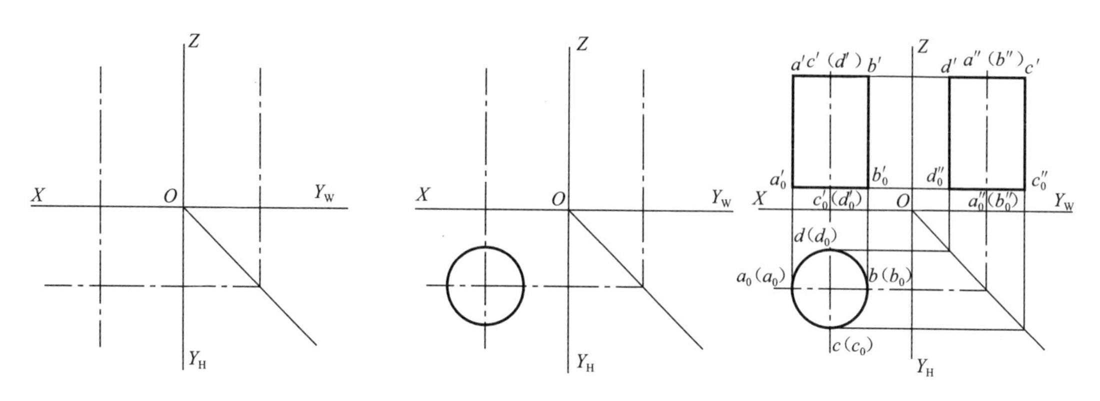

图 2-42　圆柱体的投影作图

（三）圆锥体的投影

圆锥体是由圆锥面和一个底面组成的。圆锥面可看成由一条直线绕与它相交的轴线旋转而成。圆锥放置时，应使轴线与水平面垂直，底面平行于水平面，以便于作图，如图 2-43 所示。

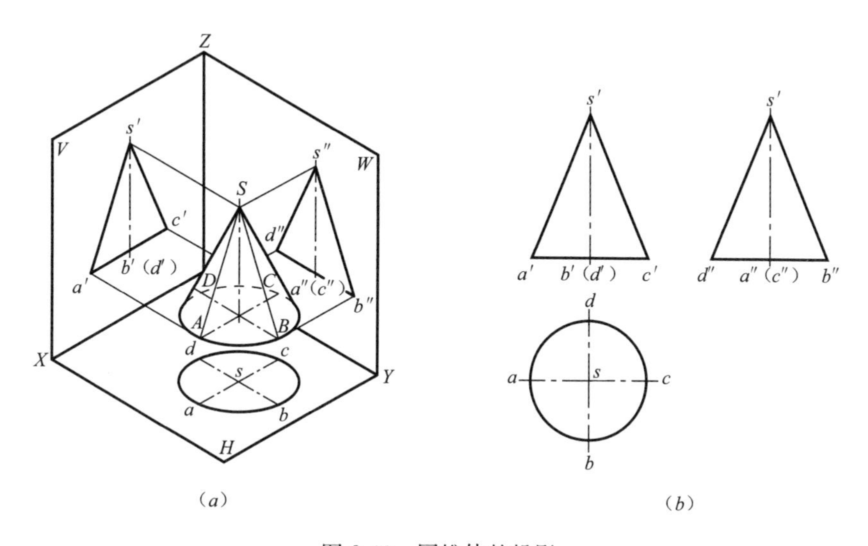

图 2-43　圆锥体的投影

（四）圆球体的投影

圆球体由一个圆球面组成。如图 2-44 所示，圆球面可看成由一条半圆曲线绕与它的直径作为轴线的 OO_0 旋转而成。

（五）圆环的投影

圆环是由一个圆环面组成的，如图 2-45 所示。圆环面可以看成是由一条圆曲线绕与圆所在平面上且在圆外的直线作为轴线 OO_0 旋转而成的，圆上任意点的运动轨迹为垂直于轴线的纬圆。

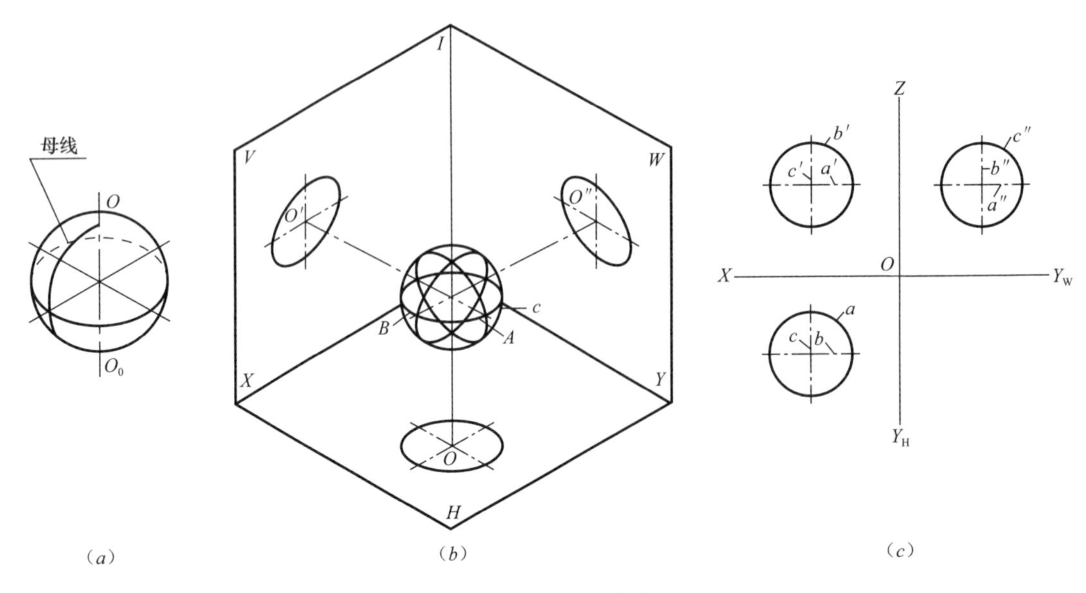

图 2-44　圆球体的投影图

(a) 直观图；(b) 作图分析；(c) 投影图

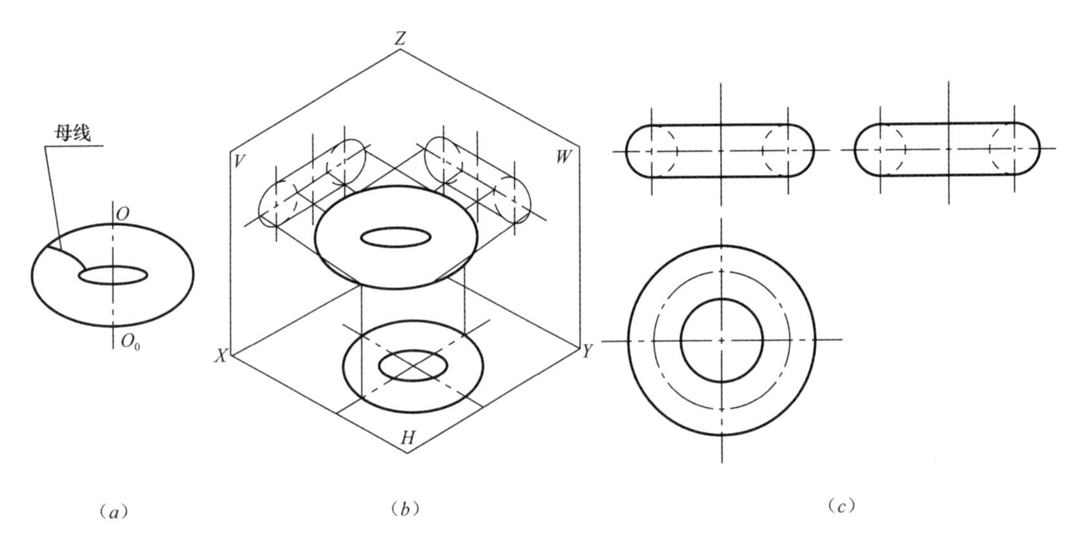

图 2-45　圆环的投影

(a) 圆环的形成；(b) 作图分析；(c) 投影图

例题 2-7：如图 2-46 所示，已知圆锥面上点 M 的正面投影 m'，求 m、m''。

解一：素线法

(1) 分析：

如图 2-46 (a) 所示，M 点在圆锥面上，一定在圆锥面的一条素线上，所以过锥顶 S 和点 M 作一素线 ST，求出素线 ST 的各投影，根据点线的从属关系，即可求出 m、m''。

(2) 作图。其过程如图 2-46 (b) 所示。

1) 在图 2-46 (b) 中连接 $s'm'$ 延长交底圆于 t'，在 H 面投影上求出 t 点，根据 t、t' 求

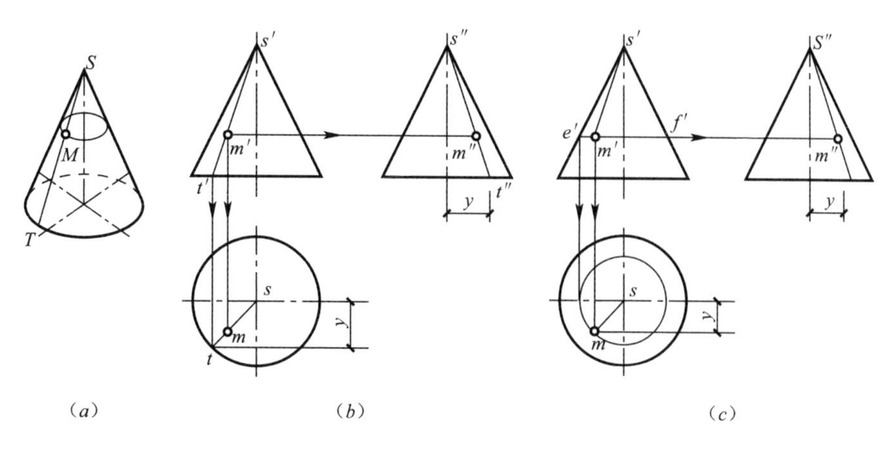

图 2-46 圆锥面上取点

（a）空间示意；（b）素线法；（c）纬圆法

出 t''，连接 st、$s''t''$即为素线 ST 的 H 面投影和 W 面投影。

2）根据点线的从属关系求出 m、m''。

解二：纬圆法

（1）分析：

过点 M 作一平行于圆锥底面的纬圆。该纬圆的水平投影为圆。正面投影、侧面投影为一直线。M 点的投影一定在该圆的投影上。

（2）作图。其过程如图 2-46（c）所示。

1）在图 2-46（c）中，过 m'作与圆锥轴线垂直的线 $e'f'$，它的 H 面投影为一直径等于 $e'f'$、圆心为 S 的圆，m 点必在此圆周上。

2）由 m'、m 求出 m''。

练习 2-10：如图 2-47 所示圆锥体，试作圆锥体的三面投影图。

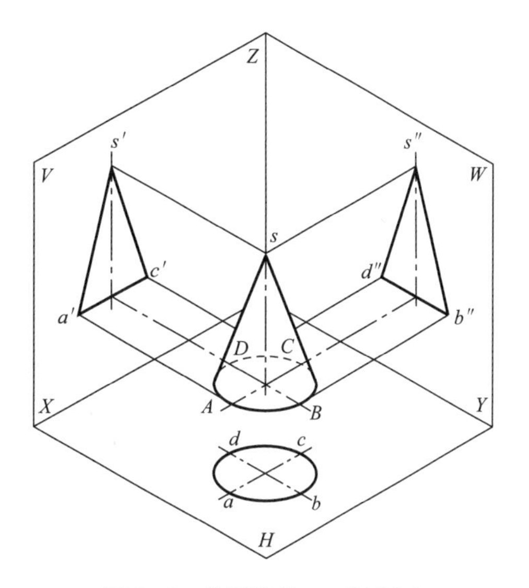

图 2-47 作圆锥体三面投影图

第四节 轴测投影和透视投影

一、轴测投影

（一）轴测投影图的形成与特性

1. 轴测投影的形成

用平行投影的方法，把形体连同它的坐标轴一起向单一投影面（P）投影得到的投影图，称为轴测投影图，如图 2-48 所示。它的特点是较三面投影立体直观性强，如图 2-49 所示，较透视图简单、快捷，但是形状有变形和失真，一般作为工程上的辅助图样。

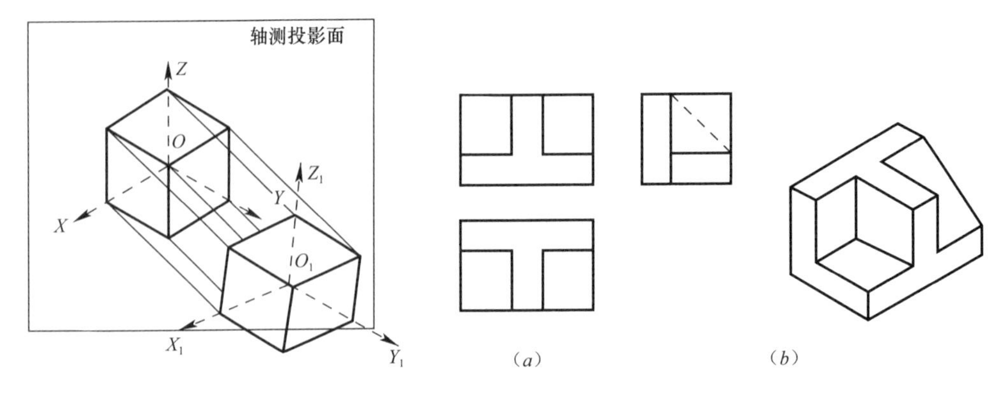

图 2-48 轴测图的形成

图 2-49 正投影图与轴测投影图比较
(a) 三面正投影图；(b) 轴测投影图

2. 轴测投影的基本特性

(1) 直线的轴测投影仍然是直线。

(2) 空间平行直线的轴测投影仍然平行。

(3) 与坐标轴平行的直线，其轴测投影平行于相应的轴测轴，且伸缩系数与相平行的轴的伸缩系数相同。

(二) 轴测投影的分类

轴测投影可以分为正轴测投影和斜轴测投影两大类。当形体的三个坐标轴均与轴测投影面倾斜，而投影线与轴测投影面垂直时所形成的轴测投影即为正轴测投影。正轴测投影又分为正等测投影和正二测投影。当形体只有两个坐标轴与轴测投影面平行，而投影线与轴测投影面倾斜时所形成的轴测投影即为斜轴测投影。斜轴测投影又分为正面斜轴测投影和水平面斜轴测投影；当确定形体正面的 OX 和 OZ 两坐标轴与轴测投影面平行时所形成的斜轴测投影即为正面斜轴测投影，当确定形体水平面的 OX 和 OY 两坐标轴与轴测投影面平行时所形成的斜轴测投影即为水平斜轴测投影。

在园林工程制图中常用的轴测图包括四种，各种轴测投影的轴间角以及轴向伸缩系数分别如下：

1. 正等轴测图（正等测）

投射方向垂直于投影面，轴间角均等于 120°，三个轴向伸缩系数都相等，即取 $p_1=q_1=r_1=1$ 得到的轴测图，如图 2-50 所示。

2. 正二等轴测图（正二测）

投射方向垂直于投影面，有两个轴向伸缩系数相等，即取 $p_1=r_1=1$；$q_1=1/2$ 得到的轴测图，如图 2-51 所示。

3. 正面斜等轴测图（斜等测）

轴测投影面平行于正立投影面（坐标面 XOZ），投射方向倾斜于轴测投影面，三个轴向伸缩系数都相等，即取 $p_1=q_1=r_1=1$ 得到的轴测图，如图 2-52 所示。

4. 正面斜二等轴测图（斜二测）

轴测投影面平行于正立投影面（坐标轴 XOZ），投射方向倾斜于轴测投影面，有两个

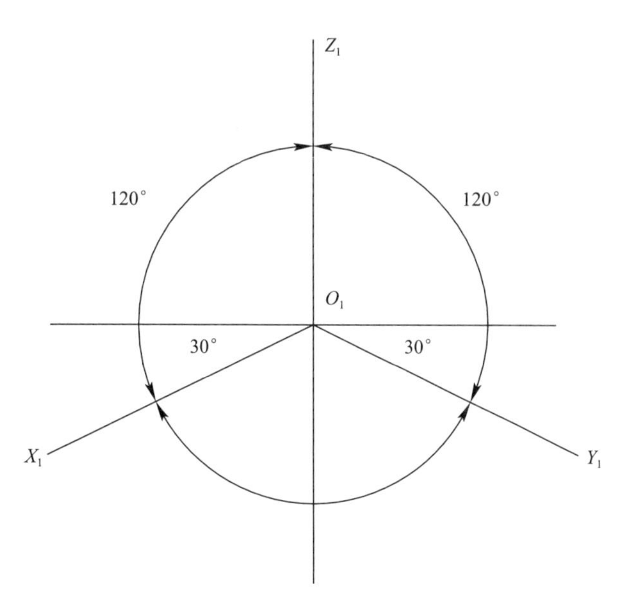

图 2-50　正等测投影轴间角

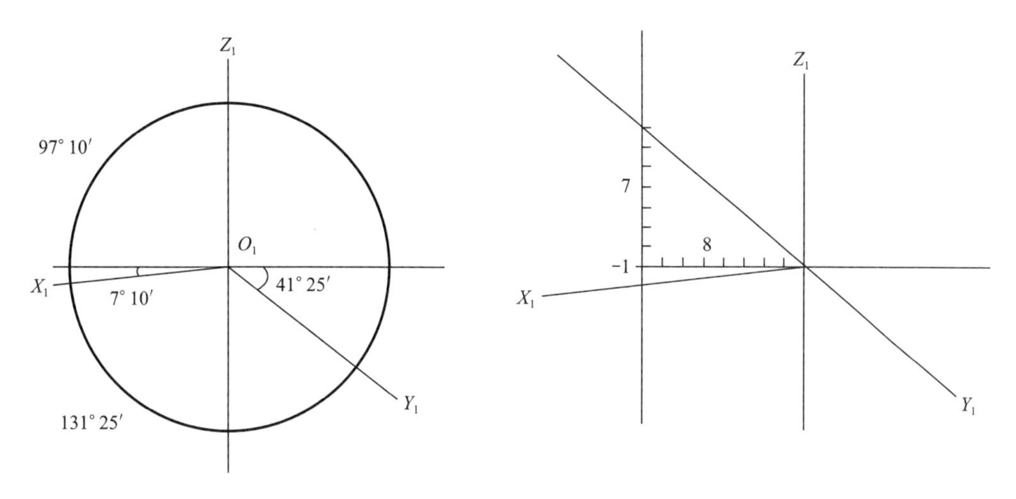

图 2-51　正二测投影的轴间角

轴向伸缩系数都相等，即取 $p_1=r_1=1$；$q_1=1/2$ 得到的轴测图。

（三）轴测图的画法

各种轴测图的画法基本上相同，所不同的只是不同轴测图的轴间角和轴向伸缩系数不同而已。根据形体的组成方式，一般基本形体常采用坐标定点的方法来作图；而叠加型组合体常采用叠加法来作图；对于切割型组合体常采用切割法来作图。

1. 正等测图

常用的基本作图方法是坐标法。

（1）正六棱柱：已知正六棱柱正投影图和水平投影图，如图 2-53 所示，求作它的正等测图。

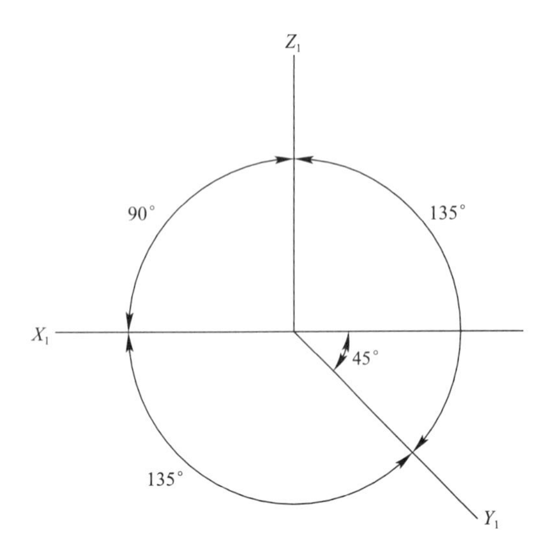

图 2-52　正面斜轴测投影的轴间角

具体作图步骤如下：

1）定原点及坐标轴。在原投影图中确定出原点和坐标轴的投影，如图 2-53（a）所示。

2）建轴。根据要求画出正等测投影的轴测轴，如图 2-53（b）所示。

3）定点。在 OX 轴上 O 点左右分别截取 a 和 d 两点，使其距离 O 点均为 X_a。在 OY 轴上 O 点的两边分别取点，使其距离 O 点均为 Y_b；然后过这两点分别作 OX 轴的平行线，并在这两平行线上分别截取 b、c、e、f 四点，使这四点距离相应的 OY 轴上所取点的距离分别为 X_b，如图 2-53（b）所示。

4）连线。将 a、b、c、d、e、f 六点依此连线，并过这些点做 OZ 轴平行线，截取高度尺寸，如图 2-53（c）所示。

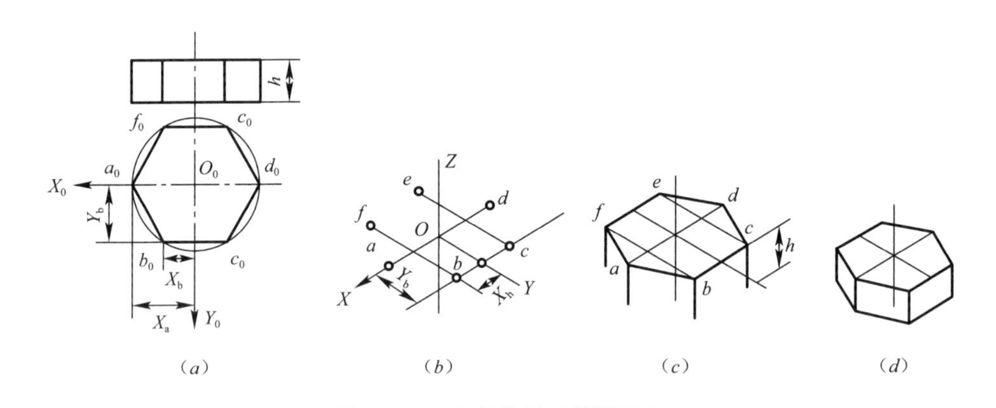

图 2-53　正六棱柱的正等测画法

（a）定原点及坐标轴；（b）建轴、定点；（c）连线；（d）擦线并加深

5）擦线并加深。将下端点连线，轴线及多余的线或有些不可见的线擦去，并且将图中应该有的棱线加深，如图 2-53（d）所示。

（2）圆柱：已知圆柱正投影图和水平投影图，如图 2-54（a）所示，求作它的正等测图。作图步骤如正六棱柱，如图 2-54 所示。

2. 斜二轴测投影图

因为在正面斜轴测图中，确定正面的 OX 轴和 OZ 轴方向不发生变化，而且轴向伸缩系数为 1，所以形体上凡是与正面平行的面，其正面斜轴测图的形状不发生变化。因此正面斜轴测图经常用来表达正面形状比较复杂的形体。

（1）台阶的正面斜二测图，如图 2-55 所示。

（2）带切口圆柱的侧面斜二测图，如图 2-56 所示。

例题 2-8：画组合体的正等轴测图，如图 2-57（a）所示。

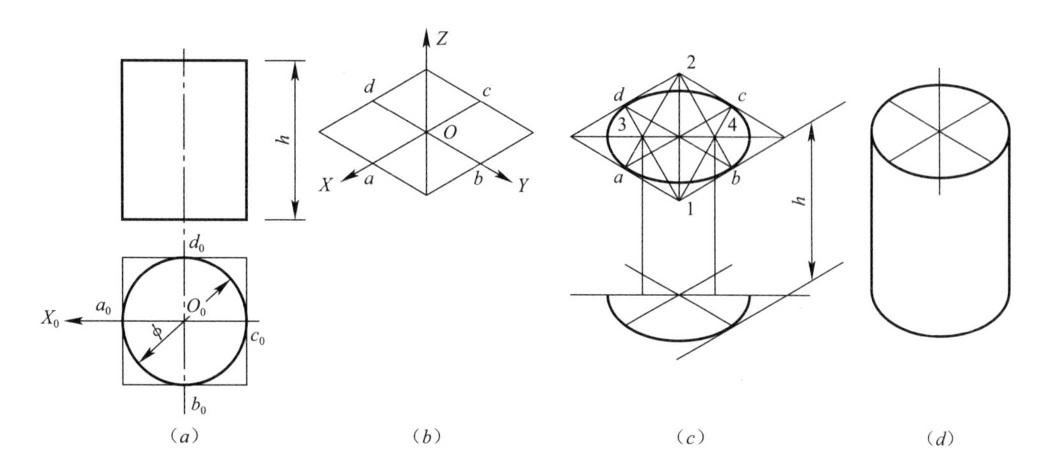

图 2-54　圆柱的正等测

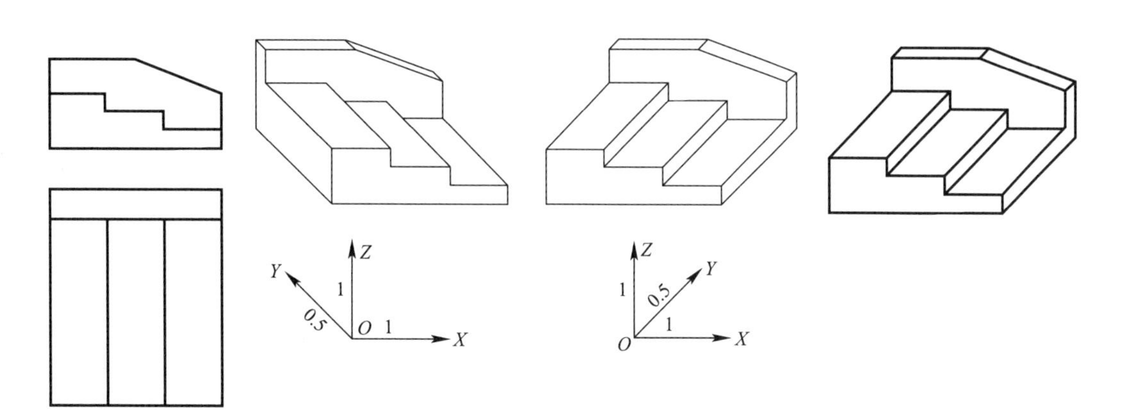

图 2-55　台阶的正面斜二测图

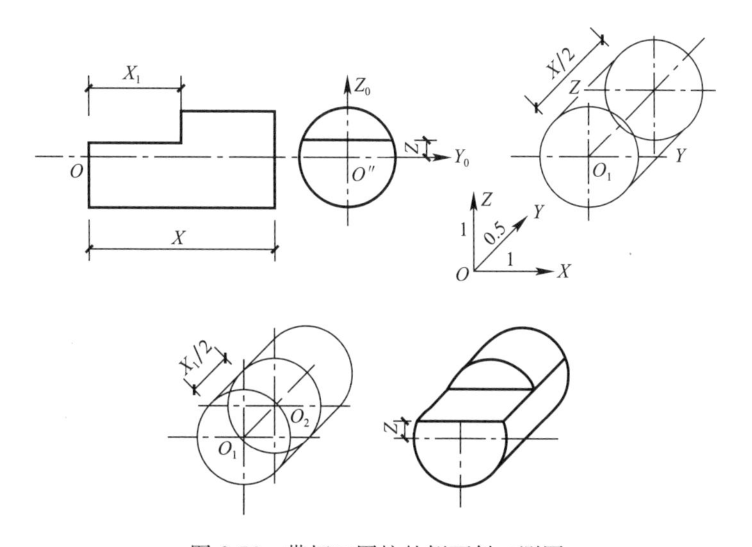

图 2-56　带切口圆柱的侧面斜二测图

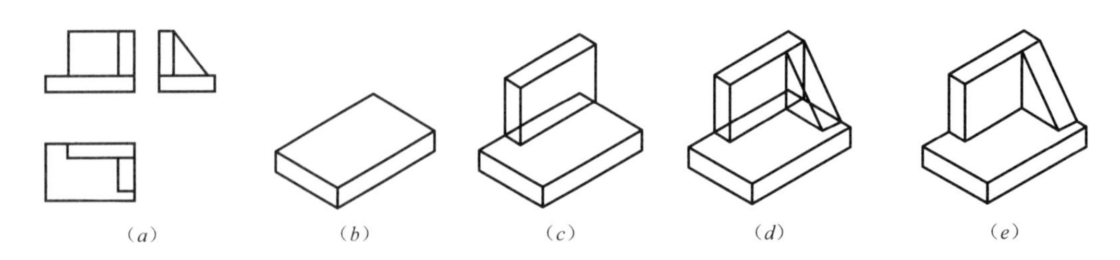

图 2-57　用叠加法画组合体的正等测图

解：

该形体由几个基本几何体叠加而成，画图时应先主后次地画出各组成部分的轴测图。每一部分的轴测图仍用坐标法画出，但应注意各部分之间的相对位置（坐标关系）的确定。

求解步骤：

（1）画出水平矩形板的轴测图，如图 2-57（*a*）所示。

（2）画出正立矩形板的轴测图，注意与水平板的相对位置，如图 2-57（*b*）所示。

（3）画出右面三角板的轴测图，同样注意它的位置，如图 2-57（*c*）所示。

（4）检查，加深可见部分的轮廓线即成，如图 2-57（*d*）所示。

对于由几个基本体叠加而成的组合体，宜在形体分析的基础上，将各基本体逐个画出，最后完成整个形体的轴测图，此种方法称为叠加法，如图 2-57（*e*）。

例题 2-9： 画形体的正等轴测图，如图 2-58（*a*）所示。

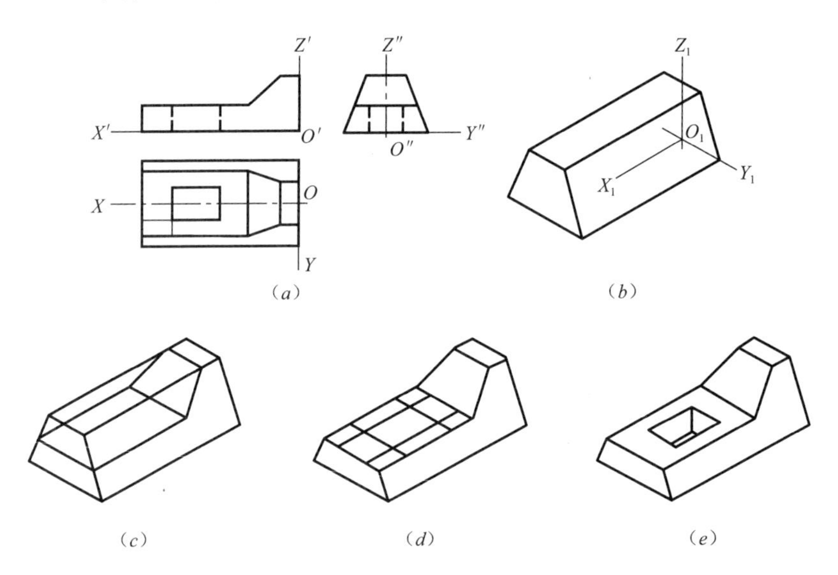

图 2-58　用切割法画正等轴测图

解：

该形体可看成是一横置的四棱柱，左上方开一缺口，再挖去一矩形孔而成。

求解步骤：

（1）确定坐标轴，如图 2-58（*a*）所示。

（2）画出四棱柱的正等轴测图，如图 2-58（*b*）所示。

（3）画出左上方的缺口，一定要沿轴向量取距离，如图 2-58（*c*）所示。

（4）定矩形孔的位置，如图 2-58（*d*）所示。

（5）画出矩形孔，加深可见部分的轮廓线，如图 2-58（*e*）所示。

注意：在正等测轴测图中不与轴测轴平行的直线不能按 1∶1 量取，应先根据坐标定出两个端点，再连接而成。

练习 2-11：画圆柱和圆台的正等轴测图，如图 2-59 所示。

练习 2-12：作拱门的斜二测轴测图，如图 2-60 所示。

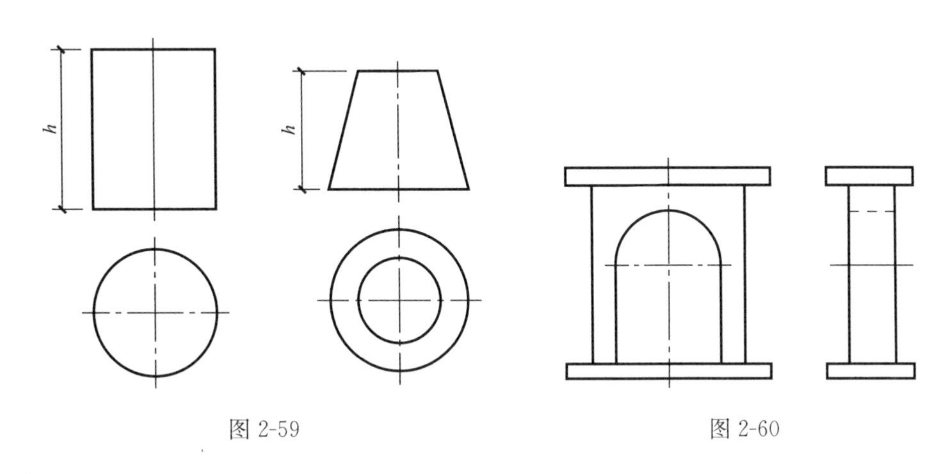

图 2-59　　　　图 2-60

二、透视投影

（一）透视的概念

透视投影与轴测投影一样，都是一种单面投影，不同的是轴测投影用平行投影法绘制，而透视投影则用中心投影法绘制。

如图 2-61 所示，在人与园林建筑之间设立一个透明的铅垂面 *K* 作为投影面，人的视线穿过投影面并与投影面相交所得的图形称为投影图，也称为透视投影。*SA*、*SB* 等在透视投影中称为视线。很明显，在作透视图时逐一求出各视线 *SA*、*SB*、*SC*、*SD*，*K* 投影面上的点 A'、B'、C'、D'就是园林建筑上点 *A*、*B*、*C*、*D* 的透视。将各点的透视连接起来，就成为园林建筑的透视图。

透视图由于符合人的视觉印象，空间立体感强，形象、生动、逼真，所以在科学、艺术、工程技术中被广泛地应用。特别是在园林建筑设计或总体规划设计中，设计人员绘制出所设计对象的透视，显示出其外貌效果，以供设计人员研究、分析设计对象的整体效果，进行各种方案的比较、修改、选择、确定，并供人们对建筑物进行评价和欣赏。

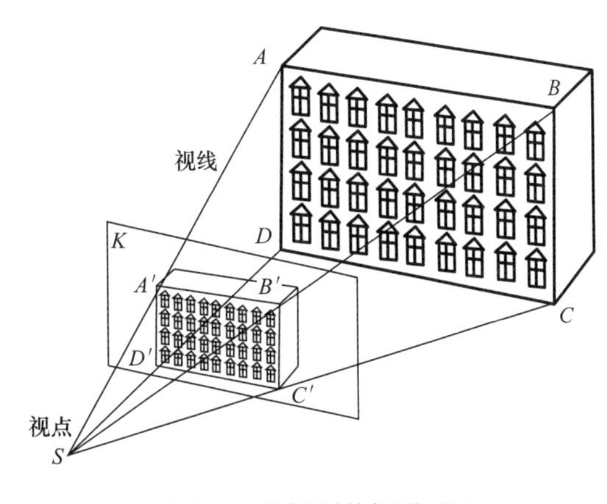

图 2-61　透视图的投影过程

（二）一点透视

当画面垂直于基面，并且建筑物有两个主向轮廓线平行于画面时，所作透视图中，这两组轮廓线不会有灭点，第三个主向轮廓线必与画面垂直，其灭点是主点 s'，如图 2-62 所示，这样产生的透视图称为一点透视。由于这一透视位置中，建筑物有一主要立面平行于画面，所以又称平行透视。一点透视的图像平衡、稳定，适合表现一些气氛庄严，横向场面宽广，能显示纵向深度的建筑群，例如政府大楼、图书馆、纪念堂等；此外，一些小空间的室内透视，多灭点易造成透视变形过大，为了显示室内家具或庭院的正确比例关系，通常也适合用一点透视。

（三）两点透视

当画面垂直于基面，建筑物只有一主向轮廓线与画面平行（一般是建筑物高度方向），其余两主向轮廓线均与画面相交，则有两个灭点 F_1 和 F_2，如图 2-63 所示，这样产生的透视图称为两点透视，由于建筑物的各主立面均与画面成一倾角，所以又称成角透视。两点透视的效果真实自然，易于变化，如图 2-63 所示，适合表达各种环境和气氛的建筑物，是运用最普遍的一种透视图形式。

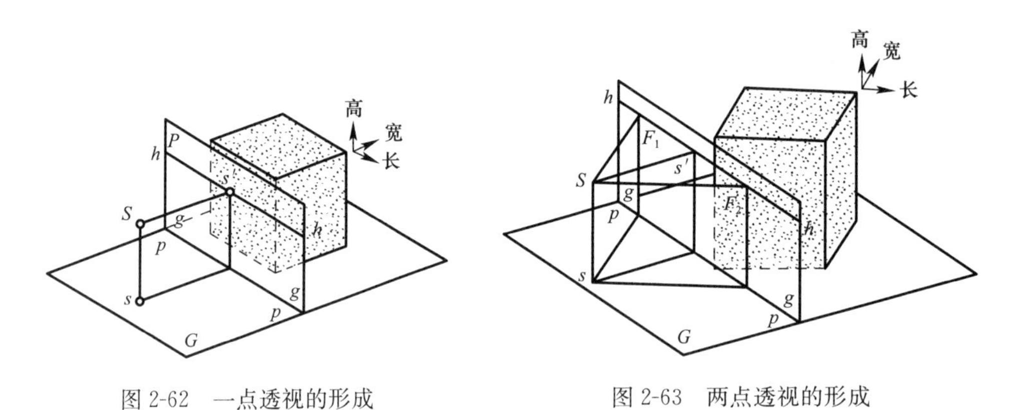

图 2-62　一点透视的形成　　　　图 2-63　两点透视的形成

例题 2-10： 已知建筑物的两面投影图，如图 2-64（a）所示，求作它的两点透视图。

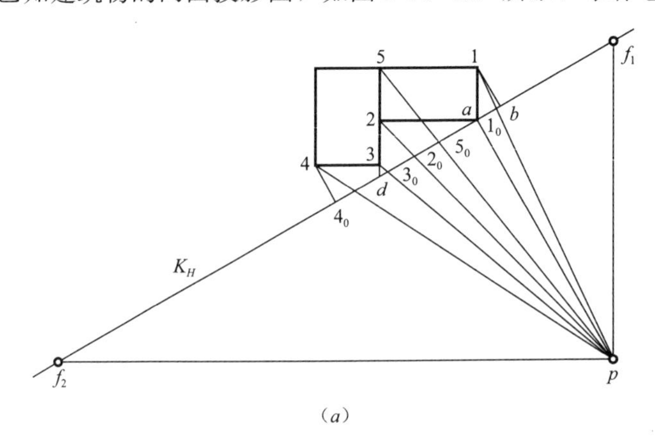

（a）

图 2-64　建筑物的两点透视图（一）

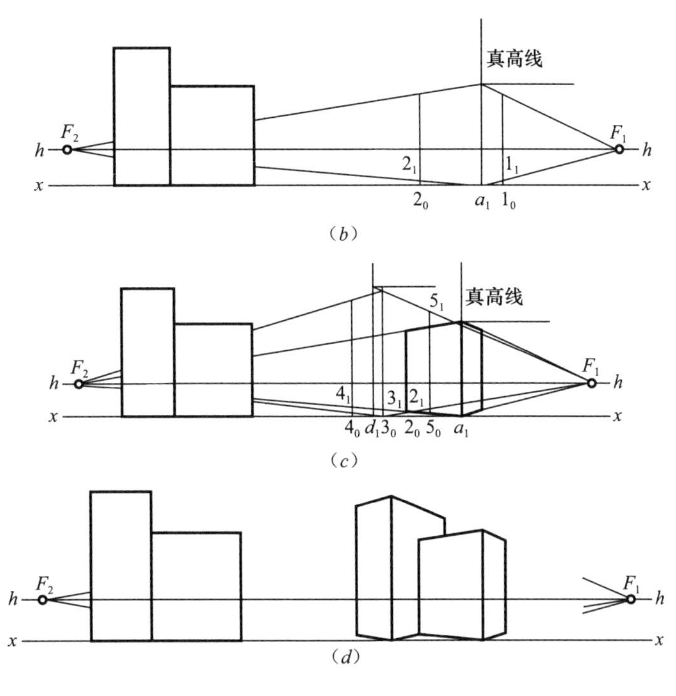

图 2-64　建筑物的两点透视图（二）

解：

作图步骤：

（1）按视点的选择原则，在图 2-64（a）中确定视平线 hh，迹线 K_H，站点 p，f_1 和 f_2，并作出建筑物各可见角点的视线投影与 K_H 线的交点 10、20、30、40 和 50 等。

（2）如图 2-64（b）所示，作建筑物右半部较矮部分墙身的透视。

（3）如图 2-64（c）所示，作建筑物左半部较高部分墙身的透视；在图 2-64（a）中，把 23 线延长到 K_H 上（相当于把过 3 点的墙角线，沿墙身宽方向推移到画面上），得交点 d，然后在图 2-64（c）的 xx 线上量取 $a1d1=ad$，得 d_1 点，过 d_1 点立一真高线，在此线上量取左半部墙身的高度，向 F_1 作透视线，与过 30 点向上引的垂线相交，得此墙角的透视。其余作图已在图中表明。

（4）如图 2-64（d）所示，加深，完成透视图。

练习 2-13：已知建筑物的两面投影图，如图 2-65 所示，求作它的两点透视图。

练习 2-14：已知双坡小房的三面投影图，如图 2-66 所示，求作它的两点透视图。

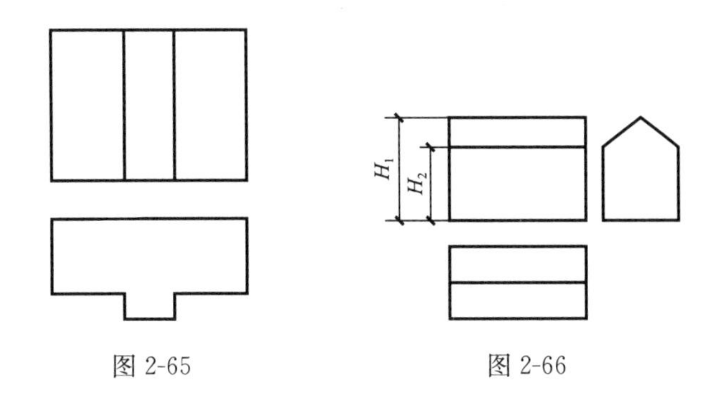

图 2-65　　　　图 2-66

第五节　组合体投影

一、组合体的组合形式

根据基本形体的组合方式的不同，通常可以将组合体分为叠加式、切割式和混合式三种。

（一）叠加式组合体

叠加式组合体是指组合体的主要部分是由若干个基本形体叠加而成为一个整体。如图 2-67所示，立体由三部分叠加而成，A 为一水平放置的长方体，B 是一个竖立在正中位置的四棱柱，C 为四块支撑板。

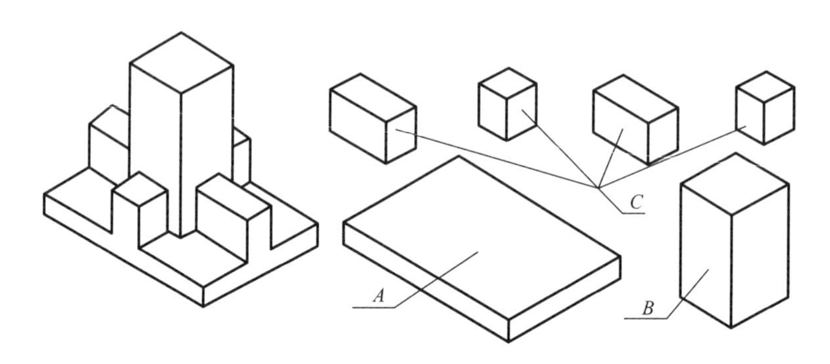

图 2-67　叠加型组合体

（二）切割式组合体

切割式组合体是指从一个基本形体上切割去若干基本形体而形成的组合体。如图 2-68 所示，可以将该组合体看作是在一长方体 A 的左上方切去一个长方体 B，然后，再在它的上中方切除长方体 C 而形成的。

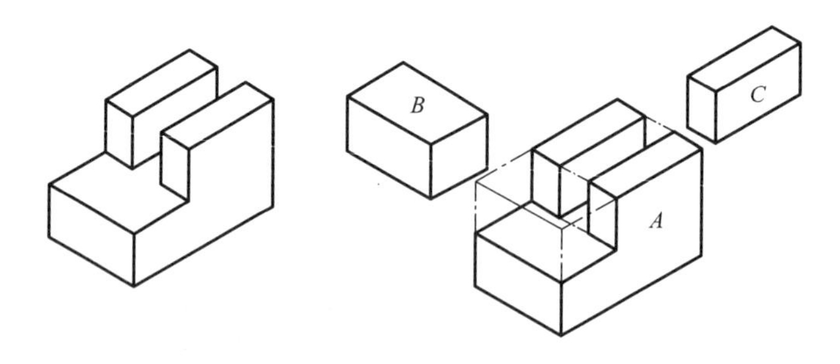

图 2-68　切割式组合体

（三）混合式组合体

混合式组合体是指既有叠加又有切割而形成的几何体，如图 2-69 所示。

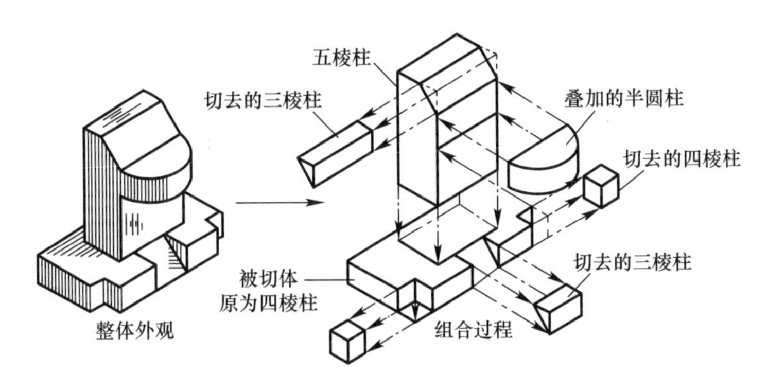

图 2-69　混合式组合体

二、组合体投影图的画法

(一) 形体分析

形体分析法是指把一个复杂形体分解成若干基本形体或简单形体的方法。形体分析法是画图、读图和标注尺寸的基本方法。

如图 2-70（*a*）所示为一室外台阶，可以将其看成是由边墙、台阶、边墙三大部分组成，如图 2-70（*b*）所示。

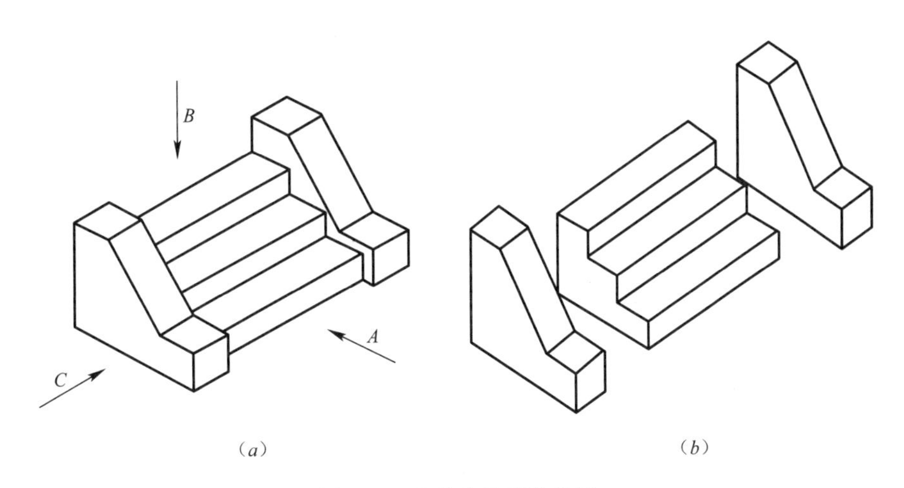

图 2-70　室外台阶形体分析

如图 2-71（*a*）所示是一肋式杯形基础，可以将其看成由底板、中间挖去一楔形块的四棱柱和六块梯形肋板组成，如图 2-71（*b*）所示。

画组合体的投影图时，必须正确表示各基本形体之间的表面连接。形体之间的表面连接可归纳为以下四种情况（图 2-72）：

（1）两形体表面相交时，两表面投影之间应画出交线的投影。

（2）两形体的表面共面时，两表面投影之间不应画线。

（3）两形体的表面相切时，由于光滑过渡，两表面投影之间不应画线。

（4）两形体的表面不共面时，两表面投影之间应该有线分开。

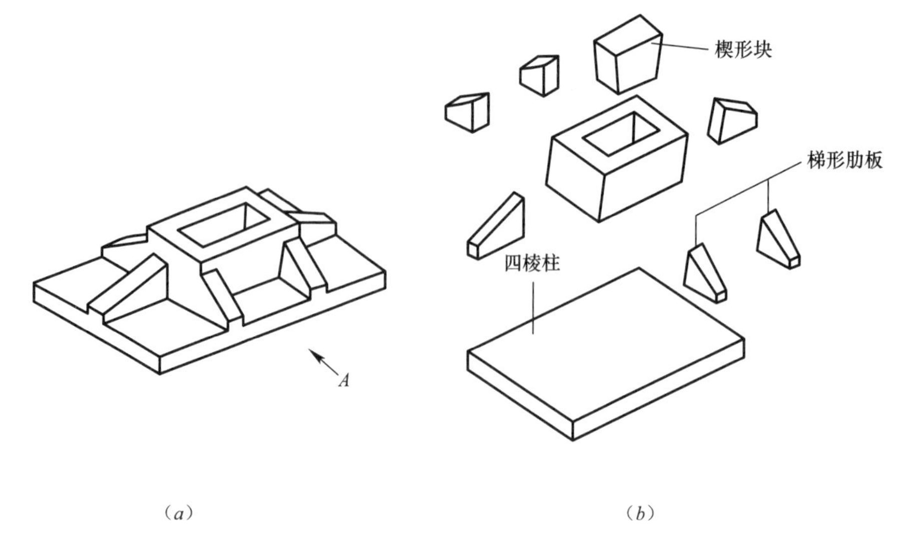

图 2-71　室外台阶和肋式杯形基础形体分析

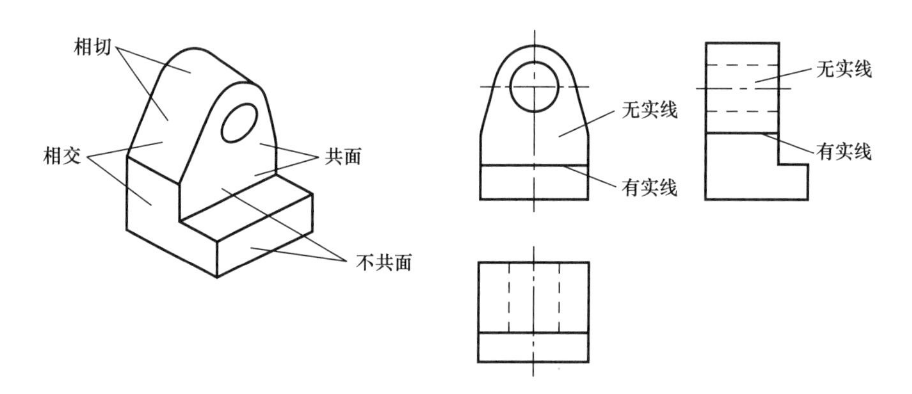

图 2-72　形体之间的表面连接

（二）画图步骤

（1）选取画图比例、确定图幅。

（2）布图、画基准线。

（3）绘制视图的底稿：根据物体投影规律，逐个画出各基本形体的三视图。其具体画图的顺序应为：一般先画实形体，后画虚形体（挖去的形体）；先画大形体后画小形体；先画整体形状，后画细节形状。

（4）检查、描深：检查无误后，可按规定的线型进行加深，如图 2-73 所示。

三、组合体的尺寸标注

组合体的尺寸标注，需首先进行形体分析，确定要反映到投影图上的基本形体及尺寸标注要求。此外，还必须掌握合理的标注方法。

以下是以台阶为例说明组合体尺寸标注的方法和步骤（图 2-74）：

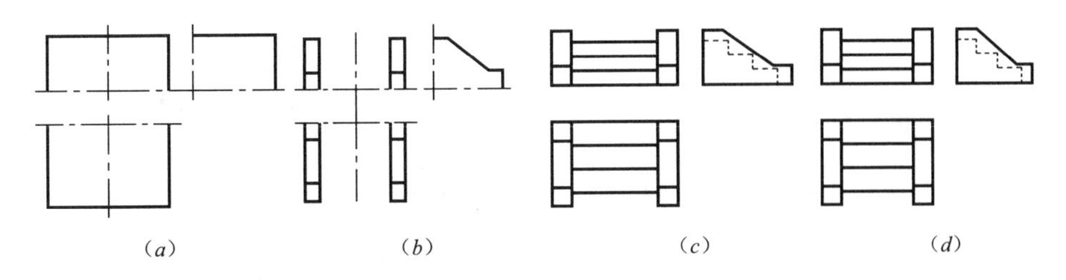

图 2-73　画图步骤

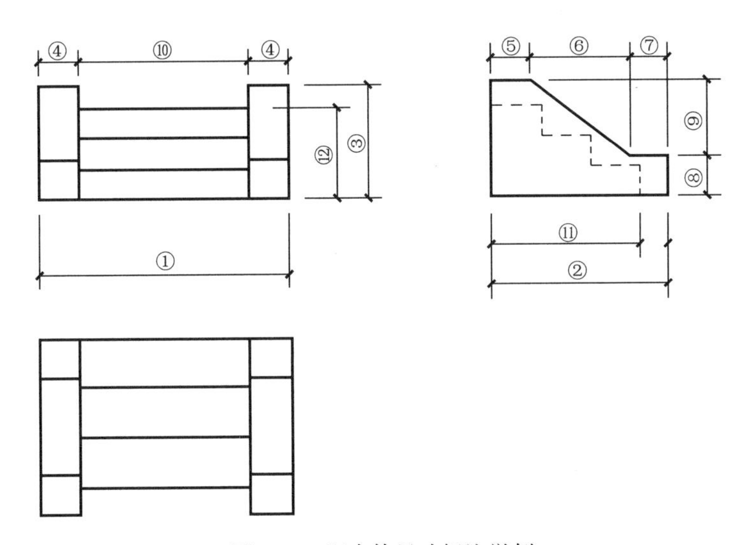

图 2-74　组合体尺寸标注举例

1. 标注总体尺寸

首先标注图中①、②和③三个尺寸，它们分别为台阶的总长、总宽和总高。在建筑设计中它们是确定台阶形状的最基本也是最重要的尺寸，因此应首先标出。

2. 标注各部分的定形尺寸

图中④、⑤、⑥、⑦、⑧、⑨均为边墙的定形尺寸，⑩、⑪、⑫为踏步的定形尺寸。而尺寸②、③既是台阶的总宽、总高，也是边墙的宽和高，故在此不必重复标注。由于台阶踏步的踏面宽和梯面高是均匀布置的，因此，其定形尺寸亦可采用踏步数×踏步宽（或踏步数高×梯面高）的形式，即图中尺寸⑪可标成 3×280＝840，⑫也可标为 3×150＝450。

3. 标注各部分间的定位尺寸

台阶各部分间的定位尺寸均与定形尺寸重复。尺寸⑩既是边墙的长，也是踏步的定位尺寸。

4. 检查、调整

由于组合体形体通常比较复杂，且上述三种尺寸间多有重复，因此，此项工作尤为重要。通过检查，补其遗漏，除其重复。

练习 2-15：某物体如图 2-75 所示，试求出对应的第三视图。

练习 2-16：某组合体如图 2-76 所示，试补画第三视图。

图 2-75

图 2-76

第三章　房屋建筑制图基本知识

第一节　图纸幅面规格与图纸编排顺序

一、图纸幅面

（1）图纸幅面及框图尺寸应符合表 3-1 的规定及图 3-1 的格式。

幅面及图框尺寸（单位：mm）　　**表 3-1**

尺寸代号＼幅面代号	A0	A1	A2	A3	A4
$b\times l$	841×1189	594×841	420×594	297×420	210×297
c	10			5	
a	25				

注：表中 b 为幅面短边尺寸，l 为幅面长边尺寸，c 为图框线与幅面线间宽度，a 为图框线与装订边间宽度。

（2）需要微缩复制的图纸，其一个边上应附有一段准确米制尺度，四个边上均附有对中标志，米制尺度的总长应为 100mm，分格应为 10mm。对中标志应画在图纸内框各边长的中点处，线宽 0.35mm，并应伸入内框边，在框外为 5mm。对中标志的线段，于 l_1 和 b_1 范围取中。

（3）图纸的短边尺寸不应加长，A0～A3 幅面长边尺寸可加长，但应符合表 3-2 的规定。

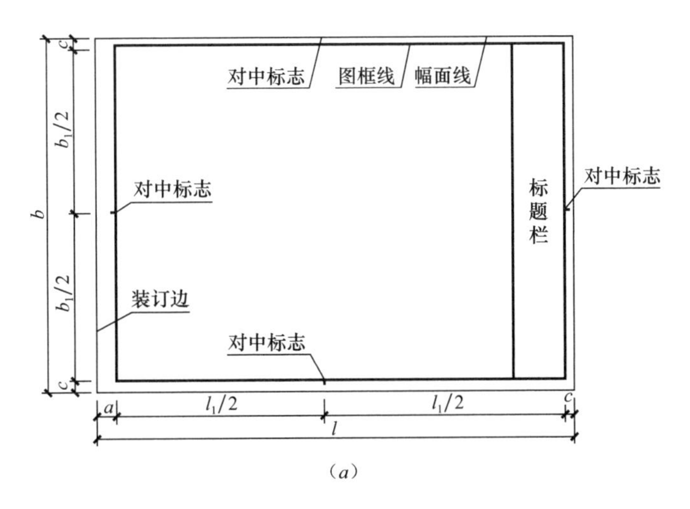

（a）

图 3-1　图纸的幅面格式（一）

（a）A0～A3 横式幅面（一）

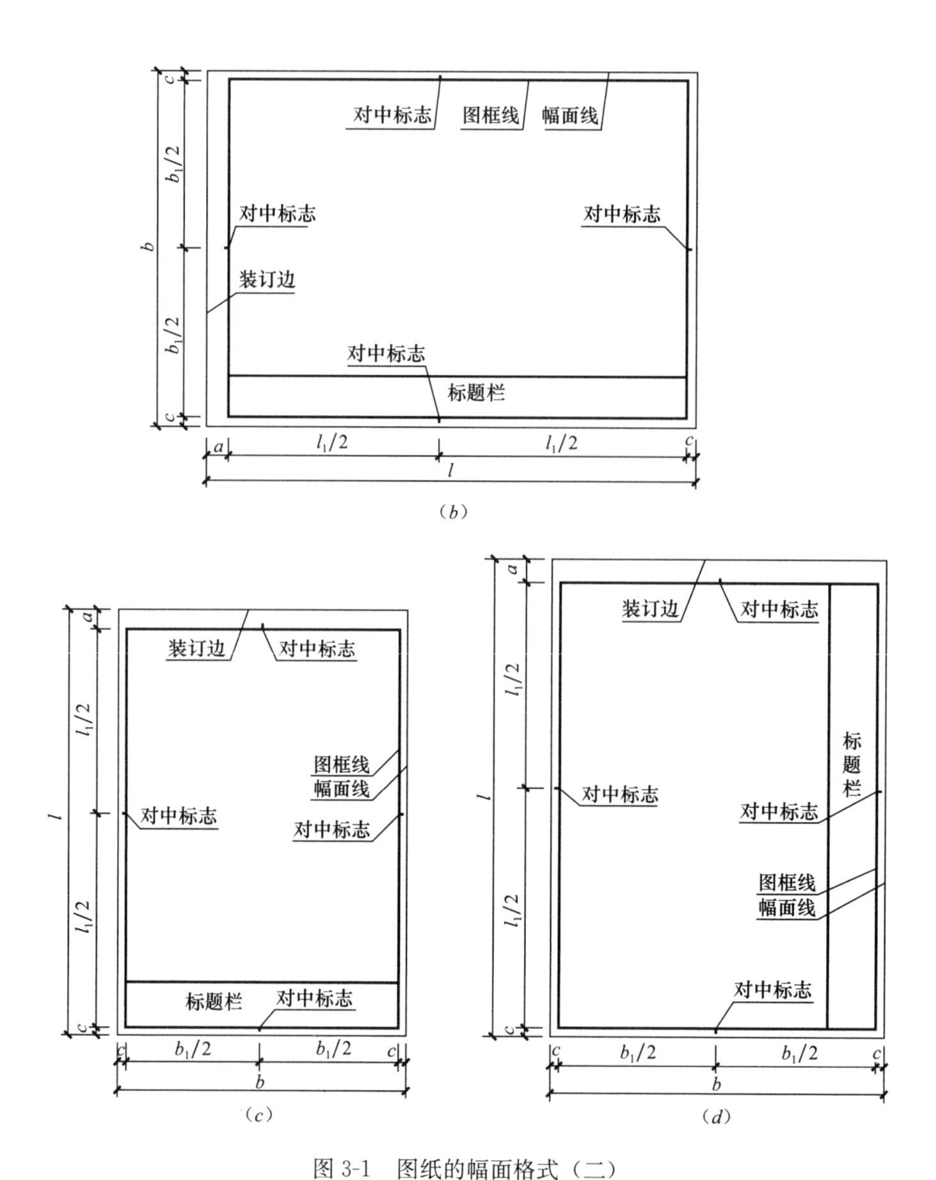

图 3-1　图纸的幅面格式（二）

(*b*) A0～A3 横式幅面（二）；(*c*) A0～A4 立式幅面（一）；(*d*) A0～A4 立式幅面（二）

图纸长边加长尺寸（单位：mm）　　**表 3-2**

幅面代号	长边尺寸	长边加长后的尺寸
A0	1189	1486 (A0+1/4l)　1635 (A0+3/8l)　1783 (A0+1/2l) 1932 (A0+5/8l)　2080 (A0+3/4l)　2230 (A0+7/8l) 2378 (A0+l)
A1	841	1051 (A1+1/4l)　1261 (A1+1/2l)　1471 (A1+3/4l) 1682 (A1+l)　1892 (A1+5/4l)　2102 (A1+3/2l)
A2	594	743 (A2+1/4l)　891 (A2+1/2l)　1041 (A2+3/4l) 1189 (A2+l)　1338 (A2+5/4l)　1486 (A2+3/2l) 1635 (A2+7/4l)　1783 (A2+2l)　1932 (A2+9/4l) 2080 (A2+5/2l)

续表

幅面代号	长边尺寸	长边加长后的尺寸
A3	420	630（A3＋1/2l） 841（A3＋l） 1051（A3＋3/2l） 1261（A3＋2l） 1471（A3＋5/2l） 1682（A3＋3l） 1892（A3＋7/2l）

注：有特殊需要的图纸，可采用 $b \times l$ 为 841mm×891mm 与 1189mm×1261mm 的幅面。

（4）图纸以短边作为垂直边应为横式，以短边作为水平边应为立式。A0～A3 图纸宜横式使用；必要时，也可立式使用。

（5）一个工程设计中，每个专业所使用的图纸，不宜多于两种幅面，不含目录及表格所采用的 A4 幅面。

二、标题栏

（1）图纸中应有标题栏、图框线、幅面线、装订边线和对中标志。图纸的标题栏及装订边的位置，应符合下列规定：

1）横式使用的图纸，应按图 3-1（a）、（b）的形式进行布置；

2）立式使用的图纸，应按图 3-1（c）、（d）的形式进行布置。

（2）标题栏应符合图 3-2 的规定，根据工程的需要选择确定其尺寸、格式及分区。签字栏应包括实名列和签名列，并应符合下列规定：

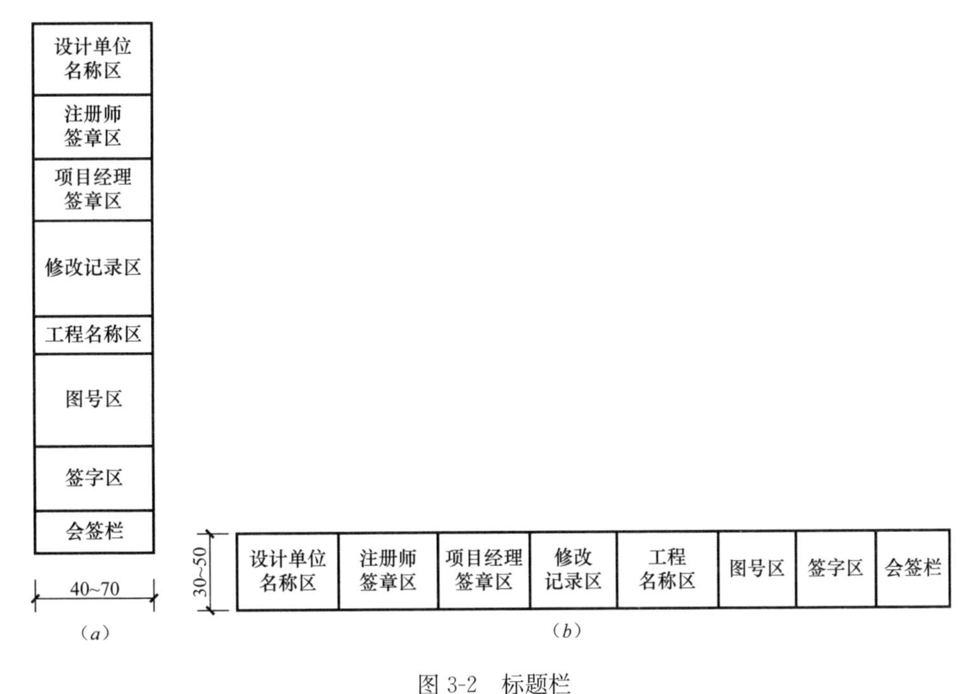

图 3-2 标题栏

（a）标题栏（一）；（b）标题栏（二）

1）涉外工程的标题栏内，各项主要内容的中文下方应附有译文，设计单位的上方或左方，应加“中华人民共和国”字样；

2）在计算机制图文件中当使用电子签名与认证时，应符合国家有关电子签名法的规定。

三、图纸编排顺序

（1）工程图纸应按专业顺序编排，应为图纸目录、总图、建筑图、结构图、给水排水图、暖通空调图、电气图等。

（2）各专业的图纸，应按图纸内容的主次关系、逻辑关系进行分类排序。

第二节　图　　线

（1）图线的宽度 b，宜从 1.4、1.0、0.7、0.5、0.35、0.25、0.18、0.13mm 线宽系列中选取。图线宽度不应小于 0.1mm。每个图样，应根据复杂程度与比例大小，先选定基本线宽 b，再选用表 3-3 中相应的线宽组。

线宽组（单位：mm）　　　　**表 3-3**

线宽比	线宽组			
b	1.4	1.0	0.7	0.5
$0.7b$	1.0	0.7	0.5	0.35
$0.5b$	0.7	0.5	0.35	0.25
$0.25b$	0.35	0.25	0.18	0.13

注：1. 需要缩微的图纸，不宜采用 0.18mm 及更细的线宽。
2. 同一张图纸内，各不同线宽中的细线，可统一采用较细的线宽组的细线。

（2）工程建设制图应选用表 3-4 所示的图线。

图　　线　　　　**表 3-4**

名称		线型	线宽	用途
实线	粗		b	主要可见轮廓线
	中粗		$0.7b$	可见轮廓线
	中		$0.5b$	可见轮廓线、尺寸线、变更云线
	细		$0.25b$	图例填充线、家具线
虚线	粗		b	见各有关专业制图标准
	中粗		$0.7b$	不可见轮廓线
	中		$0.5b$	不可见轮廓线、图例线
	细		$0.25b$	图例填充线、家具线
单点长画线	粗		b	见各有关专业制图标准
	中		$0.5b$	见各有关专业制图标准
	细		$0.25b$	中心线、对称线、轴线等
双点长画线	粗		b	见各有关专业制图标准
	中		$0.5b$	见各有关专业制图标准
	细		$0.25b$	假想轮廓线、成型前原始轮廓线
折断线	细		$0.25b$	断开界线
波浪线	细		$0.25b$	断开界线

（3）同一张图纸内，相同比例的各图样，应选用相同的线宽组。

（4）图纸的图框和标题栏线可采用表 3-5 的线宽。

图框线、标题栏的线宽（单位：mm）　　**表 3-5**

幅面代号	图框线	标题栏外框线	标题栏分格线
A0、A1	b	0.5b	0.25b
A2、A3、A4	b	0.7b	0.35b

（5）相互平行的图例线，其净间隙或线中间隙不宜小于 0.2mm。

（6）虚线、单点长画线或双点长画线的线段长度和间隔，宜各自相等。

（7）单点长画线或双点长画线，当在较小图形中绘制有困难时，可用实线代替。

（8）单点长画线或双点长画线的两端，不应是点。点画线与点画线交接点或点画线与其他图线交接时，应是线段交接。

（9）虚线与虚线交接或虚线与其他图线交接时，应是线段交接。虚线为实线的延长线时，不得与实线相接。

（10）图线不得与文字、数字或符号重叠、混淆，不可避免时，应首先保证文字的清晰。

第三节　比　　例

（1）图样的比例，应为图形与实物相对应的线性尺寸之比。

（2）比例的符号应为“：”，比例应以阿拉伯数字表示。

（3）比例宜注写在图名的右侧，字的基准线应取平；比例的字高宜比图名的字高小一号或二号，如图 3-3 所示。

（4）绘图所用的比例应根据图样的用途与被绘对象的复杂程度，从表 3-6 中选用，并应优先采用表中的常用比例。

平面图　1∶100　　⑥ 1∶20

图 3-3　比例的注写

绘图所用的比例　　**表 3-6**

常用比例	1∶1、1∶2、1∶5、1∶10、1∶20、1∶30、1∶50、1∶100、1∶150、1∶200、1∶500、1∶1000、1∶2000
可用比例	1∶3、1∶4、1∶6、1∶15、1∶25、1∶40、1∶60、1∶80、1∶250、1∶300、1∶400、1∶600、1∶5000、1∶10000、1∶20000、1∶50000、1∶100000、1∶200000

（5）一般情况下，一个图样应选用一种比例。根据专业制图需要，同一图样可选用两种比例。

（6）特殊情况下也可自选比例，这时除应注出绘图比例外，还应在适当位置绘制出相应的比例尺。

第四节　尺 寸 标 注

一、尺寸界线、尺寸线及尺寸起止符号

（1）图样上的尺寸，应包括尺寸界线、尺寸线、尺寸起止符号和尺寸数字（图 3-4）。

（2）尺寸界线应用细实线绘制，应与被注长度垂直，其一端应离开图样轮廓线不应小于 2mm，另一端宜超出尺寸线 2～3mm。图样轮廓线可用作尺寸界线（图 3-5）。

（3）尺寸线应用细实线绘制，应与被注长度平行。图样本身的任何图线均不得用作尺寸线。

（4）尺寸起止符号用中粗斜短线绘制，其倾斜方向应与尺寸界线成顺时针 45°角，长度宜为 2～3mm。半径、直径、角度与弧长的尺寸起止符号，宜用箭头表示（图 3-6）。

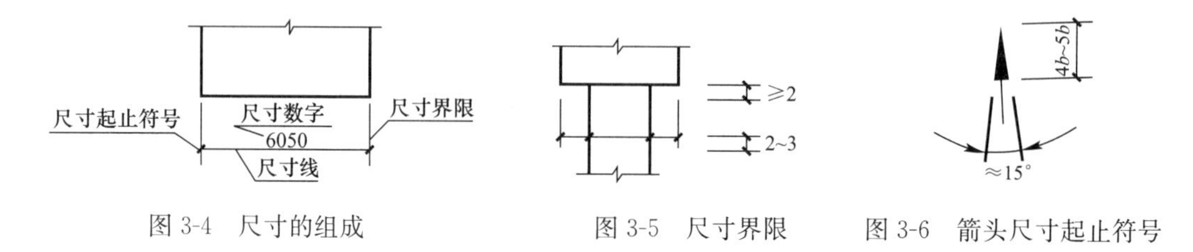

图 3-4　尺寸的组成　　图 3-5　尺寸界限　　图 3-6　箭头尺寸起止符号

二、尺寸数字

（1）图样上的尺寸，应以尺寸数字为准，不得从图上直接量取。

（2）图样上的尺寸单位，除标高及总平面以米为单位外，其他必须以毫米（mm）为单位。

（3）尺寸数字的方向，应按图 3-7（*a*）的规定注写。若尺寸数字在 30°斜线区内，也可按图 3-7（*b*）的形式注写。

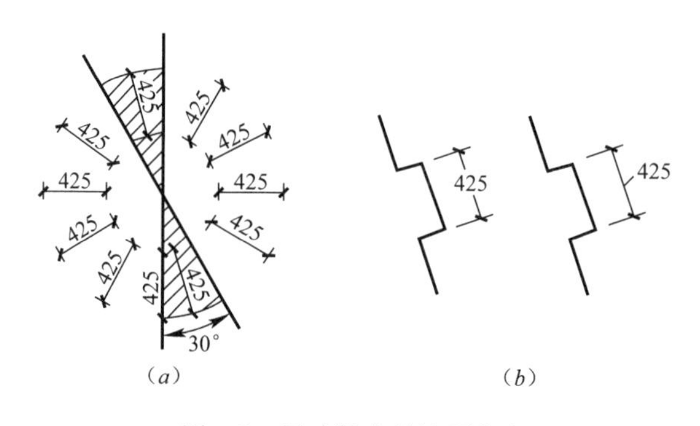

图 3-7　尺寸数字的注写方向

（4）尺寸数字应依据其方向注写在靠近尺寸线的上方中部。如没有足够的注写位置，最外边的尺寸数字可注写在尺寸界线的外侧，中间相邻的尺寸数字可上下错开注写，引出线端部用圆点表示标注尺寸的位置（图 3-8）。

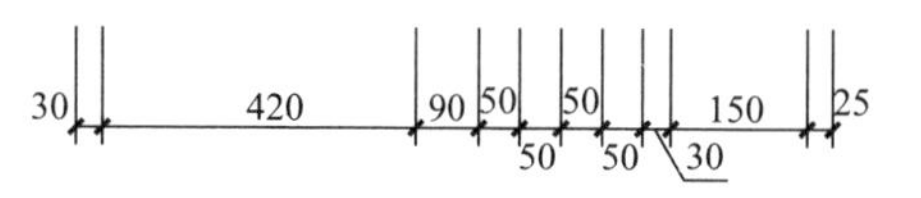

图 3-8　尺寸数字的注写位置

三、尺寸的排列与布置

（1）尺寸宜标注在图样轮廓以外，不宜与图线、文字及符号等相交（图 3-9）。

（2）互相平行的尺寸线，应从被注写的图样轮廓线由近向远整齐排列，较小尺寸应离轮廓线较近，较大尺寸应离轮廓线较远（图 3-10）。

（3）图样轮廓线以外的尺寸界线，距图样最外轮廓之间的距离，不宜小于 10mm。平行排列的尺寸线的间距，宜为7～10mm，并应保持一致（图3-10）。

（4）总尺寸的尺寸界线应靠近所指部位，中间的分尺寸的尺寸界线可稍短，但其长度应相等。

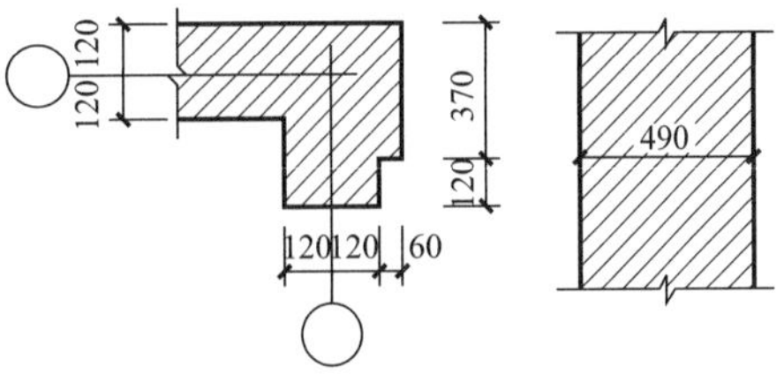

图3-9 尺寸数字的注写

四、半径、直径、球的尺寸标注

（1）半径的尺寸线应一端从圆心开始，另一端画箭头指向圆弧。半径数字前应加注半径符号“*R*”（图3-11）。

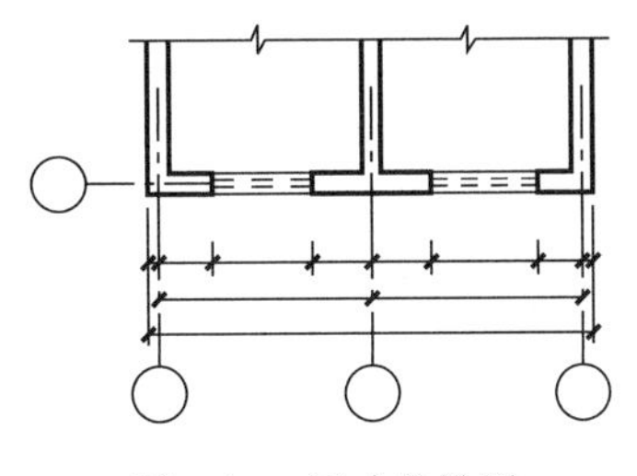

图3-10 尺寸的排列

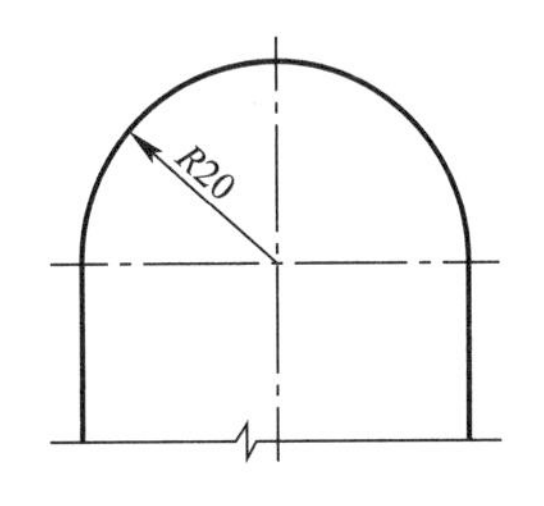

图3-11 半径标注方法

（2）较小圆弧的半径，可按图3-12形式标注。

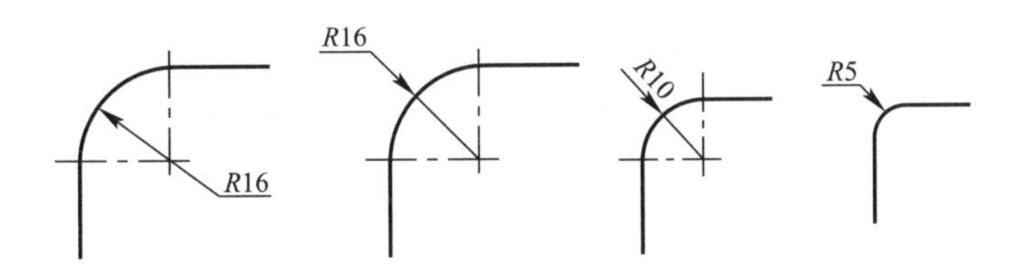

图3-12 小圆弧半径的标注方法

（3）较大圆弧的半径，可按图3-13形式标注。

（4）标注圆的直径尺寸时，直径数字前应加直径符号“ϕ”。在圆内标注的尺寸线应通过圆心，两端画箭头指至圆弧（图3-14）。

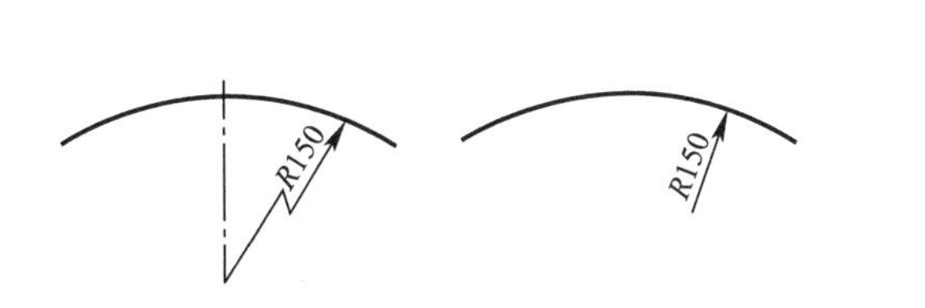

图3-13 大圆弧半径的标注方法

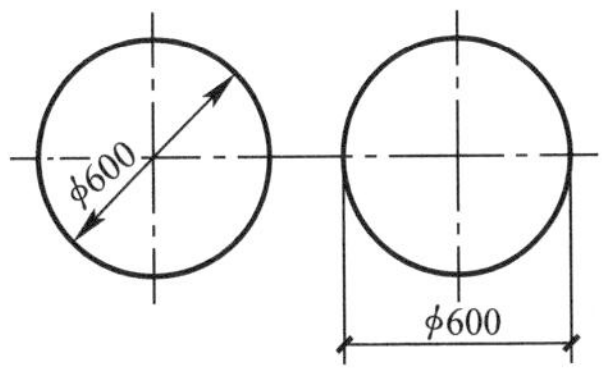

图3-14 圆直径的标注方法

（5）较小圆的直径尺寸，可标注在圆外（图3-15）。

（6）标注球的半径尺寸时，应在尺寸前加注符号“*SR*”。标注球的直径尺寸时，应在尺寸数字前加注符号“$S\phi$”。注写方法与圆弧半径和圆直径的尺寸标注方法相同。

五、角度、弧度、弧长的标注

（1）角度的尺寸线应以圆弧表示。该圆弧的圆心应是该角的顶点，角的两条边为尺寸

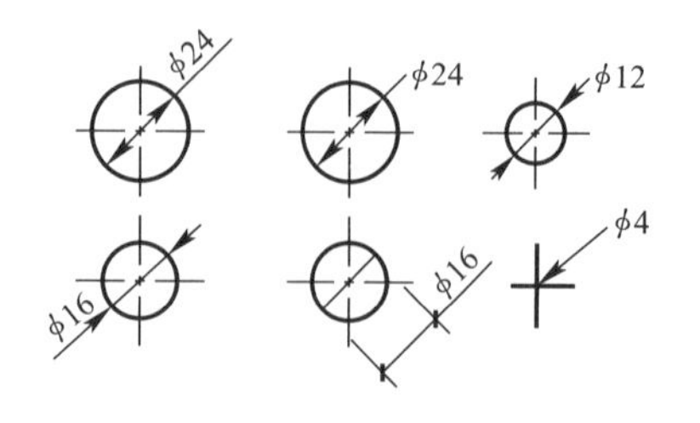

图 3-15　小圆直径的标注方法

界线。起止符号应以箭头表示，如没有足够位置画箭头，可用圆点代替，角度数字应沿尺寸线方向注写（图 3-16）。

（2）标注圆弧的弧长时，尺寸线应以与该圆弧同心的圆弧线表示，尺寸界线应指向圆心，起止符号用箭头表示，弧长数字上方应加注圆弧符号“⌒”（图 3-17）。

（3）标注圆弧的弦长时，尺寸线应以平行于该弦的直线表示，尺寸界线应垂直于该弦，起止符号用中粗斜短线表示（图 3-18）。

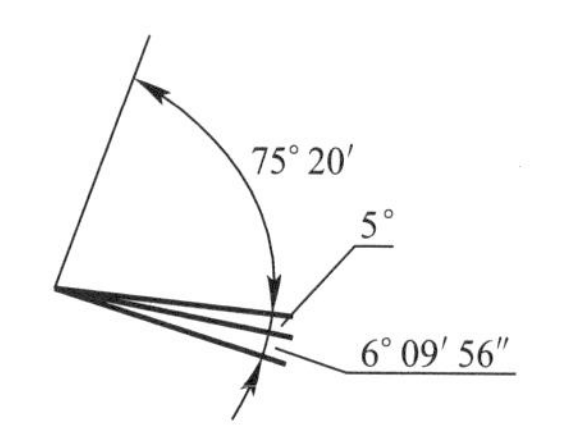

图 3-16　角度标注方法

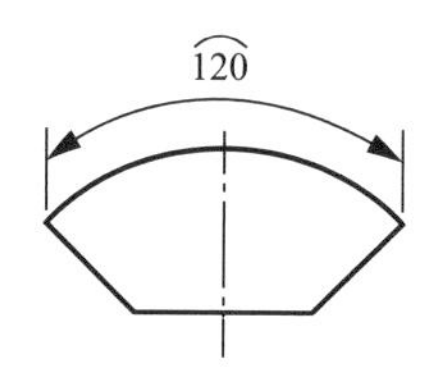

图 3-17　弧长标注方法

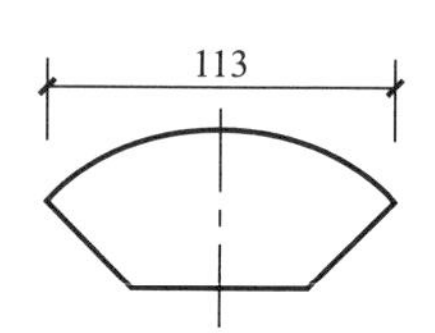

图 3-18　弦长标注方法

六、薄板厚度、正方形、坡度、非圆曲线等尺寸标注

（1）在薄板板面标注板厚尺寸时，应在厚度数字前加厚度符号“*t*”（图 3-19）。

（2）标注正方形的尺寸，可用“边长×边长”的形式，也可在边长数字前加正方形符号“□”（图 3-20）。

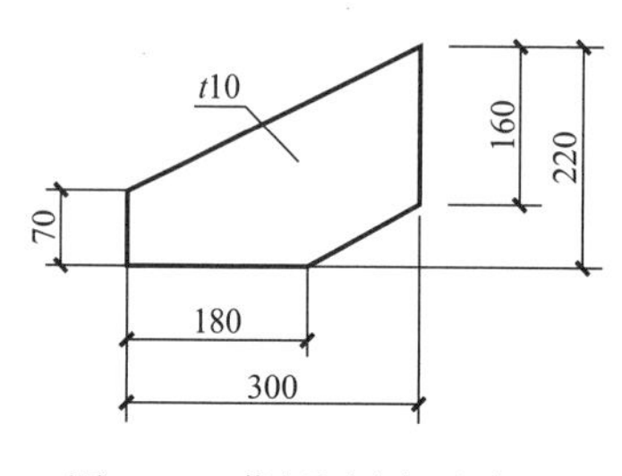

图 3-19　薄板厚度标注方法

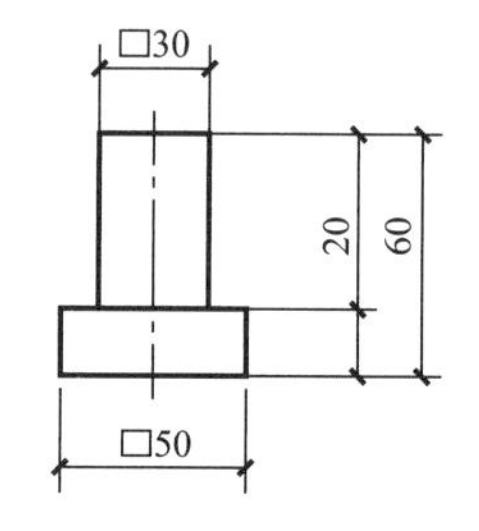

图 3-20　标注正方形尺寸

（3）标注坡度时，应加注坡度符号“←”，如图 3-21（*a*）、（*b*）所示，该符号为单面箭头，箭头应指向下坡方向。坡度也可用直角三角形形式标注，如图 3-21（*c*）所示。

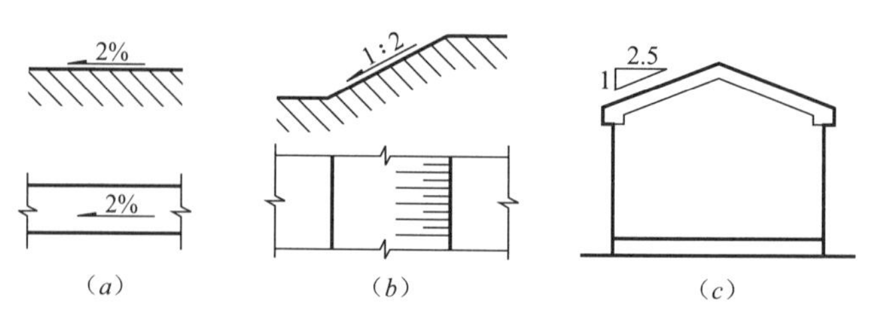

图 3-21　坡度标注方法

（4）外形为非圆曲线的构件，可用坐标形式标注尺寸（图 3-22）。

（5）复杂的图形，可用网格形式标注尺寸（图 3-23）。

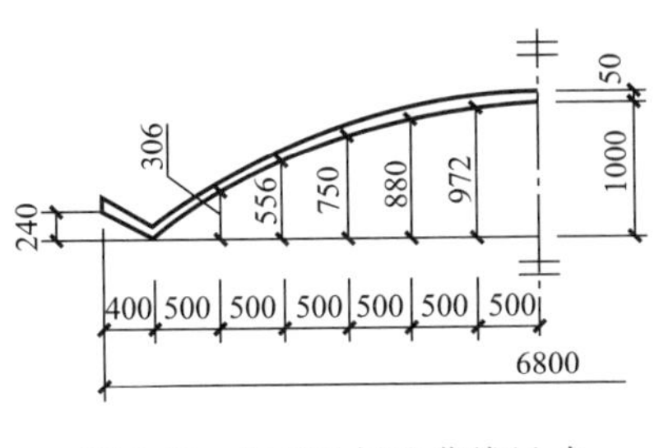

图 3-22　坐标法标注曲线尺寸

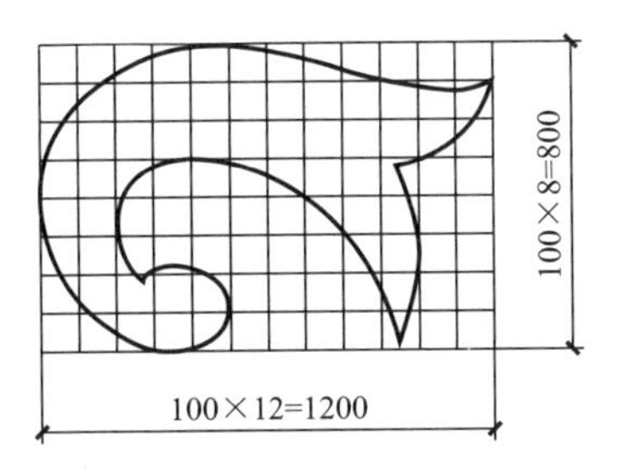

图 3-23　网格法标注曲线尺寸

七、尺寸的简化标注

（1）杆件或管线的长度，在单线图（桁架简图、钢筋简图、管线简图）上，可直接将尺寸数字沿杆件或管线的一侧注写（图 3-24）。

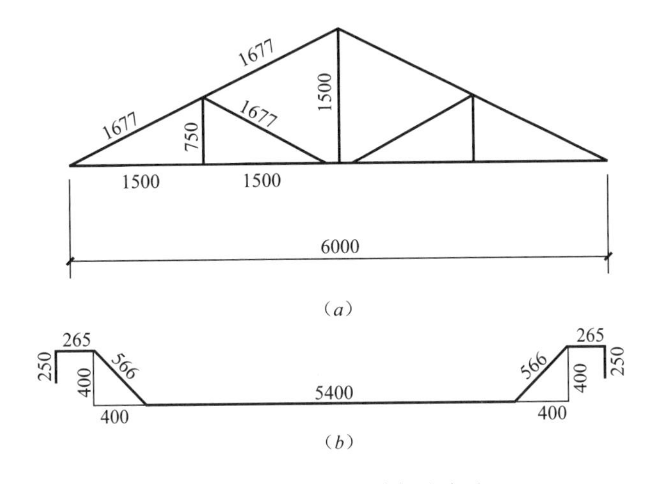

图 3-24　单线图尺寸标注方法

（2）连续排列的等长尺寸，可用“等长尺寸×个数＝总长”[图 3-25（*a*）]，或“等分×个数＝总长”[图 3-25（*b*）] 的形式标注。

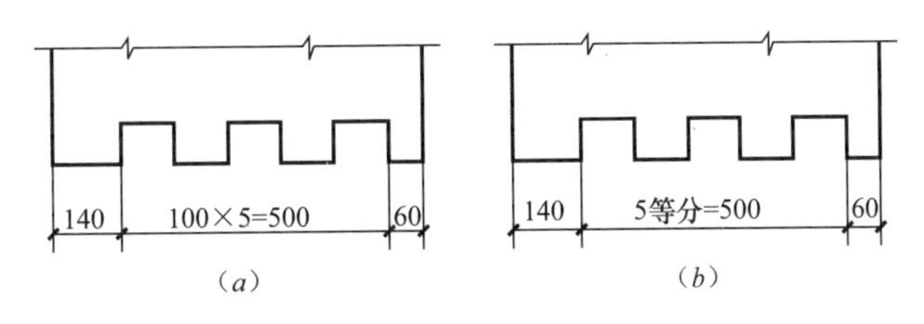

图 3-25　等长尺寸简化标注方法

（3）构配件内的构造因素（如孔、槽等）如相同，可仅标注其中一个要素的尺寸（图 3-26）。

（4）对称构配件采用对称省略画法时，该对称构配件的尺寸线应略超过对称符号，仅在尺寸线的一端画尺寸起止符号，尺寸数字应按整体全尺寸注写，其注写位置宜与对称符号对齐（图 3-27）。

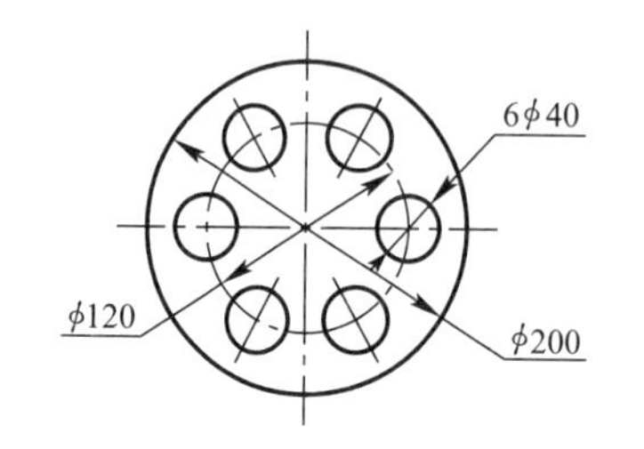

图 3-26　相同要素尺寸标注方法

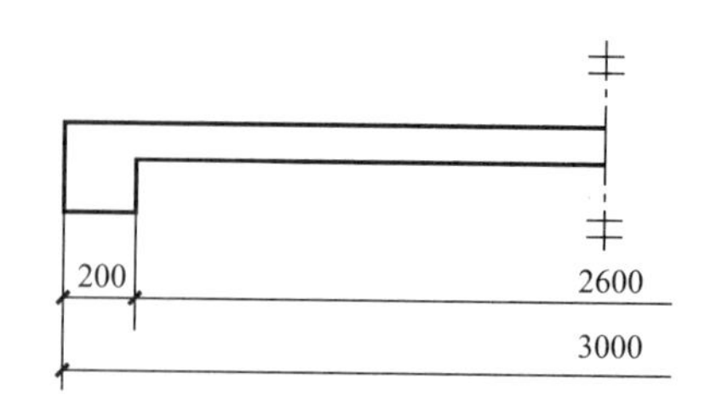

图 3-27　对称构件尺寸标注方法

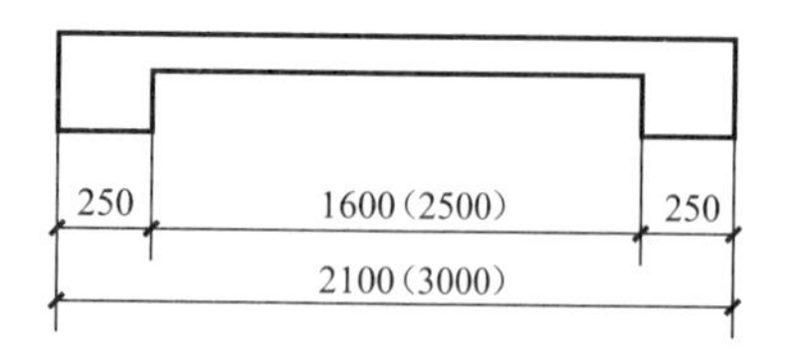

图 3-28　相似构件尺寸标注方法

（5）两个构配件，如个别尺寸数字不同，可在同一图样中将其中一个构配件的不同尺寸数字注写在括号内，该构配件的名称也应注写在相应的括号内（图 3-28）。

（6）数个构配件，如仅某些尺寸不同，这些有变化的尺寸数字，可用拉丁字母注写在同一图样中，另列表格写明其具体尺寸（图 3-29）。

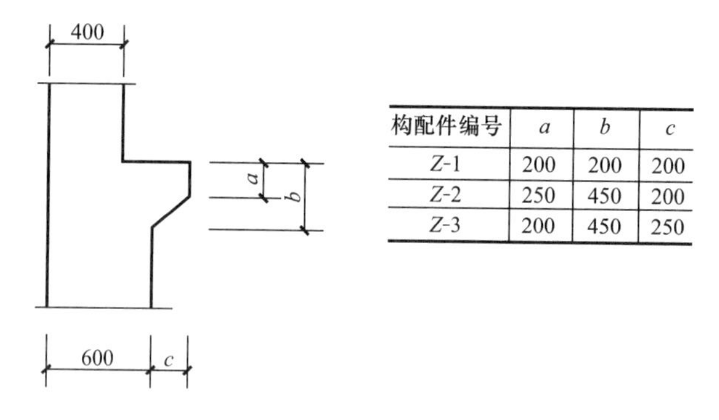

构配件编号	*a*	*b*	*c*
Z-1	200	200	200
Z-2	250	450	200
Z-3	200	450	250

图 3-29　相似构配件尺寸表格式标注方法

八、标高

（1）标高符号应以直角等腰三角形表示，按图 3-30（*a*）所示形式用细实线绘制，当标注位置不够，也可按图 3-30（*b*）所示形式绘制。标高符号的具体画法应符合图 3-30（*c*）、（*d*）的规定。

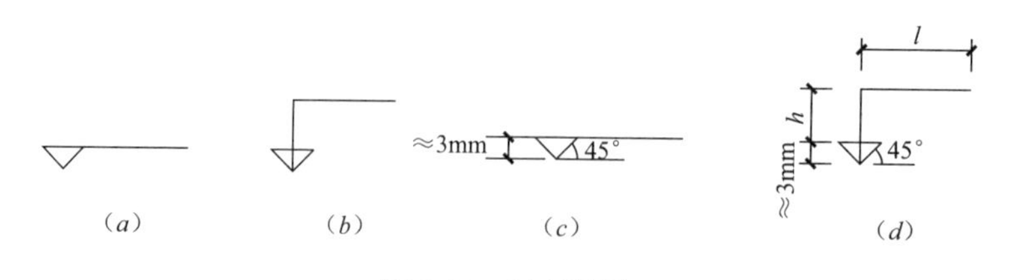

图 3-30　标高符号

l—取适当长度注写标高数字；*h*—根据需要取适当高度

(2) 总平面图室外地坪标高符号，宜用涂黑的三角形表示，具体画法应符合图 3-31 的规定。

(3) 标高符号的尖端应指至被注高度的位置。尖端宜向下，也可向上。标高数字应注写在标高符号的上侧或下侧，如图 3-32 所示。

(4) 标高数字应以米为单位，注写到小数点以后第三位。在总平面图中，可注写到小数字点以后第二位。

(5) 零点标高应注写成±0.000，正数标高不注“+”，负数标高应注“-”，例如 3.000、-0.600。

(6) 在图样的同一位置需表示几个不同标高时，标高数字可按图 3-33 的形式注写。

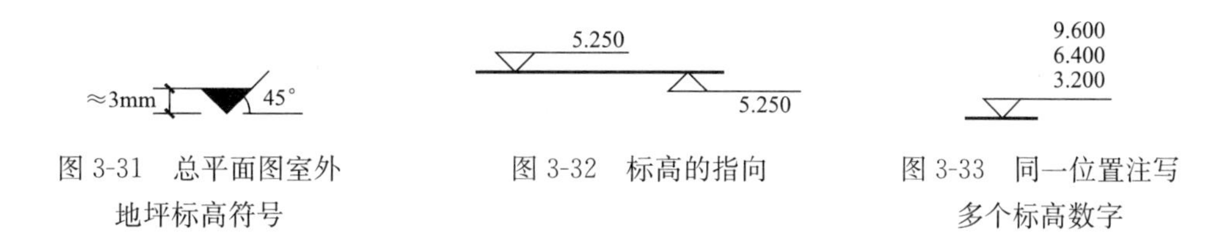

图 3-31　总平面图室外地坪标高符号

图 3-32　标高的指向

图 3-33　同一位置注写多个标高数字

第四章　视图、剖面图和断面图

第一节　视　　图

一、基本视图

用正投影法在三个投影面（V、H、W）上获得形体的三面投影图，在工程上叫做三视图。其中正面投影叫做主视图，水平投影叫做俯视图，侧面投影叫做侧视图。从投影理论上讲，形体的形状一般用三面投影均可表示。三视图的排列位置以及它们之间的三等关系如图4-1所示。所谓三等关系，即主视图和俯视图反映形体的同一长度，主视图和左视图反映形体的同一高度，俯视图和左视图反映形体的同一宽度。也就是：长对正、高平齐、宽相等。

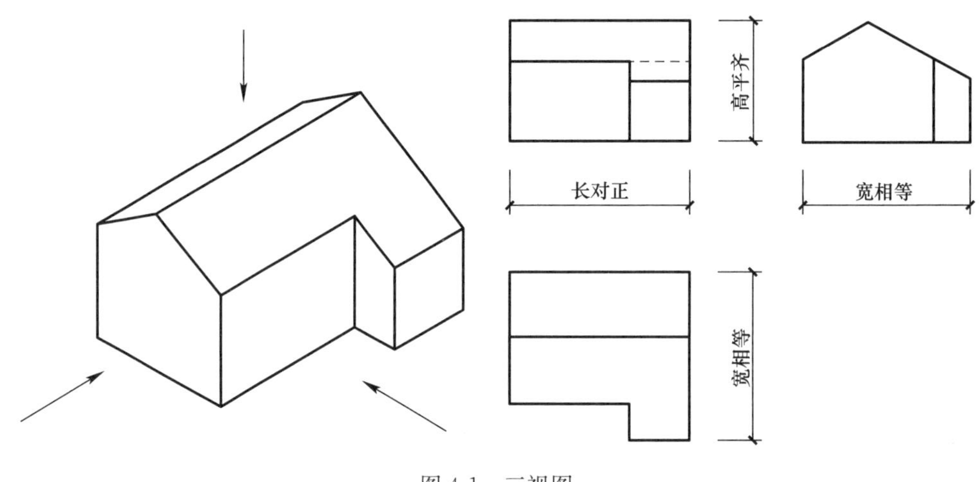

图4-1　三视图

但是，当形体的形状比较复杂时，它的六个面的形状都可能不相同。若单纯用三面投影图表示则看不见的部分在投影中都要用虚线表示，这样在图中各种图线易于密集、重合，不仅影响图面清晰，有时也会给读图带来困难。为了清晰、准确地表达形体的六个面，标准规定在三个投影面的基础上，再增加三个投影面组成一个正方形立体。构成正方形的六个投影面称为基本投影面。

把形体放在正立方体中，将形体向六个基本投影面投影，可得到六个基本视图。这六个基本视图的名称是：从前向后投射得到主视图（正立面图），从上到下投射得到俯视图（平面图），从左向右投射得到左视图（左侧立面图），从右向左投射得到右视图（右侧立面图），从下到上投射得到仰视图（底面图），从后向前投射得到后视图（背立面图）。如

图 4-2 所示。

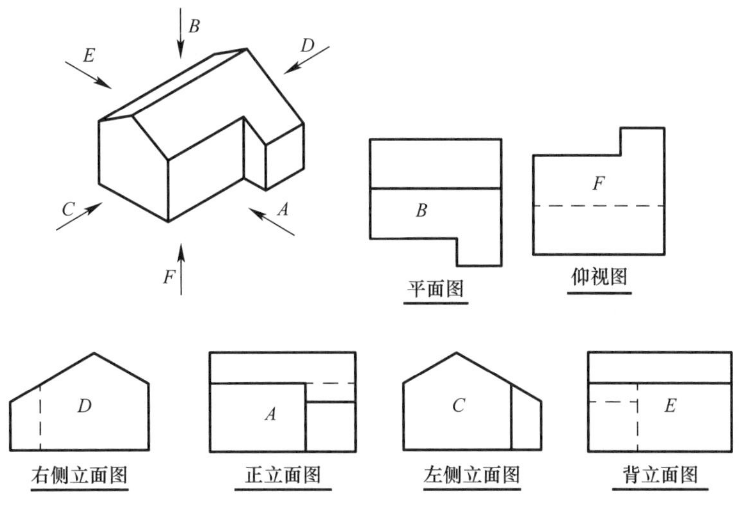

图 4-2　基本视图（一）

六个投影面的展开方法是正投影面保持不动，其他各个投影面逐步展开到与正投影面在同一个平面上。

当六个基本视图按展开后的位置（图 4-3）配置时，一律不标注视图的名称。

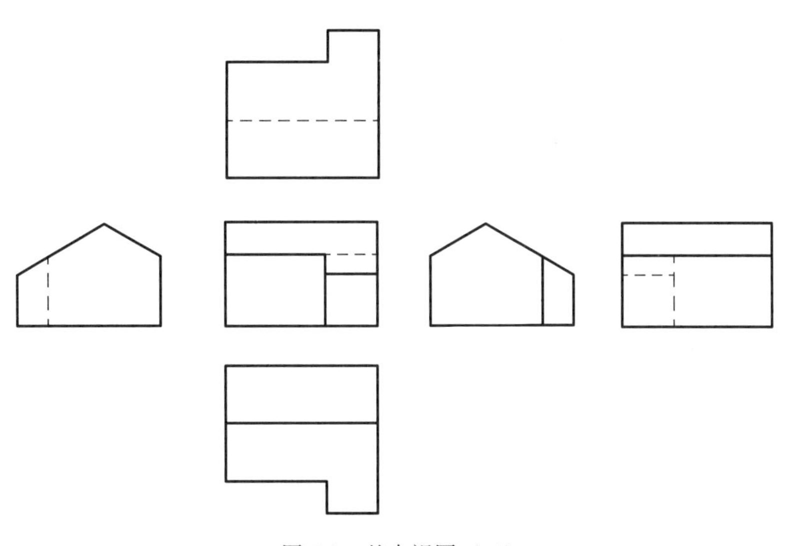

图 4-3　基本视图（二）

六面投影图的投影对应关系是：

（1）六视图的度量对应关系仍保持“三等关系”，即主视图、后视图、左视图、右视图高度相等；主视图、后视图、俯视图、仰视图长度相等；左视图、右视图、俯视图、仰视图宽度相等。

（2）六视图的方位对应关系除后视图外，其他视图在远离主视图的一侧，仍表示形体的前面部分。

没有特殊情况，一般应优先选用正立面图、平面图和左侧立面图。

二、辅助视图

1. 向视图

将形体从某一方向投射所得到的视图称为向视图。向视图是可自由配置的视图。根据专业的需要，只允许从以下两种表达方式中选择其一。

（1）若六视图不按上述位置配置时，也可用向视图自由配置。即在向视图的上方用大写拉丁字母标注，同时在相应视图的附近用箭头指明投射方向，并标注相同的字母。如图 4-4所示。

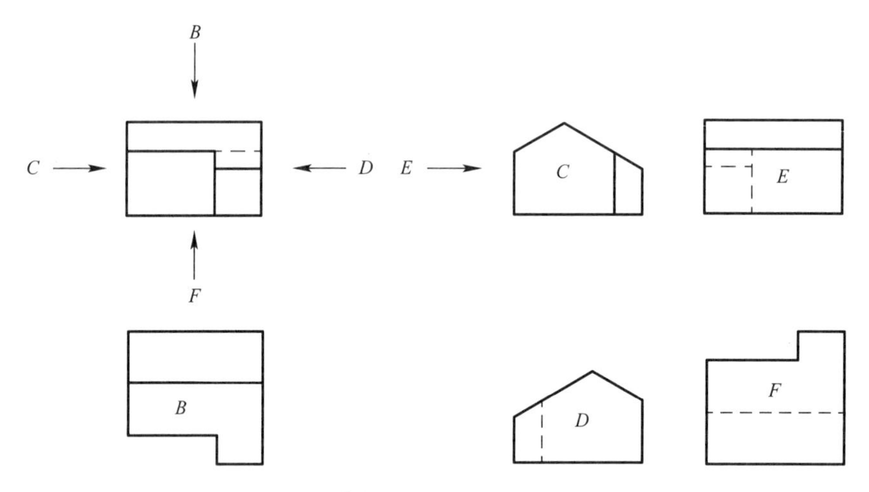

图 4-4　基本视图（三）（按向视图配置）

（2）在视图下方（或上方）标注图名。标注图名的各视图的位置应根据需要和可能，按相应的规则布置。如图 4-5 所示。

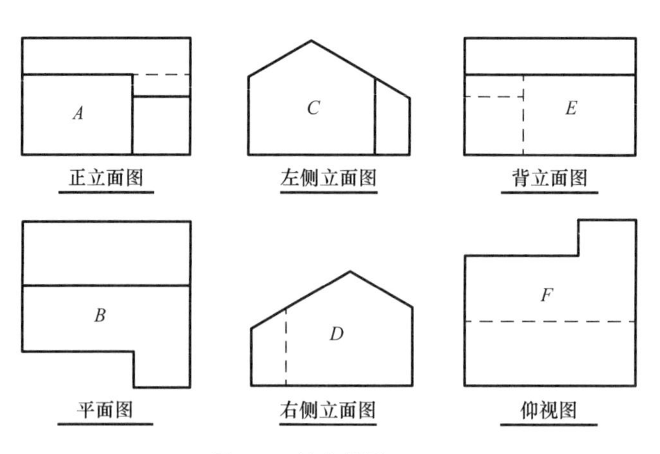

图 4-5　基本视图（四）

2. 局部视图

如果形体主要形状已在基本视图上表达清楚，只有某一部分形状尚未表达清楚。这时，可将形体的某一部分向基本投影面投影，所得到的视图称为局部视图。如图 4-6 所示。

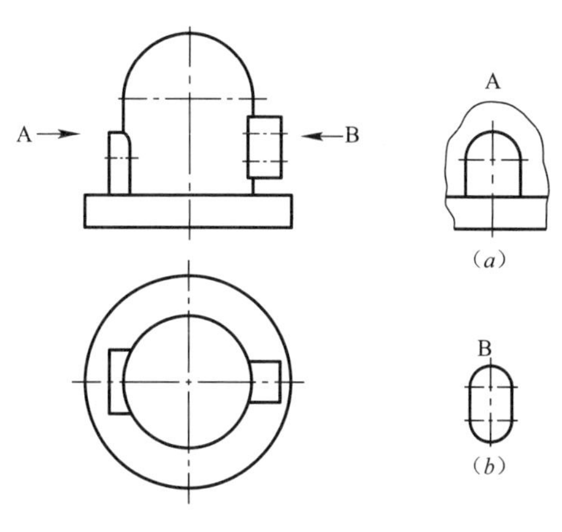

图 4-6　局部视图

读局部视图时应注意以下几点。

(1) 局部视图可按基本视图的配置形式配置，也可按向视图的配置形式配置。

(2) 标注的方式是用带字母的箭头指明投射方向，并在局部视图上方用相同字母注明视图名称，如图 4-6 所示。

(3) 局部视图的周边范围用波浪线表示，如图 4-6 (*a*) 所示。但若表示的局部结构是完整的，且外形轮廓又是封闭的，则波浪线可省略不画，如图 4-6 (*b*) 所示。

3. 斜视图

当形体的某一部分与基本投影面成倾斜位置时，基本视图上的投影则不能反映该部分的真实形状。这时可设立一个与倾斜表面平行的辅助投影面，且垂直于 V 面，并对着此投影面投影，则在该辅助投影面上得到反映倾斜部分真实形状的图形。像这样将形体向不平行基本投影面的投影面投影所得到的视图称为斜视图，如图 4-7 所示。

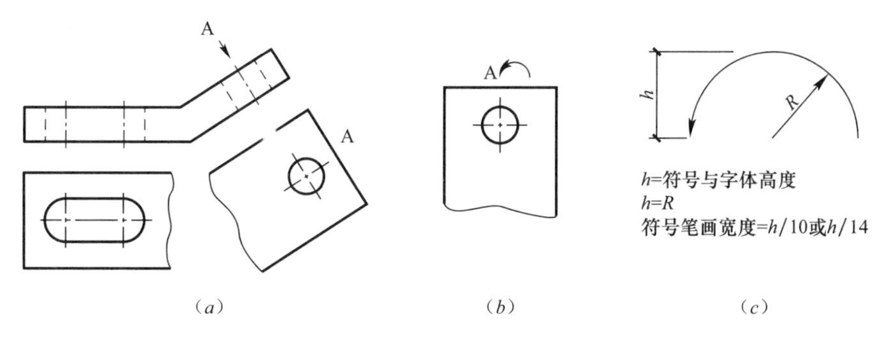

图 4-7　斜视图

读斜视图时应注意下列几点：

(1) 斜视图通常按向视图的配置形式配置并标注。即用大写拉丁字母及箭头指明投射方向，且在斜视图上方用相同字母注明视图的名称，如图 4-7 (*a*) 所示。

(2) 斜视图只要求表达倾斜部分的局部形状，其余部分不必画出，可用波浪线表示其断裂边界。

(3) 必要时，允许将斜视图旋转配置。表示该视图的大写拉丁字母应靠近旋转符号的箭头端，如图 4-7 (*b*) 所示。旋转符号的尺寸和比例，如图 4-7 (*c*) 所示。

4. 镜像视图

某些工程构造用上述方法不易表达时，可用镜像投影法绘制《房屋建筑制图统一标准》GB/T 50001—2010。采用镜像投影法绘制的视图称为镜像视图，但应在图名后注写

"镜像"二字，如图 4-8（*b*）所示。也可按图 4-8（*c*）所示方法画出镜像投影画法识别符号。

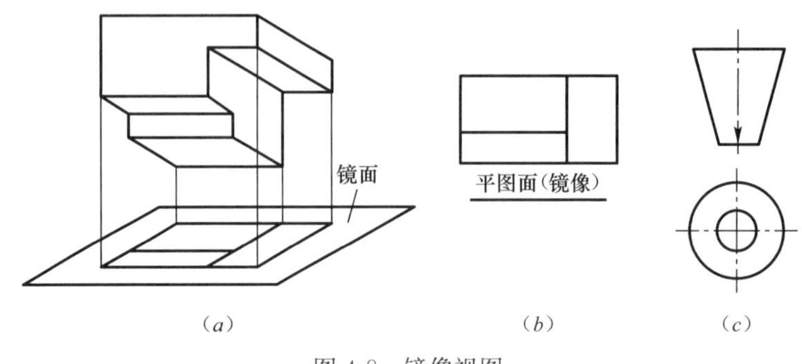

图 4-8　镜像视图

第二节　剖　面　图

一、剖面图的形成

假想用一个剖切平面在形体的适当位置将形体剖切，移去介于观察者和剖切平面之间的部分，对剩余部分向投影面所做的正投影图，称为剖切面，简称剖面。剖切面通常为投影面平行面或垂直面。

以某台阶剖面图来说明剖面图的形成，如假想用一平行于 *W* 面的剖切平面 *P* 剖切此台阶，如图 4-9 所示，并移走左半部分，将剩下的右半部分向 *W* 面投射，即可得到该台阶的剖面图，如图 4-10 所示。为了在剖面图上明显地表示出形体的内部形状，根据规定，在剖切断面上应画出建筑材料符号，以区分断面（剖到的）与非断面（未剖到的），图 4-10 所示的断面上是混凝土材料。在不需指明材料时，可以用平行且等距的 45°细斜线来表示断面。

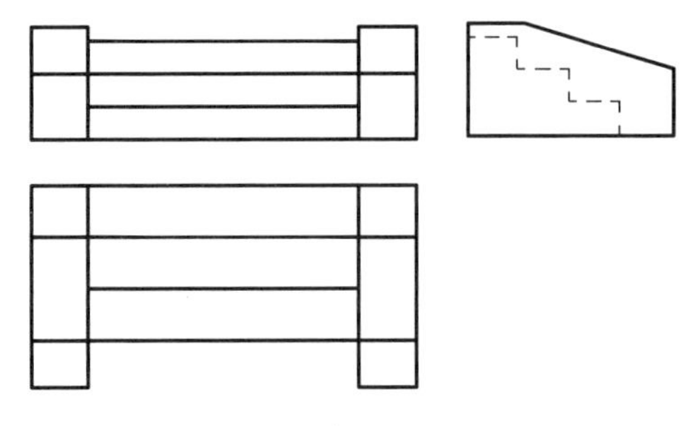

图 4-9　台阶的三视图

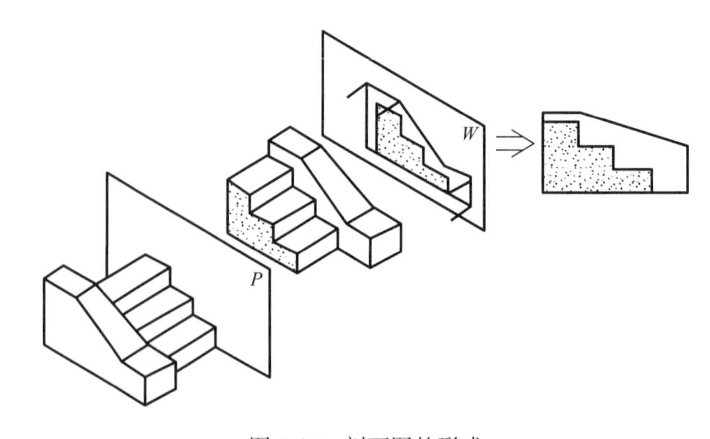

图 4-10　剖面图的形成

二、剖面图的种类

1. 按剖面位置分类

按剖切位置可以将剖面图分为以下两种：

（1）水平剖面图：水平剖面图是指当剖切平面平行于水平投影面时所得的剖面图。

（2）垂直剖面图：垂直剖面图是指当剖切平面垂直于水平投影面所得到的剖面图，如图 4-11 所示，二者均为垂直剖面图。

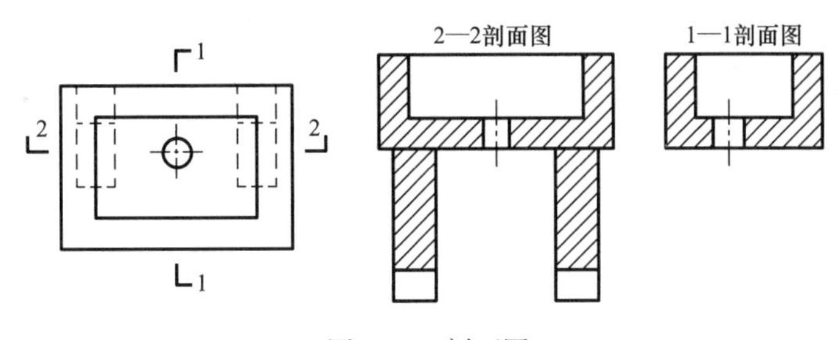

图 4-11　剖面图

2. 按剖切面的形式分类

（1）全剖面图

对于不对称的建筑形体，或虽然对称但外形较简单，或在另一投影中已将其外形表达清楚时，可以假想使一剖切平面将形体全剖切开，这样得到的剖面图就叫全剖面图。全剖面图一般应进行标注，但当剖切平面通过形体的对称线，且又平行于某一基本投影面时，可不标注。

如图 4-12 所示的水槽形体，该形体虽然对称，但比较简单，分别用正平面、侧平面剖切形体得到 1—1 剖面图、2—2 剖面图，剖切平面经过了溢水孔和池底排水孔的中心线，剖切位置如图 4-12（*b*）所示。

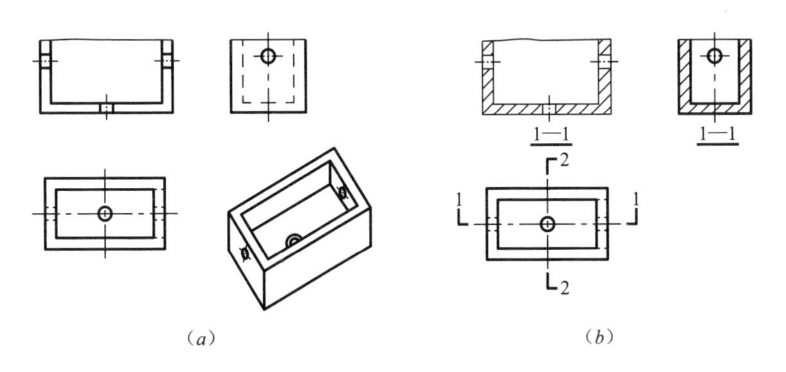

图 4-12　水槽的全剖面图

（*a*）外观投影图；（*b*）全剖面图

（2）半剖面图

当形体的内、外部形状均较复杂，且在某个方向上的视图为对称图形时，可以在该方向的视图上一半画没剖切的外部形状，另一半画剖切开后的内部形状，此时得到的剖面图称为半剖面图。如图 4-13 所示为一个杯形基础的半剖面图。在正面投影和侧面投影中，都采用了半剖面图的画法以表示基础的外部形状和内部构造。画半剖面图时，应注意以下几点。

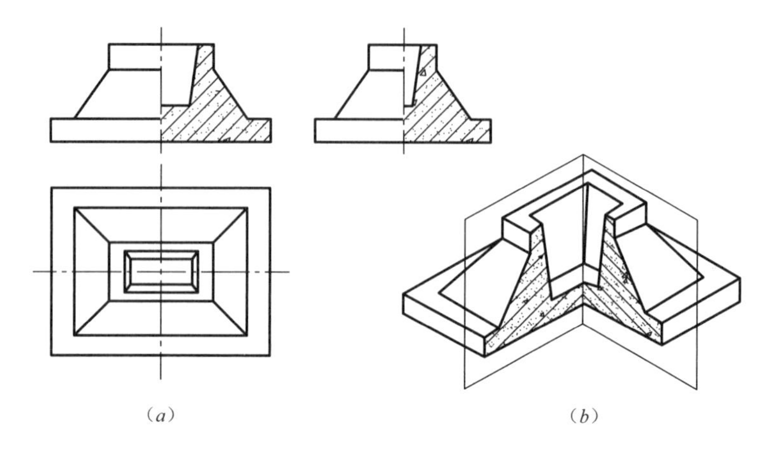

图 4-13　杯形基础的半剖面图

① 半剖面图和半外形图应以对称面或对称线为界，对称面或对称线画成细单点长画线。

② 半剖面图一般应画在水平对称轴线的下侧或竖直对称轴线的右侧。一般不画剖切符号和编号，图名沿用原投影图的图名。

③ 对于同一图形来说，所有剖面图的建筑材料图例要一致。

④ 由于在剖面图一侧的图形已将形体的内部形状表达清楚。因此，在视图一侧不应再画表达内部形状的虚线。

（3）阶梯剖面图

当形体上有较多的孔、槽等内部结构，且用一个剖切平面不能都剖到时，则可假想用几个互相平行的剖切平面，分别通过孔、槽等的轴线将形体剖开，所得的剖面图称为阶梯剖面图，如图 4-14 所示。

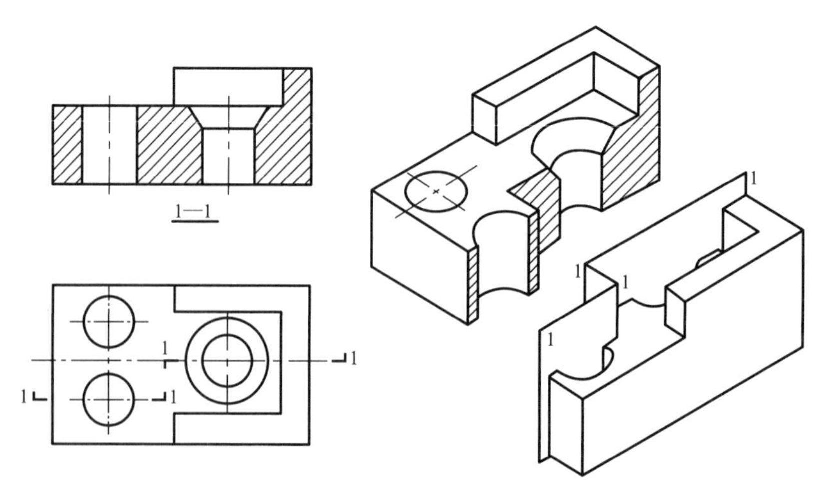

图 4-14　阶梯剖面图

在阶梯剖面图中，不能把剖切平面的转折平面投影成直线，并且要避免剖切面在图形轮廓线上转折。阶梯剖面图必须进行标注，其剖切位置的起、止和转折处都要用相同的阿拉伯数字标注。在画剖切符号时，剖切平面的阶梯转折用粗折线表示，线段长度一般为4～6mm，折线的凸角外侧可注写剖切编号，以免与图线相混。

（4）展开剖面图

当形体有不规则的转折或有孔、洞、槽，而采用以上三种剖切方法都不能解决时，可以用两个相交剖切平面将形体剖切开，得到的剖面图经旋转展开，平行于某个基本投影面后再进行的正投影，称为展开剖面图。

图 4-15 所示为一个楼梯展开剖面图。由于楼梯的两个梯段间在水平投影图上成一定夹角，如果用一个或两个平行的剖切平面无法将楼梯表示清楚时，可以用两个相交的剖切平面进行剖切，然后移去剖切平面和观察者之间的部分，将剩余楼梯的右面部分旋转至与正立投影面平行后，即可得到其展开剖面图，如图 4-15（*a*）所示。

如图 4-15（*a*）所示，在绘制展开剖面图时，转折处用粗实线表示，每段长度为 4～6mm。剖面图绘制完成后，可在图名后面加上“展开”二字，并加上圆括号。

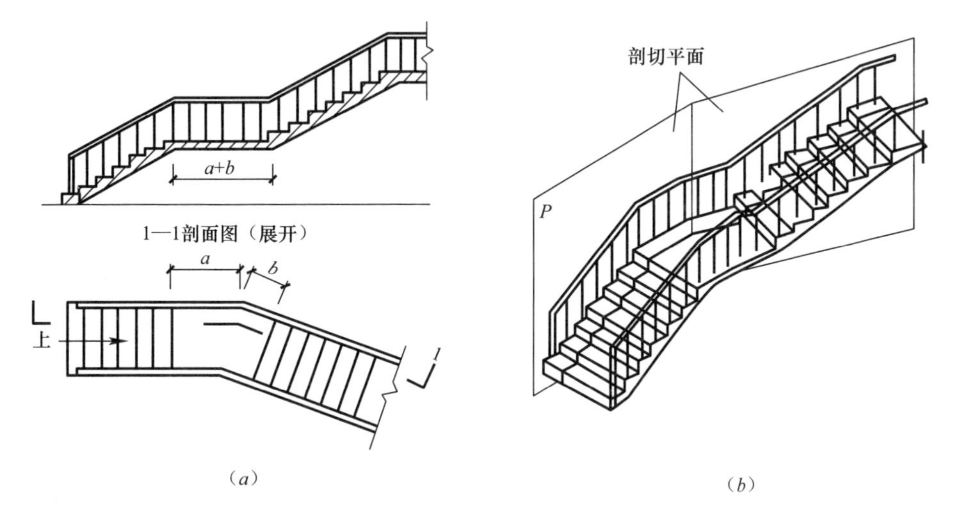

图 4-15　楼梯的展开剖面图

（*a*）两梯段间投影和展开剖切符合；（*b*）直观图

（5）局部剖面图

当形体某一局部的内部形状需要表达，但又没必要作全剖或不适合做半剖时，可以保留原视图的大部分，用剖切平面将形体的局部剖切开而得到的剖面图称为局部剖面目。如图 4-16 所示的杯形基础，其正立剖面图为全剖面图，在断面上详细表达了钢筋的配置，所以在画俯视图时，保留了该基础的大部分外形，仅将其一角画成剖面图，反映内部的配筋情况。

画局部剖面图时应注意以下几点：

① 局部剖面图与视图之间要用波浪线隔开，且一般不需标注剖切符号和编号。图名用原投影图的名称。

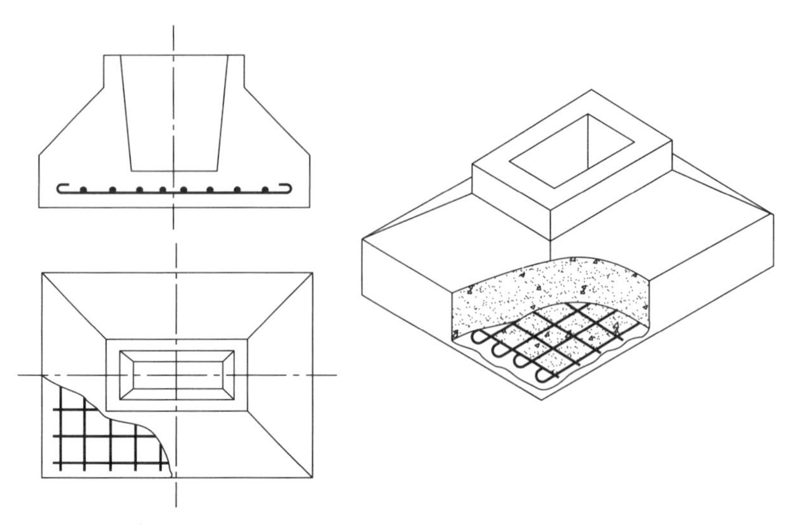

图 4-16　杯形基础的局部剖面图

② 波浪线应是细线，与图样轮廓线相交（注意：画图时不要画成图线的延长线）。

③ 波浪线不能与视图中的轮廓线重合，也不能超出图形的轮廓线。

（6）分层剖面图

对一些具有分层构造的工程形体，可按实际情况用分层剖开的方法得到其剖面图，称为分层剖面图。

如图 4-17 所示为分层局部剖面图，反映地面各层所用的材料和构造的做法，多用来表达房屋的楼面、地面、墙面和屋面等处的构造。分层局部剖面图应按层次以波浪线将各层分开，波浪线也不应与任何图线重合。

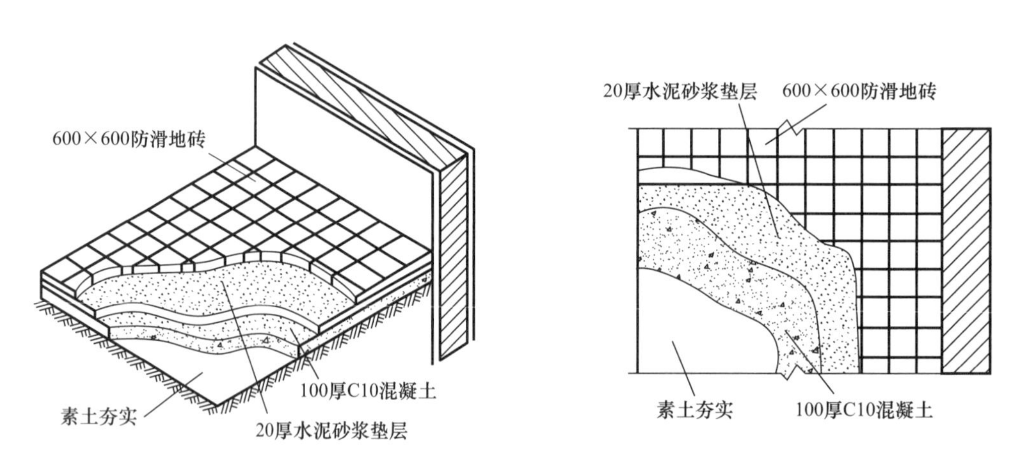

图 4-17　分层局部剖面图

图 4-18 为木板分层构造的剖面图，将剖切的地面一层一层地剥离开来，在剖切的范围中画出材料图例，有时还加注文字说明。

总之，剖面图是工程中应用最多的图样，必须掌握其画图方法，能准确理解和识读各种剖面图，提高识图能力。

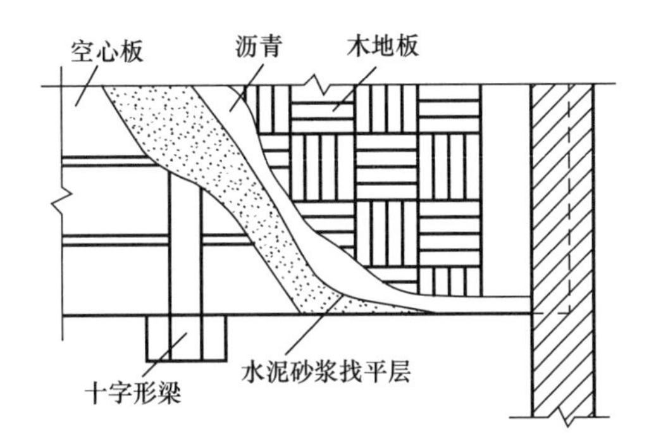

图 4-18　木地板的分层剖面图

第三节　断　面　图

一、断面图的形成

断面图是指假想用剖切平面将物体剖切后，只画出剖切平面切到部分的图形。对于某些单一的杆件或需要表示某一局部的截面形状时，可以只画出断面图，如图 4-19 所示。

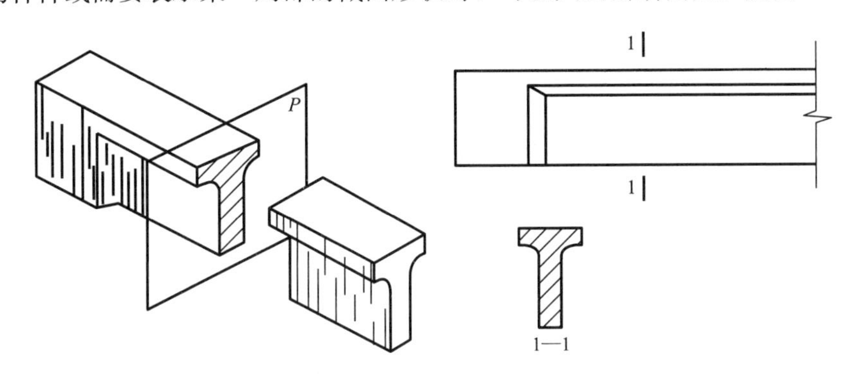

图 4-19　断面图

二、断面图的种类

1. 移出断面图

移出断面图是指画在投影图外面的断面图。移出断面图可以画在剖切线的延长线上、视图中断处或其他适当的位置。

在绘制移出断面图时应注意以下几点：

（1）移出断面的轮廓线应采用粗实线画出。

（2）当移出断面配置在剖切位置的延长线上且断面图形对称时，可只画点划线表示剖切位置，不需标注断面图名称，如图 4-20（*a*）所示。

（3）当断面图形不对称，则要标注投射方向，如图 4-20（*b*）所示。

（4）当断面图画在图形中断处时，不需标注断面图名称，如图 4-20（*c*）所示。

（5）当形体有多个断面时，断面图名称宜按顺序排列，如图 4-20（*d*）所示。

2. 重合断面图

重合断面图是指将断面图直接画在投影图轮廓内的断面图，如图 4-21（*a*）所示。

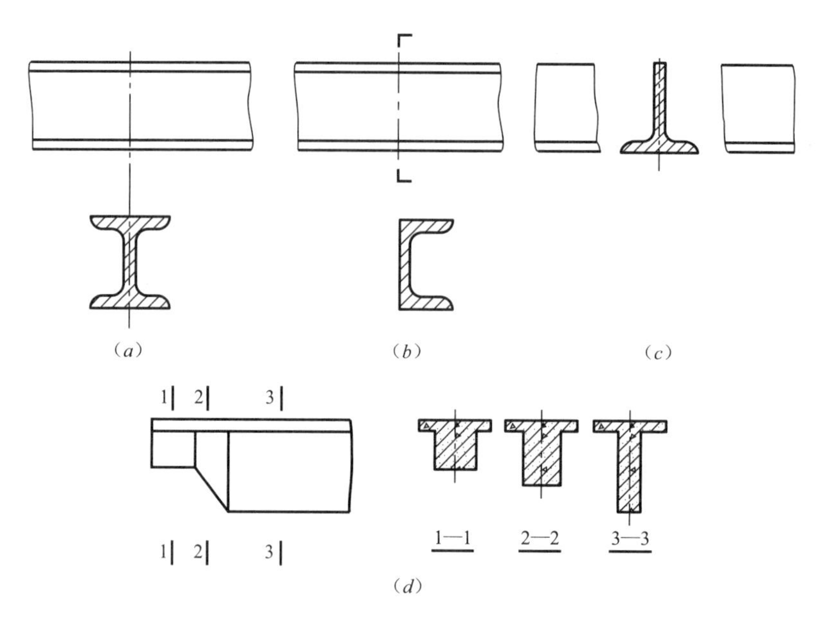

图 4-20　移出断面图

（1）重合断面图的比例与投影图相同。重合断面图的轮廓线应与视图的轮廓线有区别，在建筑图中通常采用比视图轮廓线较粗的实线画出。

（2）重合断面图通常不加标注。断面不闭合时，只需在断面轮廓范围一侧画出材料符号或通用的剖面线，如图 4-21（*b*）所示。

由于重合断面图影响视图的清晰，因此很少采用。

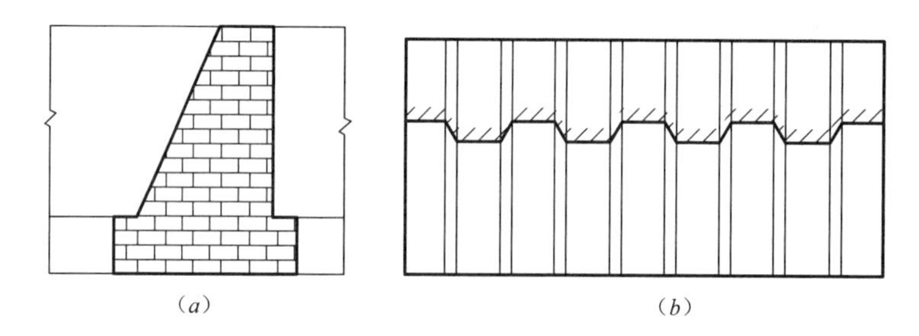

图 4-21　重合断面图

（*a*）挡土墙断面图；（*b*）墙面装饰花纹

3. 中断断面图

如形体较长且断面没有变化时，可以将断面图画在视图中间断开处，称为中间断面。如图 4-22 所示，在“T”梁的断开处，画出梁的断面，以表示梁的断面形状，这样的断面图不需标注，也不需要画剖切符号。

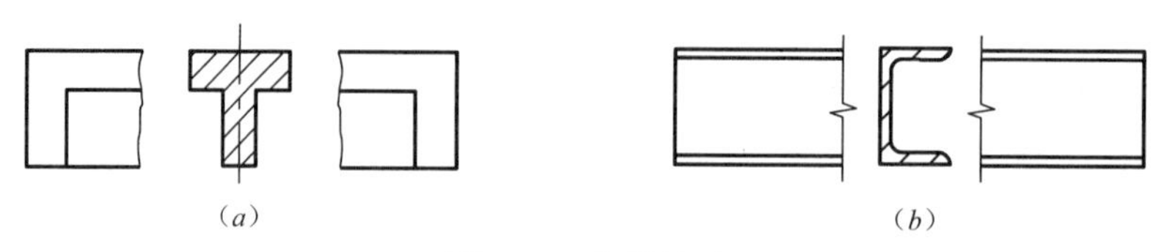

图 4-22　中断断面

（*a*）“T”梁；（*b*）槽钢

第五章　怎样识读总平面图

第一节　总平面图概述

一、总平面图的形成

总平面图是将新建工程四周一定范围内的新建、拟建、原有和拆除的建筑物、构筑物连同其周围的地形、地物状况用水平投影方法和相应的图例所绘制的工程图样。

总平面图是建设工程及其邻近建筑物、构筑物、周边环境等的水平正投影，是表明基地所在范围内总体布置的图样。它主要反映当前工程的平面轮廓形状和层数、与原有建筑物的相对位置、周围环境、地形地貌、道路和绿化的布置等情况。

二、总平面图的作用

总平面图是建设工程中新建房屋施工定位、土方施工、设备专业管线平面布置的依据，也是安排在施工时进入现场的材料和构件、配件堆放场地，构件预制的场地以及运输道路等施工总平面布置的依据。

三、总平面图的内容

（1）原有基地的地形图（等高线、地面标高等），若地形变化较大，还应画出相应的等高线。

（2）周围已有的建筑物、构筑物、道路以及地面附属物。通过周围建筑概况了解新建建筑对已建建筑造成的影响和作用，离相邻原有建筑物、拆除建筑物的距离或位置。

（3）指北针或风向玫瑰图：

1）指北针。主要是用来表明了建筑物的朝向，指北针的形状如图 5-1（*a*）所示，其外圆直径应为 24mm，用细实线绘制，指针尾部的尺寸宜为 3mm。指针的头部应注明“北”或“N”字样。若需要使用较大尺寸绘制指北针时，指针尾部的宽度宜为圆直径的 1/8。

2）风向玫瑰图。在总平面图中通常画有带指北方向的风向频率玫瑰图（风玫瑰），是用来表示该地区常年的风向频率和风速的，如图 5-1（*b*）所示。

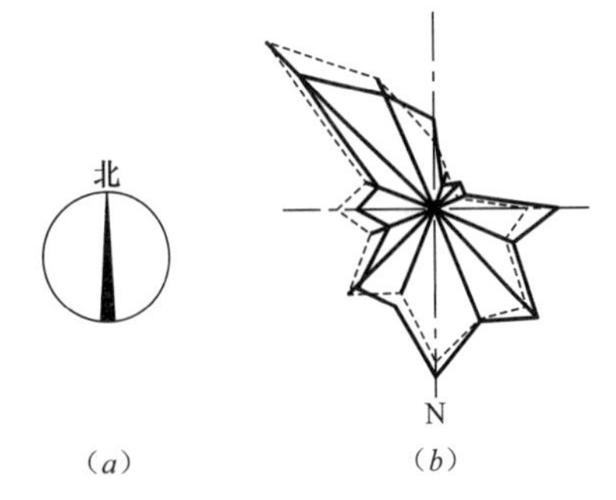

图 5-1　指北针和风玫瑰
（*a*）指北针；（*b*）风向频率玫瑰图

（4）新建建筑物、构筑物的布置。新建建筑物的定位方式主要有以下几种：

1）利用新建建筑物和原有建筑物之间的距离定位。

2）利用施工坐标确定新建建筑物的位置。

3）利用新建建筑物与周围道路之间的距离确定新建

建筑物的位置。

此外，还需注明新建房屋底层室内地坪和室外整平地坪的绝对标高。

（5）周围环境。主要包括：建筑附近的地形、地物等（如道路、河流、水沟等），并且还应注明道路的起点、变坡、转折点、终点以及道路中心线的标高和坡向等。

（6）绿化及道路。在总平面图中，绿化及道路反映的范围较大，通常使用的比例有1∶300、1∶500、1∶1000、1∶2000等。

四、总平面图的识读方法

（1）对总平面图进行识读时，首先要了解图纸名称、比例以及文字说明，对图纸的大概情况做一个初步的了解。

（2）熟悉总平面图上的各种图例。由于总平面图的绘制比例较小，许多物体不可能按原状绘出，通常采用图例符号来表示。

（3）在总平面图上，都有一个指北针或风向频率玫瑰图，它标明了建筑物的朝向及该地区的全年风向、频率以及风速。

（4）了解新建房屋的平面位置、标高、层数及其外围尺寸等。看新建建筑物在规划用地范围内的平面布置情况，了解新建建筑物的位置及平面轮廓形状与层数、道路、绿化、地形等情况。新建房屋平面位置在总平面图上的标定方法主要有：

1）对小型工程项目，一般根据邻近原有永久性建筑物的位置为依据，引出相对位置。

2）对大型的公共建筑，往往用城市规划网的测量坐标来确定建筑物转折点的位置。

（5）了解新建建筑物的室内外高差、道路标高、坡度及地面排水情况；了解绿化、美化的要求和布置情况以及周围的环境。

（6）看房屋的道路交通与管线走向的关系，确定管线引入建筑物的具体位置。

（7）在总平面图上还可能画有给水排水、采暖、电气施工图。

第二节　总平面图的基本知识

一、图线

（1）图线的宽度b应根据图样的复杂程度和比例，按现行国家标准《房屋建筑制图统一标准》GB/T 50001—2010中图线的有关规定选用。

（2）总图制图应根据图纸功能，按表5-1规定的线型选用。

图　线　　表5-1

名称		线型	线宽	用途
实线	粗	——————	b	（1）新建建筑物±0.00高度可见轮廓线 （2）新建铁路、管线
	中	——————	$0.7b$ $0.5b$	（1）新建构筑物、道路、桥涵、边坡、围墙、运输设施的可见轮廓线 （2）原有标准轨距铁路

续表

名称		线型	线宽	用途
实线	细		0.25b	(1) 新建建筑物±0.00高度以上的可见建筑物、构筑物轮廓线 (2) 原有建筑物、构筑物、原有窄轨、铁路、道路、桥涵、围墙的可见轮廓线 (3) 新建人行道、排水沟、坐标线、尺寸线、等高线
虚线	粗		b	新建建筑物、构筑物地下轮廓线
	中		0.5b	计划预留扩建的建筑物、构筑物、铁路、道路、运输设施、管线、建筑红线及预留用地各线
	细		0.25b	原有建筑物、构筑物、管线的地下轮廓线
单点长画线	粗		b	露天矿开采界限
	中		0.5b	土方填挖区的零点线
	细		0.25b	分水线、中心线、对称线、定位轴线
双点长画线			b	用地红线
			0.7b	地下开采区塌落界限
			0.5b	建筑红线
折断线			0.5b	断线
不规则曲线			0.5b	新建人工水体轮廓线

注：根据各类图纸所表示的不同重点确定使用不同粗细线型。

二、比例

(1) 总图制图采用的比例宜符合表5-2的规定。

比　例 **表5-2**

图　名	比　例
现状图	1∶500、1∶1000、1∶2000
地理交通位置图	1∶25000～1∶200000
总体规划、总体布置、区域位置图	1∶2000、1∶5000、1∶10000、1∶25000、1∶50000
总平面图、竖向布置图、管线综合图、土方图、铁路、道路平面图	1∶300、1∶500、1∶1000、1∶2000
场地园林景观总平面图、场地园林景观竖向布置图、种植总平面图	1∶300、1∶500、1∶100
铁路、道路纵断面图	垂直：1∶100、1∶200、1∶500 水平：1∶1000、1∶2000、1∶5000
铁路、道路横断面图	1∶20、1∶50、1∶100、1∶200
场地断面图	1∶100、1∶200、1∶500、1∶1000
详图	1∶1、1∶2、1∶5、1∶10、1∶20、1∶50、1∶100、1∶200

(2) 一个图样宜选用一种比例，铁路、道路、土方等的纵断面图，可在水平方向和垂直方向选用不同比例。

三、计量单位

（1）总图中的坐标、标高、距离以米为单位。坐标以小数点标注三位，不足以“0”补齐；标高、距离以小数点后两位数标注，不足以“0”补齐。详图可以毫米（mm）为单位。

（2）建筑物、构筑物、铁路、道路方位角（或方向角）和铁路、道路转向角的度数，宜注写到“秒”，特殊情况应另加说明。

（3）铁路纵坡度宜以千分计，道路纵坡度、场地平整坡度、排水沟沟底纵坡度宜以百分计，并应取小数点后一位，不足时以“0”补齐。

四、坐标标注

（1）总图应按上北下南方向绘制。根据场地形状或布局，可向左或右偏转，但不宜超过45°。总图中应绘制指北针或风玫瑰图（图5-2）。

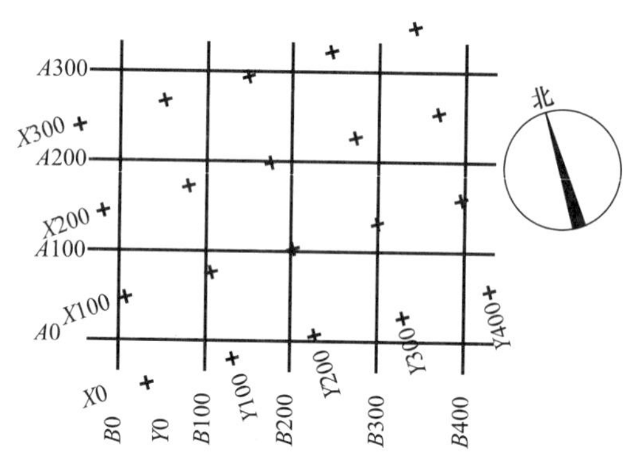

图5-2　坐标网格

注：图中 X 为南北方向轴线，X 的增量在 X 周线上；Y 为东西方向轴线，Y 的增量在 Y 轴线上。A 轴相当于量坐标网中的 X 轴，B 轴相当于测量坐标网中的 Y 轴。

（2）坐标网格应以细实线表示。测量坐标网应画成交叉十字线，坐标代号宜用“X、Y”表示；建筑坐标网应画成网格通线，自设坐标代号宜用“A、B”表示（图5-2）。坐标值为负数时，应注“－”号，为正数时，“＋”号可以省略。

（3）总平面图上有测量和建筑两种坐标系统时，应在附注中注明两种坐标系统的换算公式。

（4）表示建筑物、构筑物位置的坐标应根据设计不同阶段要求标注，当建筑物与构筑物与坐标轴线平行时，可注其对角坐标。与坐标轴线成角度或建筑平面复杂时，宜标注三个以上坐标，坐标宜标注在图纸上。根据工程具体情况，建筑物、构筑物也可用相对尺寸定位。

（5）在一张图上，主要建筑物、构筑物用坐标定位时，根据工程具体情况也可用相对尺寸定位。

（6）建筑物、构筑物、铁路、道路、管线等应标注下列部位的坐标或定位尺寸：

1）建筑物、构筑物的外墙轴线交点。

2）圆形建筑物、构筑物的中心。

3）皮带走廊的中线或其交点。

4）铁路道岔的理论中心，铁路、道路的中线交叉点和转折点。

5）管线（包括管沟、管架或管桥）的中线交叉点和转折点。

6）挡土墙起始点、转折点墙顶外侧边缘（结构面）。

五、标高注法

（1）建筑物应以接近地面处的±0.00标高的平面作为总平面。字符平行于建筑长边书写。

（2）总图中标注的标高应为绝对标高，当标注相对标高，则应注明相对标高与绝对标高的换算关系。

（3）建筑物、构筑物、铁路、道路、水池等应按下列规定标注有关部位的标高：

1）建筑物标注室内±0.00处的绝对标高在一栋建筑物内宜标注一个±0.00标高，当有不同地坪标高以相对±0.00的数值标注。

2）建筑物室外散水，标注建筑物四周转角或两对角的散水坡脚处标高。

3）构筑物标注其有代表性的标高，并用文字注明标高所指的位置。

4）铁路标注轨顶标高。

5）道路标注路面中心线交点及变坡点标高。

6）挡土墙标注墙顶和墙趾标高，路堤、边坡标注坡顶和坡脚标高，排水沟标注沟顶和沟底标高。

7）场地平整标注其控制位置标高，铺砌场地标注其铺砌面标高。

（4）标高符号应按现行国家标准《房屋建筑制图统一标准》GB/T 50001—2010的有关规定进行标注。

六、名称和编号

（1）总图上的建筑物、构筑物应注写名称，名称宜直接标注在图上。当图样比例小或图面无足够位置时，也可编号列表标注在图内。当图形过小时，可标注在图形外侧附近处。

（2）总图上的铁路线路、铁路道岔、铁路及道路曲线转折点等，应进行编号。

（3）铁路线路编号应符合下列规定：

1）车站站线宜由站房向外顺序编号，正线宜用罗马字表示，站线宜用阿拉伯数字表示。

2）厂内铁路按图面布置有次序地排列，用阿拉伯数字编号。

3）露天采矿场铁路按开采顺序编号，干线用罗马字表示，支线用阿拉伯数字表示。

（4）铁路道岔编号应符合下列规定：

1）道岔用阿拉伯数字编号。

2）车站道岔宜由站外向站内顺序编号，一端为奇数，另一端为偶数。当编里程时，里程来向端宜为奇数，里程去向端宜为偶数。不编里程时，左端宜为奇数，右端宜为偶数。

（5）道路编号应符合下列规定：

1）厂矿道路宜用阿拉伯数字，外加圆圈顺序编号。

2）引道宜用上述数字后加—1、—2编号。

（6）厂矿铁路、道路的曲线转折点，应用代号JD后加阿拉伯数字顺序编号。

（7）一个工程中，整套总图图纸所注写的场地、建筑物、构筑物、铁路、道路等的名称应统一，各设计阶段的上述名称和编号应一致。

七、图例

总平面图例应符合表5-3的规定。

总平面图例 **表 5-3**

序号	名称	图　例	备　注
1	新建建筑物	X= Y= ① 12F/2D H=59.00m	新建建筑物以粗实线表示与室外地坪相接处±0.00外墙定位轮廓线 建筑物一般以±0.00高度处的外墙定位轴线交叉点坐标定位。轴线用细实线表示，并标明轴线号 根据不同设计阶段标注建筑编号，地上、地下层数，建筑高度，建筑出入口位置（两种表示方法均可，但同一图纸采用同一种表示方法） 地下建筑物以粗虚线表示其轮廓 建筑上部（±0.00以上）外挑建筑用细实线表示 建筑物上部连廊用细虚线表示并标注位置
2	原有建筑物		用细实线表示
3	计划扩建的预留地或建筑物		用中粗虚线表示
4	拆除的建筑物		用细实线表示
5	建筑物下面的通道		—
6	散状材料露天堆场		需要时可注明材料名称
7	其他材料露天堆场或露天作业场		需要时可注明材料名称
8	铺砌场地		—
9	敞棚或敞廊		—
10	高架式料仓		—
11	漏斗式贮仓		左右图为底卸式 中图为侧卸式
12	冷却塔（池）		应注明冷却塔或冷却池
13	水塔、贮罐		左图为卧式贮罐子 右图为水塔或立式贮罐
14	水池、坑槽		也可以不涂黑
15	明溜矿槽（井）		—
16	斜井或平硐		—
17	烟囱		实线为烟囱下部直径，虚线为基础，必要时可注写烟囱高度和上、下口直径

续表

序号	名称	图例	备注
18	围墙及大门		—
19	挡土墙	5.00 1.50	挡土墙根据不同设计阶段的需要标注 墙顶标高 墙底标高
20	挡土墙上设围墙		—
21	台阶及无障碍坡道	1. 2.	1. 表示台阶（级数仅为示意） 2. 表示无障碍坡道
22	露天桥式起重机	G_n= （t）	起重机起重 G_n，以吨计算 “+”为柱子位置
23	露天电动葫芦	G_n= （t）	起重机起重量 G_n，以吨计算 “+”为支架位置
24	门式起重机	G_n= （t） G_n= （t）	起重机起重量 G_n，以吨计算 上图表示有外伸臂 下图表示无外伸臂
25	架空索道		“I”为支架位置
26	斜坡卷扬机道		—
27	斜坡栈桥（皮带廊等）		细实线表示支架中心线位置
28	坐标	1. X=105.00 Y=425.00 2. A=105.00 B=425.00	1. 表示地形测量坐标系 2. 表示自设坐标系 坐标数字平行于建筑标注
29	方格网交叉点标高	-0.50 | 77.85 78.35	“78.35”为原地面标高 “77.85”为设计标高 “−0.50”为施工高度 “−”表示挖方（“+”表示填方）
30	填方区、挖方区、未整平区及零线	+ − + −	“+”表示填方区 “−”表示挖方区 中间为未整平区 点划线为零点线
31	填挖边坡		—
32	分水脊线与谷线		上图表示脊线 下图表示谷线
33	洪水淹没线		洪水最高水位以文字标注
34	地表排水方向		—

续表

序号	名称	图例	备注
35	截水沟	1 40.00	“1”表示1%的沟底纵向坡度，“40.00”表示变坡点间距离，箭头表示水流方向
36	排水明沟	107.50 1/40.00；107.50 1/40.00	上图用于比例较大的图画 下图用于比例较小的图画 “1”表示1%的沟底纵向坡度，“40.00”表示变坡点间距离，箭头表示水流方向 “107.50”表示沟底变坡点标高（变坡点以“十”表示）
37	有盖板的排水沟	1/40.00；1/40.00	—
38	雨水口	1. 2. 3.	1. 雨水口 2. 原有雨水口 3. 双落式雨水口
39	消火栓井		—
40	激流槽		箭头表示水流方向
41	跌水		
42	栏水（闸）坝		—
43	透水路堤		边坡较长时，可在一端或两端局部表示
44	过水路面		—
45	室内地坪标高	151.00 (±0.00)	数字平行于建筑物书写
46	室外地坪标高	143.00	室外标高也可采用等高线
47	盲道		—
48	地下车库入口		机动车停车场
49	地面露天停车场		—
50	露天机械停车场		露天机械停车场

第三节　总平面图读图示例

一、总平面图识读示例一

图5-3是某小区的总平面图，上面拟建的新建筑物是两栋三层小楼房（在右上角均写有数字3，表示三层），室内标高是±0.000，相当于绝对标高48.76m，室外标高相当于绝

对标高 48.31m，室内外高差 0.45m。新建筑物定位依据是北面的原有宿舍楼和东面路的中心或围墙，图中可看到其中一栋新建房屋是在拆除的建筑物上，等高线表示场地内的地形，由风玫瑰可以看到建筑物朝向以及本场地内的常年风向频率和大小等。

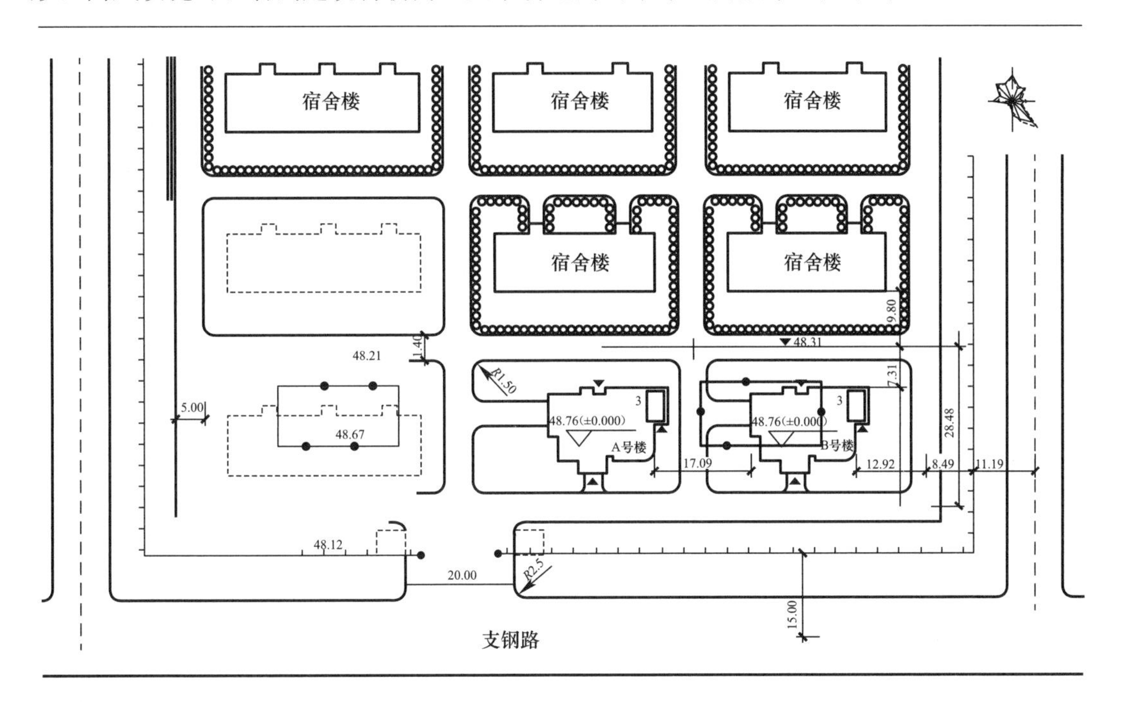

图 5-3　某小区的总平面图（1∶500）

二、总平面图识读示例二

图 5-4 为×××住宅小区总平面图，建筑物说明详见表 5-4。

从图名和它的说明可以知道，建设小区是以住宅、宿舍和公寓为主的工程建设。图名后标注了比例为 1∶500。图下方绘有比例尺，用分规先量图面大小，然后再把分规对准比例尺，便可读出大致的尺寸。单位为米。由公路中心线引出的建筑红线为 10m。

围墙外墙皮纵横长宽为 260m、126m，两者相乘，即为建设区域的占地面积 32760m。

从表示地形的等高线来看，共六条等高线。等高线的标高是绝对标高，而且是从 131～136m。每两条相邻线间的高差均为 1m。由西南向东北，愈来愈高。从地势来看，右下角峻陡，左上角坡缓。

从风向频率玫瑰图上看，常年刮南风和西南风的日子多，所以带有大烟囱的锅炉房设在了小区的东北角。

小区是由围墙围起来的。区内有两条互相垂直相交的道路，道路尽端是小区出入的大门，且有门卫室。

建筑物的平面配置，是根据使用功能、风向、防火通道、楼间防火距离、楼高与楼间距离的光照影响尺寸等设计的。如 B 栋、K 栋与围墙间的距离 5.5m 为防火通道（大于 4m）；A 栋与 C 栋的间隔 28.50m 为楼高与楼间距离的光照要求尺寸等等。

在图 5-4 中画有施工坐标网，它的 A、B 网线可以作为房屋定位放线的基准。

A、D、E 和 J 四栋是新建工程。其平面图轮廓用粗实线绘制。圆黑点的个数为楼层

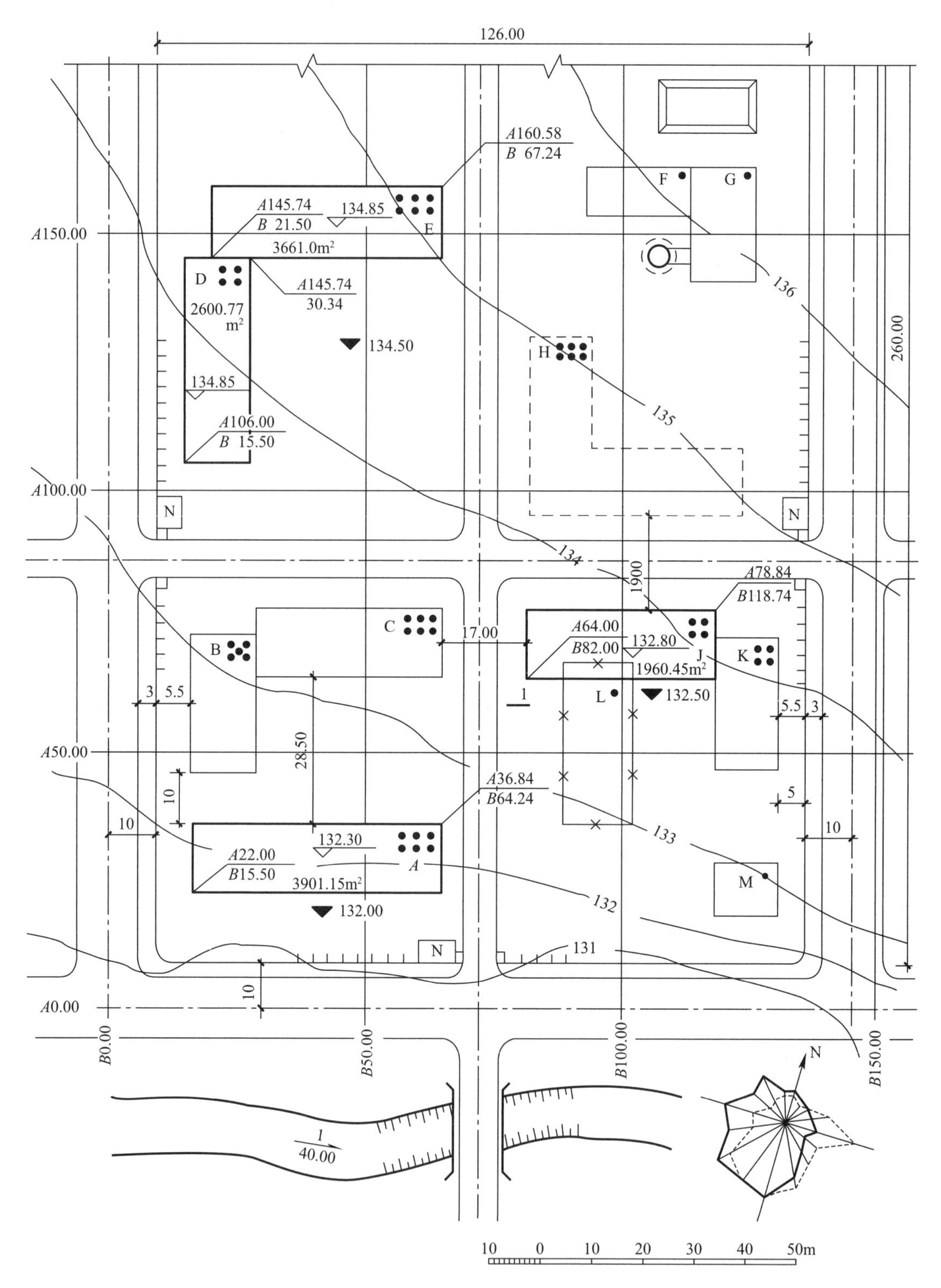

图 5-4　×××住宅小区总平面图（1∶500）

数。每栋楼平面轮廓对角线上的两个点，注写有坐标点数据（测量放线定位点）。新建工程均在平面内注写有建筑面积数据，如 A 栋为 3901.15m²。新建房屋如 A 栋，注出室内

建筑物说明　　表 5-4

建筑物符号	建筑物用途	建筑物符号	建筑物用途
A	住宅	H	住宅
B	住宅	J	公寓
C	住宅	K	综合楼
D	公寓	L	平房
E	宿舍	M	变电所
F	水泵房	N	门卫
G	锅炉房		

一层标高 132.30m 和室外地坪标高 132.00m。

用中实线画出的平面轮廓为原有且保留的楼房，如 B、C 等。用虚线画出的平面轮廓，为计划未来扩建工程，如 H 栋。L 栋是现在就要拆除的房子。F 为水泵房，G 为锅炉房。G 左方的内实外虚两圆是表示烟囱。F、G 的上方为堆煤场。

小区四周为公路，南方公路上有一跨越小河的公路桥。河中箭头方向表示水流方向；上边的“1”为坡度 1%；下边的 40.00m 为变坡点间的距离。

三、总平面图识读示例三

现以图 5-5 为例，介绍建筑总平面图的识读方法。

（1）了解工程性质、图纸比例，识读文字说明，熟悉图例。由于总平面图要表达的范围都比较大，所以要用较小的比例画出。总平面图标注的尺寸以米（m）为单位。由图 5-5

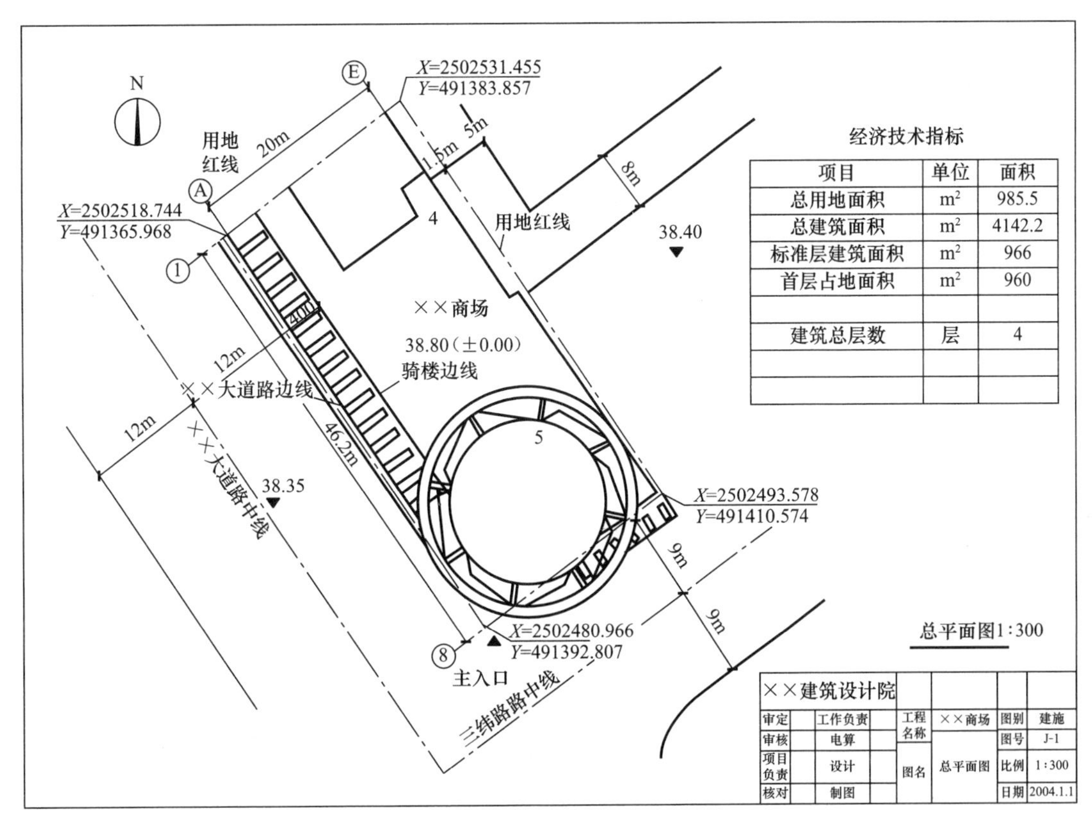

图 5-5　商业办公大楼总平面图

中可知，该图的比例是 1∶300，要建的是一座商业办公大楼。

（2）了解新建建筑的基本情况、用地范围、四周环境和道路布置等。

总平面图用粗实线画出新建建筑的外轮廓，从图 5-5 中可知，该办公大楼的平面形状基本上为矩形，主入口处为圆形造基。办公大楼①轴至⑧轴的长度为 46.2m，Ⓐ轴至Ⓔ轴的长度为 20m，由图中标注的数字可知该办公大楼的层数，除圆形造型处为 5 层外，其余各处为 4 层。

从图 5-5 的用地红线可了解该办公大楼的用地范围。由办公大楼用地范围四角的坐标可确定用地的位置。办公大楼三面有道路，西南面是 24m 宽大道，东南面是 18m 宽道路，东北面是 5m 宽和 8m 宽的道路。

由标高符号可知，24m 大道路中地坪的绝对标高为 38.35m，办公大楼室内地面的绝对标高为 38.80m。

（3）了解新建建筑物的朝向。根据图中指北针可知该办公大楼的朝向大致为坐东北向西南。

（4）了解经济技术指标。从经济技术指标表可了解该办公大楼的总用地面积、总建筑面积、标准层建筑面积、首层占地面积和建筑总层数等指标。

四、总平面图识读示例四

图 5-6 是某学校的总平面图，图样是按 1∶500 的比例绘制的。它表明在学校的北面围墙内，要新建 1 幢 5 层教师公寓。

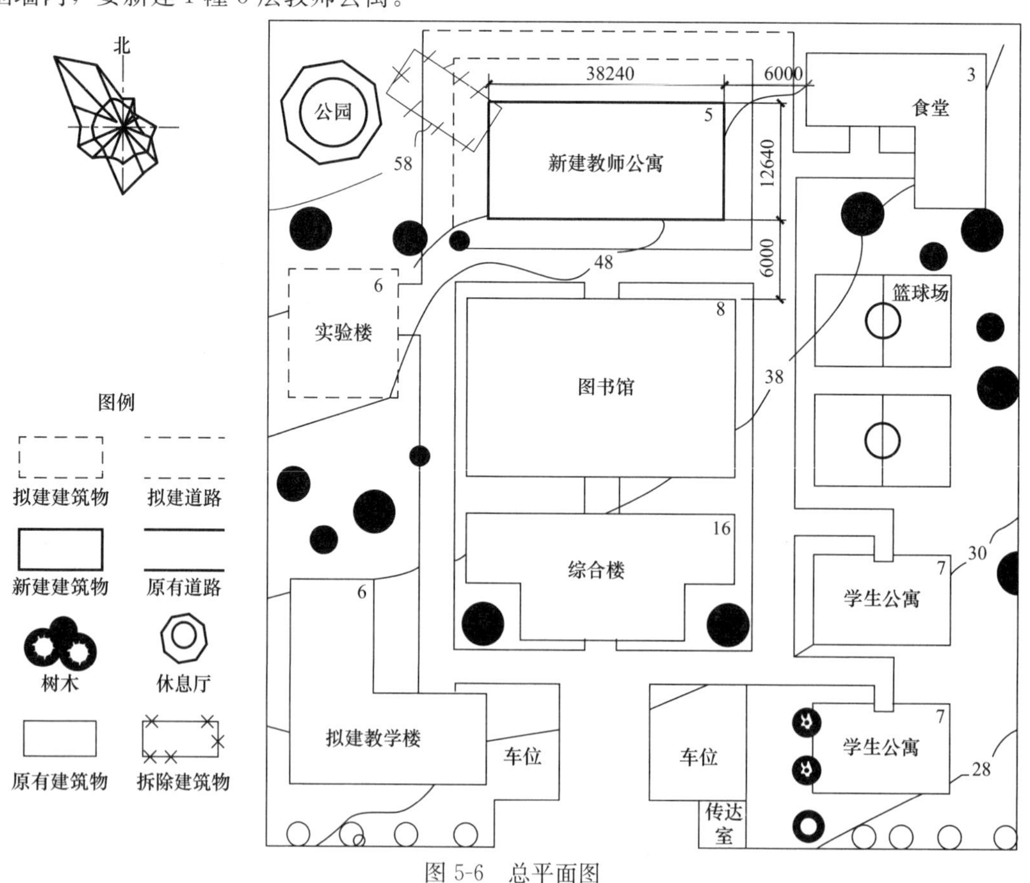

图 5-6　总平面图

（1）新建教师公寓周围的环境情况从图中可看出，该学校的地势是自西北向东南倾斜，西北角山坡上有一处休息厅。学校的东南角有 2 栋 7 层的学生宿舍，学生宿舍后面有 2 个篮球场，学校的东北角是 3 层的食堂，学校的西南角是 1 栋 6 层的教学楼，后面是计划修建的 6 层的实验室，虚线部分表示扩建用地，学校的中心是 8 层的图书馆，南面是 16 层的办公综合楼，学校的最南面是大门，车库在两侧，新建教师公寓在北面，西北角有一即将拆除的建筑物。

（2）新建教师公寓的位置、范围和朝向新建教师公寓呈矩形，南北朝向，左右对称，东西向总长 38.24m，南北向总宽 12.54m。新建教师公寓的南面距图书馆 6.00m，东面距食堂 6.00m。

练习题

练习 5-1：试回答总平面图都包括哪些？

练习 5-2：识读总平面图时，应该注意哪些问题？

练习 5-3：水池应该如何进行标高？

练习 5-4：平面图中的坐标应该如何表示？

练习 5-5：表 5-3 中“G_n”符号代表的是什么意思？

第六章　怎样识读建筑施工图

第一节　建筑施工图概述

一、建筑工程施工图的概念

施工图是建筑设计人员，按照国家的建筑方针政策、设计规范、设计标准，结合有关资料（例如，建设地点的水文、地质、气象、资源和交通运输条件等），以及建设项目委托人提出的具体要求，在经过批准的初步（或扩大初步）设计的基础上，运用制图学原理，采用国家统一规定的图例、符号和线型等来表示拟建建（构）筑物，以及建筑设备各部位之间空间关系及其实际形状尺寸的图样，并且用于拟建项目施工和编制工程量清单计价文件或施工图预算的一整套图纸。

二、建筑工程施工图的分类与特点

1. 建筑工程施工图分类

建筑工程施工图按照内容和专业分工的不同，可以分为建筑施工图、结构施工图和设备施工图。其中建筑施工图是为了满足建设单位的使用功能而设计的施工图样；结构施工图是为了保障建筑的使用安全而设计的施工图样；设备施工图是为了满足建筑的给排水、电气、采暖通风的需要而设计的图样。在建筑工程设计中，建筑是主导专业，而结构和设备是配合专业，所以在施工图的设计中，结构施工图和设备施工图必须与建筑施工图协调一致。

（1）建筑施工图。建筑施工图简称“建施”，是表达建筑的总体布局及单体建筑的形体、构造情况的图样，包括建筑设计说明书、建筑总平面图、各层平面图、各个立面图、必要的剖面图和建筑施工详图等。

（2）结构施工图。结构施工图简称“结施”，是表达建筑物承重结构的构造情况的图样，包括结构设计说明书、基础平面图、结构基础平面图、基础详图、结构平面图、楼梯结构图和结构构件详图等。

（3）设备施工图。设备施工图简称“设施”。它包括设计说明书、给水排水、采暖通风、电气照明等设备的平面布置图、系统图和施工详图等。

这些施工图都是表达各个专业的管道（或线路）和设备的布置及安装构造情况的图样。

2. 建筑工程施工图特点

建筑工程施工图的特点如下：

（1）施工图中的各种图样，除了水暖施工图中水暖管道系统图是用斜投影法绘制的之外，其余图样都是用正投影法绘制的。

（2）房屋的形体庞大而图纸幅面有限，所以施工图一般是用缩小比例绘制的。

（3）房屋是用多种构、配件和材料建造的，所以施工图中，多用各种图例符号来表示这些构、配件和材料。

（4）房屋设计中有许多建筑物、配件已有标准定型设计，并有标准设计图集可供使用。为了节省大量的设计与制图工作，凡采用标准定型设计之外，只要标出标准图集的编号、页数、图号就可以了。

三、建筑施工图内容

建筑施工图主要包括以下部分：图纸目录，门窗表，建筑设计总说明，建筑总平面图，一层至屋顶平面图，正立面图，背立面图，左侧立面图，右侧立面图，剖面图（根据工程需要可能有几个剖面图），节点大样图以及门窗大样图，楼梯大样图（根据功能需要可能有多个楼梯及电梯）。

（1）图纸目录及门窗表。图纸目录是了解整个建筑设计的整体情况的目录，从中可以明确图纸数量及出图大小和工程号，还有建筑单位及整个建筑物的主要功能。如果图纸目录与实际图纸有出入，必须与建筑设计部门核对情况。门窗表包括门窗编号、门窗尺寸及其做法，这在计算结构荷载时是必不可少的。

（2）建筑设计总说明。建筑设计总说明主要用来说明图样的设计依据和施工要求，这对结构设计是非常重要的，因为建筑设计总说明中会提到很多做法及许多结构设计中要使用的数据，如建筑物所处位置（结构中用以确定抗震设防烈度及风载、雪载）、黄海标高（用以计算基础大小及埋深桩顶标高等，没有黄海标高，施工中根本无法施工）及墙体做法、地面做法、楼面做法等（用以确定各部分荷载）。总之，看建筑设计总说明时不能草率，这是检验结构设计正确与否非常重要的一个环节。

（3）建筑总平面图。总平面图表明新建工程在基底范围内的总体布置。其主要表示原有和新建房屋的位置、标高、道路布置、构筑物、地形、地貌等，是新建房屋定位、施工放线、土方施工以及水、电、暖、煤气等管线施工总平面布置的依据。

（4）建筑平面图。建筑平面图是将房屋从门窗洞口处水平剖切后，俯视剖切平面以下部分，在水平投影面所得到的图形，比较直观，主要信息就是柱网布置、每层房间功能墙体布置、门窗布置、楼梯位置等。一层平面图在进行上部结构建模中是不需要的（有架空层及地下室等除外），一层平面图在做基础时使用。作为结构设计师，在看平面图的同时，需要考虑建筑的柱网布置是否合理，不当之处应讲出理由并说服建筑设计人员进行修改。看建筑平面图，了解了各部分建筑功能，对结构上活荷载的取值心中就有大致的值了，了解了柱网及墙体门窗的布置，柱截面大小、梁高以及梁的布置也差不多有数了。墙的下面一定有梁，除非是甲方自理的隔断，轻质墙也最好是立在梁上。值得一提的是，注意看屋面平面图，通常现代建筑为了外立面的效果，都有层面构架，比较复杂，需要仔细地理解建筑的构思，必要的时候还要咨询建筑设计人员或索要效果图，力求使自己明白整个构架的三维形成是什么样子的，这样才不会出错。另外，层面是结构找坡还是建筑找坡也需要了解清楚。

（5）建筑立面图。建筑立面图是建筑物在与外墙面平行的投影面上的投影，一般是从建筑物的四个方向所得到的投影图。根据具体情况可以增加或减少。对建筑立面的描述，主要是外观上的效果，提供给结构师的信息，主要是门窗在立面上的标高布置、立面布置、立面装饰材料及其凹凸变化。屋顶的外形、详图索引符号中，通常有线的地方就有面的变化，再就是层高等信息，这也是对结构荷载的取定起作用的数据。

（6）建筑剖面图。建筑剖面图是建筑物沿垂直方向向下的剖面图。画建筑剖面图时，常用一个剖切平面剖切，必要时可用两个平行的剖切平面剖切。剖切部位应选在能反映房屋全貌和构造特征以及有代表性的地方。剖切符号一般绘制在底层平面图中，常通过门窗洞和楼梯进行剖切。它的作用是对无法在平面图或立面图中表述清楚的局部进行剖切以表述清楚建筑设计师对建筑物内部的处理，结构工程师能够在剖面图中得到更为准确的层高信息和局部地方的高低变化，剖面信息直接决定了剖切处梁相对于楼面标高的下沉或抬起，又或有错层梁、夹层梁、短柱等。同时对窗顶是用框架梁充当过梁还是需要另设过梁有一个清晰的概念。

建筑剖面图与建筑立面图、建筑平面图相互配合，表示房屋的全局。建筑平、立、剖面图是建筑施工中最基本的图样。

（7）节点大样图及门窗大样图。为表明细部的详细构造和尺寸，用较大比例画出的图样，称为详图及大样图或节点图。

建筑设计者为了更为清晰地表述建筑物的各部分做法，以便施工人员了解设计意图，需要对构造复杂的节点绘制大样图以说明其详细做法，不仅要通过节点图进一步了解建筑师的构思，更要分析节点画法是否合理，能否在结构上实现，然后通过计算验算各构件尺寸是否满足要求，配出钢筋用量。当然，有些节点是不需要结构师配筋的，但结构师也需要确定该节点能否在整个结构中实现。门窗大样图对于结构师来说作用不是太大，但个别特别的门窗，结构师需绘制立面上的过梁布置图，以便于施工人员对此种特殊的门窗过梁有一个确定的做法，避免产生施工人员理解上的错误。

（8）楼梯大样图。楼梯大样图表示楼梯的组成结构、各部位尺寸和装饰做法，一般包括楼梯间平面详图、剖视大样图及栏杆、扶手大样图。这些大样图尽可能画在同一张图纸上。另外，楼梯大样图一般分建筑详图和建筑结构图两种，分别绘制，编入建施和结施中。

楼梯是每一个多层建筑必不可少的部分，多采用预制、现浇混凝土楼梯，楼梯大样图又分为楼梯各层平面图和楼梯剖面图，结构师需要仔细分析楼梯各部分是否能够构成一个整体。在进行楼梯计算时，楼梯大样图就是唯一的依据，所有的计算数据都来自于楼梯大样图。所以，在看楼梯大样图时必须将梯梁、梯板厚度和楼梯结构考虑清楚。

（9）外墙节点大样图。外墙节点大样图是建筑墙身的局部放大图，详尽地表达了墙身从局部防潮层到屋顶的各个主要节点的构造和做法，一般使用标准图集。

第二节　建筑工程施工图识读方法

建筑工程施工图是用投影原理和各种图示方法综合应用绘制的。所以，识读时必须具备一定的投影知识，掌握形体的各种图示方法和建筑制图标准的有关规定，要熟记建筑图中常用的图例、符号、线型、尺寸和比例的意义，要具有房屋构造的有关知识。

一、施工图识读方法

在识读建筑工程施工图时，应掌握正确的识读方法和步骤，按照“了解总体、顺序看图、前后对照、重点细读”的方法来看图。

（1）了解总体。拿到建筑工程施工图后首先要看目录、总平面图和施工总说明，以大致了解工程的概况，如工程设计单位、建设单位、新建工程项目所在的位置、周围环境、施工技术要求等。对照目录检查图纸是否齐全，采用了哪些标准图集，并准备齐这些标准图集。然后看建筑平、立、剖面图，大体上想象一下建筑物的立体形象及内部布置。

（2）顺序看图。在总体了解建筑物的情况以后，根据施工的先后顺序，从基础到墙体（或柱）、结构的平面布置以及各专业的相互联系和制约、建筑构造及装修的顺序等都要仔细识读有关图纸。试着看图 6-1 所示的首层平面图。

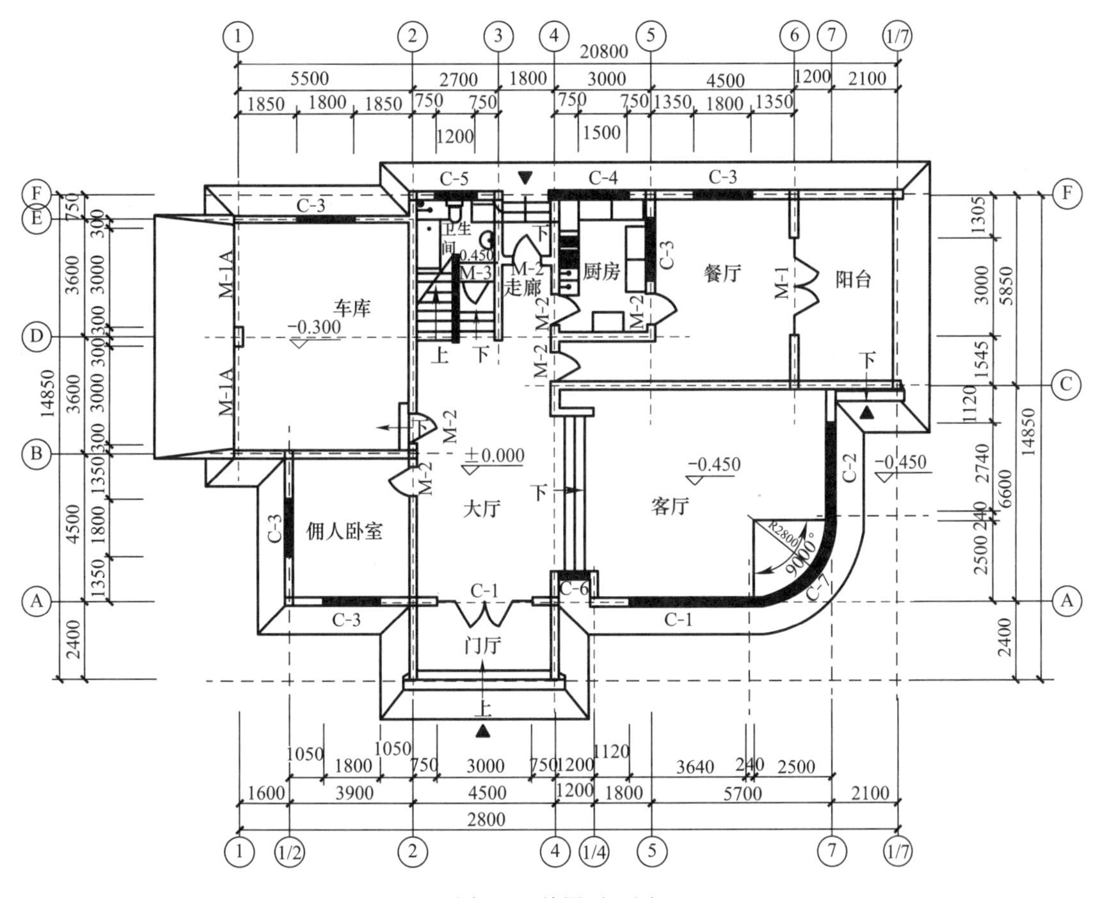

图 6-1　首层平面图

（3）前后对照。在看建筑工程施工图时，要注意平面图与立面图和剖面图对照着看，建筑施工图和结构施工图对照着看，土建施工图与设备施工图对照着看，对整个工程施工情况及技术要求做到心中有数。

（4）重点细读。根据的专业不同，要读的重点也就不同，在对整个工程情况了解之后，再对专业重点地细读，并将遇到的问题记录下来及时向设计部门反映；必要时可形成文件发给设计部门。如图 6-2 所示是一个设计部门接到有关部门发来的函对原图纸进行了改动后，返回的设计通知。

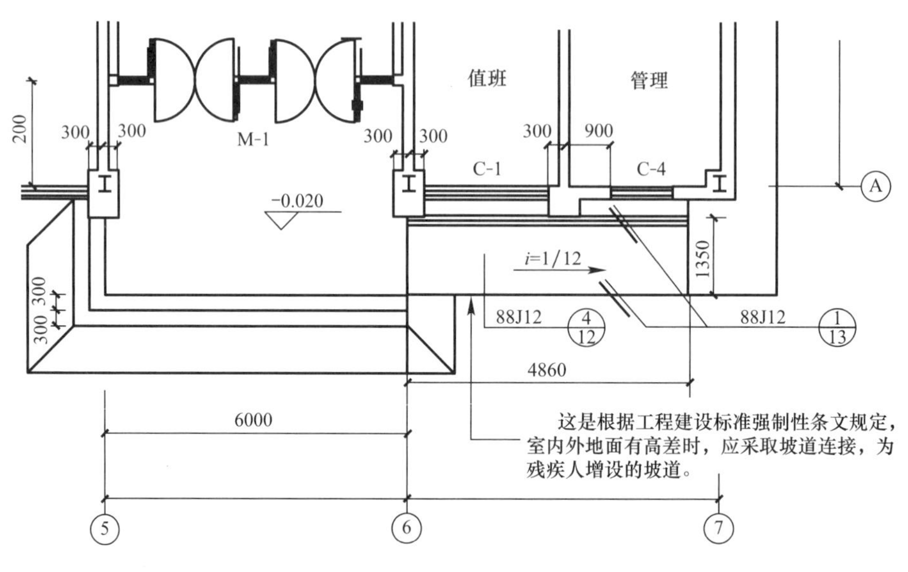

图 6-2　设计通知

二、标准图集的查阅

（1）标准图查阅方法说明。建筑工程施工图中，有些建筑构配件、节点详图（材料与做法）等，常选自某种标准图集或通用图集。这些被选定的图样也是工程施工图的组成部分，目前使用的标准图集种类很多，现将有关查阅方法说明如下：

1）经国家批准的通用标准图集，可在全国范围内使用。

2）经各省、市、自治区地方有关部门批准的通用标准图集，主要供本地区使用。

3）由各设计单位编制的标准图集，主要供本单位设计使用。

全国通用的标准图集，通常采用“J×××”或“建×××”代号，表示建筑标准配件类的图集；用“G×××”或“结×××”代号，表示结构标准构件类的图集。

（2）标准图的查阅方法。

1）根据施工图中注明的标准图集名称编号及编制单位查找相应的图集。

2）识读标准图集时，必须首先识读图集的总说明，了解编制该图集的设计依据、使用范围、施工要求和注意事项等。

3）了解标准图集的编号和有关表示方法。

4）根据施工图中的详图索引编号查阅被索引详图，核对构件部位的适应性和尺寸。

第三节　工业厂房建筑施工图的识读

工业建筑与民用建筑的显著区别是工业建筑必须满足工艺要求，此外是设置有吊车。

一、单层工业厂房平面图

1. 单层工业厂房建筑平面图图示内容

（1）纵、横向定位轴线。如图中①、②、③、④、⑤、⑥轴为横向定位轴线，⑦、⑧、⑨、⑩轴纵向定位轴线，它们构成柱网，可以用来确定柱子的位置，横向定位轴线之间的距离确定厂房的柱距，纵向定位轴线确定厂房跨度。厂房的柱距决定屋架的间距和屋面板、吊车梁等构件的长度，车间跨度则决定屋架的跨度和吊车的轨距。如图 6-3 所示，本厂房的柱距为 6m，距度位 18m；由于平面为 L 形布置，⑥轴与⑦轴之间的距离应为墙厚＋变形缝尺寸＋600mm。厂房的柱距和距度还应满足模数制的要求；纵、横向定位轴线是施工放线的重要依据。

（2）墙体、门窗布置。在平面图需表明墙体、门窗的位置、型号和数量。门窗的表示方法和民用建筑相同，在表示门窗的图例旁边注写代号，门的代号是 M，窗的代号是 C，在代号后注写数字表示门窗的不同型号。单层工业厂房的墙体一般为自承重墙，主要起维护作用，一般沿四周布置。

（3）吊车设置。单层厂房平面图应表明吊车的起重量及吊车轮距，这时它与民用建筑的重要区别。如图 6-3 所示。

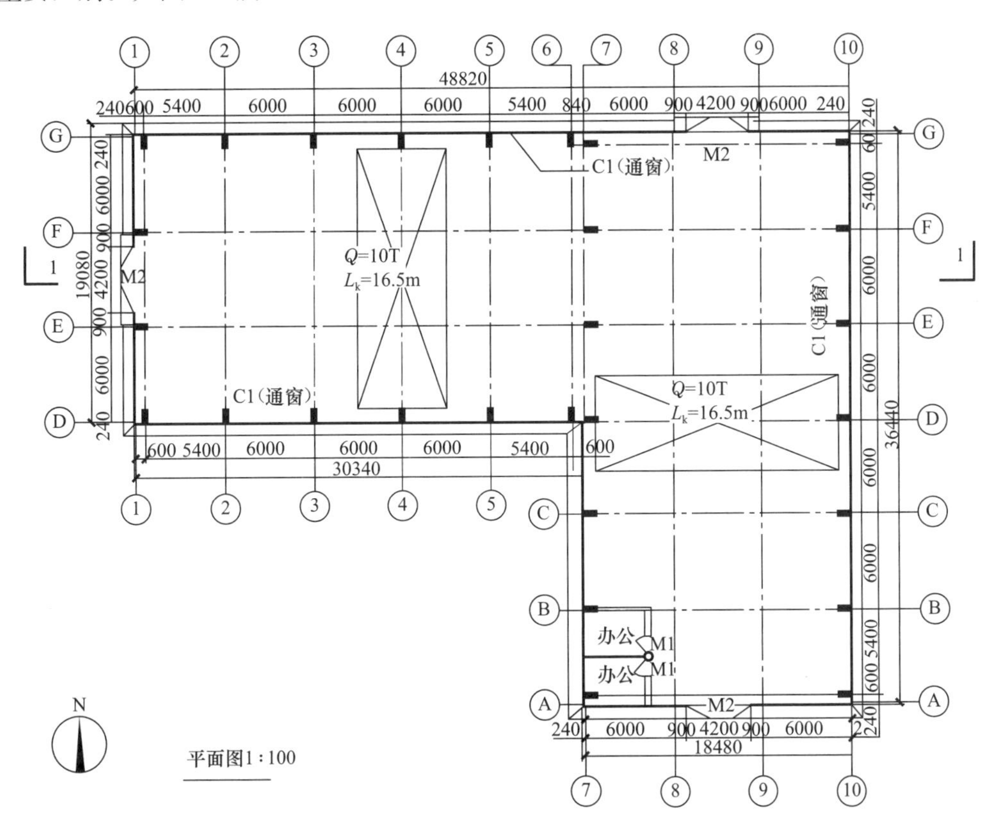

图 6-3　厂房平面图

（4）辅助用房的布置。辅助用房是为了实现工业厂房的功能而布置的，布置较简单，如本图中的⑦、⑧轴×Ⓐ、Ⓑ轴的两个办公室。

（5）尺寸标注。通常沿厂房长、宽两个方向分别标注三道尺寸：第一道是门窗宽度及墙段尺寸，联系尺寸、变形缝尺寸等；第二道是定位轴线间尺寸；第三道是厂房的总长和总宽。

（6）画出指北针、剖切符号、索引符号。

2. 单层厂房平面图识读举例

（1）了解厂房平面形状、朝向。如图6-3，根据工艺布置要求，本厂房采用L形平面布置，①～⑥轴车间坐北朝南。

（2）了解厂房柱网布置，该厂房柱距6m，跨度18m。

（3）了解厂房门、窗位置，形状，开启方向。该厂房在南、北、西向分别设有一条大门，外墙上设计为通窗。

（4）了解墙体布置。墙体为自承重墙，沿外围布置，起围护作用。

（5）了解吊车设置。本厂房吊车起重量为10t，吊车轮距为16.5m。

二、单层工业厂房立面图

1. 建筑立面图的图示内容

（1）屋顶、门、窗、雨篷、台阶、雨水管等细部的形状和位置。

（2）室外装修及材料做法等。

（3）立面外貌及形状。

（4）室内外地面、窗台、门窗顶、雨篷底面及屋顶等处的标高。

（5）立面图两段的轴线编号及图名、比例。

2. 建筑立面图识读举例

（1）如图6-4，本厂房为L布置，在本立面设有一大门，上方有一雨篷，屋顶为两坡排水，设有外天沟，为有组织排水。

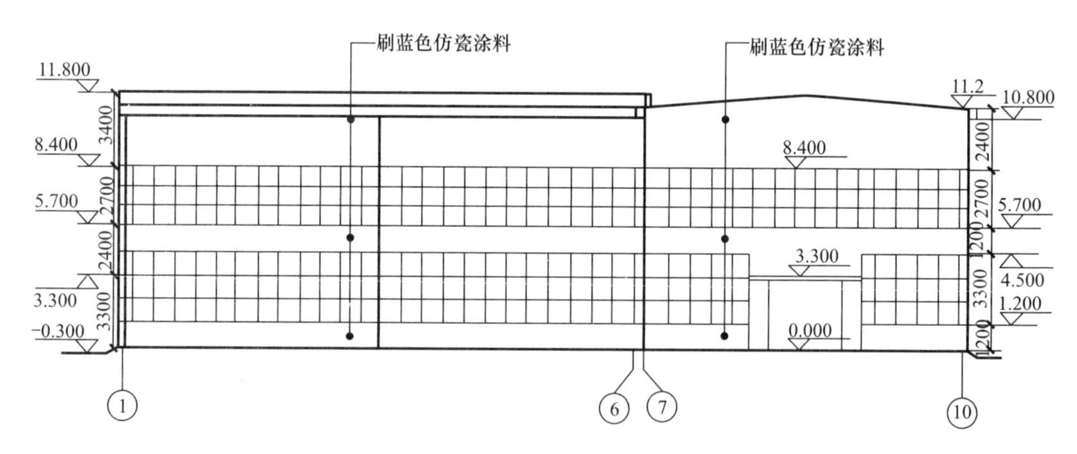

图6-4　厂房立面（①～⑩立面图1∶100）

（2）为了取得良好的采光通风效果，外墙设计通窗。

（3）本厂房室内外高差为0.3m，下段窗台标高1.2m，窗顶标高为4.5m，上段窗窗台标高5.7m，窗顶标高为8.4m。

（4）外墙装修为刷蓝色仿瓷涂料。

三、工业厂房剖面图

1. 工业厂房剖面图图示内容

（1）表明厂房内部的柱、吊车梁断面及屋架、天窗架、屋面板以及墙、门窗等构配件的相互关系。

（2）各部位竖向尺寸和主要部位标高尺寸。

（3）屋架下弦底面标高及吊车轨顶标高，它们是单层工业厂房的重要尺寸。

2. 建筑剖面图识读举例

（1）如图 6-5 本厂房采用钢筋混凝土排架结构，排架柱在 5.3m 标高处设有牛腿，牛腿上设有 T 形吊车梁，吊车梁梁顶标高 5.7m，排架柱柱顶标高 8.4m。

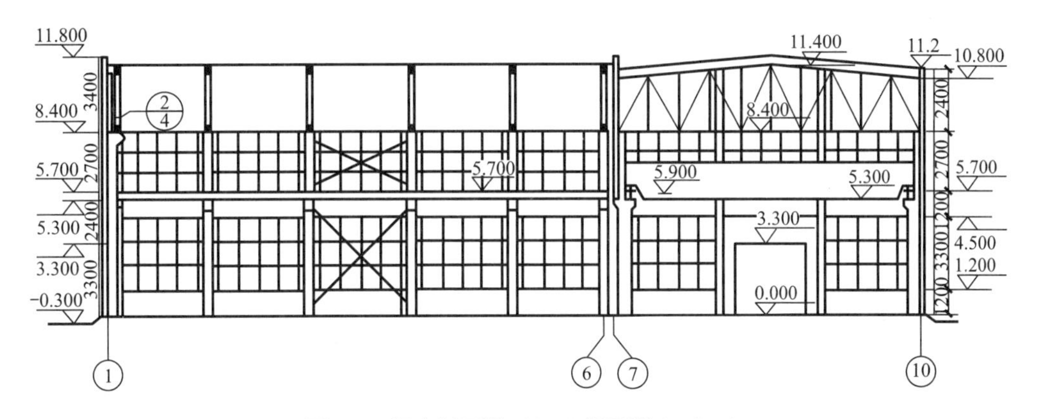

图 6-5　厂房剖面图（1—1 剖面图 1：100）

（2）屋面采用屋架承重，屋面板直接支承载屋架上，为无檩体系。

（3）厂房端部设有抗风柱，以协助山墙抵抗风荷载。

（4）在厂房中部设有柱间支撑，以增加厂房的整体刚度。

（5）了解厂房屋顶做法，屋面排水设计。

（6）在外墙上设有两道连系梁，以减少墙体计算高度，提高墙体的稳定性。

为了清楚地反映厂房细部及构配件的形状、尺寸、材料做法等需要绘制详图。一般包括墙身剖面详图、屋面节点、柱节点详图。如图 6-6 所示，为该厂房屋架与抗风柱连接详图。

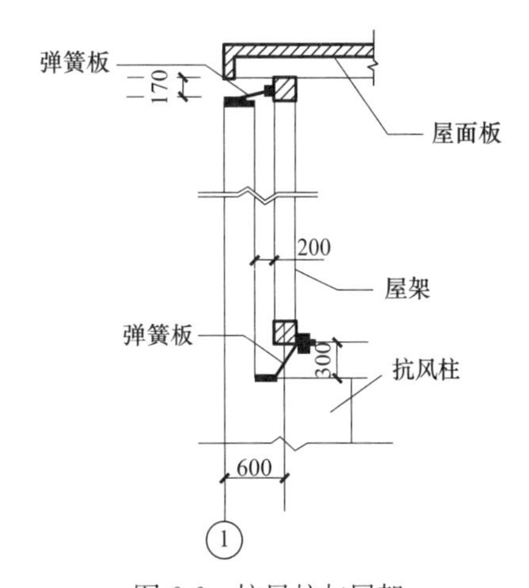

图 6-6　抗风柱与屋架连接详图（1：30）

第四节　建筑小品建筑施工图的识读

建筑小品是附属与建筑物外部的尺度较小，但又相对独立的设施，包括小型建筑物、陈设、设备和艺术雕塑品等。

建筑小品尺度不大，地位不显赫，但在园林景观环境中发挥着重要作用。

建筑小品既有功能要求，又具有点缀、装饰和美化作用的、从属于某一建筑空间环境的小体量建筑、游憩观赏设施和指示性标志物等。

一、分类

1. 休憩观演建筑

最常见的园林小品建筑，如亭、台、楼、阁、舫、廊、花架、露天剧场等。

这类建筑以供游人休息、游赏、观演为主要功能，体量较小，功能构成单一。

2. 入口建筑

园林景观环境通常均设有出入口或标志，以引导人流、方便管理。往往入口标志类建筑及小品视觉形象个性鲜明，不仅作为景观环境的界定与引导，同时能够成为景观环境特征的象征。

引人入胜是现代景园入口建筑设计的主要目标。

3. 服务建筑

服务建筑是一类常见的景观建筑，具有体积小、数量多、分布广、功能相对单一的特点。

服务类小建筑有书报亭、小卖部、花店、游艺室、游船码头、索道站、观光车站、园厕、游客中心、小型旅馆等。

4. 餐饮建筑

餐饮建筑往往有：茶室、茶餐厅（简餐厅）、餐厅、俱乐部、主题会所等。

5. 展陈建筑

景观环境中建造小型的展陈建筑，如观赏温室、荫棚、动物园、盆景馆、科普馆、书画馆、纪念馆、雕塑馆等。

二、石灯施工图识读实例

如图 6-7（*a*）所示，为石灯平面图和立面图，由图可以看出，石灯长为 500mm，宽为 500mm，高为 400mm，石灯下端立柱宽为 70mm，高度为 250mm，石灯上端形状为正方形，四周为倒 20 的斜边。如图 6-7（*b*）所示，为石灯剖面图，分别为石灯顶端 1—1 剖面和石灯纵向 2—2 剖面示意图，由 1—1 剖面图可看出，石灯顶部造型有 4 个规则多边形，对边排列，下底宽度为 300mm，中心内装灯具。

三、游憩亭施工图识读实例

图 6-8（*a*）为某游憩亭平面图。从图中可以看出，该图的制图比例为 1∶50，亭子基座标高为 0.14m，基座的边长为 4200mm，亭子四周为木座椅，座椅宽度为 300mm，靠背厚度为 50mm，亭四角为 4 根 300mm×300mm 的木柱，顶部接 100mm×100mm 的方钢管，方钢管刷黑漆。从图 6-8（*b*）中可看出亭子基础的构造以及亭子顶部梁的尺寸。

图 6-8（*c*）为某游憩亭立面图、（*d*）为某游憩亭亭顶平面图。从图中可以看出，绘图比例为 1∶500 立面图与 1—1 剖面图大致相同，这里不再重复。亭顶平面图详细地标注出亭子顶部具体的尺寸结构及梁的安排方式，施工人员可根据图中的标注进行施工。

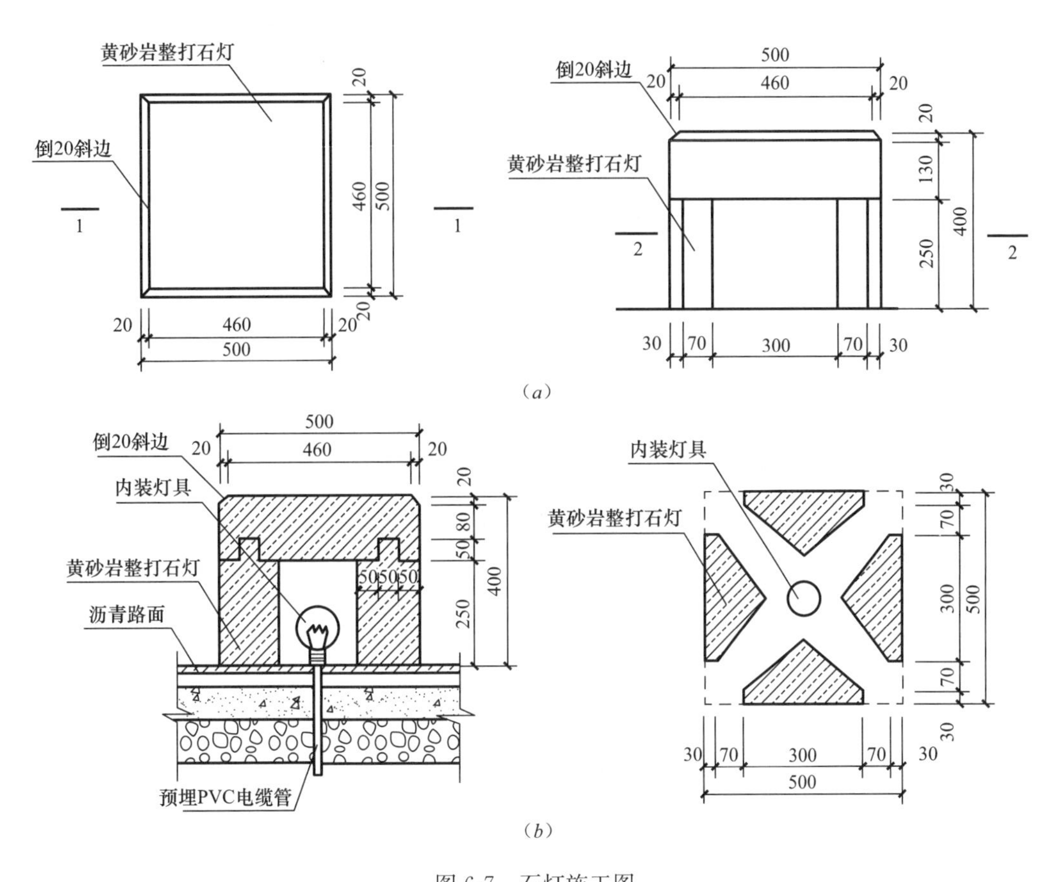

图 6-7　石灯施工图

(a) 石灯顶平面图 (1∶10); (b) 石灯顶 1—1 剖面图 (1∶10)

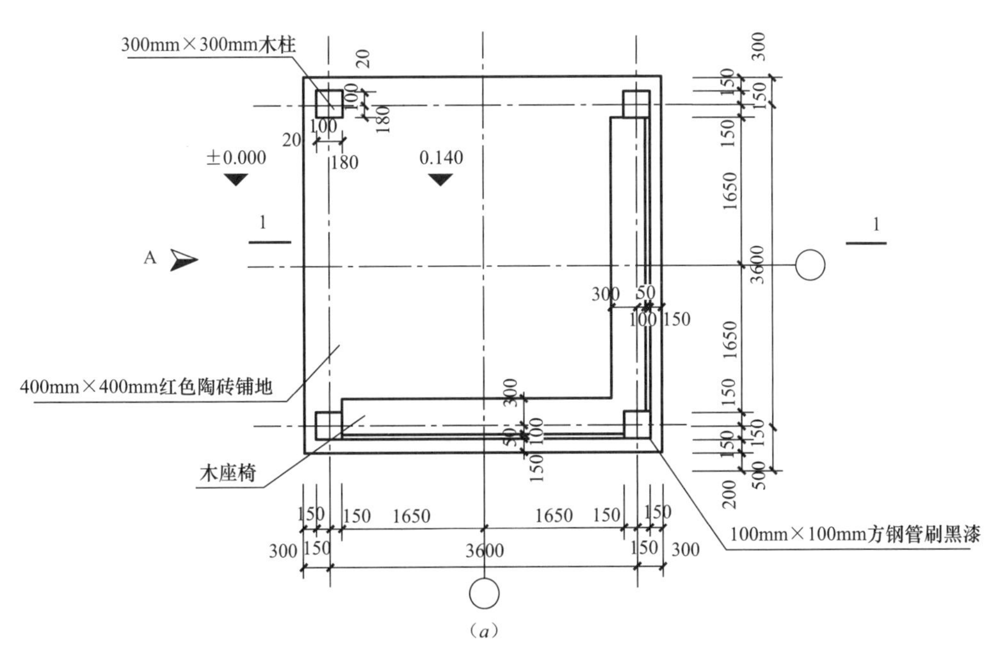

图 6-8　游憩亭示意图 (一)

(a) 休憩亭平面图 (1∶50)

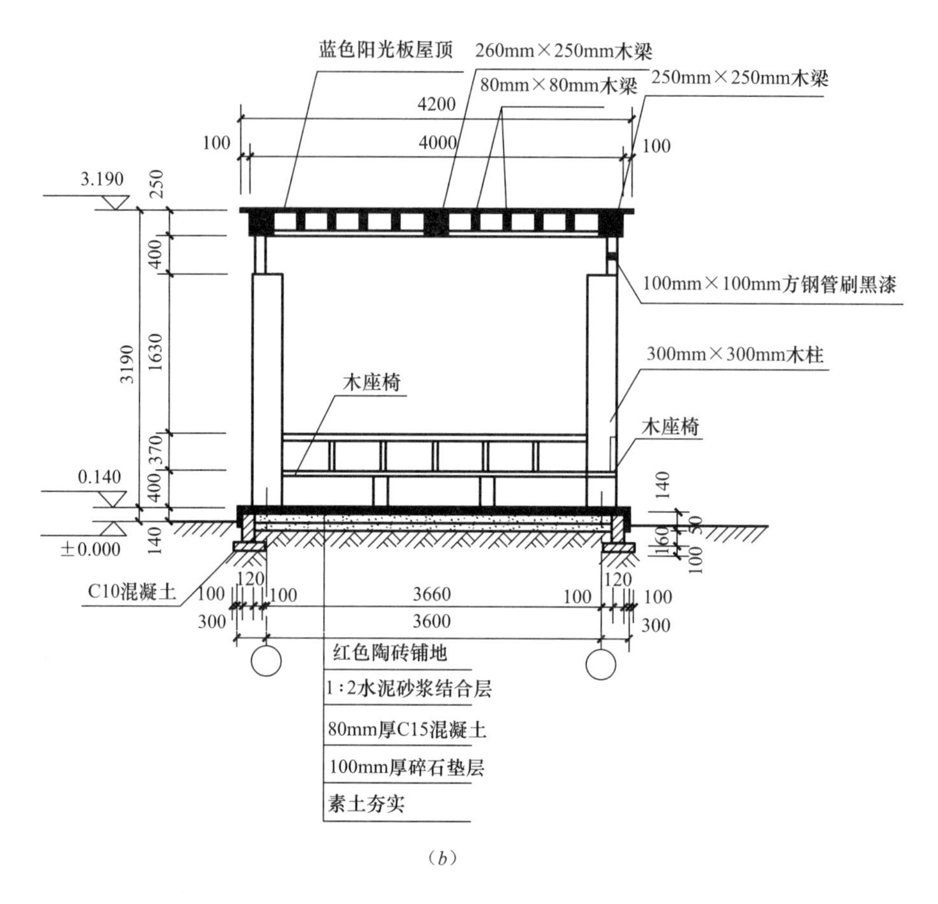

(*b*)

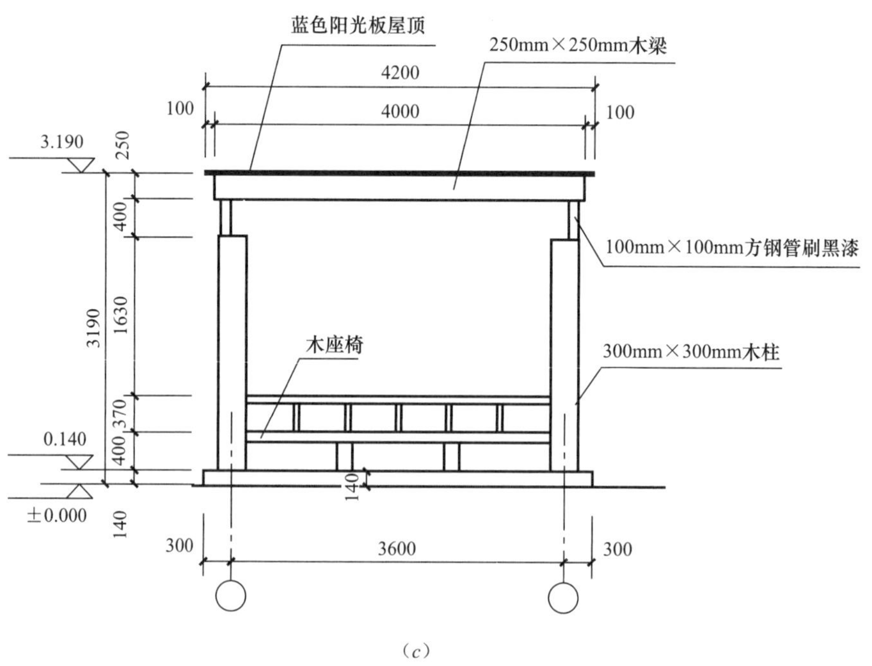

(*c*)

图 6-8　游憩亭示意图（二）

(*b*) 休憩亭 1—1 剖面图（1∶50）；(*c*) 休憩亭 A 向立面图（1∶50）

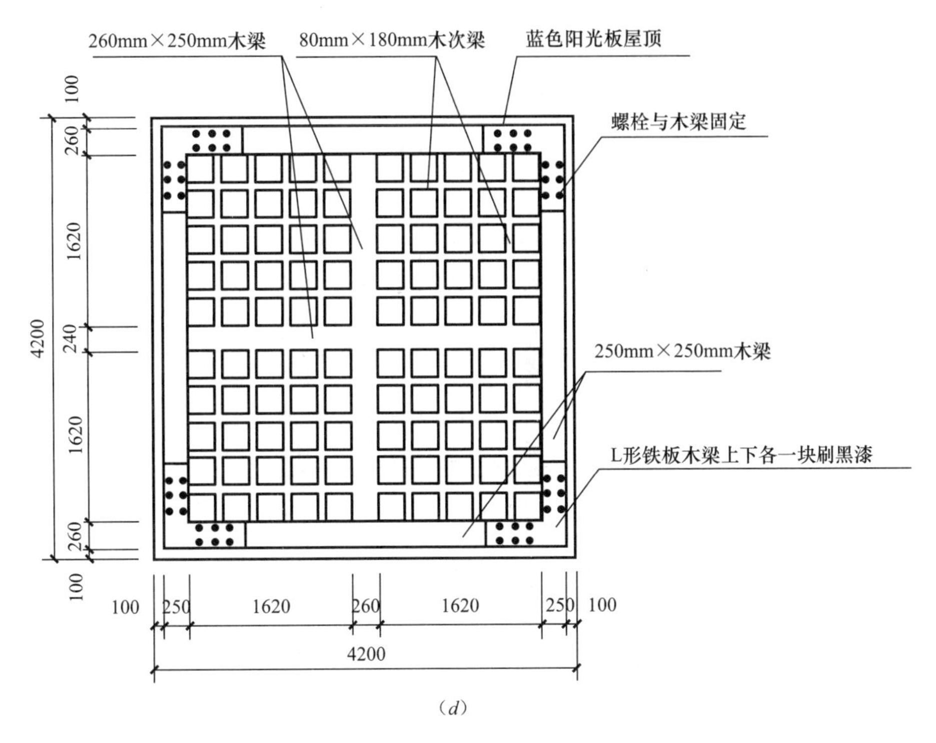

图 6-8 游憩亭示意图（三）
（d）休憩亭顶平面图（1∶50）

第五节　多层住宅的剖面图的识读

图 6-9 是房屋的 1—1 剖面图。

对照一层平面图可知，1—1 剖面图的剖切平面位置通过④～⑤轴线间的门和窗，剖切后向左进行投影而得到的横向剖面图，图中表达了房屋竖直方向的分隔和构造，即屋顶的结构形式和房屋室内外地坪以上各部位被剖切到的建筑构配件，如室内外地面、楼地面、内外墙及门窗、梁等。

（1）垂直方向从图中可看出此建筑物共六层，底层是车库（层高 2.400m），一～五层是住户层（层高都为 2.800m），阁楼层高不一，最低处 9.00m。建筑总高 17.300m，室内外高差 1.00m。

从左边的外部尺寸还可以看出，各层窗台至楼地面高度为 0.900m，窗洞口高 1.500m，楼梯口高 2.800m。图中还表达了坡屋顶以及天沟的形式。由于本剖面图比例为 1∶100，故构件断面除钢筋混凝土梁、板涂黑表示外，墙及其他构件不再加画材料图例。

（2）水平方向在图中常标注剖到的墙、柱及剖面图两端的轴线编号及轴线间距，并在图的下方注写图名和比例。

（3）其他标注由于剖面图比例较小，某些部位如勒脚、窗台、窗顶、过梁、檐口等节点，不能详细表达，可在剖面图上的该部位处，画上详图索引标志，另用详图来表示其细部构造尺寸。此外，楼地面及墙体的内外装修，可用文字说明。

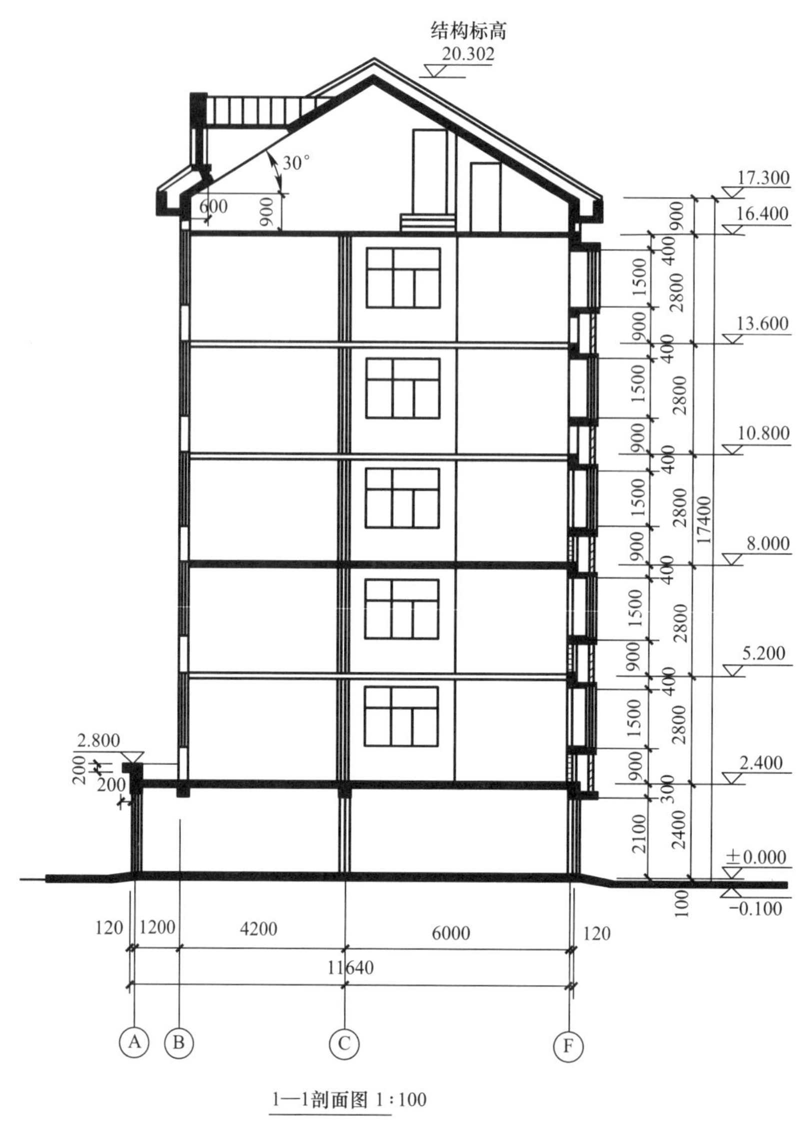

图 6-9 1—1 剖面图

第六节 多层住宅的立面图的识读

一、正立面图

图 6-10 是住宅的正立面图。共 5 层住户，房屋最下一层为储藏室（车库），顶层住户拥有阁楼层，住宅采用坡屋顶各层左右对称，坡屋面上设置了阁楼窗，外轮廓线所包围的范围显示出这幢房屋的总长和总高。

从图上的文字说明，可了解到房屋外墙面装修的做法。本例房屋负一层墙面刷灰色高级涂料，勾宽缝间距，1～4 层墙面刷咖啡色高级涂料，5 层及阁楼层墙面采用浅灰色高级涂料，屋面是蓝灰色的水泥瓦等。还有一些构件在图中标注出了索引符号。

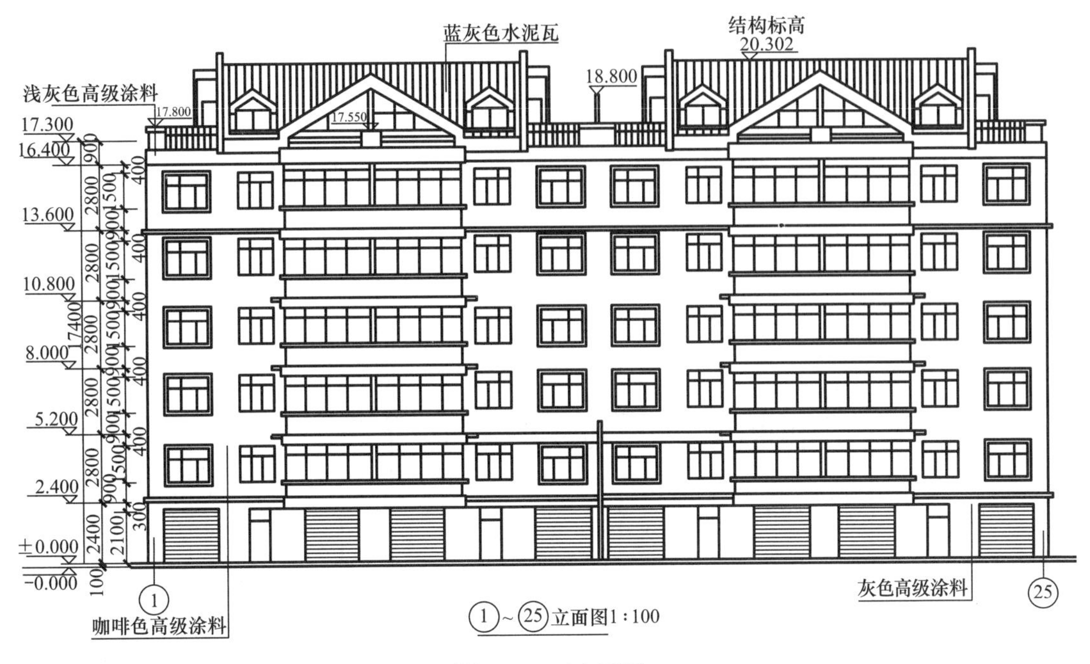

图 6-10　正立面图

二、背立面图

图 6-11 是住宅的背立面图。与正立面图表示的内容相似，不同的是还表示了楼梯间窗的位置和尺寸、标高以及在单元出入口安装的电子对讲门，还有一些构件在图中标注出了索引符号。

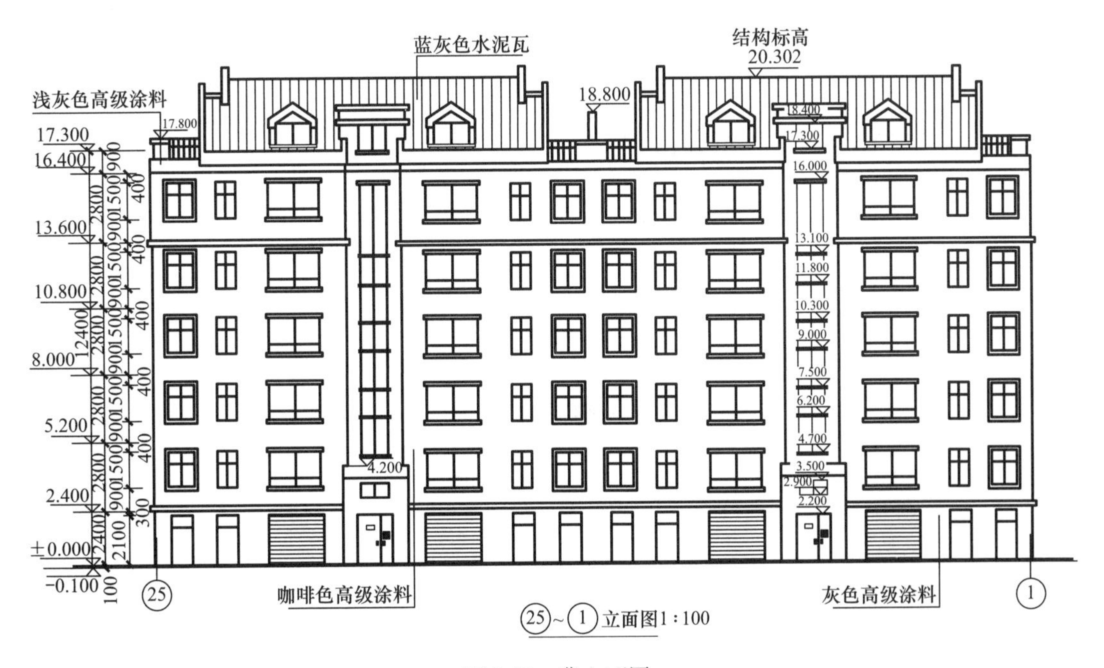

图 6-11　背立面图

三、侧立面图

图 6-12 是住宅的侧立面图。左侧立面图和侧立面图投影及做法相同时，可共用一个图样。从图中可知：房屋左右外墙面装修的做法与正立面图相同，一些构造及做法由详图说明，图中标注出了索引符号。

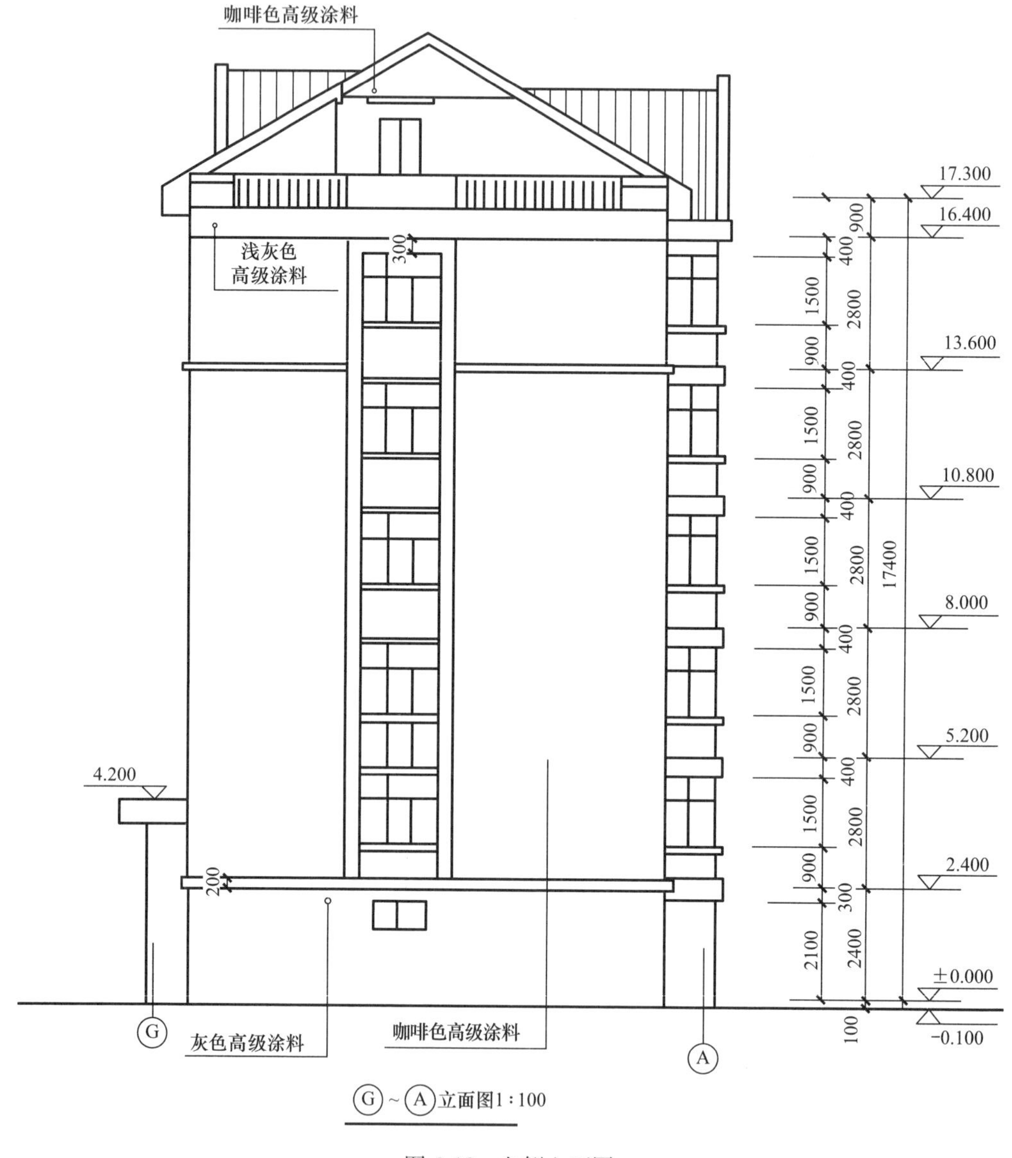

图 6-12　左侧立面图

练习题

练习 6-1：应该如何识读建筑施工图？

练习 6-2：应该如何使用抗风柱？

练习 6-3：通常房屋以什么部位为基准标高（±0.000）？
练习 6-4：详图索引符号，圆圈中的分子数和分母数，各表示什么意思？
练习 6-5：建筑小品的施工图识读有哪些技巧？
练习 6-6：休憩亭应该如何选择屋顶？
练习 6-7：建筑施工图都包含哪些内容？

第七章　怎样识读结构施工图

第一节　结构施工图概述

一、什么是结构施工图

结构施工图是根据建筑的要求，经过结构选型荷力学计算，进行合理布置，确定建筑各承重构件的形状、大小、材料和构造等，把这些构件的位置、断面形状、大小和连接方式绘制成图样，指导施工，这种图样称为结构施工图。

结构施工图与建筑施工图不能相互矛盾，如出现建筑施工图与结构施工图有矛盾时，一般以结构施工图为准修改建筑施工图。

结构施工图是施工定位、放线、基槽开挖、支模板、绑扎钢筋、设置预埋件、浇筑混凝土以及安装梁、板、柱，编制预算和施工进度计划的重要依据。

二、结构施工图的形成

根据房屋建筑的安全与经济施工的要求，首先进行结构选型和构件布置，再通过内力分析和力学计算，确定建筑物各承重构件（如基础、墙、梁、板、柱等）的形状、尺寸、材料及构造等，最后将计算、选择结果绘成图样，即为结构施工图。结构设计大体可以分为三个阶段：结构方案设计阶段、结构计算阶段和施工图设计阶段。

1. 结构方案设计阶段

根据工程地质勘查报告，建筑所在地的抗震设防烈度，建筑平面布置及高度、层数等来确定建筑的结构体系。确定了结构类型后，就要根据不同结构形式的特点和要求来布置结构的承重体系和受力构件。首先，合理地确定和布置竖向承重构件和抗侧力构件，一般包括承重墙体、柱、框架等；然后，合理地选择楼（屋）盖体系，主要包括楼板和梁；最后，应合理地选择基础类型，根据不同的结构体系、建筑体形和场地土类别为竖向承重构件选取合理的基础类型。

2. 结构计算阶段

在结构计算阶段，就是根据方案设计阶段确定的结构类型，结合工程的实际情况，依据规范上规定的具体的计算方法来进行详细的结构计算。结构计算阶段的内容包括以下内容。

（1）荷载的计算。荷载包括外部荷载（如风荷载、雪荷载、施工荷载、地下水的荷载、地震荷载、人防荷载等）和内部荷载（如结构的自重荷载、使用荷载、装修荷载等）。上述荷载的计算要根据荷载规范的要求和规定，采用不同的组合值系数和准永久值系数等来进行不同工况下的组合计算。

（2）构件的试算。根据计算出的荷载值、构造措施要求、使用要求及各种计算手册上推荐的试算方法，来初步确定构件的截面。

(3) 内力的计算。根据确定的构件截面和荷载值来进行内力的计算，包括弯矩、剪力、扭矩、轴心压力及拉力等。

(4) 构件的计算。根据计算出的结构内力及规范对构件的要求和限制（如轴压比、剪跨比、跨高比、裂缝和挠度等），来复核结构试算的构件是否符合规范规定和要求；如不满足要求，则要调整构件的截面或布置，直到满足要求为止。

3. 施工图设计阶段

根据上述计算结果，最终确定构件布置、构件尺寸和配筋以及根据规范的要求来确定结构构件的构造措施，并且按照国家制图标准绘制出一套详尽、完整的施工图样。

三、结构施工图的作用

结构施工图主要用于基础施工、钢筋混凝土构件的制作，同时也是计算工程量、编制预算和进行施工组织设计的依据。

四、结构施工图的内容

民用建筑的结构施工图主要是墙体、楼板、梁、门窗过梁、柱子、楼梯、基础等；工业厂房结构施工图主要是柱子、墙梁、吊车梁、屋架、屋面结构、基础等；归纳的说，结构施工图包括以下内容：

1. 结构设计说明

说明结构的构造要求、钢材（钢筋）的等级、混凝土的标号、砂浆的标号和砖石的强度等级、地基承载力等，对预应力混凝土还应有相应的技术要求。

2. 结构平面布置图

结构平面布置图表达建筑结构构件的平面布置，包括基础平面图、楼层结构平面图和屋顶结构平面布置图。

3. 结构构件详图

结构构件详图表达结构构件的形状、大小、材料和具体做法。包括梁、板、柱构件详图，基础详图，屋架详图，楼梯详图和其他详图。

五、结构施工图的图线

建筑结构专业制图应选用表 7-1 所示的图线。

图　线　　**表 7-1**

名称		线性	线宽	一般用途
实线	粗		b	螺栓、钢筋线、结构平面图中的单线结构构件线，钢木支撑及系杆线，图名下横线、剖切线
	中粗		$0.7b$	结构平面图及详图中剖到或可见的墙身轮廓线、基础轮廓线、钢、木结构轮廓线、钢筋线
	中		$0.5b$	结构平面图及详图中剖到或可见的墙身轮廓线、基础轮廓线、可见的钢筋混凝土构件轮廓线、钢筋线
	细		$0.25b$	标注引出线、标高符号线、索引符号线、尺寸线

续表

名称		线性	线宽	一般用途
虚线	粗		b	不可见的钢筋线、螺栓线、结构平面图中不可见的单线结构构件线及钢、木支撑
	中粗		0.7b	结构平面图中的不可见构件、墙身轮廓线及不可见钢、木结构构件线、不可见的钢筋线
	中		0.5b	结构平面图中的不可见构件、墙身轮廓线及不可见钢、木结构构件线、不可见的钢筋线
	细		0.25b	基础平面图中的管沟轮廓线、不可见的钢筋混凝土构件轮廓线
单点长画线	粗		b	柱间支撑、垂直支撑、设备基础轴线图中的中心线
	细		0.25b	定位轴线、对称线、中心线、重心线
双点长画线	粗		b	预应力钢筋线
	细		0.25b	原有结构轮廓线
折断线			0.25b	断开界限
波浪线			0.25b	断开界限

第二节　识读结构施工图的基本知识

一、结构施工图比例

结构施工图的比例是根据图样的用途、被绘物体的复杂程度进行选取的，一般选用表 7-2 中的常用比例，特殊情况下也可选用可用比例。

比　例　　**表 7-2**

图名	常用比例	可用比例
结构平面图 基础平面图	1∶50、1∶100、1∶150	1∶60、1∶200
圈梁平面图，总图 中管沟、地下设施等	1∶200、1∶500	1∶300
详图	1∶10、1∶20、1∶50	1∶5、1∶30、1∶25

二、构件代号

建筑结构构件种类繁多，布置复杂，为图示简明、清晰，便于施工、查阅，有必要对各类结构构件用代号标识，代号后应用阿拉伯数字标注该构件的型号或编号，也可为构件的顺序号。构件的顺序号采用不带角标的阿拉伯数字连续编排。常用的构件代号见表 7-3。构件代号通常为构件类型名称的汉语拼音的第一个字母，如梁的代号为“L”，另外，预应力钢筋混凝土构件的代号在构件代号前加注“Y—”。如 Y—KZL 是预应力钢筋混凝土框支梁，Y—DL 表示预应力钢筋混凝土吊车梁。有时在构件代号前加注材料代号，以标明构件的材料种类，具体可见图纸中的具体说明。

常用构件代号　　表 7-3

序号	名称	代号	序号	名称	代号	序号	名称	代号
1	板	B	19	圈梁	QL	37	承台	CT
2	屋面板	WB	20	过梁	GL	38	设备基础	SJ
3	空心板	KB	21	连系梁	LL	39	桩	ZH
4	槽形板	CB	22	基础梁	JL	40	挡土墙	DQ
5	折板	ZB	23	楼梯梁	TL	41	地沟	DG
6	密肋板	MB	24	框架梁	KL	42	柱间支撑	ZC
7	楼梯板	TB	25	框支梁	KZL	43	垂直支撑	CC
8	盖板或沟盖板	GB	26	屋面框架梁	WKL	44	水平支撑	SC
9	挡雨板或檐口板	YB	27	檩条	LT	45	梯	T
10	吊车安全走道板	DB	28	屋架	WJ	46	雨篷	YP
11	墙板	QB	29	托架	TJ	47	阳台	YT
12	天沟板	TGB	30	天窗架	CJ	48	梁垫	LD
13	梁	L	31	框架	KJ	49	预埋件	M
14	屋面梁	WL	32	刚架	GJ	50	天窗墙壁	TD
15	吊车梁	DL	33	支架	ZJ	51	钢筋网	W
16	单轨吊车梁	DDL	34	柱	Z	52	钢筋骨架	G
17	轨道连接	DGL	35	框架柱	KZ	53	基础	J
18	车挡	CD	36	构造柱	GZ	54	暗柱	AZ

当构件的纵、横向断面尺寸相差悬殊时，可在同一详图中的纵、横向选用不同的比例绘制。轴线尺寸与构件尺寸也可选用不同的比例绘制。

当采用标准、通用图集中的构件时，应用该图集中的规定代号或型号注写。

三、结构图的平面、节点表达方法

结构图应采用正投影法绘制，图 7-1 和图 7-2 分别是用正投影法绘制的结构平面图和节点详图。特殊情况下也可采用仰视投影绘制。

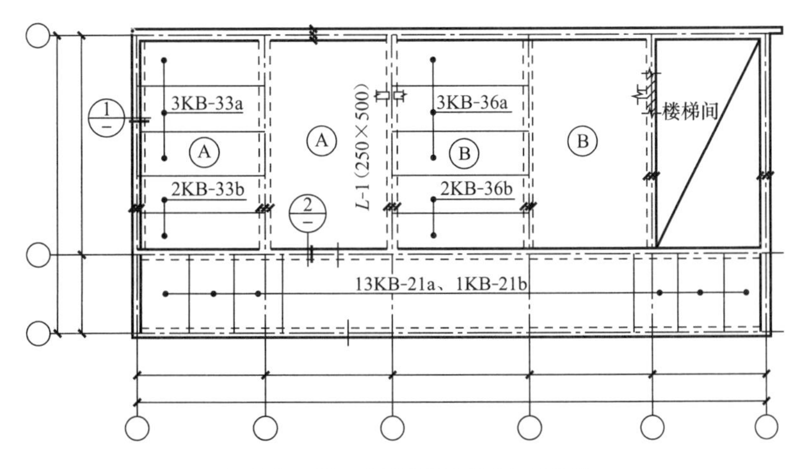

图 7-1　用正投影法绘制结构平面图

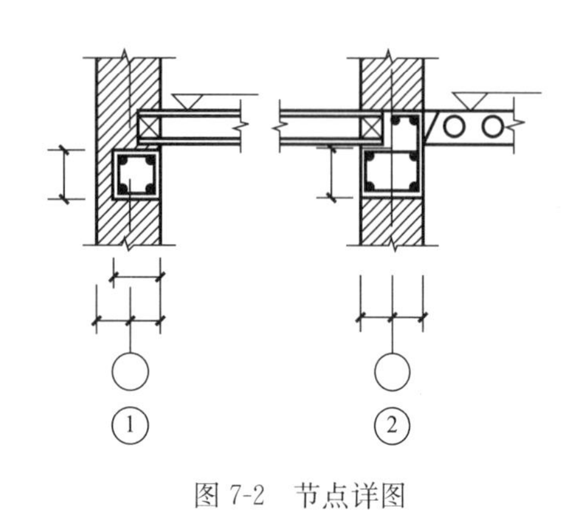

图 7-2　节点详图

四、构件图线

在结构平面图中，构件应采用轮廓线表示，如能用单线表示清楚时，也可用单线表示。在杆件布置和受力均对称的桁架单线图中，若需要时可在桁架的左半部分标注杆件的几何轴线尺寸，右半部分标注杆件的内力值和反力值；非对称的桁架单线图，可在上方标注杆件的几何轴线尺寸，下方标注杆件的内力值和反力值。竖杆的几何轴线尺寸可标注在左侧，内力值标注在右侧。

另外，结构施工图中的定位轴线与建筑平面图或总平面图是一致的，结构施工图中标注的标高均为结构标高。

五、详图编号顺序

结构平面图中的剖面图、断面详图的编号顺序宜按下列规定编排（图 7-3）：

（1）外墙按顺时针方向从左下角开始编号。

（2）内横墙从左至右，从上至下编号。

（3）内纵墙从上至下，从左至右编号。

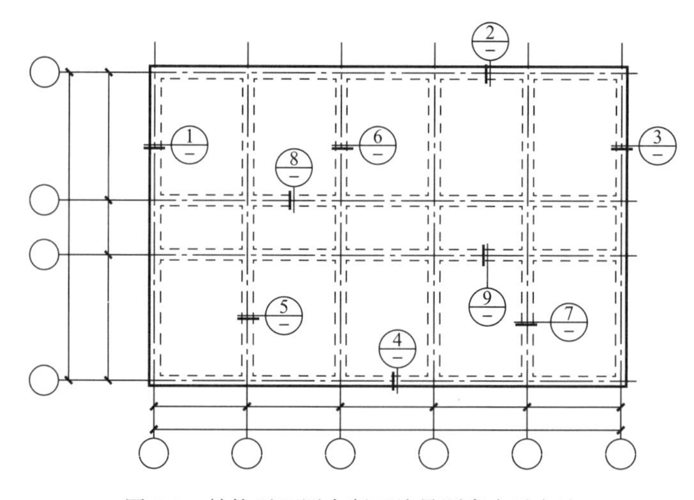

图 7-3　结构平面图中断面编号顺序表示方法

第三节　钢筋混凝土结构图示特点

一、钢筋的一般表示方法

（1）普通钢筋的一般表示方法应符合表 7-4 的规定。预应力钢筋的表示方法应符合表 7-5 的规定。钢筋网片的表示方法应符合表 7-6 的规定。钢筋的焊接接头的表示方法应符合表 7-7 的规定。

普 通 钢 筋 表 7-4

序号	名　称	图　例	说　明
1	钢筋横断面	•	—
2	无弯钩的钢筋端部		下图表示长，短钢筋投影重叠时，短钢筋的端部用 45°斜划线表示
3	带半圆形弯钩的钢筋端部		—
4	带直钩的钢筋端部		—
5	带丝扣的钢筋端部		—
6	无弯钩的钢筋搭接		—
7	带半圆弯钩的钢筋搭接		—
8	带直钩的钢筋搭接		—
9	花篮螺丝钢筋接头		—
10	机械连接的钢筋接头		用文字说明机械连接的方式（如冷挤压或直螺纹等）

预应力钢筋 表 7-5

序号	名　称	图　例	序号	名　称	图　例
1	预应力钢筋或钢绞丝		5	固定端锚具	
2	后张法预应力钢筋断面 无粘结预应力钢筋断面		6	锚具的端视图	
3	预应力钢筋断面		7	可动连接件	
4	张拉端锚具		8	固定连接件	

钢 筋 网 片 表 7-6

序号	名　称	图　例	序号	名　称	图　例
1	一片钢筋网平面图	W-1	2	一行相同的钢筋网平面图	3W-1

注：用文字注明焊接网或绑扎网片。

钢筋的焊接接头 表 7-7

序号	名　称	接头形式	标注方法
1	单面焊接的钢筋接头		
2	双面焊接的钢筋接头		

续表

序号	名　称	接头形式	标注方法
3	用帮条单面焊接的钢筋接头	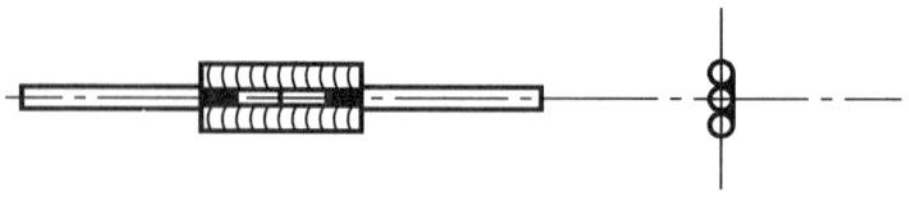	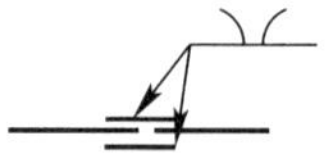
4	用帮条双面焊接的钢筋接头	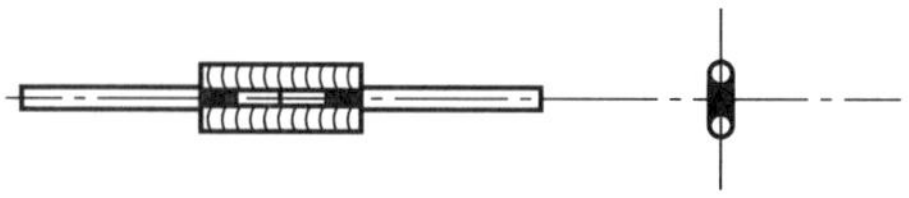	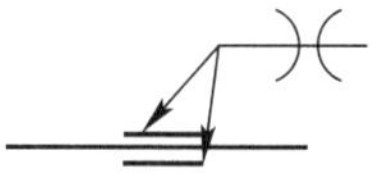
5	接触对焊的钢筋接头（闪光焊、压力焊）		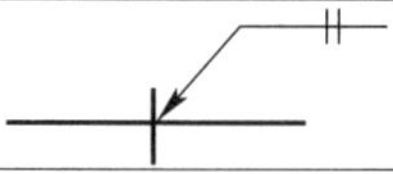
6	坡口平焊的钢筋接头	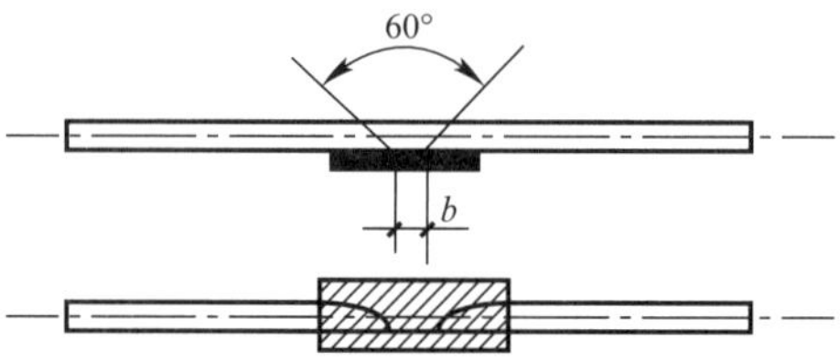 60° b	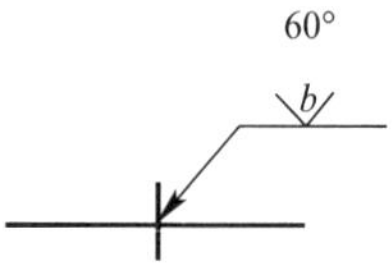 60° b
7	坡口立焊的钢筋接头	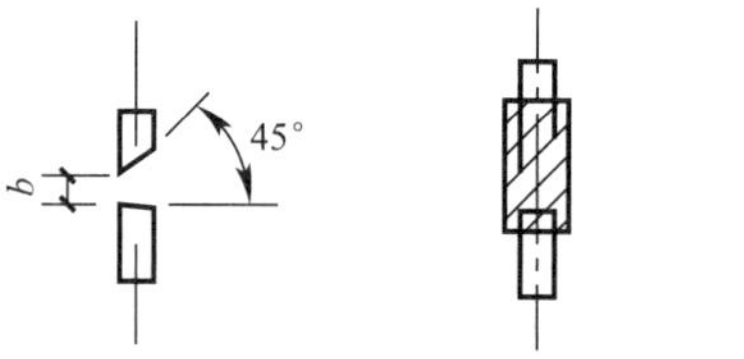 b 45°	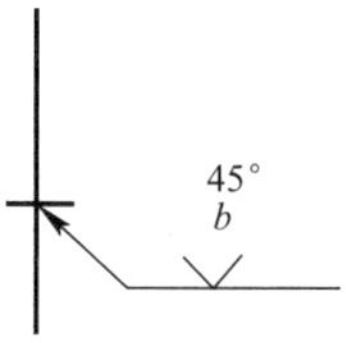 45° b
8	用角钢或扁钢做连接板焊接的钢筋接头	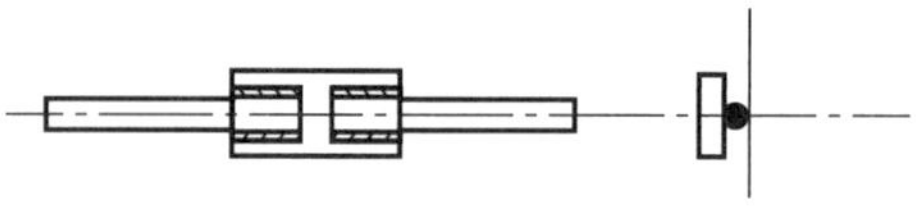	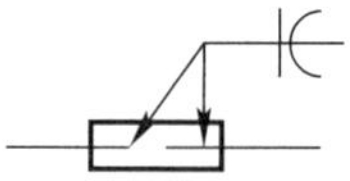
9	钢筋或螺（锚）栓与钢筋板穿孔塞焊的接头		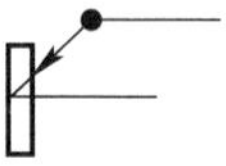

（2）钢筋的画法应符合表 7-8 的规定。

钢 筋 画 法　　表 7-8

序号	说　明	图　例
1	在结构楼板中配置双层钢筋时，底层钢筋的弯钩应向上或向左，顶层钢筋的弯钩则向下或向右	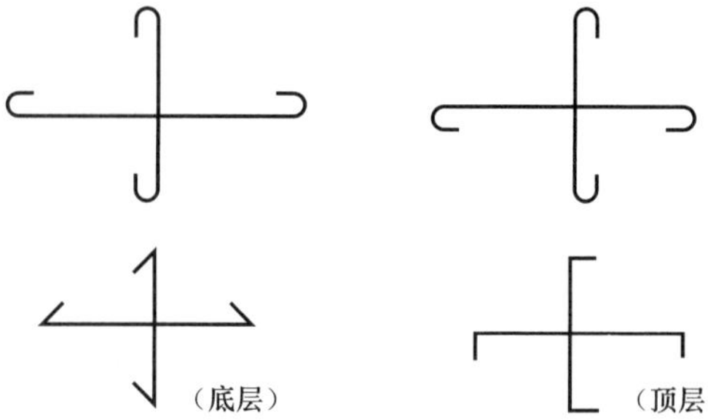 （底层）（顶层）

续表

序号	说　明	图　例
2	钢筋混凝土墙体配双层钢筋时，在配筋立面图中，远面钢筋的弯钩应向上或向左，而近面钢筋的弯钩向下或向右（JM 近面，YM 远面）	JM YM JM YM JM YM JM YM
3	若在断面图中不能表达清楚的钢筋布置，应在断面图外增加钢筋大样图（如：钢筋混凝土墙，楼梯等）	
4	图中所表示的箍筋、环筋等若布置复杂时，可加画钢筋大样及说明	
5	每组相同的钢筋、箍筋或环筋，可用一根粗实线表示，同时用一两端带斜短划线的横穿细线，表示其钢筋及起止范围	

(3) 钢筋、钢丝束及钢筋网片应按下列规定进行标注：

1) 钢筋、钢丝束的说明应给出钢筋的代号、直径、数量、间距、编号及所在位置，其说明应沿钢筋的长度标注或标注在相关钢筋的引出线上。

2) 钢筋网片的编号应标注在对角线上。网片的数量应与网片的编号标注在一起。

3) 钢筋、杆件等编号的直径宜采用 5～6mm 的细实线圆表示，其编号应采用阿拉伯数字按顺序编写。

注：简单的构件、钢筋种类较少可不编号。

(4) 钢筋在平面、立面、剖（断）面中的表示方法应符合下列规定：

1) 钢筋在平面图中的配置应按图 7-4 所示的方法表示。当钢筋标注的位置不够时，可采用引出线标注。引出线标注钢筋的斜短划线应为中实线或细实线。

2) 当构件布置较简单时，结构平面布置图可与板配筋平面图合并绘制。

3) 平面图中的钢筋配置较复杂时，可按表 7-8 及图 7-5 的方法绘制。

4) 钢筋在梁纵、横断面图中的配置，应按图 7-6 所示的方法表示。

(5) 构件配筋图中箍筋的长度尺寸，应指箍筋的里皮尺寸。

弯起钢筋的高度尺寸应指钢筋的外皮尺寸（图 7-7）。

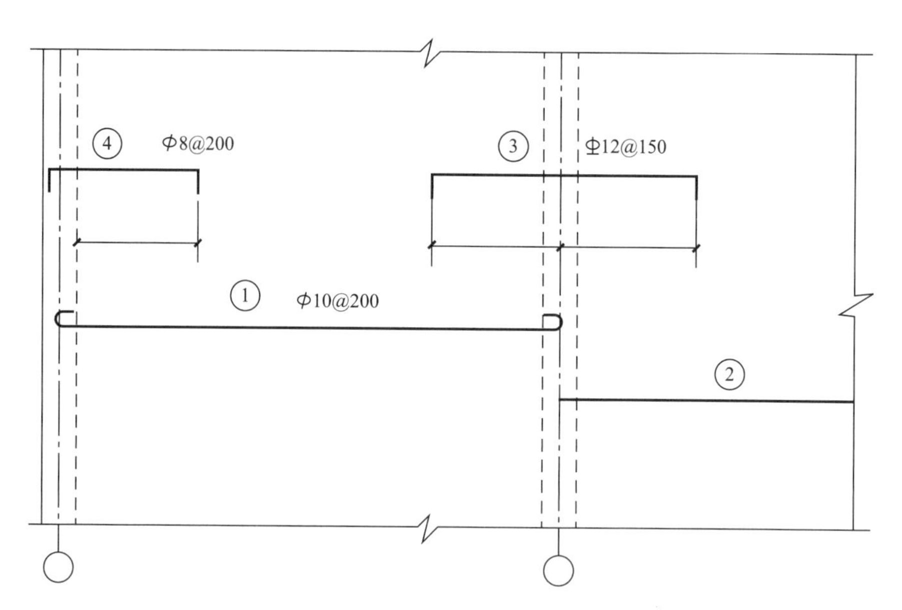

图 7-4 钢筋在楼板配筋图中的表示方法

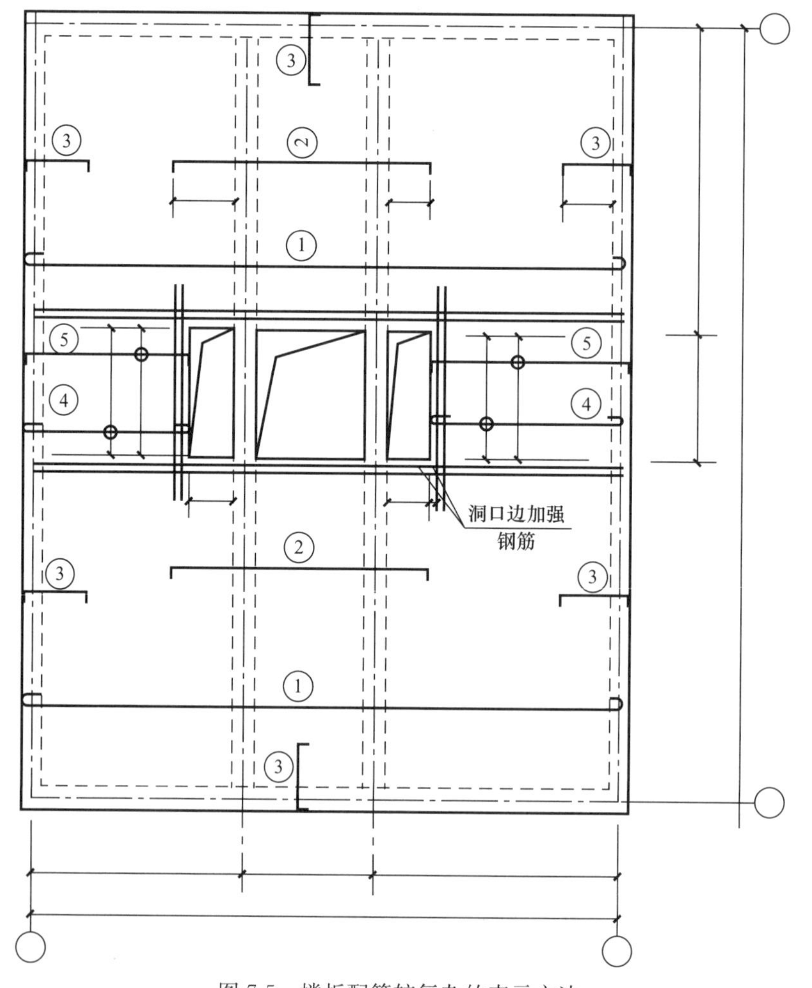

图 7-5 楼板配筋较复杂的表示方法

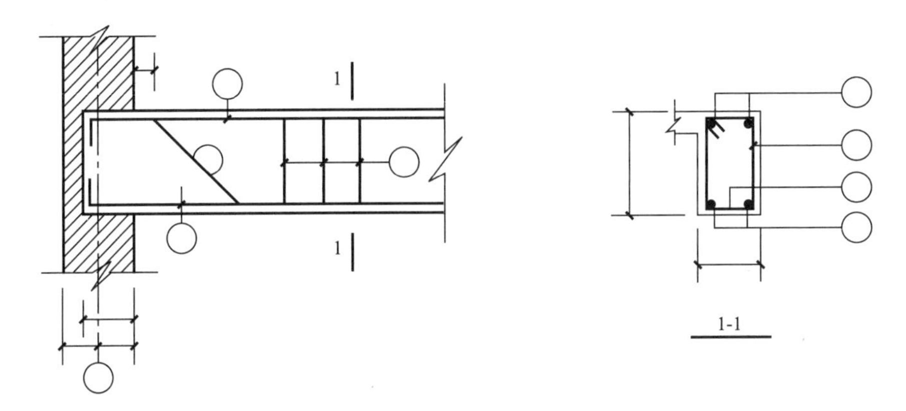

图 7-6　梁纵、横断面图中钢筋表示方法

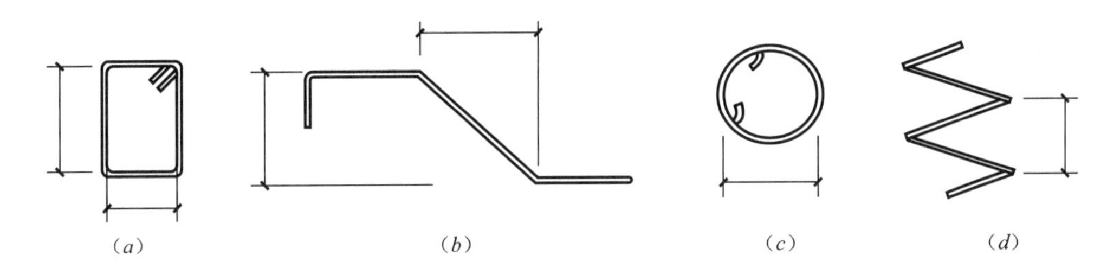

图 7-7　钢箍尺寸标注法

(a) 箍筋尺寸标注图；(b) 弯起钢筋尺寸标注图；

(c) 环形钢筋尺寸标注图；(d) 螺旋钢筋尺寸标注图

二、钢筋的简化表示方法

(1) 当构件对称时，采用详图绘制构件中的钢筋网片可按图 7-8 的方法用一半或 1/4 表示。

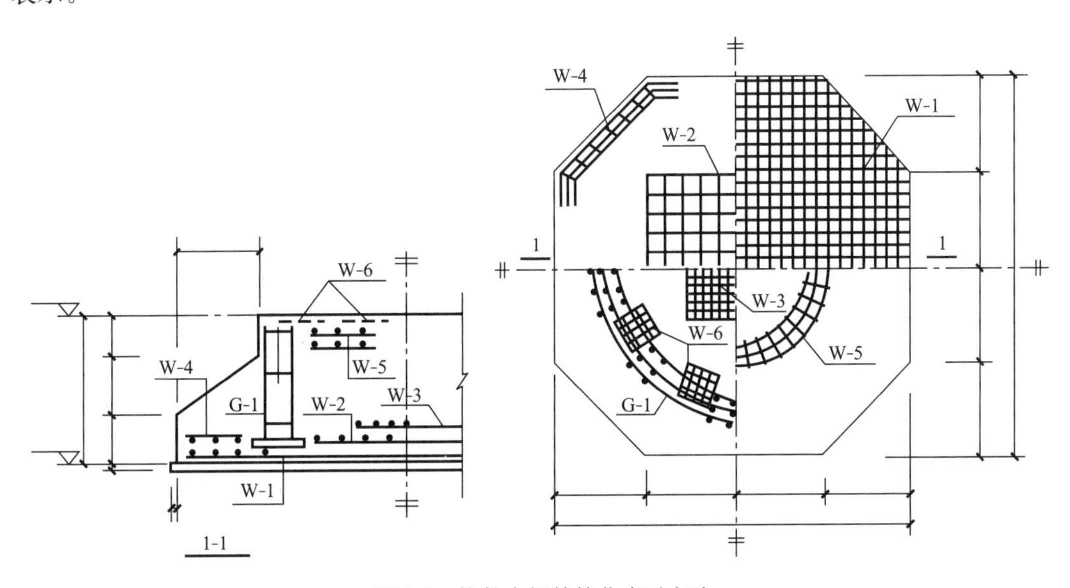

图 7-8　构件中钢筋简化表示方法

（2）钢筋混凝土构件配筋较简单时，宜按下列规定绘制配筋平面图：

1）独立基础宜按图 7-9（a）的规定在平面模板图左下角，绘出波浪线，绘出钢筋并标注钢筋的直径、间距等。

2）其他构件宜按图 7-9（b）的规定在某一部位绘出波浪线，绘出钢筋并标注钢筋的直径、间距等。

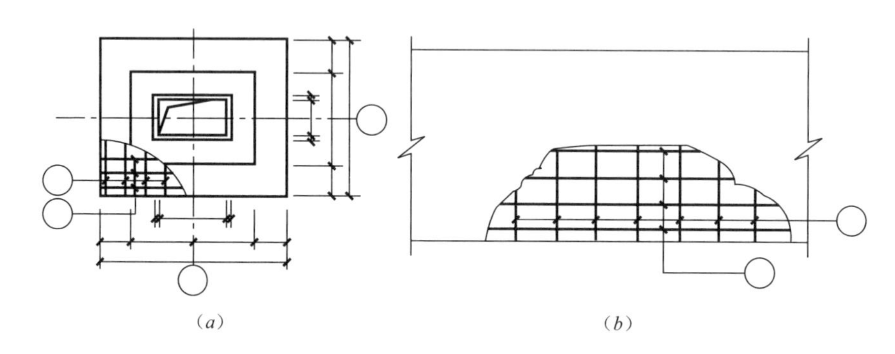

图 7-9　构件配筋简化表示方法

（a）独立基础；（b）其他构件

（3）对称的混凝土构件，宜按图 7-10 的规定在同一图样中一半表示模板，另一半表示配筋。

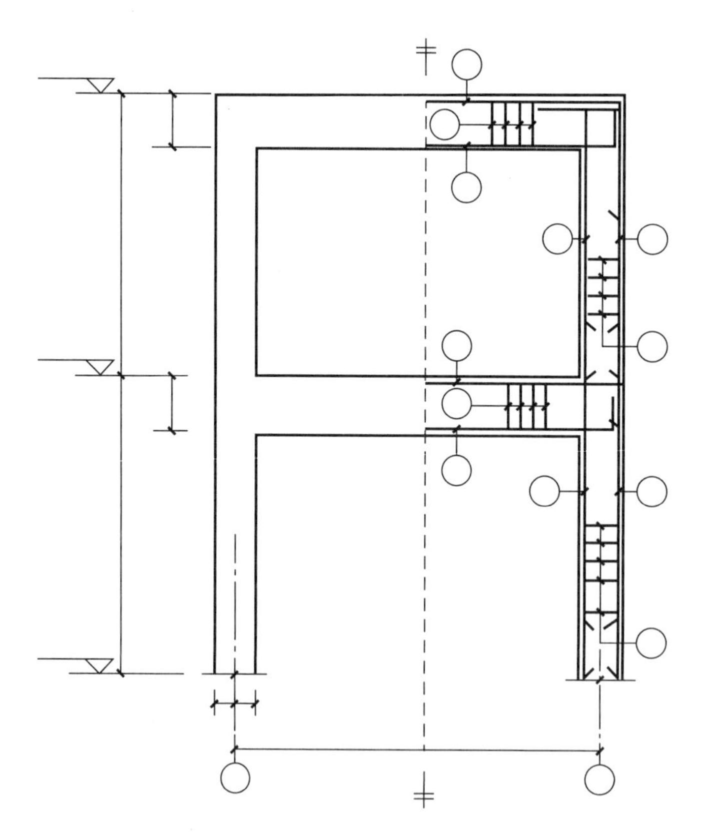

图 7-10　构件配筋简化表示方法

三、文字注写构件的表示方法

（1）在现浇混凝土结构中，构件的截面和配筋等数值可采用文字注写方式表达。

（2）按结构层绘制的平面布置图中，直接用文字表达各类构件的编号（编号中含有构件的类型代号和顺序号）、断面尺寸、配筋及有关数值。

（3）混凝土柱可采用列表注写和在平面布置图中截面注写方式，并应符合下列规定：

1）列表注写应包括柱的编号、各段的起止标高、断面尺寸、配筋、断面形状和箍筋的类型等有关内容。

2）截面注写可在平面布置图中，选择同一编号的柱截面，直接在截面中引出断面尺寸、配筋的具体数值等，并应绘制柱的起止高度表。

（4）混凝土剪力墙可采用列表和截面注写方式，并应符合下列规定：

1）列表注写分别在剪力墙柱表、剪力墙身表及剪力墙梁表中，按编号绘制截面配筋图并注写断面尺寸和配筋等。

2）截面注写可在平面布置图中按编号，直接在墙柱、墙身和墙梁上注写断面尺寸、配筋等具体数值的内容。

（5）混凝土梁可采用在平面布置图中的平面注写和截面注写方式，并应符合下列规定：

1）平面注写可在梁平面布置图中，分别在不同编号的梁中选择一个，直接注写编号、断面尺寸、跨数、配筋的具体数值和相对高差（无高差可不注写）等内容。

2）截面注写可在平面布置图中，分别在不同编号的梁中选择一个，用剖面号引出截面图形并在其上注写断面尺寸、配筋的具体数值等。

（6）重要构件或较复杂的构件，不宜采用文字注写方式表达构件的截面尺寸和配筋等有关数值，宜采用绘制构件详图的表示方法。

（7）基础、楼梯、地下室结构等其他构件，当采用文字注写方式绘制图纸时，可采用在平面布置图上直接注写有关具体数值，也可采用列表注写的方式。

（8）采用文字注写构件的尺寸、配筋等数值的图样，应绘制相应的节点做法及标准构造详图。

四、预埋件、预留孔洞的表示方法

（1）在混凝土构件上设置预埋件时，可按图 7-11 的规定在平面图或立面图上表示。引出线指向预埋件，并标注预埋件的代号。

（2）在混凝土构件的正、反面同一位置均设置相同的预埋件时，可按图 7-12 的规定引出线为一条实线和一条虚线并指向预埋件，同时在引出横线上标注预埋件的数量及代号。

（3）在混凝土构件的正、反面同一位置设置编号不同的预埋件时，可按图 7-13 的规定引一条实线和一条虚线并指向预埋件。引出横线上标注正面预埋件代号，引出横线下标注反面预埋件代号。

（4）在构件上设置预留孔、洞或预埋套管时，可按图 7-14 的规定在平面或断面图中表示。引出线指向预留（埋）位置，引出横线上方标注预留孔、洞的尺寸，预埋套管的外径。横线下方标注孔、洞（套管）的中心标高或底标高。

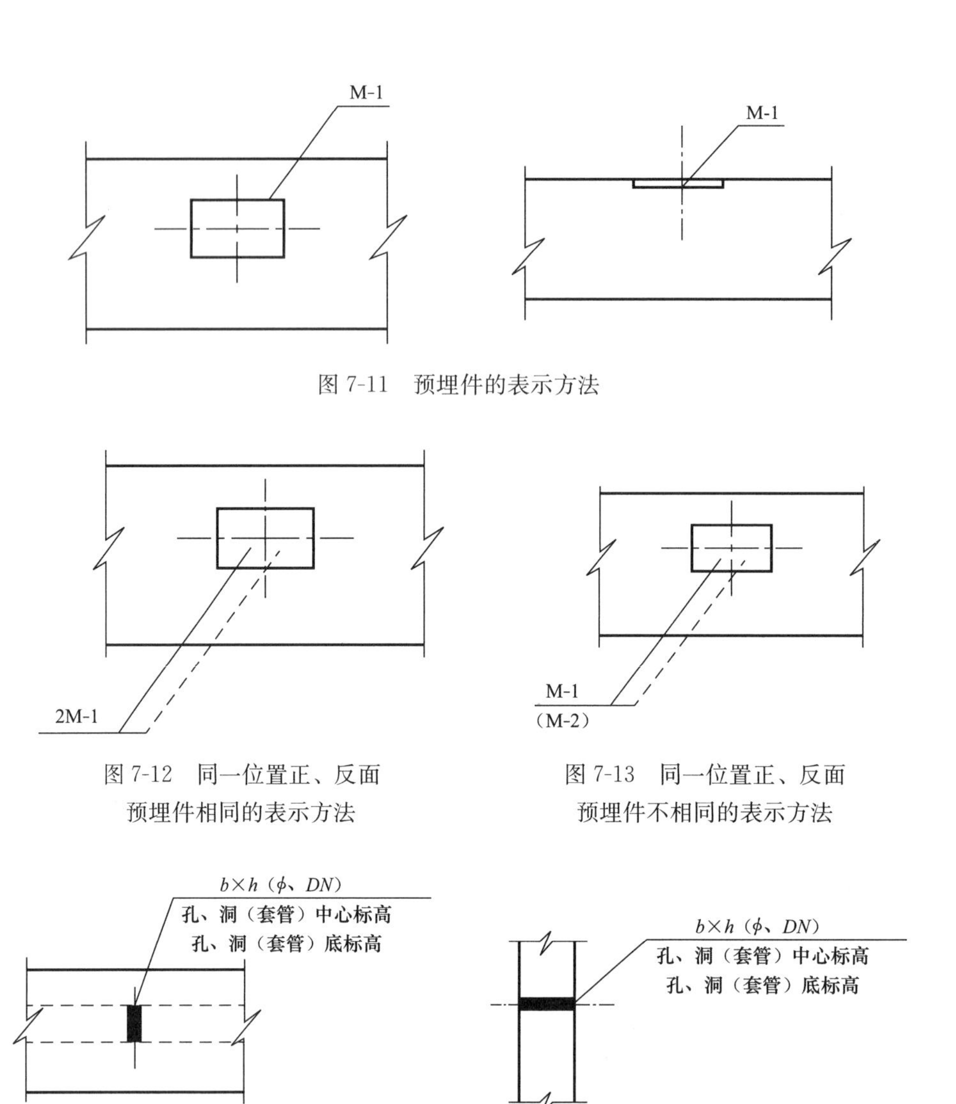

图 7-11　预埋件的表示方法

图 7-12　同一位置正、反面预埋件相同的表示方法

图 7-13　同一位置正、反面预埋件不相同的表示方法

图 7-14　预留孔、洞及预埋套管的表示方法

五、钢筋混凝土结构图内容

用来表示钢筋混凝土结构的外部形状和内部钢筋配置情况的图样，称为钢筋混凝土结构图，简称钢筋图。

钢筋混凝土结构图是加工钢筋和浇筑钢筋混凝土构件施工的依据，包括结构平面布置图和构件详图。

1. 结构平面布置图

结构平面布置图表示承重构件的类型、布置和数量或现浇钢筋混凝土板的钢筋配置情况。

2. 构件详图

构件详图分为配筋图、模板图、预埋件详图及材料用量表等。配筋图包括立面图、断面图和钢筋详图。其着重表示构件内部的钢筋配置、形状、数量和规格，是构件详图的主要图样。模板图是表示构件外形和预埋件位置的图样，图中标注构件的外形尺寸（也称模板尺寸）和预埋件型号及其定位尺寸，它是制作每件模板和安装预埋件的依据。对于外形比较简单，又无预埋件的构件，因在配筋图中已标注出构件的外形尺寸，可不再画模板图。

第四节　钢结构图示特点

一、常用型钢的标注方法

常用型钢的标注方法应符合表 7-9 中的规定。

常用型钢的标注方法　　　　表 7-9

序号	名　称	截　面	标　注	说　明
1	等边角钢	∟	∟ $b\times t$	b 为肢宽 t 为肢厚
2	不等边角钢	 B ∟	∟ $B\times b\times t$	B 为长肢宽 b 为短肢宽 t 为肢厚
3	工字钢	I	I N　Q I N	轻型工字钢加注 Q 字
4	槽钢	[	[N　Q [N	轻型槽钢加注 Q 字
5	方钢	 b	□ b	—
6	扁钢	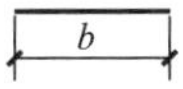 b	$-b\times t$	—
7	钢板	 —	$-\frac{-b\times t}{L}$	$\frac{宽\times厚}{板长}$
8	圆钢	 ○	ϕd	—
9	钢管	 ○	$\phi d\times t$	d 为外径 t 为壁厚
10	薄壁方钢管	□	B □ $b\times t$	薄壁型钢加注 B 字 t 为壁厚
11	薄壁等肢角钢	∟	B ∟ $b\times t$	
12	薄壁等肢卷边角钢	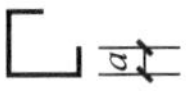 a	B ∟ $b\times a\times t$	
13	薄壁槽钢	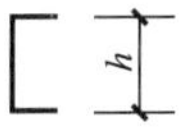 h	B [$h\times b\times t$	
14	薄壁卷边槽钢	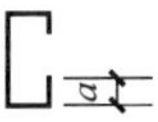 a	B [$h\times b\times a\times t$	
15	薄壁卷边 Z 型钢	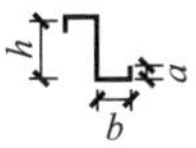 h a b	B Z $h\times b\times a\times t$	
16	T 型钢	T	TW×× TM×× TN××	TW 为宽翼缘 T 型钢 TM 为中翼缘 T 型钢 TN 为窄翼缘 T 型钢

续表

序号	名 称	截 面	标 注	说 明
17	H型钢		HW×× HM×× HN×× HT××	HW为宽翼缘H型钢 HM为中翼缘H型钢 HN为窄翼缘H型钢 HT为薄壁H型钢
18	起重机钢轨		QU××	详细说明产品规格型号
19	轻轨及钢轨		××kg/m钢轨	

二、螺栓、孔、电焊铆钉的表示方法

螺栓、孔、电焊铆钉的表示方法应符合表7-10中的规定。

螺栓、孔、电焊铆钉的表示方法 **表7-10**

序号	名 称	图 例	说 明
1	永久螺栓	M ϕ	1. 细"十"线表示定位线； 2. M表示螺栓型号； 3. ϕ表示螺栓孔直径； 4. d表示膨胀螺栓、电焊铆钉直径； 5. 采用引出线标注螺栓时，横线上标注螺栓规格，横线下标注螺栓孔直径
2	高强螺栓	M ϕ	
3	安装螺栓	M ϕ	
4	膨胀螺栓	d	
5	圆形螺栓孔	ϕ	
6	长圆形螺栓孔	ϕ b	
7	电焊铆钉	d	

三、常用焊缝的表示方法

（1）焊接钢构件的焊缝除应按现行的国家标准《焊缝符号表示法》GB/T 324—2008有关规定执行外，还应符合本节的各项规定。

（2）单面焊缝的标注方法应符合下列规定：

1）当箭头指向焊缝所在的一面时，应将图形符号和尺寸标注在横线的上方［图7-15（*a*）］；当箭头指向焊缝所在另一面（相对应的那面）时，应按图7-15（*b*）的规定执行，将图形符号和尺寸标注在横线的下方。

2）表示环绕工作件周围的焊缝时，应按图7-15（*c*）的规定执行，其围焊焊缝符号为圆圈，绘在引出线的转折处，并标注焊角尺寸 K。

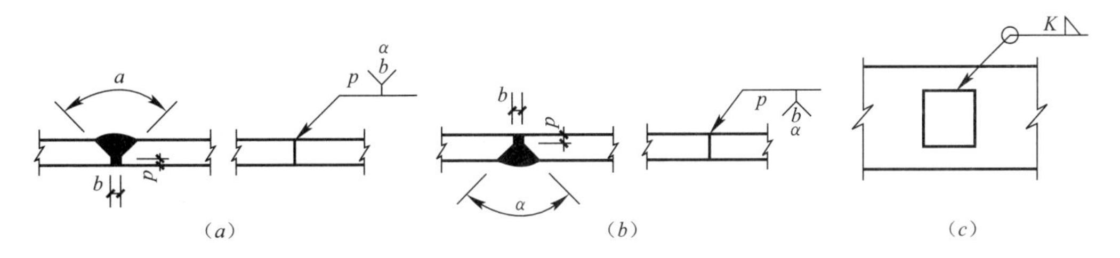

图7-15　单面焊缝的标注方法

（3）双面焊缝的标注，应在横线的上、下都标注符号和尺寸。上方表示箭头一面的符号和尺寸，下方表示另一面的符号和尺寸［图7-16（*a*）］；当两面的焊缝尺寸相同时，只需在横线上方标注焊缝的符号和尺寸［图7-16（*b*）、（*c*）、（*d*）］。

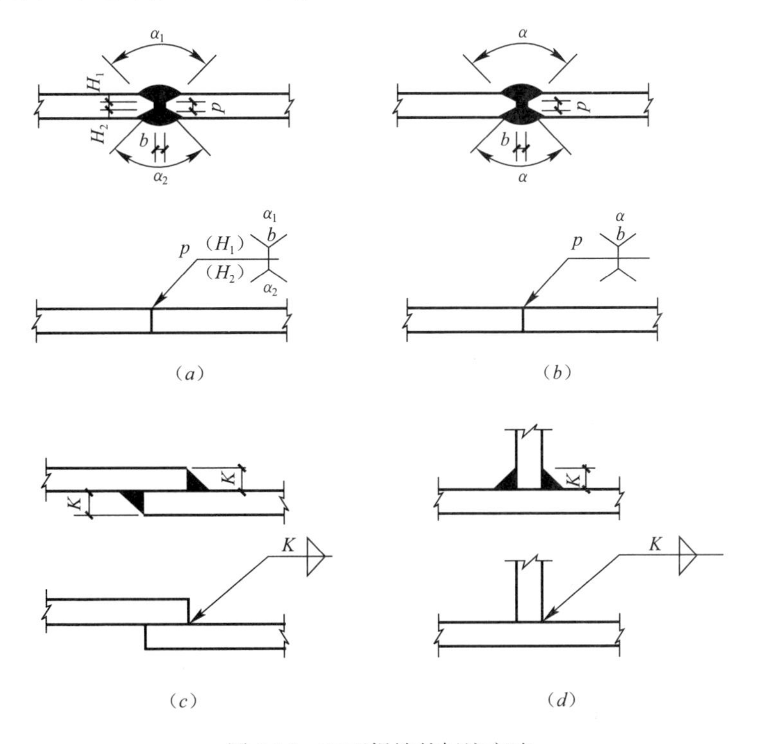

图7-16　双面焊缝的标注方法

(4) 3 个和 3 个以上的焊件相互焊接的焊缝，不得作为双面焊缝标注。其焊缝符号和尺寸应分别标注（图 7-17）。

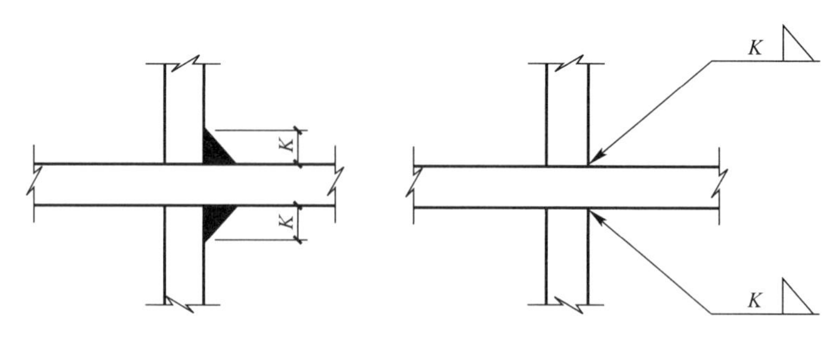

图 7-17　3 个及以上焊件的焊缝标注方法

(5) 相互焊接的两个焊件中，当只有一个焊件带坡口时（如单面 V 形），引出线箭头必须指向带坡口的焊件（图 7-18）。

(6) 相互焊接的 2 个焊件，当为单面带双边不对称坡口焊缝时，应按图 7-19 的规定，引出线箭头应指向较大坡口的焊件。

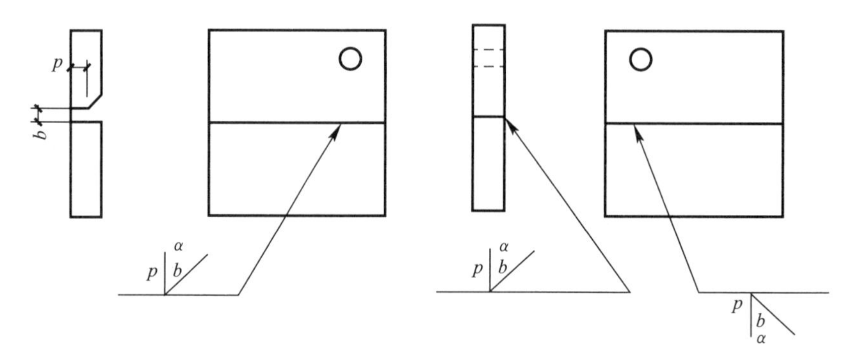

图 7-18　一个焊件带坡口的焊缝标注方法

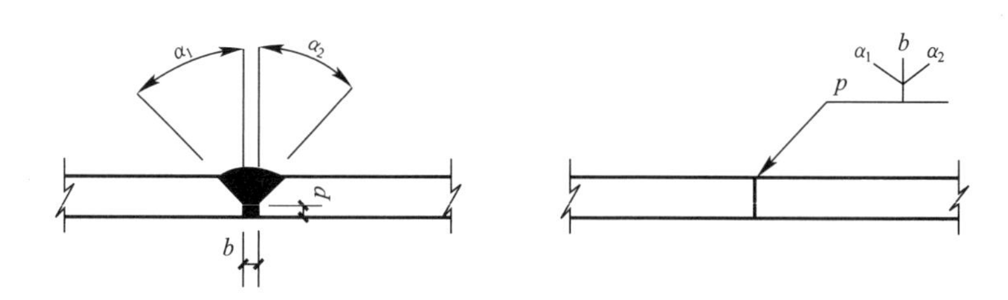

图 7-19　不对称坡口焊缝的标注方法

(7) 当焊缝分布不规则时，在标注焊缝符号的同时，可按图 7-20 的规定，宜在焊缝处加中实线（表示可见焊缝），或加细栅线（表示不可见焊缝）。

(8) 相同焊缝符号应按下列方法表示：

1) 在同一图形上，当焊缝形式、断面尺寸和辅助要求均相同时，应按图 7-21 (*a*) 的规定，可只选择一处标注焊缝的符号和尺寸，并加注“相同焊缝符号”，相同焊缝符号为 3/4 圆弧，绘在引出线的转折处。

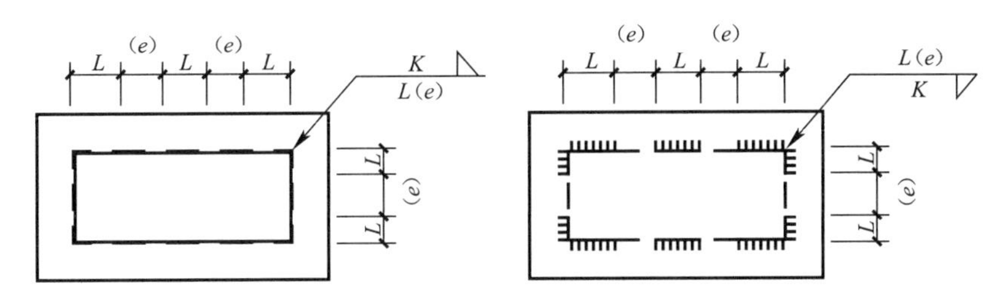

图 7-20　不规则焊缝的标注方法

2）在同一图形上，当有数种相同的焊缝时，宜按图 7-21（*b*）的规定，可将焊缝分类编号标注。在同一类焊缝中可选择一处标注焊缝符号和尺寸。分类编号采用大写的拉丁字母 A、B、C。

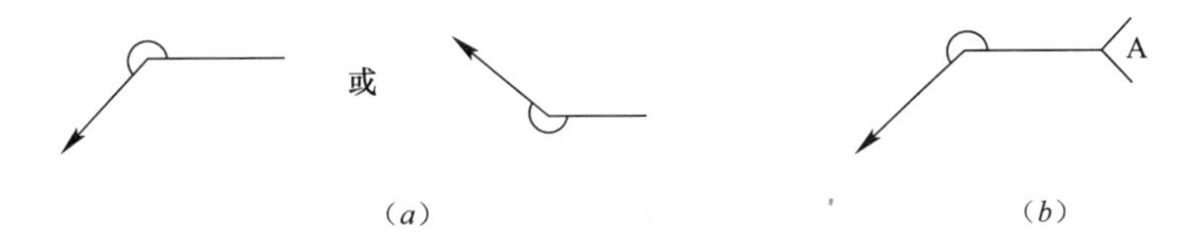

图 7-21　相同焊缝的标注方法

（9）需要在施工现场进行焊接的焊件焊缝，应按图 7-22 的规定标注“现场焊缝”符号。现场焊缝符号为涂黑的三角形旗号，绘在引出线的转折处。

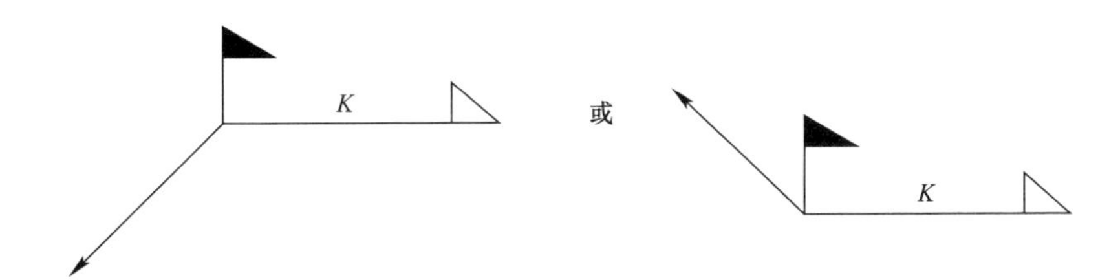

图 7-22　现场焊缝的标注方法

（10）当需要标注的焊缝能够用文字表述清楚时，也可采用文字表达的方式。

（11）建筑钢结构常用焊缝符号及符号尺寸应符合表 7-11 的规定。

建筑钢结构常用焊缝符号及符号尺寸　　**表 7-11**

序号	焊缝名称	形式	标注法	符号尺寸（mm）
1	V 形焊缝	*b*	*b*	1-2 4
2	单边 V 形焊缝	β *b*	β *b* **注：箭头指向剖口**	45° 4

续表

序号	焊缝名称	形式	标注法	符号尺寸（mm）
3	带钝边 单边 V 形焊缝	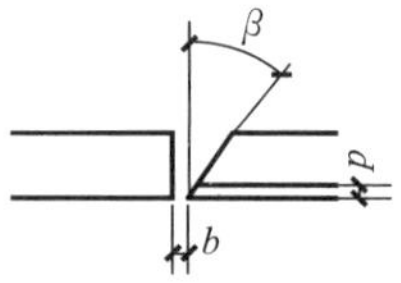 β p b	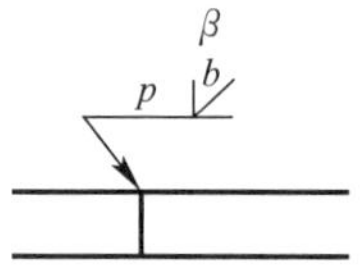 β b p	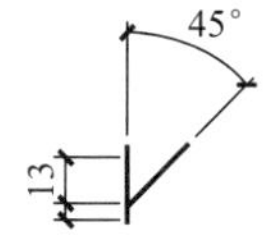 45° 1 3
4	带垫板 带钝边 单边 V 形焊缝	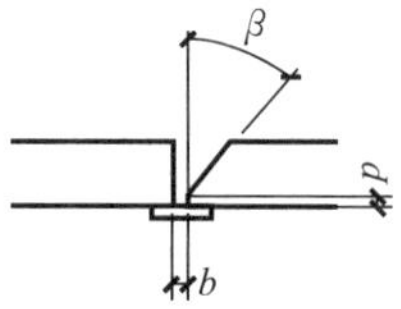 β p b	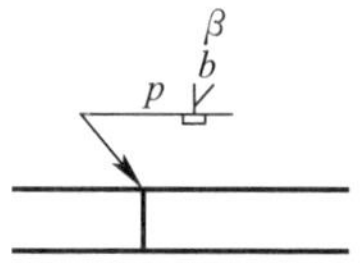 β b p **注：箭头指向剖口**	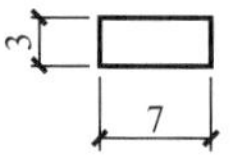 3 7
5	带垫板 V 形焊缝	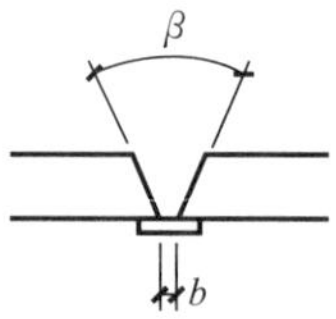 β b	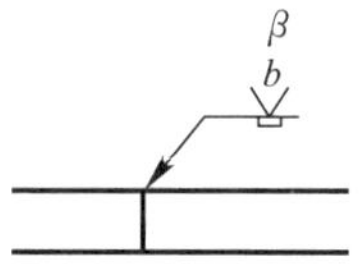 β b	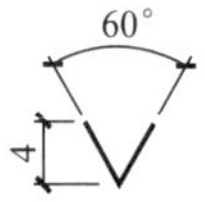 60° 4
6	Y 形焊缝	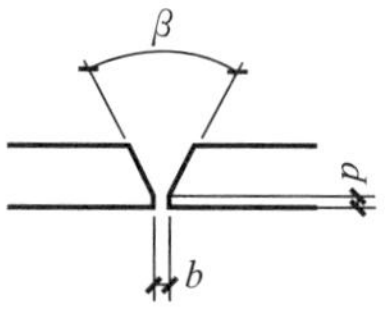 β p b	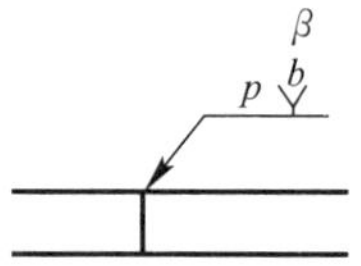 β b p	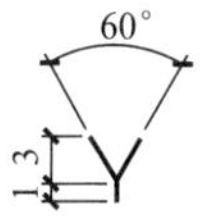 60° 1 3
7	带垫板 Y 形焊缝	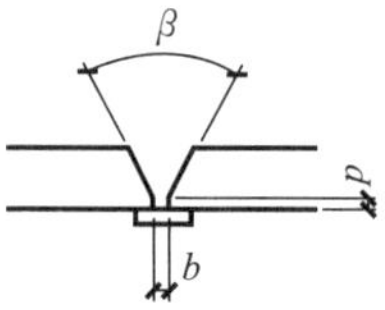 β p b	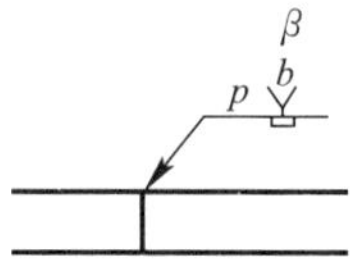 β b p	—
8	双单边 V 形焊缝	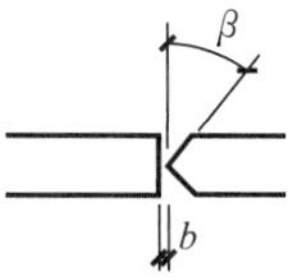 β b	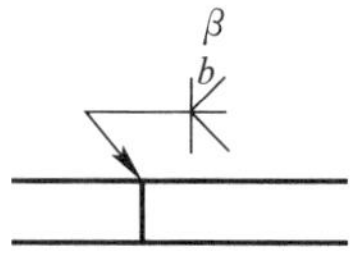 β b	—
9	双 V 形焊缝	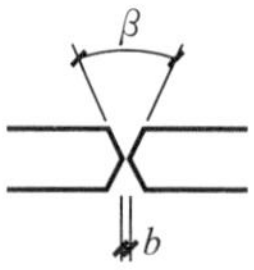 β b	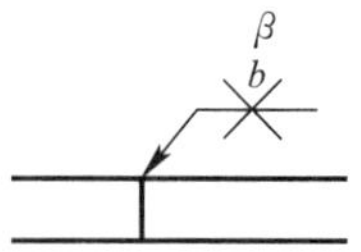 β b	—
10	带钝边 U 形焊缝	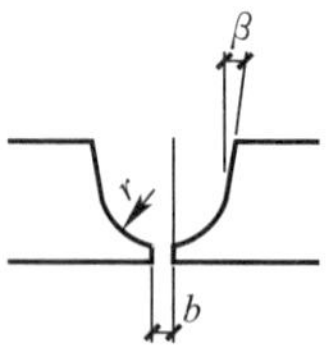 β r b	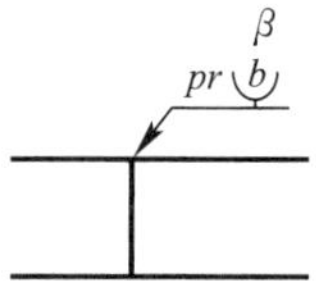 β pr b	 1 3 r3

续表

序号	焊缝名称	形式	标注法	符号尺寸（mm）
11	带钝边双U形焊缝	β r p b	β pr b	—
12	带钝边J形焊缝	β r b	β pr b	1 3 r3
13	带钝边双J形焊缝	β r p b	β pr b	—
14	角焊缝	K	K	45° 4 4
15	双面角焊缝	K	K	—
16	剖口角焊缝	t a a a a a $a=t/3$		1 1
17	喇叭形焊缝	b		4 4 1~2
18	双面半喇叭形焊缝	K		4 2

续表

序号	焊缝名称	形式	标注法	符号尺寸（mm）
19	塞焊			

四、尺寸标注

（1）两构件的两条很近的重心线，应按图 7-23 的规定在交汇处将其各自向外错开。

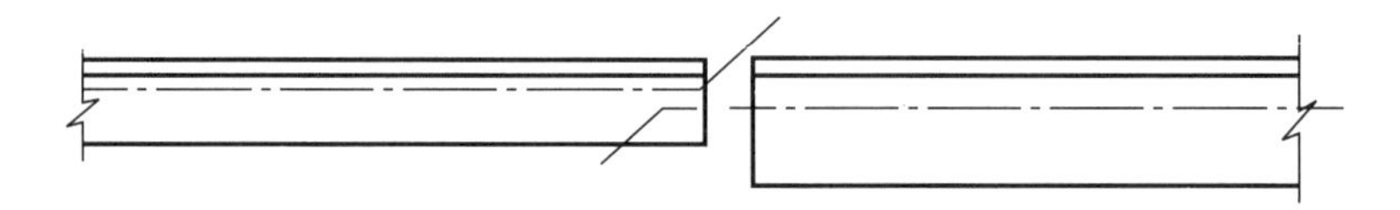

图 7-23　两构件重心不重合的表示方法

（2）弯曲构件的尺寸应按图 7-24 的规定沿其弧度的曲线标注弧的轴线长度。

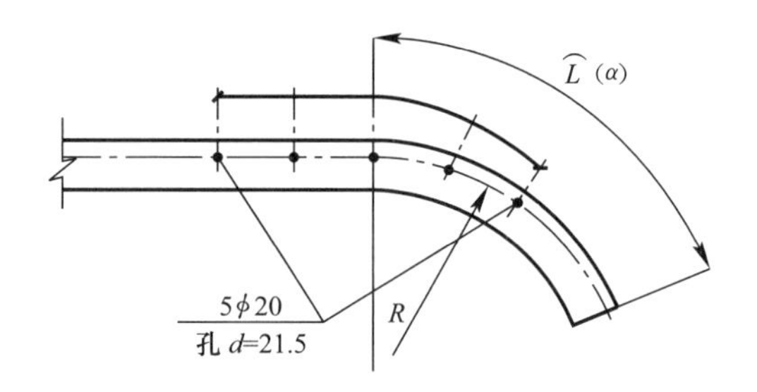

图 7-24　弯曲构件尺寸的标注方法

（3）切割的板材，应按图 7-25 的规定标注各线段的长度及位置。

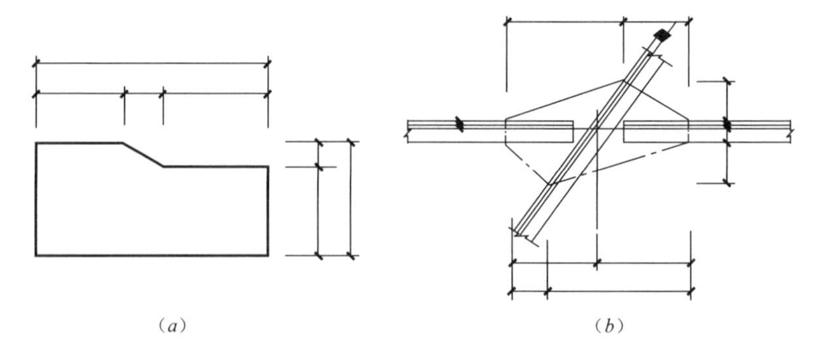

（a）　（b）

图 7-25　切割板材尺寸的标注方法

（4）不等边角钢的构件，应按图 7-26 的规定标注出角钢一肢的尺寸。

（5）节点尺寸，应按图 7-26、图 7-27 的规定，注明节点板的尺寸和各杆件螺栓孔中心或中心距，以及杆件端部至几何中心线交点的距离。

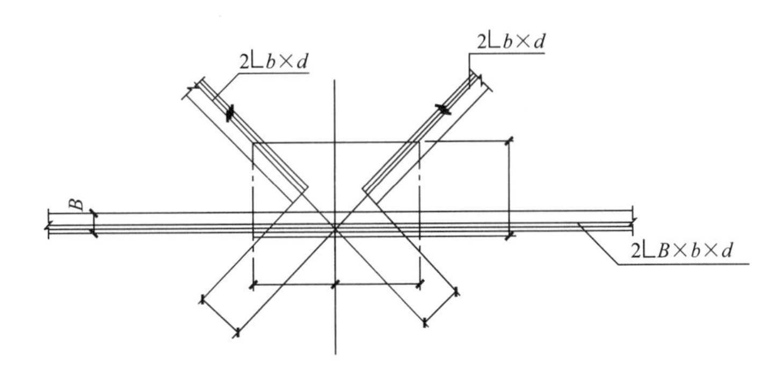

图 7-26　节点尺寸及不等边角钢的标注方法

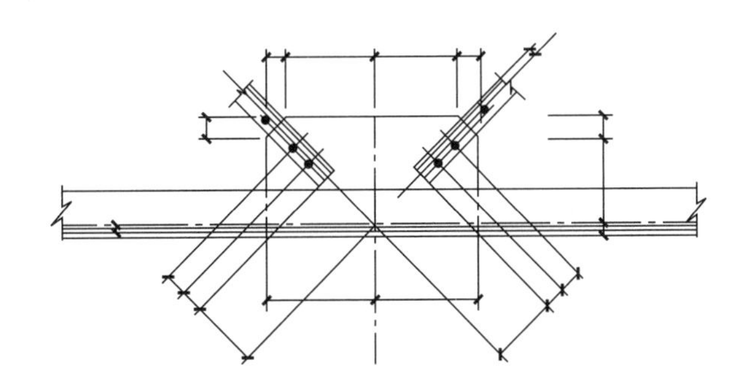

图 7-27　节点尺寸的标注方法

（6）双型钢组合截面的构件，应按图 7-28 的规定注明缀板的数量及尺寸。引出横线上方标注缀板的数量及缀板的宽度、厚度，引出横线下方标注缀板的长度尺寸。

（7）非焊接的节点板，应按图 7-29 的规定注明节点板的尺寸和螺栓孔中心与几何中心线交点的距离。

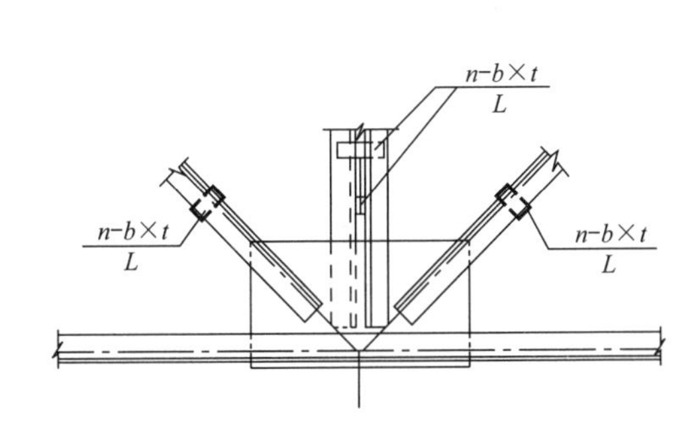

图 7-28　缀板的标注方法

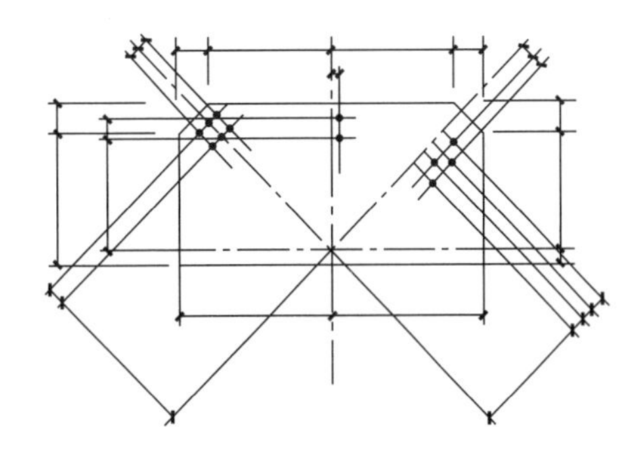

图 7-29　非焊接节点板尺寸的标注方法

五、钢结构制图一般要求

（1）钢结构布置图可采用单线表示法、复线表示法及单线加短构件表示法，并符合下列规定：

1）单线表示时，应使用构件重心线（细点划线）定位，构件采用中实线表示；非对称截面应在图中注明截面摆放方式。

2）复线表示时，应使用构件重心线（细点划线）定位，构件使用细实线表示构件外轮廓，细虚线表示腹板或肢板。

3）单线加短构件表示时，应使用构件重心线（细点划线）定位，构件采用中实线表示；短构件使用细实线表示构件外轮廓，细虚线表示腹板或肢板；短构件长度一般为构件实际长度的1/3～1/2。

4）为方便表示，非对称截面可采用外轮廓线定位。

（2）构件断面可采用原位标注或编号后集中标注，并符合下列规定：

1）平面图中主要标注内容为梁、水平支撑、栏杆、铺板等平面构件。

2）剖、立面图中主要标注内容为柱、支撑等竖向构件。

（3）构件连接应根据设计深度的不同要求，采用如下表示方法：

1）制造图的表示方法，要求有构件详图及节点详图。

2）索引图加节点详图的表示方法。

3）标准图集的方法。

六、复杂节点详图的分解索引

（1）从结构平面图或立面图引出的节点详图较为复杂时，可按图7-30的规定，将图7-31的复杂节点分解成多个简化的节点详图进行索引。

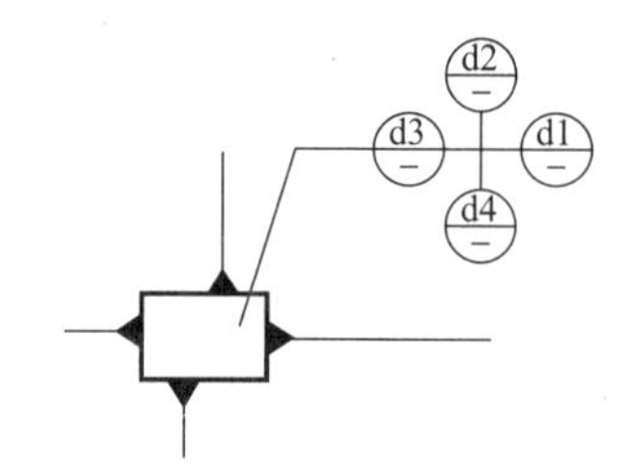

图7-30　分解为简化节点详图的索引

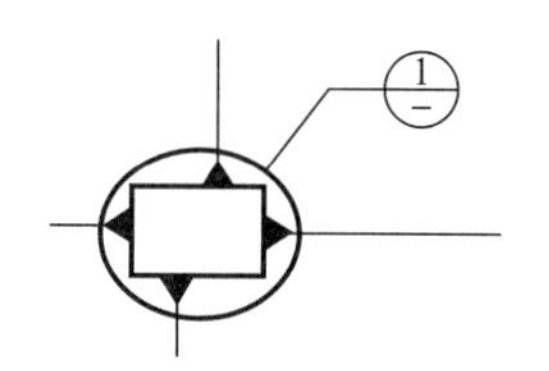

图7-31　复杂节点详图的索引

（2）由复杂节点详图分解的多个简化节点详图有部分成全部相同时，可按图7-32的规定简化标注索引。

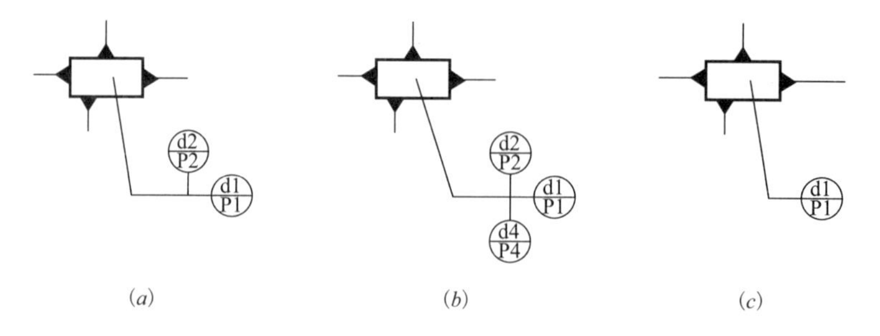

图7-32　节点详图分解索引的简化标注

（a）同方向节点相同；（b）d1与d3相同，d2与d4不同；（c）所有节点相同

第五节 木结构图示特点

一、常用木构件断面的表示方法

常用木构件断面的表示方法应符合表 7-12 中的规定。

常用木构件断面的表示方法 表 7-12

序号	名 称	图 例	说 明
1	圆木	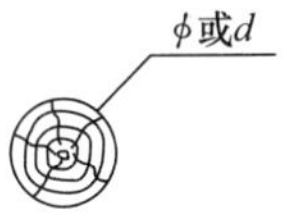 ϕ或d	1. 木板的断面图均应画出横纹线或顺纹线 2. 立面图一般不画木纹线，但木键的立面图均须绘出木纹线
2	半圆木	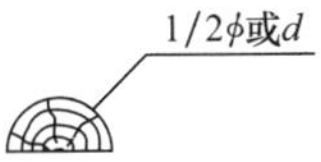 $1/2\phi$或d	
3	方木	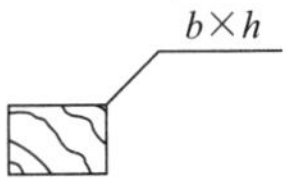 $b\times h$	
4	木板	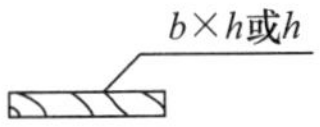 $b\times h$或h	

二、木构件连接的表示方法

木构件连接的表示方法应符合表 7-13 中的规定。

木构件连接的表示方法 表 7-13

序号	名 称	图 例	说 明
1	钉连接正面画法 （看得见钉帽的）	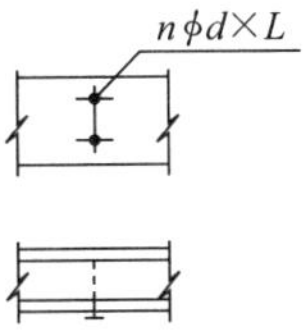 $n\phi d\times L$	—
2	钉连接背面画法 （看不见钉帽的）	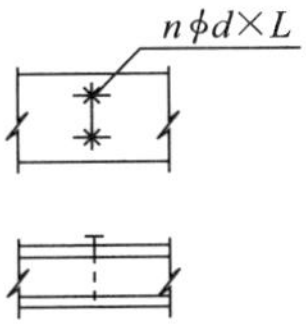 $n\phi d\times L$	
3	木螺钉连接正面画法 （看得见钉帽的）	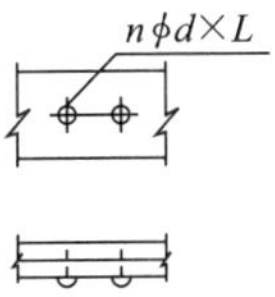 $n\phi d\times L$	

续表

序号	名 称	图 例	说 明
4	木螺钉连接背面画法（看不见钉帽的）	$n\phi d\times L$	—
5	杆件连接		仅用于单线图中
6	螺栓连接	$n\phi d\times L$	1. 当采用双螺母时应加以注明 2. 当采用钢夹板式，可不画垫板线
7	齿连接		—

第六节 钢筋混凝土结构施工图

一、钢筋混凝土结构施工图的内容和图示特点

钢筋混凝土构件详图一般包括模板图、配筋图和钢筋表三部分。

1. 模板图

模板图表示构件的外表形状、大小及预埋件的位置等，是支模板的依据。一般在构件较复杂或预埋件时才画模板图，模板图用细实线绘制。

2. 配筋图

配筋图包括立面图、断面图两部分，具体表达钢筋在混凝土构件中的形状、位置与数量。

在立面图和断面图中，把混凝土构件看成透明体，构件的外轮廓线用细实线表示，而钢筋用粗实线表示。配筋图是钢筋下料、绑扎的主要依据。

3. 钢筋表

为了便于钢筋下料、制作和方便预算，通常是每张图纸中都有钢筋表。

钢筋表的内容包括钢筋名称，钢筋简图，钢筋规格，长度、数量和质量等。

钢筋表对于识读钢筋混凝土配筋图很有帮助，应注意两者的联合识读。

二、钢筋混凝土结构平面布置图的识读

用一个假想的水平剖切平面从各层楼板层中间剖切楼板层，得到的水平剖面图，称为楼层结构平面图。

主要表示各楼层结构构件（如墙、梁、板、柱等）的平面位置，是建筑结构施工时构件布置、安装的重要依据。

楼层结构平面布置图的图示方法

在楼层结构平面图中外轮廓线用中粗实线表示，被楼板遮挡的墙、柱、梁等，用细虚线表示，其他用细实线表示。图中的结构构件用构件代号表示。楼层结构平面图的比例应与建筑平面图的比例相同。

由于钢筋混凝土楼板有预制楼板和现浇楼板两种，其表达方式不同。如楼板层是预制楼板，则在结构平面布置图中主要表示支撑楼板的墙、梁、柱等结构构件的位置，预制楼板直接在结构平面图中进行标注，如图 7-33 所示。

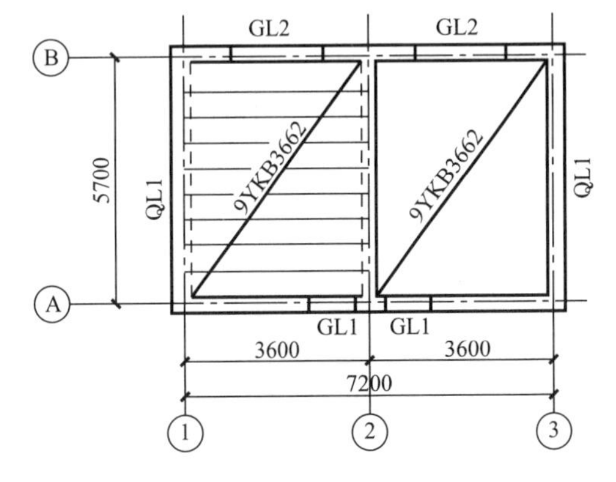

图 7-33　预制楼板的表示方法

楼层结构平面图的识读

（1）了解图名与比例。

（2）与建筑平面图对照，了解楼层结构平面图的定位轴线。

（3）通过结构构件代号了解该楼层中结构构件的位置与类型。

（4）了解现浇板的配筋情况及板的厚度。

（5）了解各部位的标高情况，并与建筑标高对照，了解装修层的厚度。

（6）如有预制板，了解预制板的规格、数量等级和布置情况。

三、钢筋混凝土梁施工图的识读

（1）读图名与比例。

（2）看模板图。

（3）识读配筋图中的立面图，了解在该梁中上下排配筋的情况，箍筋的配置，箍筋有没有加密区。

（4）识读断面图。

（5）识读钢筋表。

四、钢筋混凝土柱施工图的识读

钢筋混凝土柱的施工图与钢筋混凝土梁施工图表达方法相同，也是由模板图、配筋图和钢筋表组成。

补充平面整体表示法制图规则。

平面整体表达方式是把结构构件的尺寸和配筋等，按照平面整体表示方法制图规则，整体直接表达在各类构件的结构平面布置图上，再与标准构造详图配合，构成完整的结构设计，改变了传统的那种将构件从结构平面布置图中索引出来，再逐个绘制配筋详图的烦琐方法。

第七节　工业厂房基础施工图的识读

图 7-34 为某单层厂房基础平面图。从图中可以看到基础轴线的布置、不同类型基础的编号、基础梁的布置和编号等。图中轴线距离（即柱距）为 6000mm。分别用 J-1、J-2

等表示不同的柱基础，用 JL-1、JL-2 等表示不同的基础梁。还可以看到门口处无基础梁，而是在相邻基础上多出一块作为门框柱的基础。

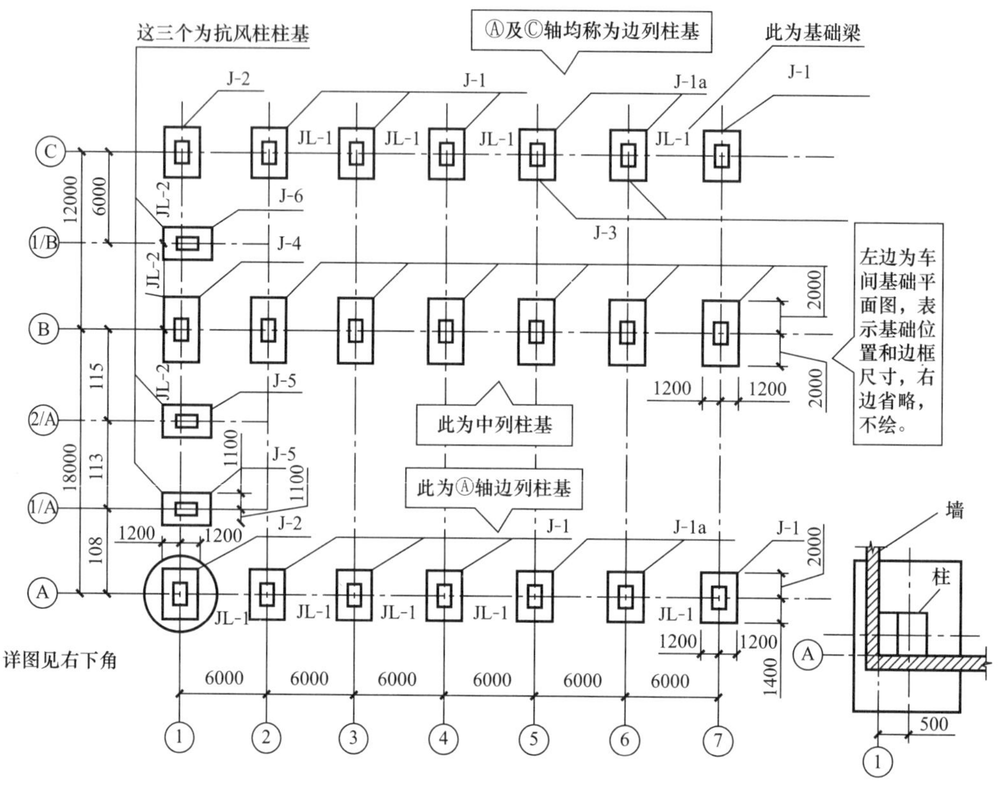

图 7-34　工业厂房基础施工图

第八节　楼梯结构详图的识读

楼梯结构详图包括楼梯结构平面图、楼梯结构剖面图和配筋图。现以某住宅楼的楼梯为例，说明楼梯结构详图的图示特点。

一、楼梯结构平面图

1. 图示内容与方法

楼梯结构平面图和楼层结构平面图一样，是水平剖面图，剖切位置在各层楼面的结构标高处。主要表达梯段板、楼梯梁和平台板的平面布置情况。多层房屋一般应画出每一层的楼梯结构平面图，若中间各层楼梯的结构尺寸完全相同，可共用一个标准层结构平面图。

在楼梯结构平面图中，轴线编号应和建筑施工图一致，绘图比例常用 1∶50，也可用 1∶40、1∶30 画出。钢筋混凝土楼梯的可见轮廓线用细实线表示，不可见轮廓线用细虚线表示，剖到的砖墙轮廓线用中实线表示，剖到的柱子涂黑表示。

2. 实例识读

图 7-35 为某住宅楼楼梯结构平面图。分别为底层、二层、标准层和顶层楼梯结构平面图，绘图比例均为 1∶50。可以看出，梯段板为现浇板，有 TB-1、TB-2、TB-3、TB-4

四种编号，其位置和水平投影尺寸可由图查得。与楼梯板两端相连接的楼层平台和休息平台板均采用现浇板，有 PB-1、PB-2 两种编号，板的配筋情况直接表达在楼梯标准层结构平面图中。楼梯梁有 TL-1、TL-2 两种编号，其构件详图另有表达。图中标出了楼层和休息平台的结构标高，如二层楼梯结构平面图中的休息平台顶面结构标高 3.620m、楼层面结构标高 5.070m 等。在底层楼梯结构平面图中还需标注楼梯结构剖面图的剖切符号。

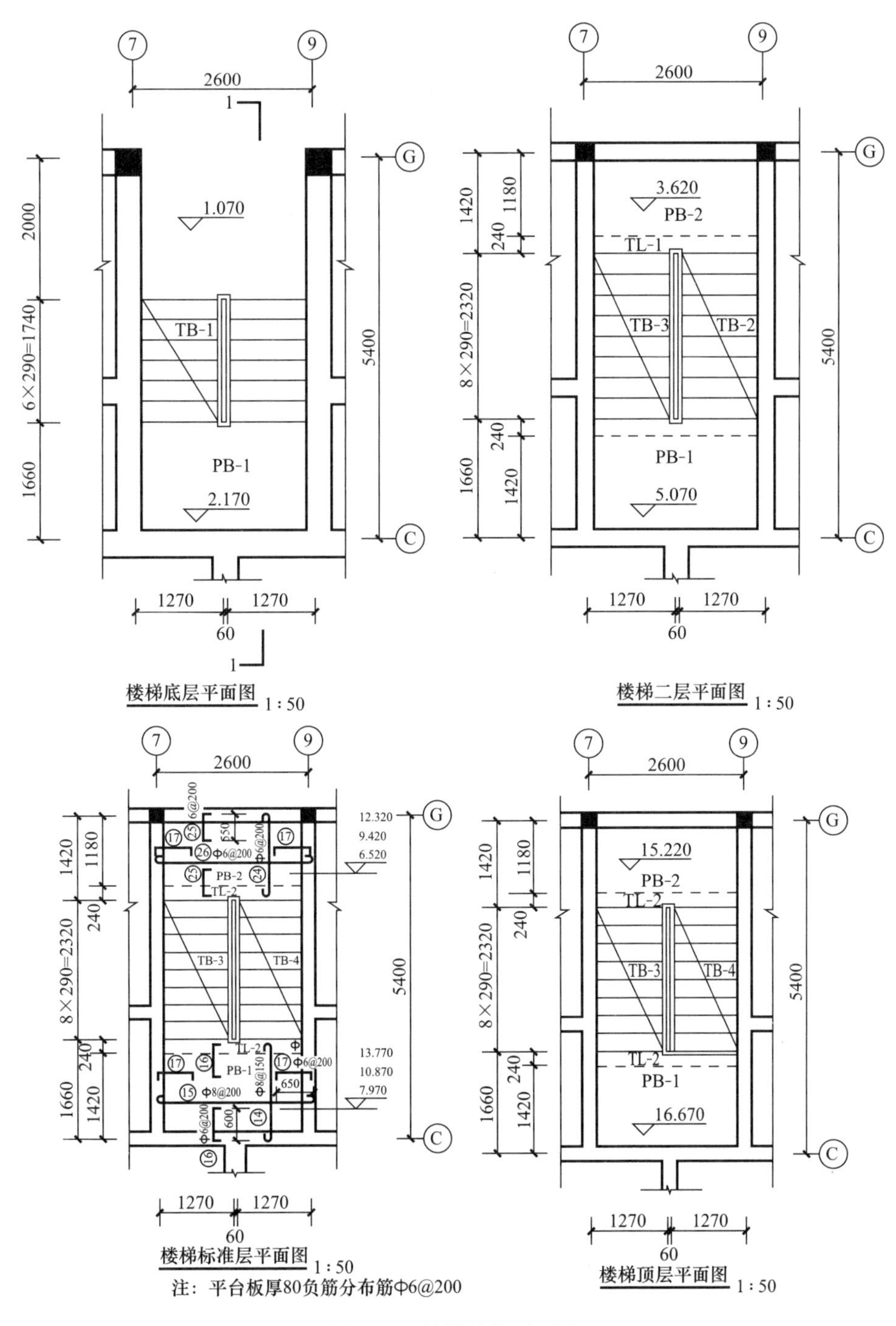

图 7-35　楼梯结构平面图

二、楼梯结构剖面图

楼梯结构剖面图是表示楼梯间各承重构件的竖向布置、构造和连接情况。楼梯结构剖面图的绘图比例与楼梯结构平面图一致。

图 7-36 是该楼梯的 1—1 剖面图，对照图 7-35 中底层楼梯结构平面图中的 1—1 剖切符号，可知其剖切位置和投影方向。由图 7-36 可看出，该楼梯类型为板式楼梯，图中表明了剖切到的梯段板（TB-2、TB-4）、楼梯梁（TL-1、TL-2）、平台板和未剖切到的可见的梯段板（TB-1、TB-3）的形状、尺寸和竖向联系情况，并标注了各楼层板、平台板的结构标高。

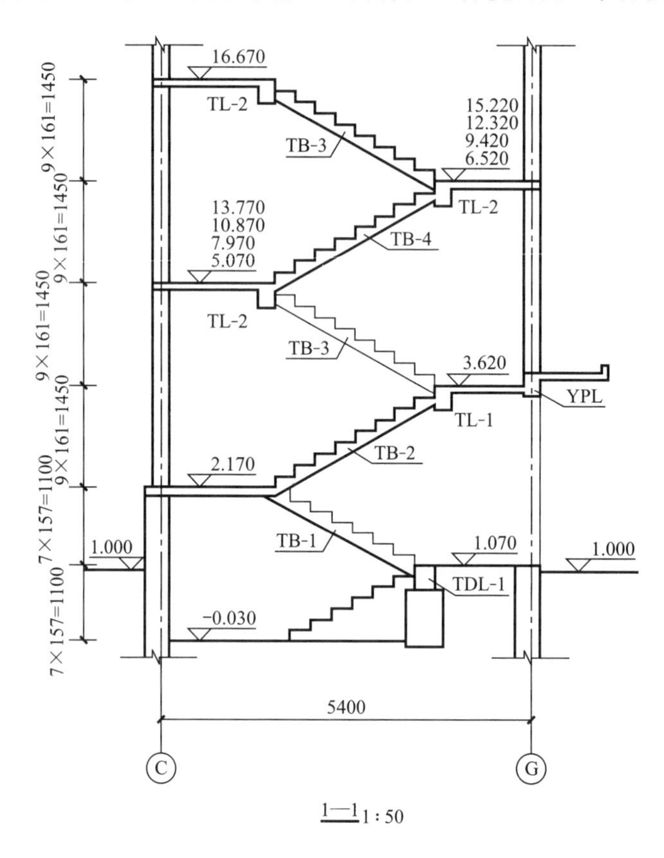

图 7-36 楼梯结构剖面图

三、楼梯配筋图

由于楼梯结构剖面图绘制比例较小，一般将梯段板、楼梯梁的配筋用较大的比例另外画出。由于篇幅所限，本节仅提供了楼梯板 TB-2、TB-3 的配筋图，如图 7-37 所示。

以梯段板 TB-3 为例，识读配筋图。从图 7-37 中的 TB-3 配筋图中可见，该梯段板有 8 个踏步，每个踏面宽 290mm，总宽 2320mm。梯段板底层的受力筋为⑩号筋，采用 $\phi10@100$，分布筋为②号筋，采用 $\phi6@250$，在梯段板的上端顶层配置了⑩号筋 $\phi10@100$，分布筋为②号筋 $\phi6@250$，梯段板的下端顶层配置了⑩号筋 $\phi10@100$，分布筋为②号筋中 6@250。在配筋复杂的情况下，钢筋的形状和位置有时图中不能表达得非常清楚，应在配筋图外相应位置增加钢筋详图，如图中的⑩号钢筋。

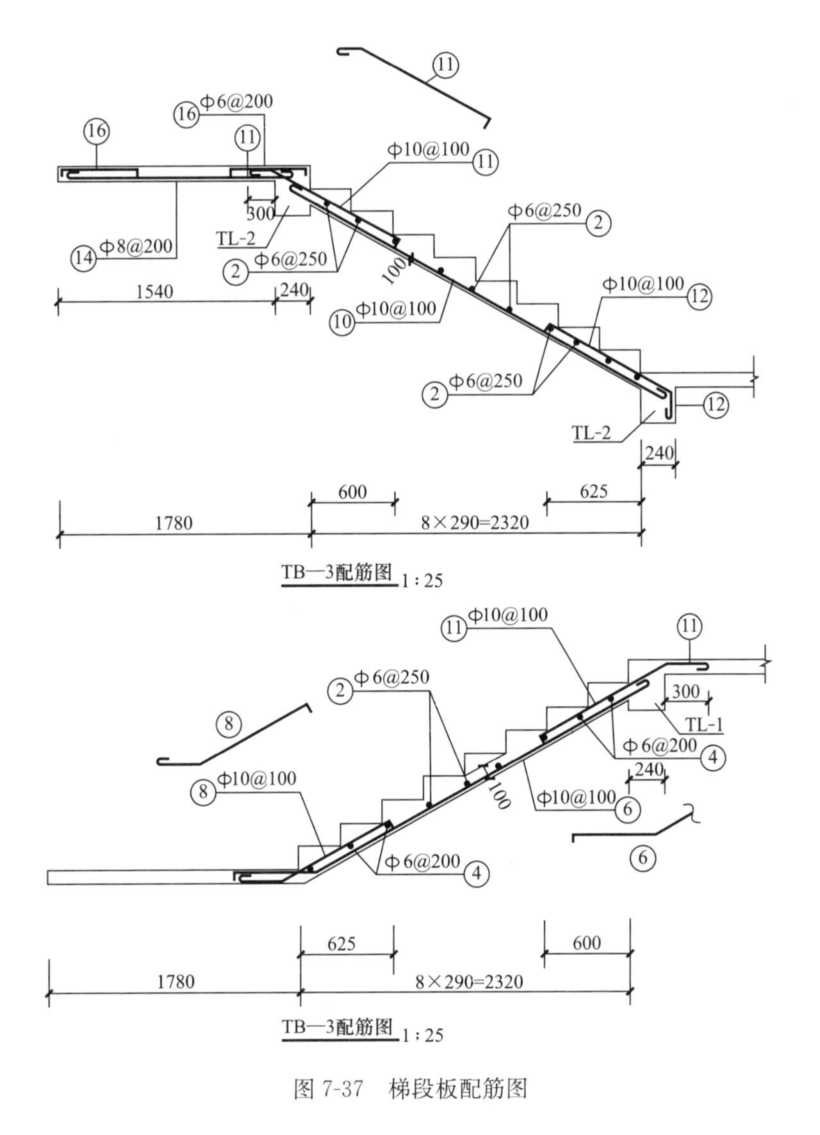

图 7-37 梯段板配筋图

第九节 剪力墙平法施工图的识读

一、剪力墙平法制图规则

剪力墙平法施工图是在剪力墙平面布置图上采用列表注写方式或截面注写方式表达。在剪力墙平法施工图中，应注明各结构层的楼面标高、结构层高及相应的结构层号，尚应注明上部结构嵌固部位位置。

1. 编号

为表达简便清楚，剪力墙可视为由剪力墙柱、剪力墙身和剪力墙梁（简称为墙柱、墙身和墙梁）三类构件构成。规定将剪力墙按墙柱、墙身、墙梁三类构件分别编号。

（1）墙柱编号。墙柱编号由墙柱类型代号和序号组成，表达形式应符合表 7-14 的规定。其中，约束边缘构件包括约束边缘暗柱、约束边缘端柱、约束边缘翼墙、约束边缘转角墙四种，构造边缘构件包括构造边缘暗柱、构造边缘端柱、构造边缘翼墙、构造边缘转角墙四种。

墙柱编号 **表 7-14**

墙柱类型	代号	序号
约束边缘构件	YBZ	××
构造边缘构件	GBZ	××
非边缘暗柱	AZ	××
扶壁柱	FBZ	××

（2）墙身编号。墙身编号由墙身代号、序号以及墙身所配置的水平与竖向分布钢筋的排数组成，其中，排数写在括号内。表达形式为：Q××（×排）。

（3）墙梁编号。墙梁编号由墙梁类型代号和序号组成，表达形式应符合表 7-15 的规定。

墙梁编号 **表 7-15**

墙梁类型	代号	序号
连梁	LL	××
连梁（对角暗撑配筋）	LL（JC）	××
连梁（交叉斜筋配筋）	LL（JX）	××
连梁（集中对角斜筋配筋）	LL（DX）	××
暗梁	AL	××
边框梁	BKL	××

由表 7-15 可知，在剪力墙结构中，墙梁被划分为连梁、暗梁、边框梁三类。其中，连梁是连接门窗洞口两边的剪力墙的梁；暗梁和边框梁是剪力墙的一部分，都是剪力墙上部的加强构造，二者的区别在于暗梁梁宽与墙厚相同，边框梁梁宽大于墙厚。它们的具体位置如图 7-38 所示。

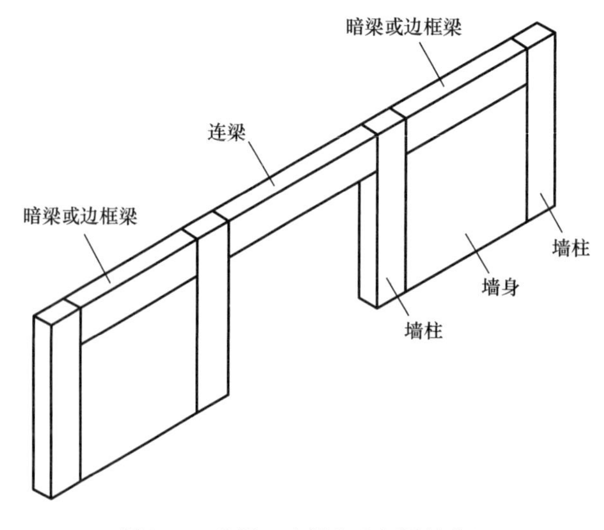

图 7-38 连梁、暗梁和边框梁的位置

2. 列表注写方式

列表注写方式系分别在剪力墙柱表、剪力墙身表和剪力墙梁表中，对应于剪力墙平面布置图上的编号，用绘制截面配筋图并注写几何尺寸与配筋具体数值的方式，来表达剪力墙平法施工图。图 7-39 为剪力墙平法施工图列表注写方式实例。

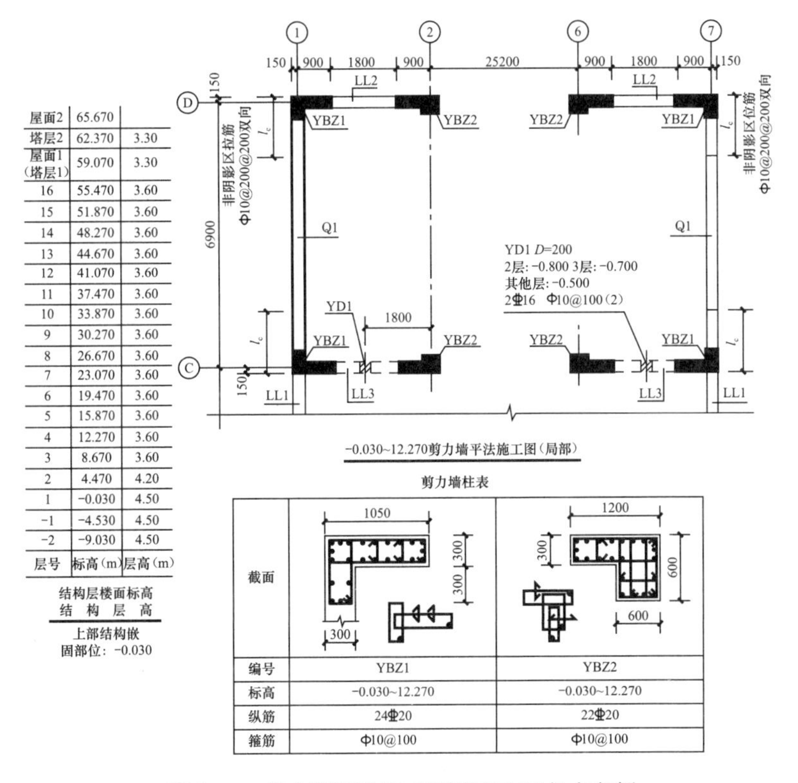

图 7-39　剪力墙平法施工图列表注写方式实例

(1) 剪力墙柱表。剪力墙柱表中表达的内容规定如下。

1) 注写墙柱编号，见表 7-14，绘制该墙柱的截面配筋图，标注墙柱几何尺寸。

2) 注写各段墙柱的起止标高，自墙柱根部往上以变截面位置或截面未变但配筋改变处为界分段注写。墙柱根部标高一般指基础顶面标高。

3) 注写各段墙柱的纵向钢筋和箍筋，纵向钢筋注总配筋值，墙柱箍筋的注写方式与柱箍筋相同。注写值应与在表中绘制的截面配筋图对应一致。对于约束边缘构件除注写阴影部位的箍筋外，尚需在剪力墙平面布置图中注写非阴影区内布置的拉筋（或箍筋）。

在图 7-39 中，剪力墙柱表中给出了 YBZ1、YBZ2 的编号、截面形状尺寸、配筋和标高。在剪力墙平面布置图中还注写了 YBZ1 非阴影区内的拉筋为 ϕ10@200@200 双向，其他非阴影区拉筋直径为 8mm。

(2) 剪力墙身表。剪力墙身表中表达的内容规定如下。剪力墙梁见表 7-16，剪力墙身见表 7-17。

1) 注写墙身编号（含水平与竖向分布钢筋的排数）。

2) 注写各段墙身起止标高，自墙身根部往上以变截面位置或截面未变但配筋改变处为界分段注写。墙身根部标高一般指基础顶面标高。

剪力墙梁表　　表 7-16

编号	所在楼层号	梁顶相对标高高差	梁截面 $b\times h$	上部纵筋	下部纵筋	箍筋
LL1	2～9	0.800	300×2000	4Φ22	4Φ22	ϕ10@100（2）
	10～16	0.800	250×2000	4Φ20	4Φ20	ϕ10@100（2）
	屋面1		250×1200	4Φ20	4Φ20	ϕ10@100（2）
LL2	3	－1.200	300×2520	4Φ22	4Φ22	ϕ10@150（2）
	4	－0.900	300×2070	4Φ22	4Φ22	ϕ10@150（2）
	5～9	－0.900	300×1770	4Φ22	4Φ22	ϕ10@150（2）
	10～屋面1	－0.900	250×1770	3Φ22	3Φ22	ϕ10@150（2）
LL3	2		300×2070	4Φ22	4Φ22	ϕ10@100（2）
	3		300×1770	4Φ22	4Φ22	ϕ10@100（2）
	4～9		300×1170	4Φ22	4Φ22	ϕ10@100（2）
	10～屋面1		250×1170	3Φ22	3Φ22	ϕ10@100（2）
…	…	…	…	…	…	…

剪力墙身表　　表 7-17

编号	标高	墙厚	水平分布筋	垂直分布筋	拉筋（双向）
Q1	－0.030～30.270	300	Φ12@200	Φ12@200	ϕ6@600@600
	30.270～59.070	250	Φ10@200	Φ10@200	ϕ6@600@600
…	…	…	…	…	…

注：1. 图中 l_c 为约束边缘构件沿墙肢的伸出长度（应注明具体值）。
2. 约束边缘构件非阴影区拉筋（除图中有标注外）：竖向与水平钢筋交点处均设置，直径为 8mm。

3）注写墙厚。

4）注写水平分布钢筋、竖向分布钢筋和拉筋的具体数值。注写数值仅为一排水平分布钢筋和竖向分布钢筋的规格与间距。拉筋应注明布置方式“双向”或“梅花双向”。

在图 7-39 中，剪力墙身表中给出了 Q1 的厚度、配筋和标高。

（3）剪力墙梁表。剪力墙梁表中表达的内容规定如下：

1）注写墙梁编号。见表 7-15。

2）注写墙梁所在楼层号。

3）注写墙梁顶面标高高差，系指相对于墙梁所在结构层楼面标高的高差值。高者为正值，低者为负值，无高差时不注。

4）注写墙梁截面尺寸 $b\times h$，上部纵筋，下部纵筋和箍筋的具体数值。

在图 7-39 中，剪力墙梁表中给出了 LL1、LL2、LL3 所在楼层号、标高、截面尺寸和配筋。

3. 截面注写方式

截面注写方式是在分标准层绘制的剪力墙平面布置图上，以直接在墙柱、墙身、墙梁上注写截面尺寸和配筋具体数值的方式来表达剪力墙平法施工图。

选用适当比例原位放大绘制剪力墙平面布置图，其中，对墙柱绘制配筋截面图。对所有墙柱、墙身、墙梁进行编号，并分别在相同编号的墙柱、墙身、墙梁中选择一根墙柱、一道墙身、一根墙梁进行注写，如图 7-40 所示。

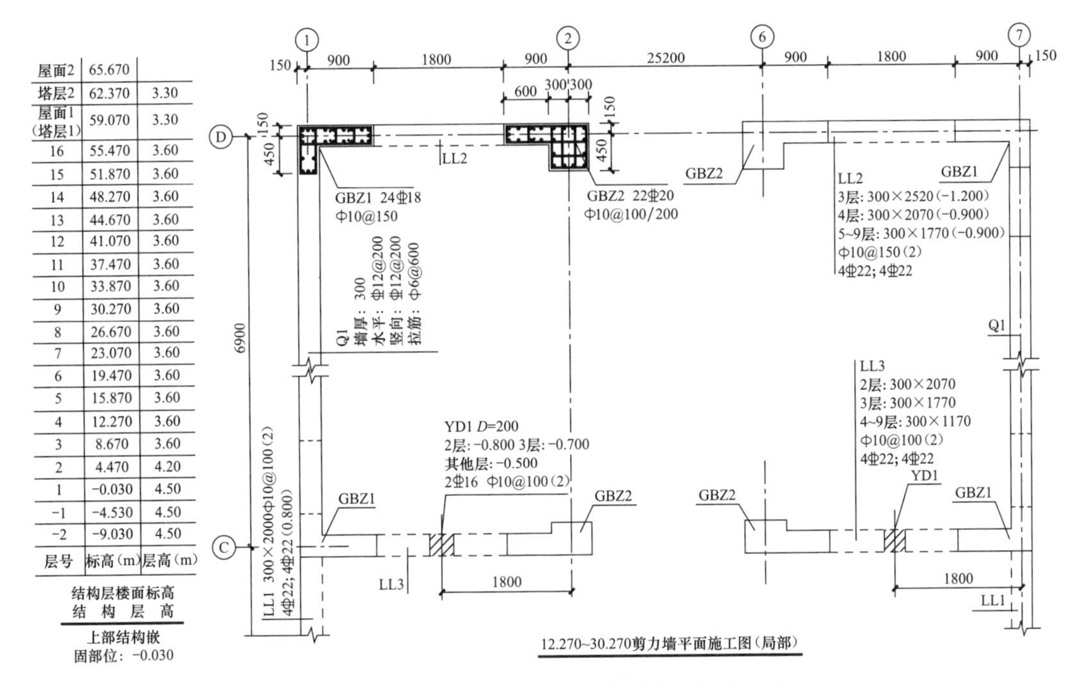

图 7-40 剪力墙平法施工图截面注写方式示例

（1）墙柱。从相同编号的墙柱中选择一个截面，注明几何尺寸，标注全部纵筋及箍筋的具体数值。图 7-40 中画出了构造边缘构件 GBZ1、GBZ2 的截面配筋图，并标注了截面尺寸和具体配筋数值。

（2）墙身。从相同编号的墙身中选择一道，标注墙身编号（包括墙身内配置的水平与竖向分布钢筋的排数）、墙厚尺寸、水平分布钢筋、竖向分布钢筋和拉筋的具体数值。如图 7-40 所示，Q1 的厚度为 300mm，水平分布钢筋和竖向分布钢筋均为⌀12@200，拉筋为 ϕ6@600。

（3）墙梁。从相同编号的墙梁中选择一根，注写墙梁编号、截面尺寸 $b\times h$、箍筋、上部纵筋、下部纵筋和墙梁顶面标高高差的具体数值。如图 7-40 中，对 LL1、LL2、LL3 进行了标注。LL1 截面尺寸为 300mm×2000mm，箍筋为 ϕ10@100，双肢箍，梁上部和下部纵筋均为 4⌀22，梁顶标高比结构层楼面标高高出 0.8m。LL2 中上部纵筋和下部纵筋均为 4⌀22，箍筋为 ϕ10@150，双肢箍，并分层注写了截面尺寸和梁顶面标高高差。LL3 请读者自行识读。

4. 剪力墙洞口的表示方法

剪力墙洞口在剪力墙平面布置图上原位表达。具体表达方法如下。

（1）在剪力墙平面布置图上绘制洞口示意，并标注洞口中心的平面定位尺寸。

（2）在洞口中心位置应注四项内容。

1）洞口编号：矩形洞口为 JD××（××为序号），圆形洞口为 YD××（××为序号）。

2）洞口几何尺寸：矩形洞口为洞宽×洞高（$b\times h$），圆形洞口为洞口直径 D。

3）洞口中心相对标高，系相对于结构层楼（地）面标高的洞口中心高度。当其高于结构层楼面时为正值，低于结构层楼面时为负值。

4）洞口每边补强钢筋。

图 7-39、图 7-40 中均标注了圆形洞口 YD1 的有关内容，YD1 设置在 LL3 中部，直径为 200mm，圆洞上下水平设置的每边补强纵筋为 2 ⌀ 16，箍筋为 ϕ10@100，双肢箍，并分层标注了洞口中心相对标高。洞口标准构造详图如图 7-41 所示。

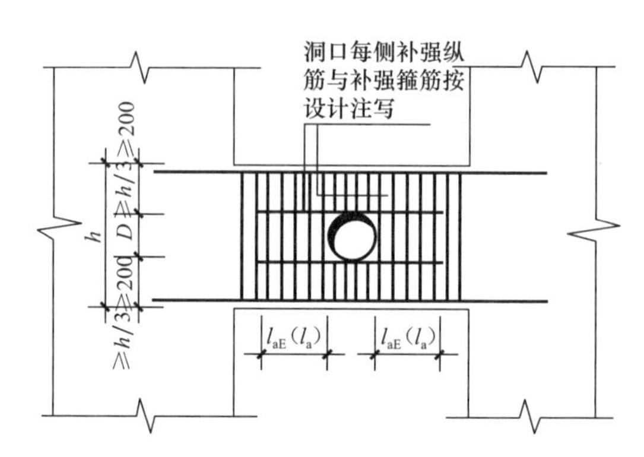

图 7-41　连梁中部圆形洞口补强钢筋构造详图

二、剪力墙构造详图

以剪力墙身为例，通过几个标准构造详图的识读，说明剪力墙身中水平钢筋、竖向钢筋及拉筋的详细构造做法。

图 7-42 为剪力墙身水平钢筋构造详图。图 7-43 为剪力墙身竖向钢筋构造详图。表达了墙身所设置的水平与竖向分布钢筋网的排数为 2、3、4 排时钢筋的详细构造做法，由图中可看出，剪力墙身外侧两排钢筋网，水平筋在外，竖向筋在内，拉筋与各排分布筋绑扎。同时给出了剪力墙身水平钢筋的端部做法和搭接做法，给出了剪力墙身竖向钢筋在楼板或屋面板顶部构造做法。

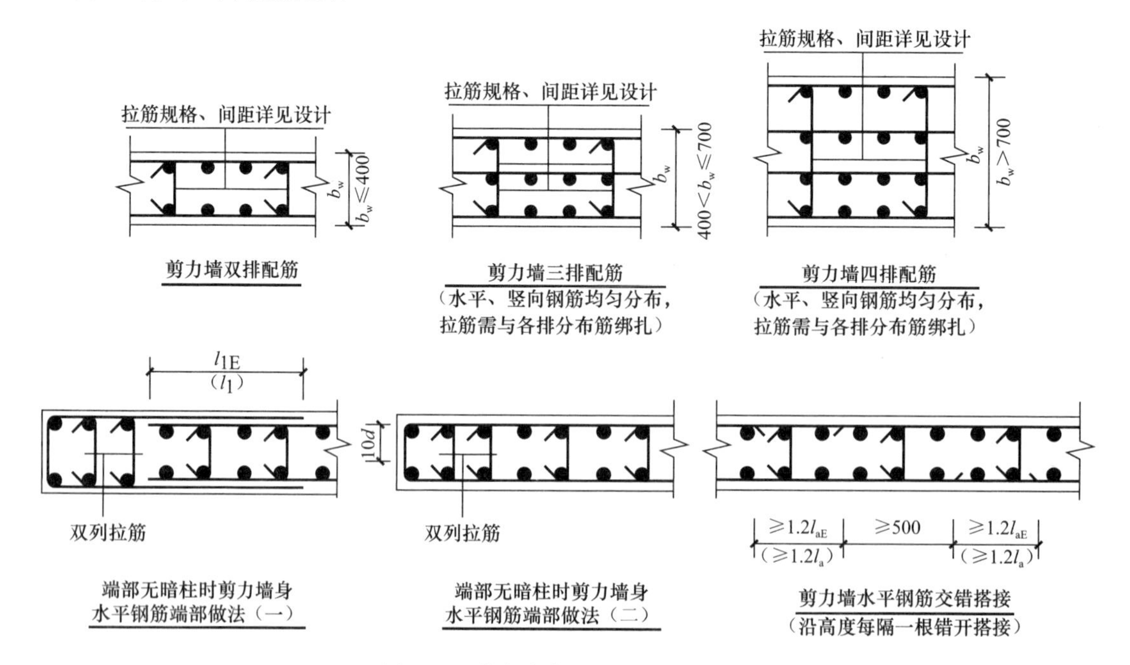

图 7-42　剪力墙身水平钢筋构造详图

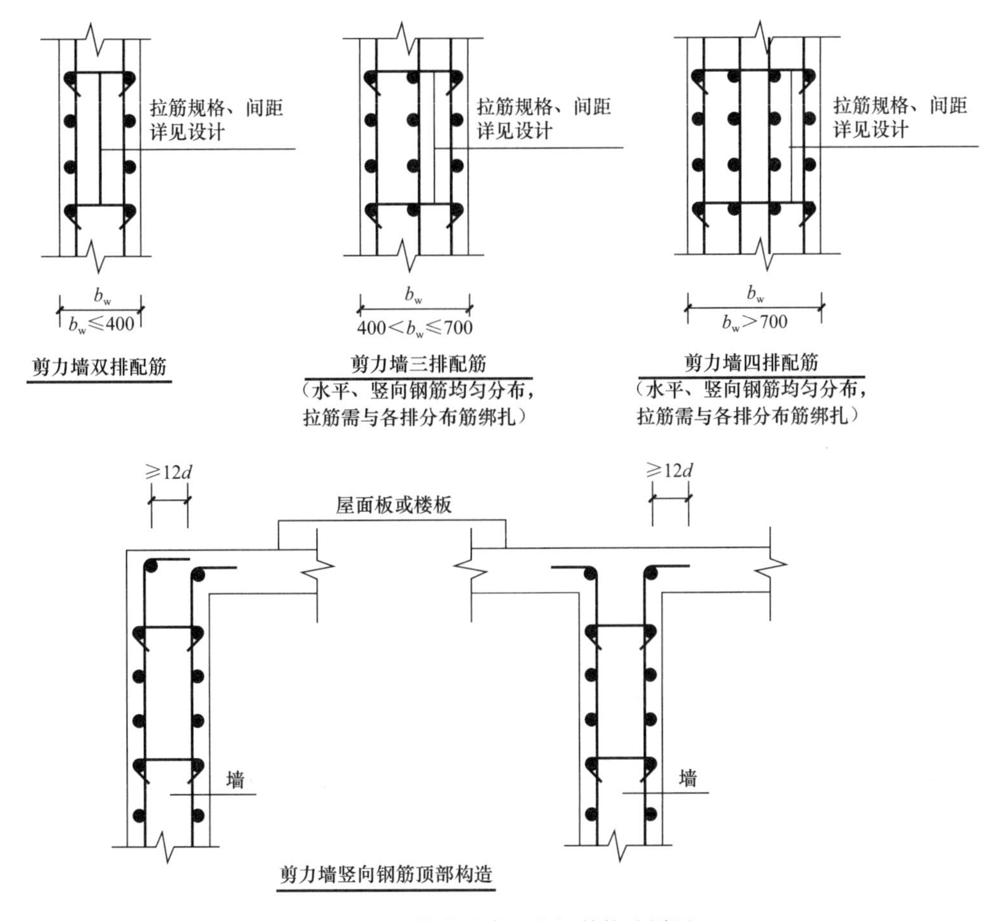

图 7-43　剪力墙身竖向钢筋构造详图

练习题

练习 7-1：钢筋弯钩长度应该如何计算？

练习 7-2：常用结构构件规格的标准代号都有哪些？

练习 7-3：试举例说明，螺旋楼梯扶手应该如何计算长度？

练习 7-4：焊缝标注都有哪些方法？

练习 7-5：钢结构屋架几何尺寸在图中标注时，起什么作用？

练习 7-6：什么是屋面的马尾长度？

练习 7-7：楼梯都有哪些种类？

练习 7-8：钢筋的焊接接头都有哪些种类？

第八章　怎样识读施工现场作业图

第一节　施工现场平面图

一、施工现场总平面图的布置

1. 布置原则

（1）施工平面布置应严格控制在建筑红线之内。

（2）平面布置要紧凑合理，尽量减少施工用地。

（3）尽量利用原有建筑物或构筑物。

（4）合理组织运输，保证现场运输道路畅通，尽量减少二次搬运。

（5）各项施工设施布置都要满足方便施工、安全防火、环境保护和劳动保护的要求。

1）除垂直运输工具以外，建筑物四周 3m 范围内不得布置任何设施。

2）塔吊根据建筑物平面形式和规模，布置在施工段分界处，靠近料场。

3）装修时搅拌机布置在施工外用电梯附近，施工道路近旁，以方便运输。

4）水泥库选择地势较高、排水方便靠近搅拌机的地方。

5）临时水电应就近铺设。

（6）在平面交通上，要尽量避免土建、安装以及其他各专业施工相互干扰。

（7）符合施工现场卫生及安全技术要求和防火规范。

（8）现场布置有利于各子项目施工作业。

（9）考虑施工场地状况及场地主要出入口交通状况。

（10）结合拟采用的施工方案及施工顺序。

（11）满足半成品、原材料、周转材料堆放及钢筋加工需要。

（12）满足不同阶段、各种专业作业队伍对宿舍、办公场所及材料储存、加工场地的需要。

（13）各种施工机械既满足各工作面作业需要又便于安装、拆卸。

（14）实施严格的安全及施工标准，争创省级安全文明工地。

2. 布置内容

（1）拟建的建筑物或构筑物，以及周围的重要设施。

（2）施工用的机械设备固定位置。

（3）施工运输道路。

（4）临时水源、电源位置及铺设线路。

（5）施工用生产性、生活性设施（加工棚、操作棚、仓库、材料堆场、行政管理用房、职工生活用房等）。

3. 布置步骤

确定建筑位置→物料提升机位置→木工加工场地→钢筋加工场地→办公室、库房→临时道路→临时设施→临时水电。

二、施工现场平面总图

图 8-1 为某施工现场平面总图，由图中可知，已有建筑、拟建建筑以及材料堆场、砂子堆场等分布情况。

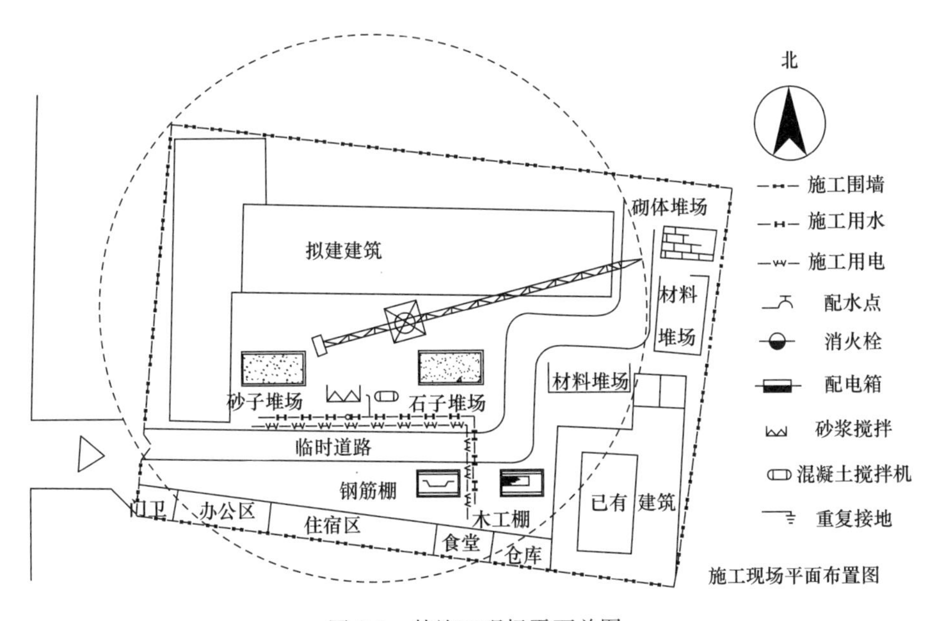

图 8-1　某施工现场平面总图

三、施工现场布置

图 8-2 为某城市给水管网工程的施工现场布置图。

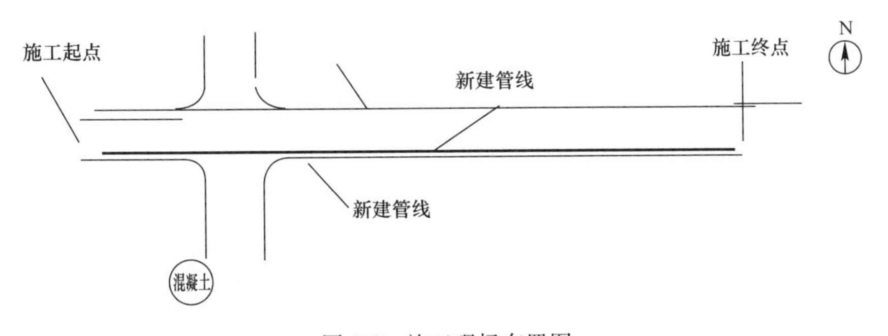

图 8-2　施工现场布置图

说明：

（1）施工现场建一座临时办公室，位置设在方便施工位置处，同时现场建有水泥材料库、砂、碎石水泥堆放厂等，位置建在该现场的中间点位置处。管材沿线堆放。

（2）施工现场道路采用原有道路。

（3）施工用电采用建设单位指定的变电器接出或采用发电机发电。

（4）施工用水采用从附近水井中接出或自打水井供施工用水用。

（5）施工时在现场附近设有临时休息室内。

第二节　施工放样和施工样板

一、施工放样

施工放样把设计图纸上工程建筑物的平面位置和高程，用一定的测量仪器和方法测设到实地上去的测量工作称为施工放样（也称施工放线）。测图工作是利用控制点测定地面上地形特征点，缩绘到图上。施工放样则与此相反，是根据建筑物的设计尺寸，找出建筑物各部分特征点与控制点之间位置的几何关系，算得距离、角度、高程、坐标等放样数据，然后利用控制点，在实地上定出建筑物的特征点，据以施工。

1. 种类

施工放样主要有：平面位置的放样、高程放样，以及竖直轴线放样。

2. 应用

（1）方法

平面位置和高程均通过对每个特征点的放样实现。特征点的放样通常采用极坐标法，也可用直角坐标法和交会法，高程放样则常用水准测量方法。当待放样点同附近控制点的高差较大（如放样高层建筑某层或井下某点的高程）时，常用长钢尺代替水准尺测设高程，或用电磁波测距三角高程测量方法；放样竖直轴线可用吊锤、光学投点仪或激光铅垂仪等。

（2）提高效率

除使用经纬仪、水准仪、全站仪、GPS 外，还可以选择使用激光指向仪、激光铅垂仪、激光经纬仪、激光水准仪等，以提高放样速度和精度。

二、施工样板

这是一种施工现场管理模式，即样板引路。为了更好地控制整个施工质量，在进行大面积相同工序施工前，先根据事先编制的施工方案，在小范围内或者选择某一个特定部位进行该工序的操作，一方面能够及时发现问题，一方面让操作人员熟悉工序，做出样板间请甲方、监理共同验收，验收合格后方才进行大批量施工。

第三节　门、窗木榫放样图

一般在建筑施工图的设计中是不画门、窗木榫图的。但是，当遇到有此要求的工程时，应该能够读懂木榫图。

图 8-3 是窗扇的一般手工穿榫做法。榫接俗称“龙凤榫”：凸出的，是龙榫（*a*）；承

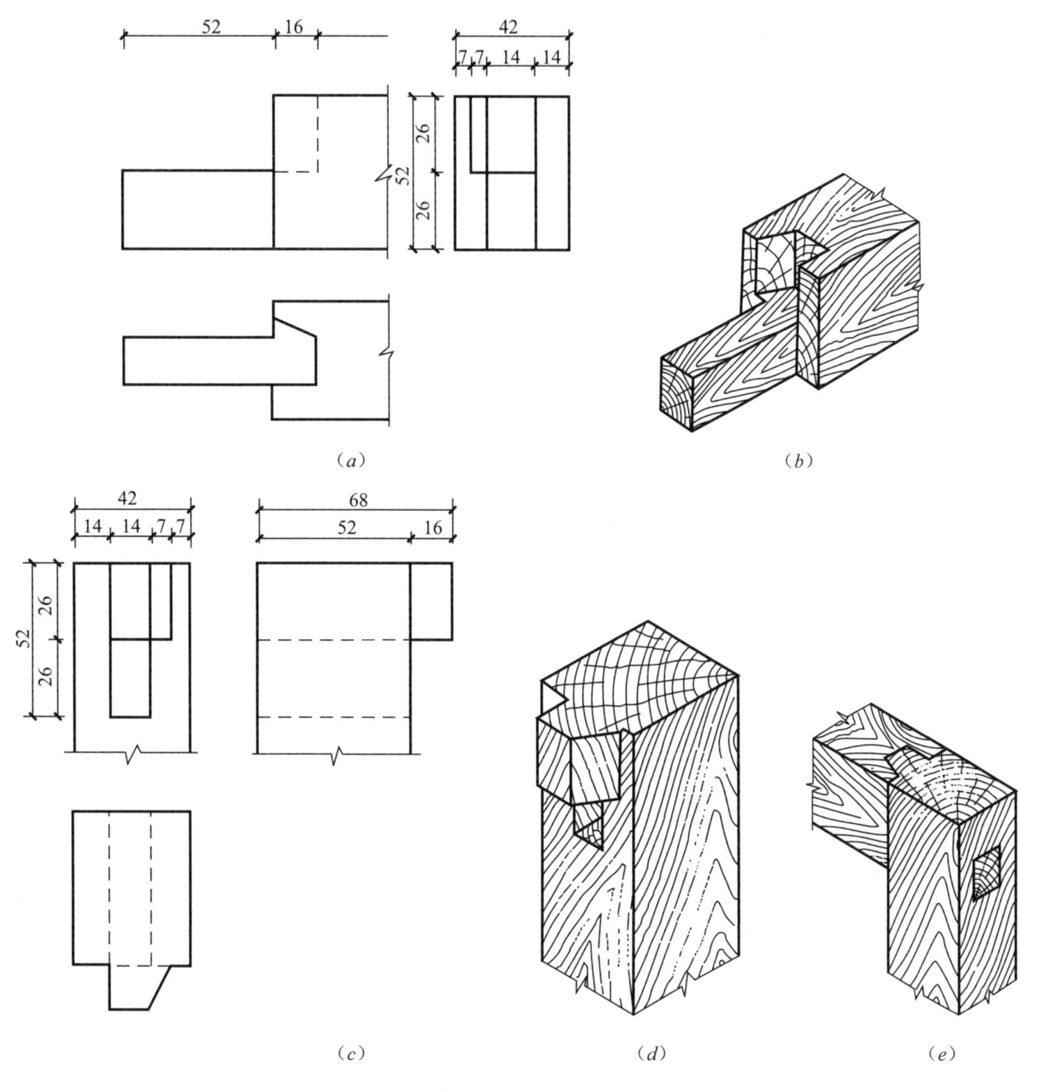

图 8-3 窗扇的一般手工穿榫做法

插的，是凤榫（*c*）。

根据投影原理去读它们的三面投影。虽然（*b*）、（*d*）给出了它们的立体形象，但是还必须由画法几何理论证明每一条线（包括虚线）的形体表面几何元素的意义，才能算作真正读懂了榫接图。（*e*）是两榫榫接后的立体形象图。

第四节 起重设备安装工程图

一、起重设备的基本结构及种类

（一）桥式起重机的基本结构

桥式起重机是目前在工矿企业中应用十分广泛的起重、搬运、吊装设备。基本结构分为桥架部分、提升重物的提升机构、移动重物的横向移动机构（小车运行机构）和移动重物的纵向移动机构（大车运行机构），如图 8-4 所示。

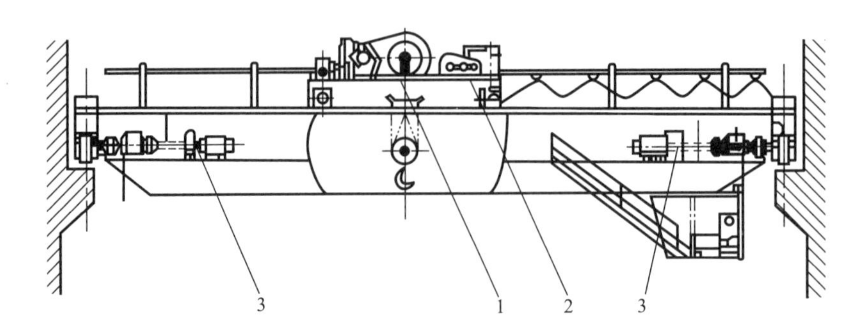

图 8-4　桥式起重机基本结构示意图

1—提升机构；2—横向移动机构（小车运行机构）；3—纵向移动机构（大车运行机构）

1. 桥架

桥架是桥式起重机的基本构件，用以支持起重机载荷的全部质（重）量桥架以其结构不同分为工字梁桥架、板梁桥架、桁架、箱形结构桥架等多种。

（1）工字梁桥架分为单梁工字梁桥架和双梁工字梁桥架。单梁工字梁桥架是以一根工字钢为主梁，两端用不同方法固定在端梁上。工字钢的截面尺寸是根据单梁起重机的行车质（重）量、起重量及其他因素确定的。双梁工字梁桥架是由两根工字钢制成，可以承受较大质量的起重行车。

（2）板梁桥架是按设计要求厚度的钢板下料进行铆接或焊接制成。板梁制造的形状有多种，有的焊接成抛物线形，有的焊接成矩形，有的焊接成梯形。

（3）桁架是用型钢焊接或铆接而成的空间杆系，桁架的截面为方形，两端由钢板焊成或铆成矩形结构，用于安装移动车轮与运行机构连接在一起。桁架主梁上面安装轨道，起重行车在上面行走，起重机的全部质（重）量由主梁承担，水平桁架及辅助桁架用来保证桥架的刚度。

（4）箱形梁桥架是由钢板焊接而成，即主梁上弦板、下弦板与两侧腹板焊接成空间架，形成箱形截面，适当采用加强板焊接，以保持足够的刚度和强度。

2. 提升机构

提升机构是桥式起重机起吊重物的机构，由电动机、联轴器、浮动轴、减速器、卷筒、滑轮组、钢丝绳、吊钩与制动器等组成，如图 8-5 所示。

3. 运行机构

桥式起重机有两个移动机构：一个是起重机载荷后沿桥架长度作横向往复移动的小车运行机构；另一个是起重机载重的行车沿起重机轨道作纵向水平移动的大车运行机构，从而使起重物可以吊运到厂房内任何一个角落。运行机构一般由电动机、制动器、齿轮传动系统及移动车轮等组成。

（二）桥式起重机的种类及用途

桥式起重机分为电动双梁桥式起重机、抓斗桥式起重机、电磁铁桥式起重机、桥式锻

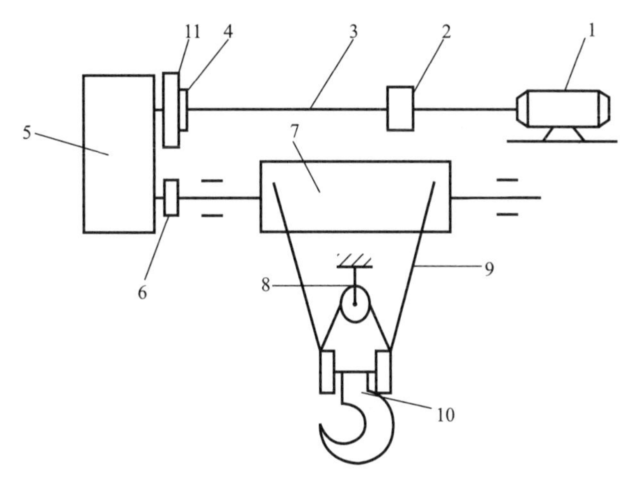

图 8-5　起升机结构示意图

1—电动机；2、4、6—联轴器；3—浮动轴；5—减速器；7—卷筒；
8—滑轮组；9—钢丝绳；10—吊钩；11—制动器

造起重机及门式起重机等种类。

（1）电动双梁桥式起重机主要用于厂矿、仓库与车间，用于在固定跨度间起重、装卸及搬运重物。起重机的规格有：起重量为 15t/3t ～ 200t/30t，跨度分别为 10.50m、19.50m、22.00m、31.00m。

（2）抓斗桥式起重机是一种特殊用途的桥式起重机，其所用的桥架及运行机构与一般桥式起重机相同，只是起重机的取物装置不是用吊钩，而是用抓斗。电磁铁桥式起重机的取物装置不是用吊钩而是用起重电磁铁，由于取物装置不同，行车的结构也有所不同。

（3）桥式锻造起重机适用于水压机车间，配合水压机进行锻造工作。此外，还可以进行运输工作，一般配合 1600～8000t 水压机使用。桥式锻造起重机的规格有：起重量为 20t/5t～40t/10t，跨度分别为 16.50m、19.50m、22.50m。

（4）门式起重机是为专供水力发电站升降闸门用的，门式起重机的规格有：起重量为 5t～30t/5t，跨度分别为 22m、26m、30m、35m。

二、起重机安装工程图

1. 起重机外形示意图

某厂的总装车间安装一台双小车起重机，其规格为 250t/50t＋250t/50t，跨度 27m，单机质量 239t，采用大车钢轨为 QV120。起重机的外形示意图如图 8-6 所示。

2. 起重机安装示意图

在工厂的总装车间通常安装多台桥式起重机以满足生产工艺的要求。图 8-7 为某厂总装车间安装四台电动双梁桥式起重机的立面位置图，图中 1 表示电动双梁桥式起重机的规格为：起重量 10t，跨度 22.5m，单机质量 22t，最重部件 5t，安装高度 9.5m；图中 2 表示电动双梁桥式起重机，其规格为：起重量 400/80t，跨度 31m，单机质量 105t，最重部件 40t，安装高度 14.1m；图中 3 表示电动双梁桥式起重机的规格为：起重量 100t/20t，跨度 32.5m，单机质量 359t，最重部件 160t，安装高度 21.2m；图中 4 表示电动双梁桥式起动机的规格为：起重量 150/30t，跨度 22m，单机质量 125t，最重部件 60.1t，安装高度 14.1m。

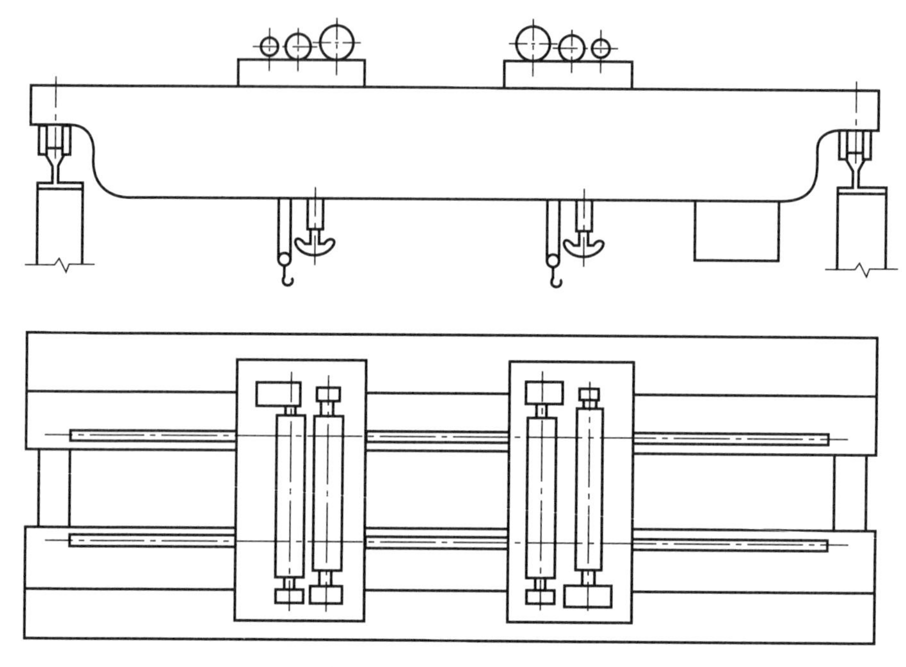

图 8-6 起重机的外形示意图

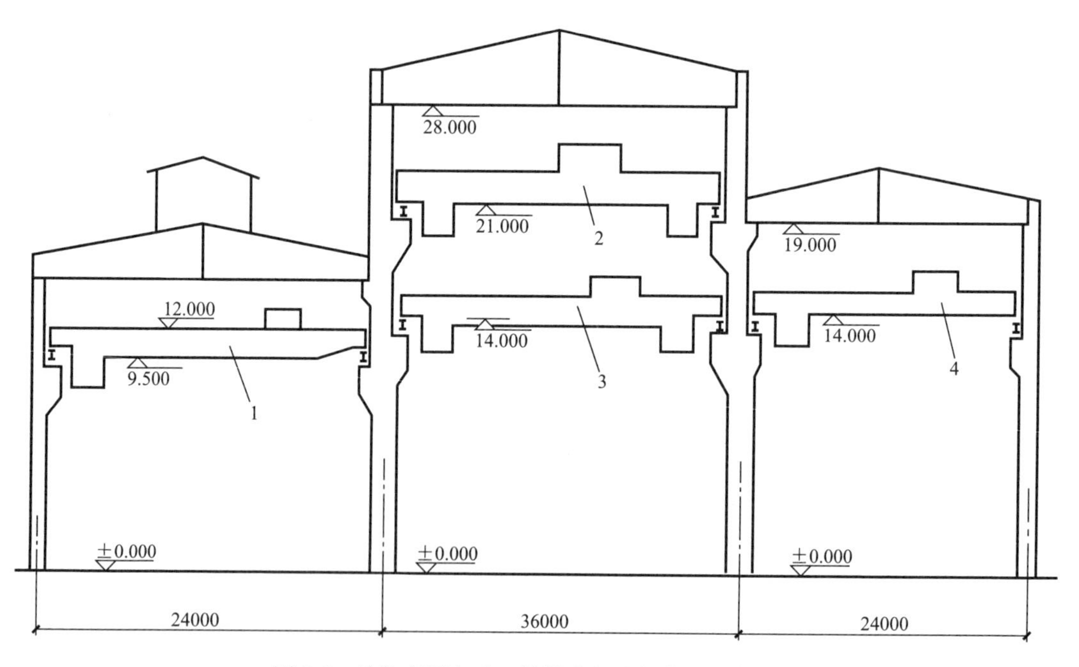

图 8-7 总装车间电动双梁桥式起重机的立面位置图

1—双梁桥式起重机起重量 10t，跨度 22.5m；2—双梁桥式起重机起重量 400/80t，跨度 31m；3—双梁桥式起重机起重量 100/20t，跨度 32.5m；4—双梁桥式起重机起重量 150t/30t

3. 起重机轨道安装及连接示意图

轨道安装在梁上，一般由垫铁、压板紧固螺栓与车挡组成。图 8-8 为起重机轨道安装连接示意图。在厂房或栈桥的钢筋混凝土吊车梁上安装轨道，使桥式起重机在其轨道上行驶，起吊物件。轨道的类型分为轻轨（5～24kg/m，长度 5～12m）和重轨（33～50kg/m，长度 12.5～25m），其规格有 QV70、QV80、QV100、QV120 四种。图 8-9（*a*）为混凝土梁上安装轨道形式，图 8-9（*b*）为钢梁上安装轨道形式。

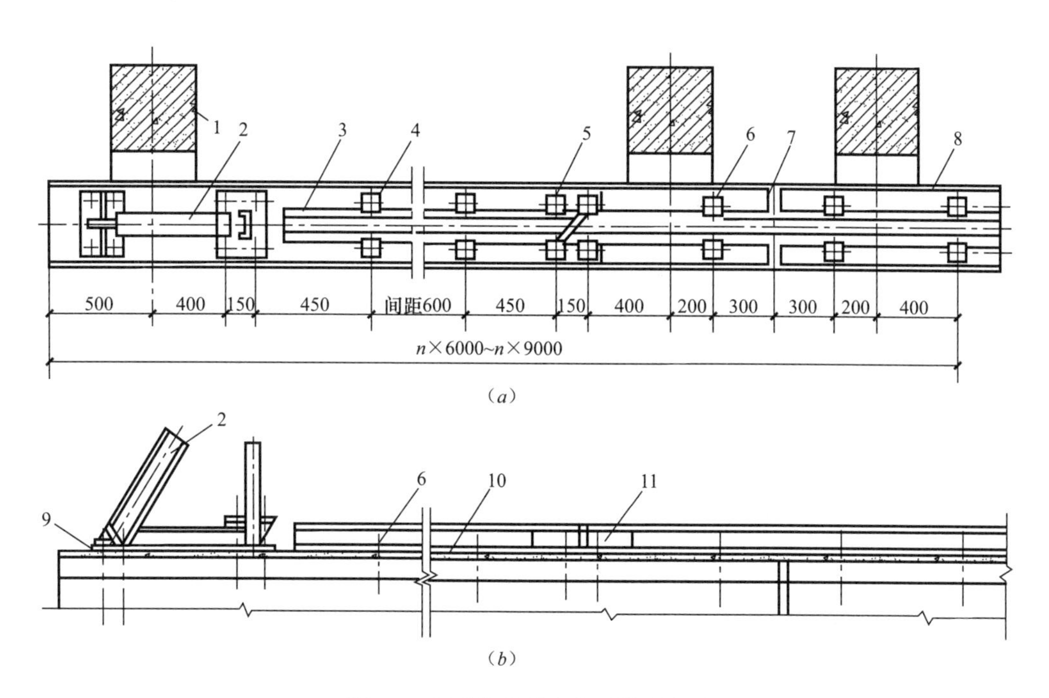

图 8-8 起重机轨道安装连接示意图

（*a*）平面图；（*b*）立面图

1—柱子；2—车挡；3—钢轨；4—压板；5—接头钢垫；6—螺栓；7—厂房伸缩缝；8—吊车梁；9—车挡坐浆；10—混凝土垫层；11—斜接头夹板

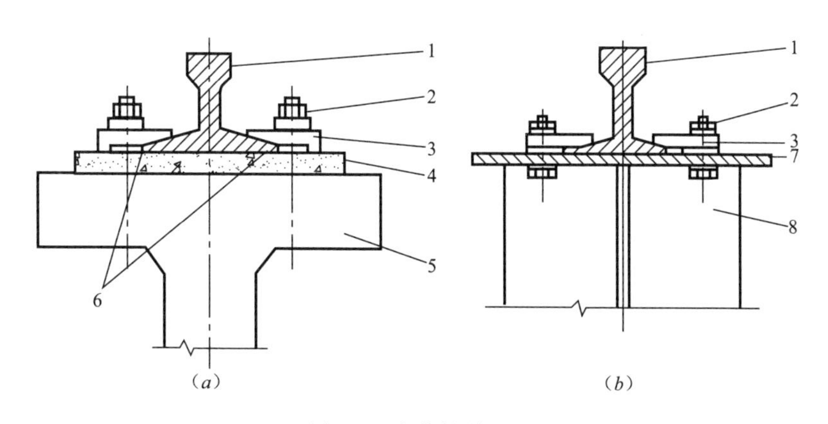

图 8-9 安装轨道形式

（*a*）混凝土梁上安装轨道形式；（*b*）钢梁上安装轨道形式

1—钢轨；2—螺栓（套）；3—压板；4—混凝土层；5—吊车梁；6—插片；7—垫板；8—钢梁

练习题

练习 8-1：图 8-10 中，试想出 a、b、c、d 的空间形状。

练习 8-2：请回答图 8-10 中，a、b、c、d 各图是否存在榫接关系？

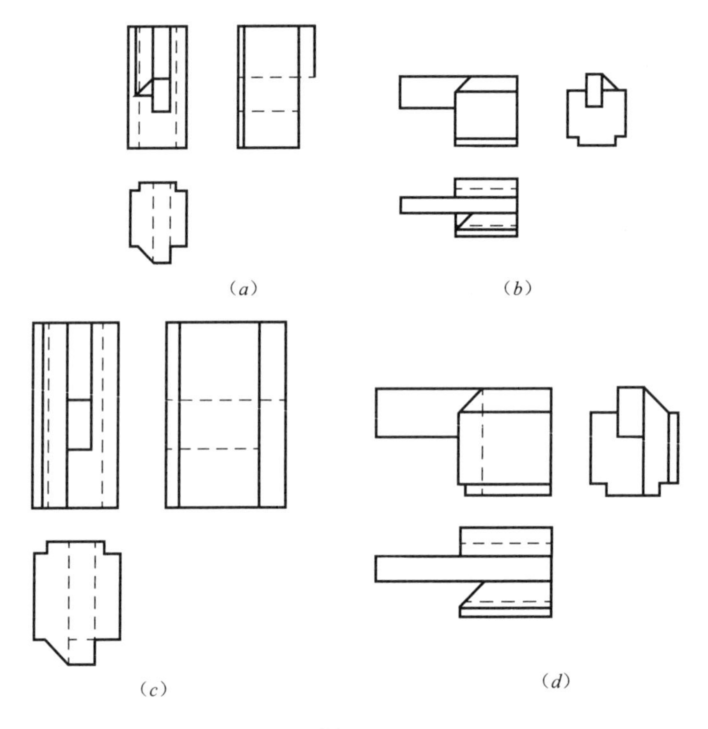

图 8-10

第九章　怎样识读给水排水工程图

第一节　给水排水工程图识读基本知识

一、图线

（1）图线的宽度 b，应根据图纸的类型、比例和复杂程度，按现行国家标准《房屋建筑制图统一标准》GB/T 50001—2010 中的规定选用。线宽 b 宜为 0.7mm 或 1.0mm。

（2）建筑给水排水专业制图，常用的各种线型宜符合表 9-1 的规定。

线　型　　**表 9-1**

名称	线型	线宽	用途
粗实线	————	b	新设计的各种排水和其他重力流管线
粗虚线	— — — — — —	b	新设计的各种排水和其他重力流管线的不可见轮廓线
中粗实线	————	$0.7b$	新设计的各种给水和其他压力流管线；原有的各种排水和其他重力流管线
中粗虚线	— — — — — —	$0.7b$	新设计的各种给水和其他压力流管线及原有的各种排水和其他重力流管线的不可见轮廓线
中实线	————	$0.5b$	给水排水设备、零（附）件可见轮廓线；总图中新建的建筑物和构筑物的可见轮廓线；原有的各种给水和其他压力流管线
中虚线	— — — — — —	$0.5b$	给水排水设备、零（附）件的不可见轮廓线；总图中新建的建筑物和构筑物的不可见轮廓线；原有的各种给水和其他压力流管线的不可见轮廓线
细实线	————	$0.25b$	建筑的可见轮廓线；总图中原有的建筑物和构筑物的可见轮廓线；制图中的各种标注线
细虚线	— — — — — —	$0.25b$	建筑的不可见轮廓线；总图中原有的建筑物和构筑物的不可见轮廓线
单点长画线	—— - —— - ——	$0.25b$	中心线、定位轴线
折断线	—\/—	$0.25b$	断面界限
波浪线	∽∽	$0.25b$	平面图中水面线；局部构造层次范围线；保温范围示意图

二、比例

（1）建筑给水排水专业制图常用的比例，宜符合表 9-2 的规定。

常用比例 **表 9-2**

名称	比例	备注
区域规划图 区域位置图	1∶50000、1∶25000、1∶10000、1∶5000、1∶2000	宜与总图专业一致
总平面图	1∶1000、1∶500、1∶300	宜与总图专业一致
管道纵断面图	竖向 1∶200、1∶100、1∶50 纵向 1∶1000、1∶500、1∶300	—
水处理厂（站）平面图	1∶500、1∶200、1∶100	—
水处理构筑物、设备间、卫生间，泵房平、剖面图	1∶100、1∶50、1∶40、1∶30	—
建筑给水排水平面图	1∶200、1∶150、1∶100	宜与建筑专业一致
建筑给水排水轴测图	1∶150、1∶100、1∶50	宜与相应图纸一致
详图	1∶50、1∶30、1∶20、1∶10 1∶5、1∶2、1∶1、2∶1	—

（2）在管道纵断面图中，竖向与纵向可采用不同的组合比例。

（3）在建筑给水排水轴测系统图中，如局部表达有困难时，该处可不按比例绘制。

（4）水处理工艺流程断面图和建筑给水排水管道展开系统图可不按比例绘制。

三、标高

（1）标高符号及一般标注方法应符合现行国家标准《房屋建筑制图统一标准》GB/T 50001—2010 的规定。

（2）室内工程应标注相对标高；室外工程宜标注绝对标高，当无绝对标高资料时，可标注相对标高，但应与总图专业一致。

（3）压力管道应标注管中心标高；重力流管道和沟渠宜标注管（沟）内底标高。标高单位以 m 计时，可注写到小数点后第二位。

（4）在下列部位应标注标高：

1）沟渠和重力流管道：

① 建筑物内应标注起点、变径（尺寸）点、变坡点、穿外墙及剪力墙处。

② 需控制标高处。

③ 小区内管道按《建筑给水排水制图标准》GB/T 50106—2010 第 4.4.3 条或第 4.4.4 条、第 4.4.5 条的规定执行。

2）压力流管道中的标高控制点。

3）管道穿外墙、剪力墙和构筑物的壁及底板等处。

4）不同水位线处。

5）建（构）筑物中土建部分的相关标高。

（5）标高的标注方法应符合下列规定：

1）平面图中，管道标高应按图 9-1 的方式标注。

2）平面图中，沟渠标高应按图 9-2 的方式标注。

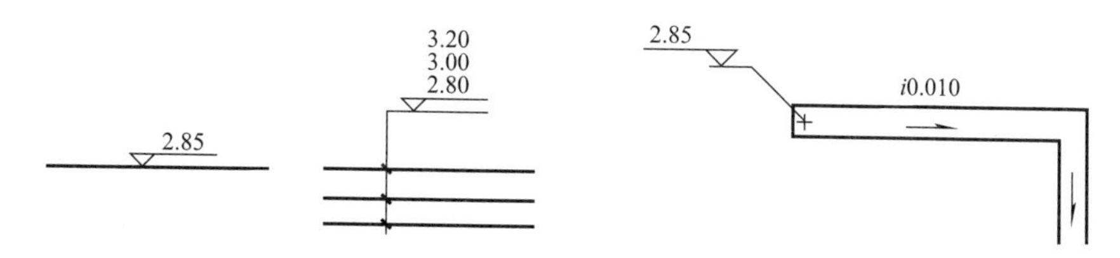

图 9-1　平面图中管道标高标注法　　　　图 9-2　平面图中沟渠标高标注法

3）剖面图中，管道及水位的标高应按图 9-3 的方式标注。

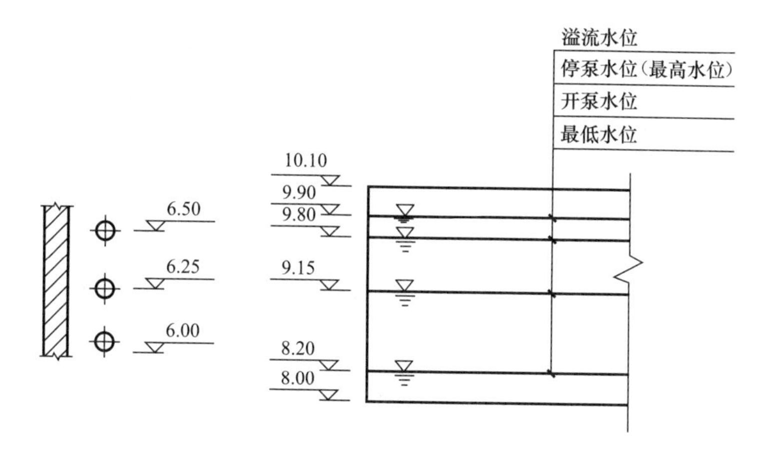

图 9-3　剖面图中管道及水位标高标注法

4）轴测图中，管道标高应按图 9-4 的方式标注。

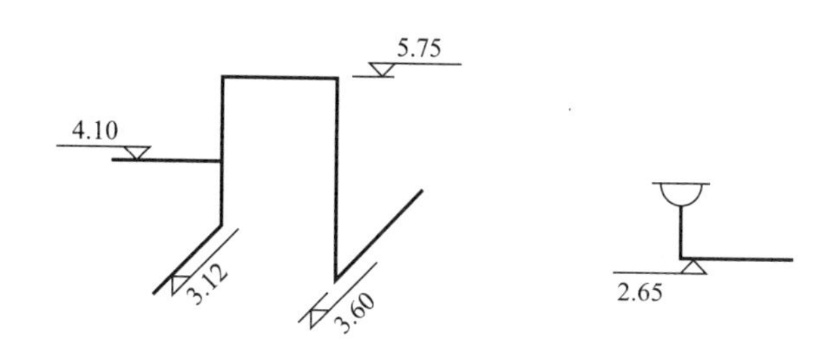

图 9-4　轴测图中管道标高标注法

（6）建筑物内的管道也可按本层建筑地面的标高加管道安装高度的方式标注管道标高，标注方法应为 $H+\times.\times\times$，H 表示本层建筑地面标高。

四、管径

（1）管径的单位应为 mm。

（2）管径的表达方法应符合下列规定：

1）水煤气输送钢管（镀锌或非镀锌）、铸铁管等管材，管径宜以公称直径 DN 表示。

2）无缝钢管、焊接钢管（直缝或螺旋缝）等管材，管径宜以外径 $D\times$壁厚表示。

3）铜管、薄壁不锈钢管等管材，管径宜以公称外径 Dw 表示。

4）建筑给水排水塑料管材，管径宜以公称外径 dn 表示。

5）钢筋混凝土（或混凝土）管，管径宜以内径 d 表示。

6）复合管、结构壁塑料管等管材，管径应按产品标准的方法表示。

7）当设计中均采用公称直径 DN 表示管径时，应有公称直径 DN 与相应产品规格对照表。

（3）管径的标注方法应符合下列规定：

1）单根管道时，管径应按图 9-5 的方式标注。

2）多根管道时，管径应按图 9-6 的方式标注。

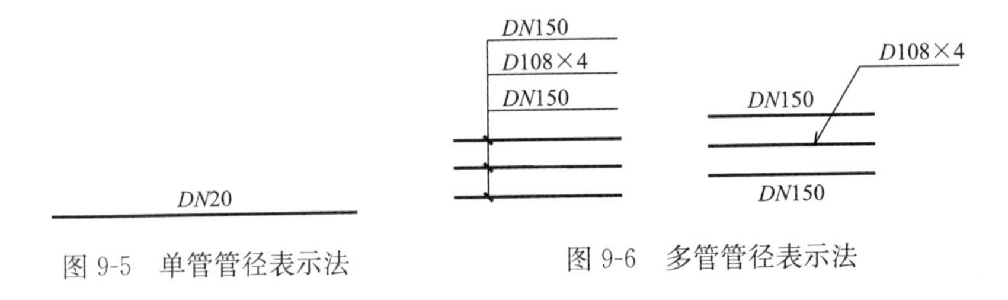

图 9-5　单管管径表示法

图 9-6　多管管径表示法

五、编号

（1）当建筑物的给水引入管或排水排出管的数量超过一根时，应进行编号，编号宜按图 9-7 的方法表示。

（2）建筑物内穿越楼层的立管，其数量超过一根时，应进行编号，编号宜按图 9-8 的方法表示。

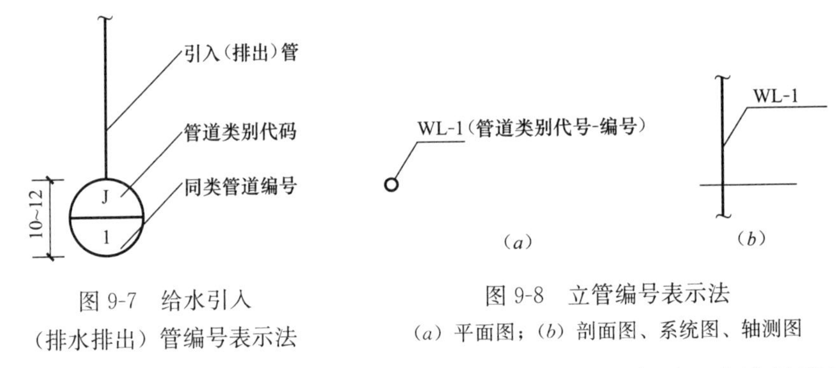

图 9-7　给水引入（排水排出）管编号表示法

图 9-8　立管编号表示法

（a）平面图；（b）剖面图、系统图、轴测图

（3）在总图中，当同种给水排水附属构筑物的数量超过一个时，应进行编号，并应符合下列规定：

1）编号方法应采用构筑物代号加编号表示。

2）给水构筑物的编号顺序宜为从水源到干管，再从干管到支管，最后到用户。

3）排水构筑物的编号顺序宜为从上游到下游，先干管后支管。

（4）当给水排水工程的机电设备数量超过一台时，宜进行编号，并应有设备编号与设备名称对照表。

六、图例

管道类别应以汉语拼音字母表示，管道图例宜符合表 9-3 的要求。

管　道　　　　　　　　　　　　　　　　　　　　　　**表 9-3**

序号	名称	图例	备注	序号	名称	图例	备注
1	生活给水管	—— J ——	—	15	压力污水管	—— YW ——	—
2	热水给水管	—— RJ ——	—	16	雨水管	—— Y ——	—
3	热水回水管	—— RH ——	—	17	压力雨水管	—— YY ——	—
4	中水给水管	—— ZJ ——	—	18	虹吸雨水管	—— HY ——	—
5	循环冷却给水管	—— XJ ——	—	19	膨胀管	—— PZ ——	—
6	循环冷却回水管	—— XH ——	—	20	保温管		也可用文字说明保温范围
7	热媒给水管	—— RM ——	—	21	伴热管		也可用文字说明保温范围
8	热媒回水管	—— RMH ——	—	22	多孔管		—
9	蒸汽管	—— Z ——	—	23	地沟管		—
10	凝结水管	—— N ——	—	24	防护套管		—
11	废水管	—— F ——	可与中水原水管合用	25	管道立管	XL-1 平面　XL-1 系统	X 为管道类别 L 为立管 1 为编号
12	压力废水管	—— YF ——	—	26	空调凝结水管	—— KN ——	—
13	通气管	—— T ——	—	27	排水明沟	坡向 →	—
14	污水管	—— W ——	—	28	排水暗沟	坡向 →	—

注：1. 分区管道用加注角标方式表示；

2. 原有管线可用比同类型的新设管线细一级的线型表示，并加斜线，拆除管线则加叉线。

第二节　给排水工程图的识读

一、某办公楼管道平面图识图实例

图 9-9～图 9-12 是某中学办公楼的管道平面图。其中图 9-9 为底层管道平面图，由于比例较小，管道在该平面图中不太清晰，因此，图 9-10～图 9-12 是将管道集中的房间放大画出，以方便读图。下面以此为例来识读管道平面图。

（1）明确配水器具和卫生设备。从图 9-9～图 9-12 中可以看出，该办公楼共有四层，要了解各层给水排水平面图中，哪些房间布置有配水器具和卫生设备，以及这些房间的卫生设备又是怎样布置的。从管道平面图中可以看出，该建筑为南、北朝向的四层

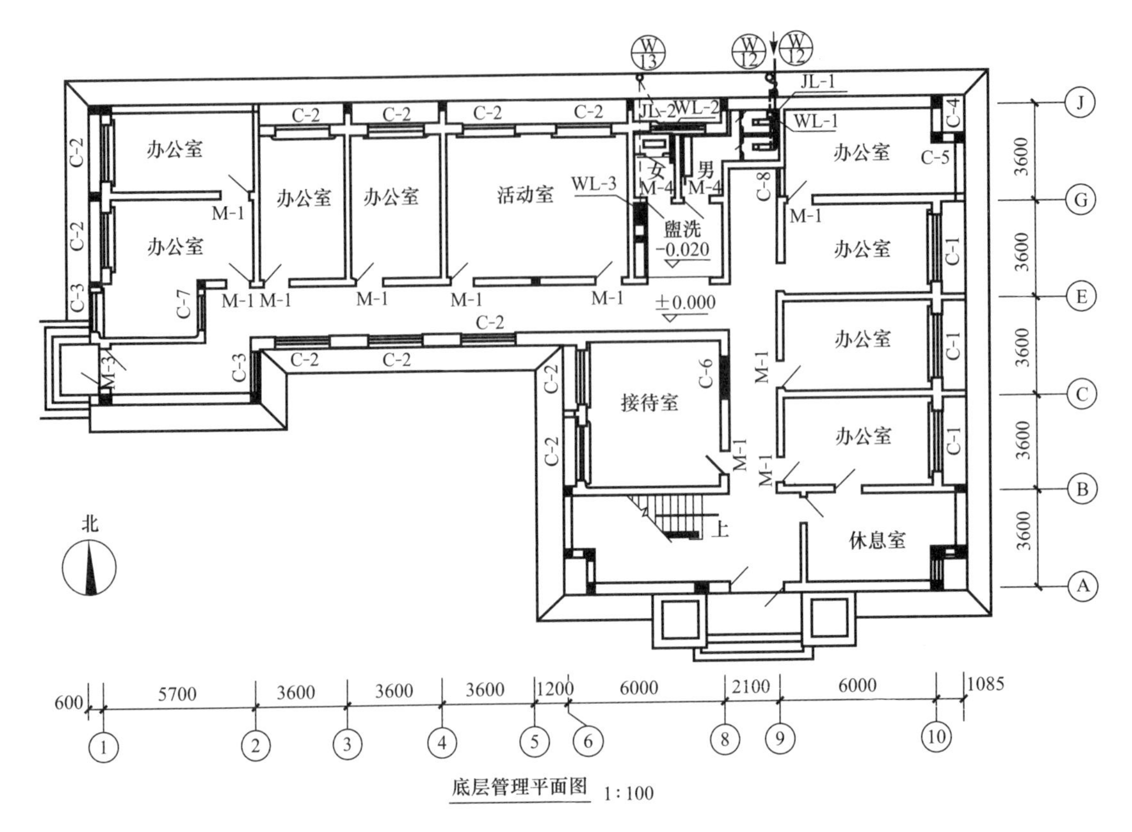

图 9-9 底层管道平面图

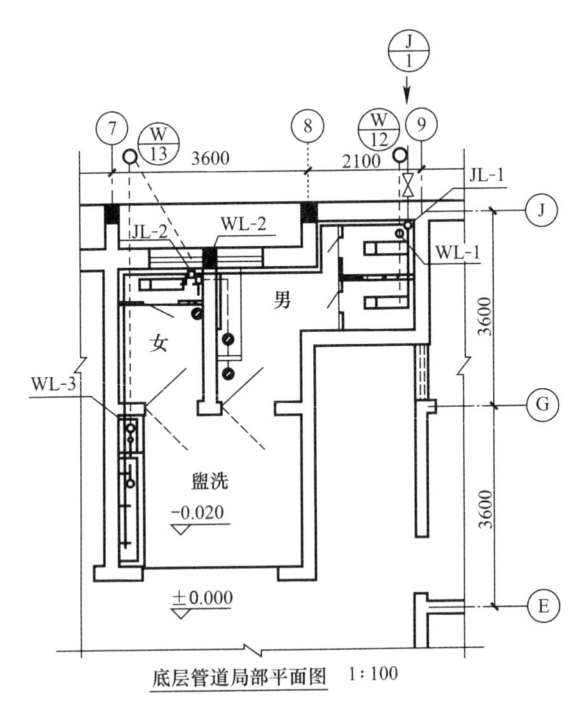

图 9-10 底层管道局部平面图

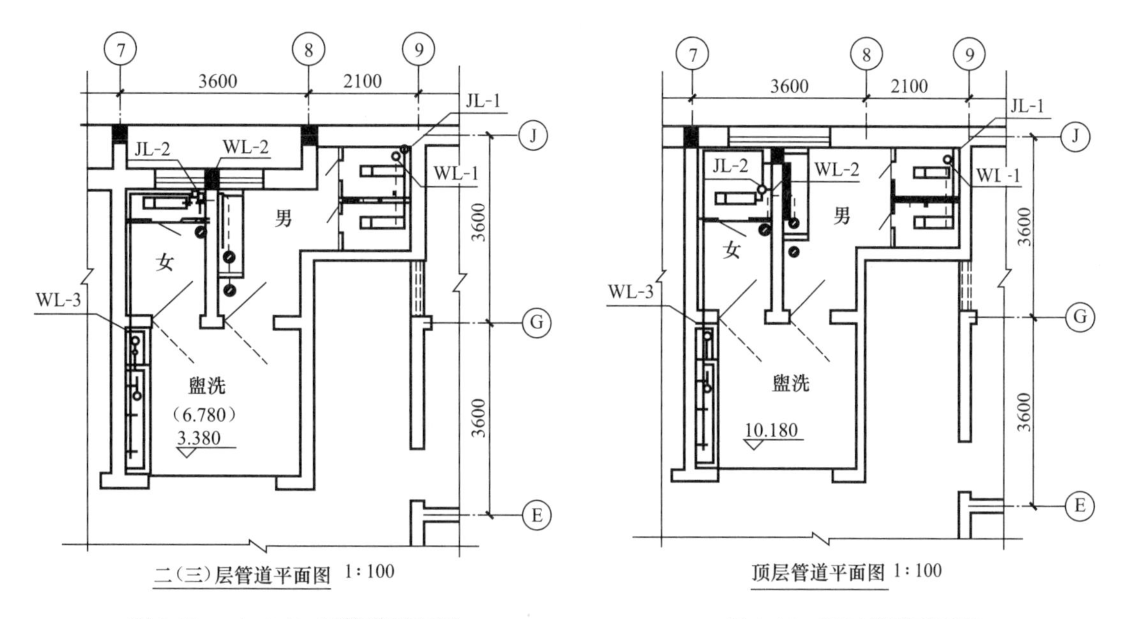

图 9-11　二（三）层管道平面图　　　　图 9-12　顶层管道平面图

建筑，用水设备集中在每层的盥洗室和男、女厕所内。在盥洗室内有三个放水龙头的盥洗槽和一个污水池，在女厕所内有一个蹲式大便器，在男厕所内有两个蹲式大便器和一个小便槽。

（2）明确管道系统的布置。根据底层管道平面图（图 9-9）的系统索引符号可知：给水管道系统有 $\frac{J}{1}$；污水管道系统有 $\frac{W}{12}$、$\frac{W}{13}$。

给水管道系统 $\frac{J}{1}$ 的引入管穿墙后进入室内，在男、女厕所内各有一根立管，并对立管进行编号，如 JL-1 从管道平面图中可以看出立管的位置，并能看出每根立管上承接的配水器具和卫生设备。如 JL-2 供应盥洗间内的盥洗槽及污水池共四个水龙头的用水，以及女厕所内的蹲式大便器和男厕所内小便槽的冲洗用水。

污水管道系统 $\frac{W}{12}$ 承接男厕所内两个蹲便器的污水；$\frac{W}{13}$ 承接男厕所内小便槽和地漏的污水、女厕所内蹲式大便器和地漏的污水以及盥洗室内盥洗槽和污水池的污水。

（3）识读各楼层、地面的标高。从各楼层、地面的标高，可以看出各层高度。厕所、厨房的地面一般较室内主要地面的标高低一些，这主要是为了防止污水外溢。如底层室内地面标高为±0.000m，盥洗间为－0.020m。

二、某学生宿舍给水管道系统图识图实例

图 9-13 是某学生宿舍给水管道系统图，以此为例说明管道系统图的识读方法。

（1）按一定顺序识读。一般从室外引入管开始，按照其水流流程方向，依次为引入管、水平干管、立管、支管、卫生器具；例如有水箱，则要找出水箱的进水管，再从水箱的进水管、水平干管、立管、支管、卫生器具依次识读。

（2）识读各个给水管道系统的具体位置、线路及标高。例如底层给水管道系统 $\frac{J}{1}$ 识读如下。首先与底层管道平面图配合识读，找出 $\frac{J}{1}$ 管道系统的引入管。从图 9-13 可以看出，室外引入管为 *DN*50mm，其上装一阀门，管中心标高为－0.800m；*DN*50mm 的进水

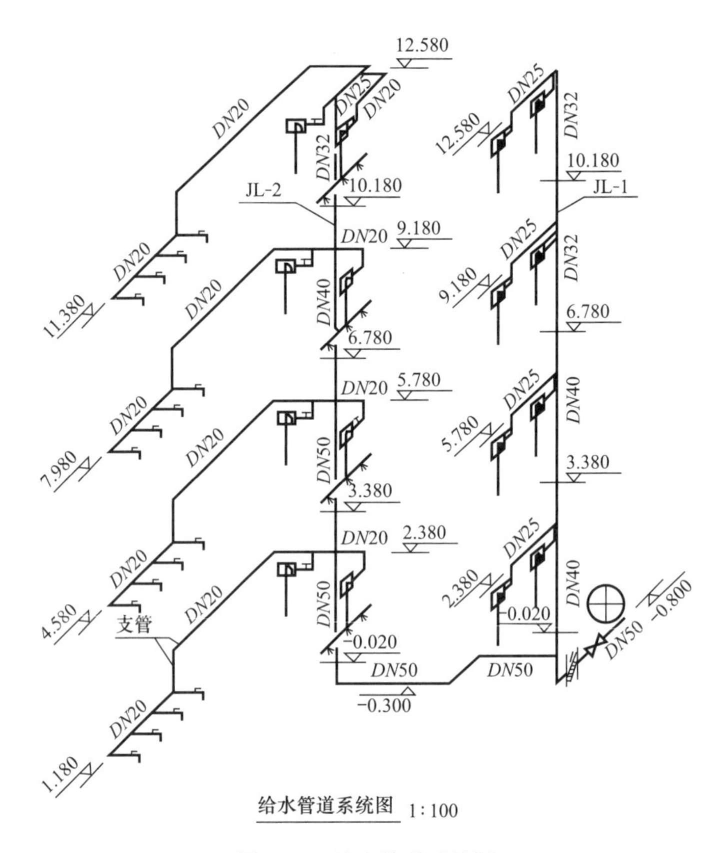

图 9-13 给水管道系统图

管进入男厕所后，在墙内侧穿出底层地面（－0.020m）作为立管 JL-1（*DN*40mm）。在 JL-1 标高为 2.380m 处接一根沿⑨轴墙 *DN*25mm 的支管，其上连接大便器冲洗水箱两个。在 JL-1 标高为－0.300m 处接一根 *DN*50mm 的管道同厕所北墙平行，穿墙后在女厕所墙角处穿出底层地面作为 JL-2（*DN*50mm）。在 JL-2 标高为 2.380m 处接出支管，其中一支上接小便槽的冲洗水箱，另一支上连接大便器的冲洗水箱并沿⑦轴墙进入盥洗室，降至标高为 1.180m，其上接四个水龙头。

三、某大学教学楼给水排水施工图识图实例

某大学教学楼给水排水施工图如图 9-14 所示，试对其给水图进行识读。

先看平面图，每层有男女厕所一间，朝北面，男厕所内设高位水箱冲洗的蹲式大便器 4 个，盆洗槽 1 个，拖布池 1 个，多孔冲洗式小便槽 1 个，地面设地漏 1 个，女厕所内设蹲式大便器 5 个，拖布池 1 个，地面设地漏 1 个。从一层平面图上看给水引入管，引入管从北侧左上角部底下进入。对照平面图看给水系统图。引入管从－1.8m 处穿外墙引入，转弯上升至－0.3m 高处（即底层楼板下面）往前延伸即为水平干管，再由干管接出 3 根立管，且在水箱底部与出水管连接。出水管上装止回阀，立管 2 既是进水管，又是出水管。水箱设在水箱间内，水箱间的位置在男厕所上部的屋顶上。通过系统图，可以看出各管管径、标高，根据节点间管径的标注可以按比例尺量出各管长，根据螺纹连接可计算各管件的名称、数量和规格。

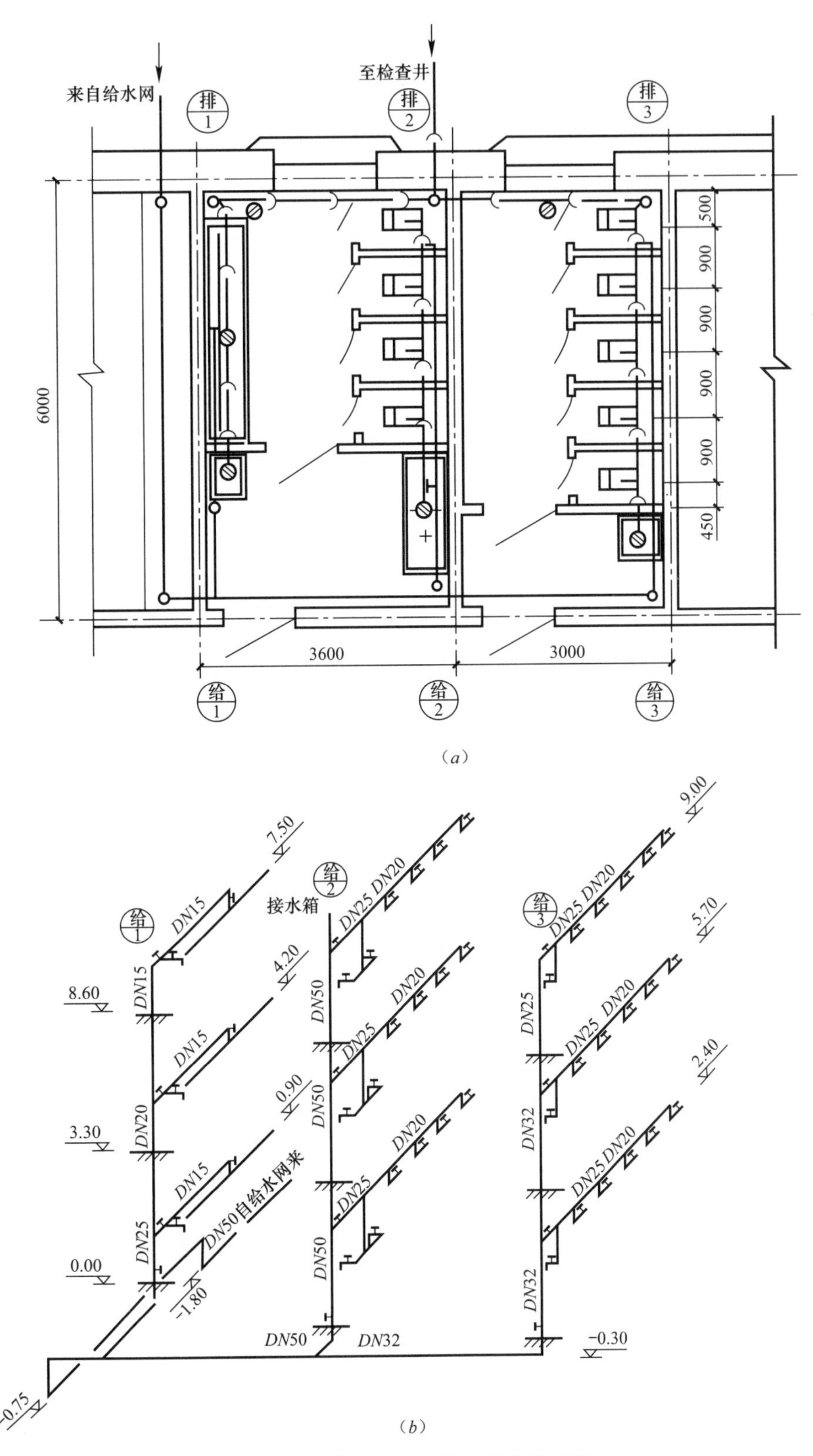

图 9-14　某大学教学楼卫生间给水排水施工图（一）

(*a*) 平面图；(*b*) 给水轴测图

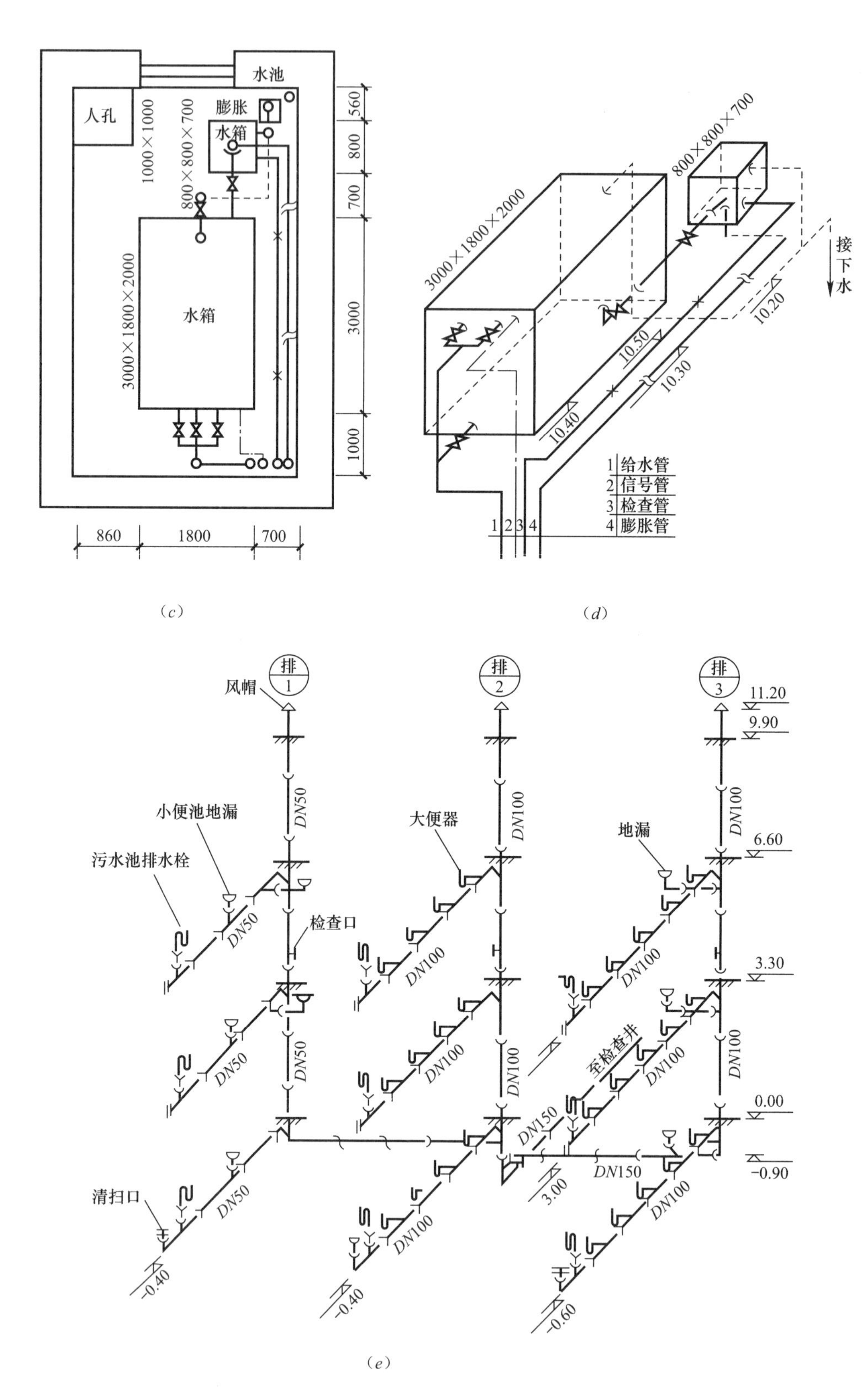

图 9-14　某大学教学楼卫生间给水排水施工图（二）

（c）水箱平面图；（d）水箱间轴测图；（e）排水轴测图

第三节　给水排水工程安装详图

一、水箱安装

1. 方形给水箱安装

图 9-15 为方形给水箱安装示意。

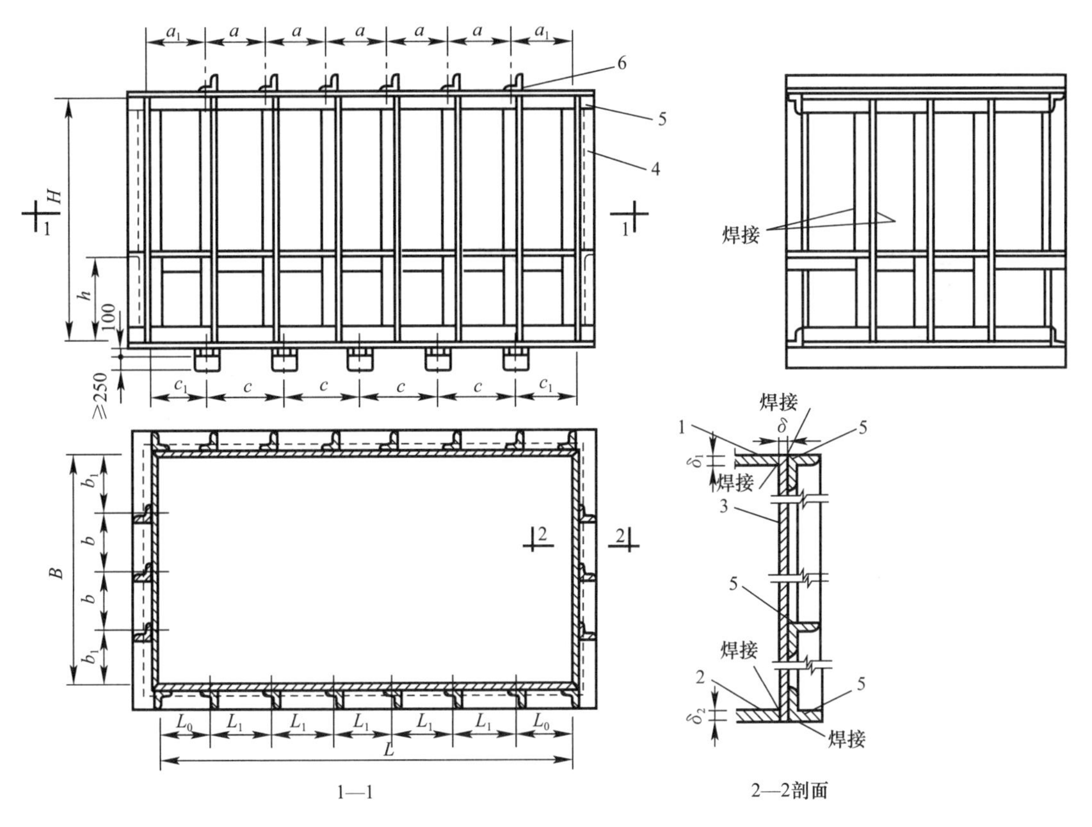

图 9-15　方形给水箱安装示意

1—箱顶；2—箱底；3—箱壁；4—竖向加强肋；5—横向加强肋；6—箱顶加强肋

（1）防腐

1）箱外。不保温时刷一道防锈漆、两道面漆；保温时刷两道防锈漆。

2）箱内。用于生活用水时刷符合饮用水标准的涂料两道；用于非饮用水时，刷防锈漆两道。

（2）保温。可采用聚苯乙烯泡沫塑料板材、高压聚乙烯泡沫塑料板材，保温层厚由计算确定。

（3）支座。箱底下垫 100mm 厚油浸枕木，枕木以下支座由设计者定。

2. SMC 组式水箱

SMC 组装式水箱如图 9-16 所示。

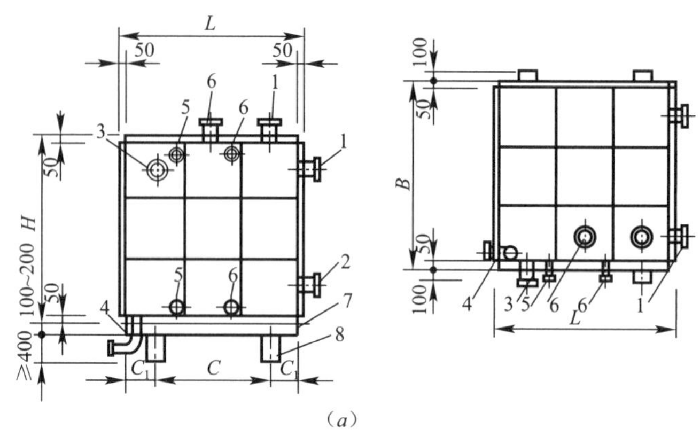

(a)

1—进水管；2—出水管；3—溢流管；4—泄空管；
5—玻璃管水位计；6—液位传感器；7—槽钢支架；8—支座

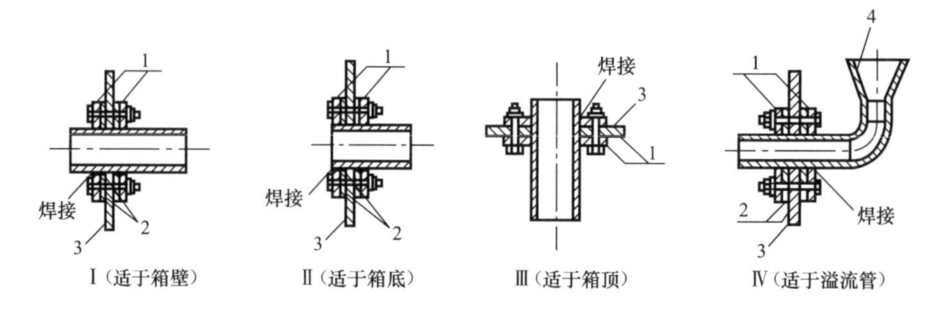

(b)

1—法兰；2—密封垫；3—箱板；4—喇叭口

图 9-16　SMC 组装式水箱

(a) 给水箱尺寸；(b) 连接形式

(1) SMC 水箱的箱壁、箱顶、箱底均由 SMC 定型模压板块拼装而成，用槽钢托架支撑箱底，用镀锌圆钢在箱内将箱壁拉牢，板块之间由螺栓紧固、橡胶条密封。

(2) 定型板块尺寸为 800mm×800mm，水箱的长、宽、高尺寸均为板块尺寸的倍数。

(3) 水箱外接管穿孔部位在板块中心为宜，若偏离该部位需与厂方洽商，管道穿越箱板的做法应符合规定。

(4) 水箱水温不大于 70°，水箱保温及支座做法与钢板水箱同。

二、水表及水表井安装

1. 室内冷热水表安装

室内冷、热水表安装如图 9-17 所示。

(1) 水表直径与阀门直径相同时可取消补心。

(2) 装表前必须排净管内杂物，以防堵塞。

(3) 水平安装，箭头方向与水流方向一致，并应安装在管理方便、不致冻结不受污染、不易损坏的地方。

(4) 介质温度小于 40℃，热水表介质温度小于 100℃，工作压力均为 1.0MPa。

(5) 本图适用于公称直径 *DN*15～*DN*40mm 的水表。

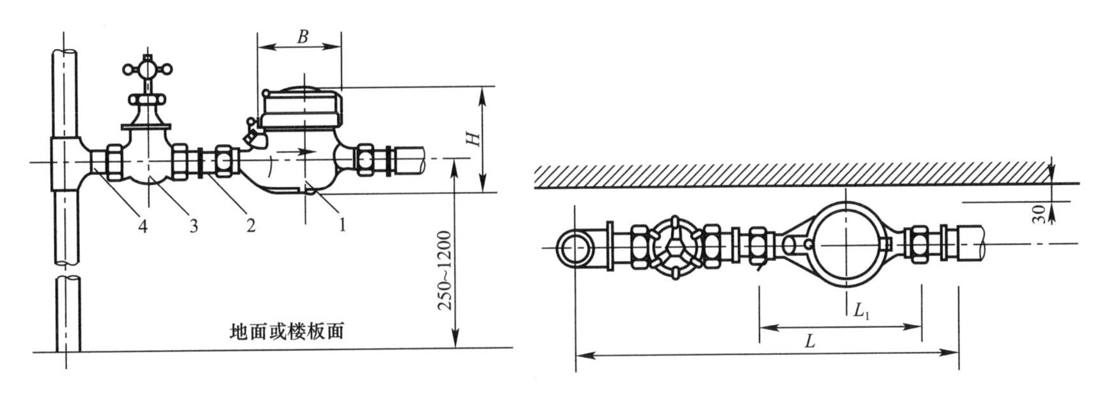

图 9-17　安装示意

1—水表；2—补心；3—铜阀；4—短管

2. 室内水表井安装

室内水表井安装如图 9-18 所示。

（1）适用于一路进水的给水系统。

（2）本图所示进水管走向，可根据室外管道位置选定。

（3）工程量：砖砌体 0.57m^3，混凝土 0.42m^3，木材 0.055m^3。

（4）材料表中未列的材料由设计者根据需要自行决定。

（5）本图适用于水表公称直径 DN15～DN40mm。

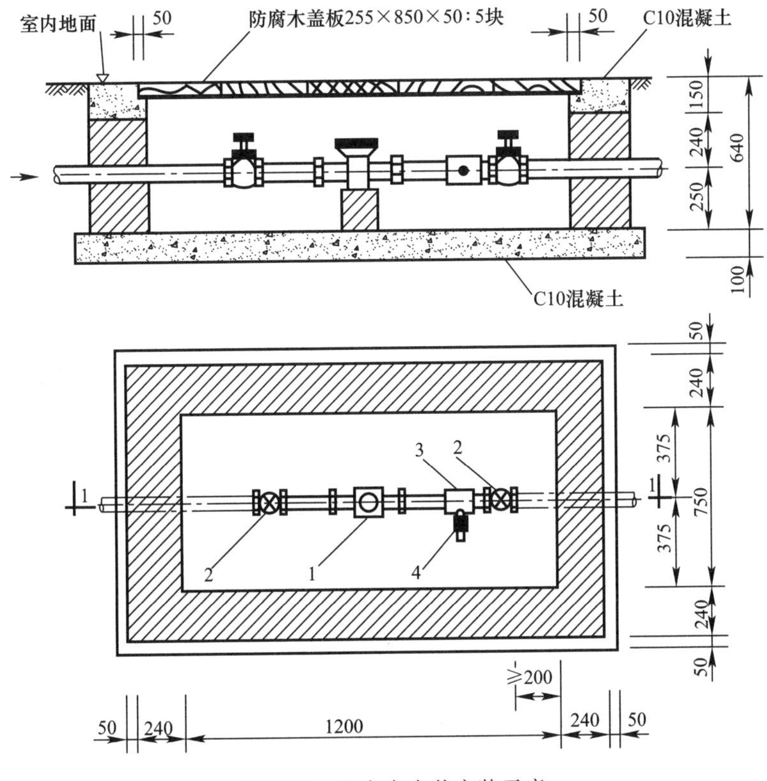

图 9-18　室内水表井安装示意

3. 室外水表井安装

室外水表井安装如图 9-19 所示。

（1）本图适用于无地下水一般人行道下，无车辆通行地区。

（2）工程量：最小井深砖砌体 1.31m^3，每增 1m，砖砌体增加 0.94m^3。

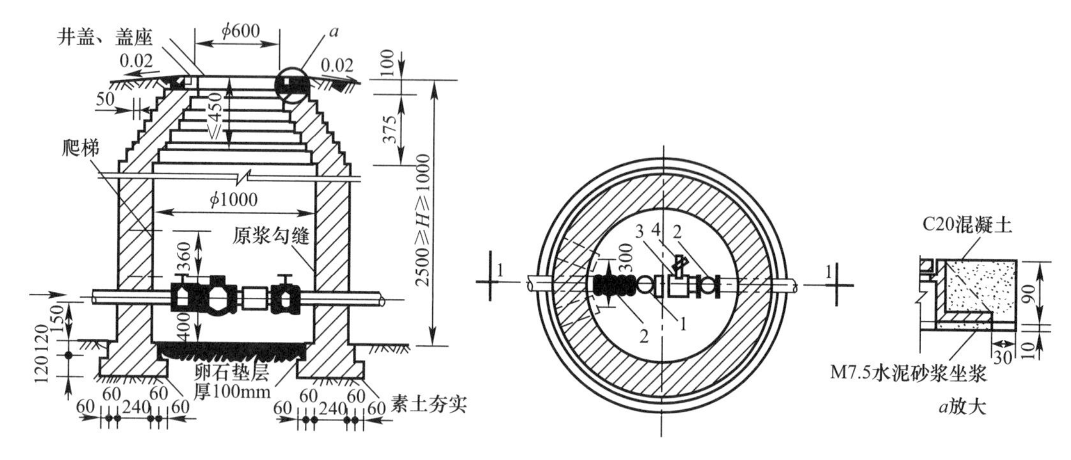

图 9-19 室外水表井安装平面图

1—水表；2—闸阀；3—三通；4—水龙头

（3）水表井位于铺装地面下，井口与地面平，在非铺装地面下，井口高出地面 50mm。

（4）*DN*50mm 水表安装时，井内径 ϕ=1200mm。

（5）本图适用于公称直径 *DN*15～*DN*50mm 的水表。

三、砖砌圆形检查井

图 9-20 所示为检查井。

（1）本图适用于 ϕ150～ϕ500mm 接户线污水管检查井，深度 *H* 不小于 1.2m。

（2）用于雨水检查井时，则取井内壁抹灰。

（3）抹面、勾缝、坐浆均用 1∶2 水泥砂浆。

（4）接入只管，超挖部分用级配砂石、混凝土或砖砌填实。

（5）井圈材料采用 C10 混凝土。

四、大便器排水管连接安装

图 9-21 所示为大便器排水管连接安装示意。

（1）坐式大便器的接管工序。将 PVC—U 短管顶部安装至突出钢筋混凝土楼板面 35mm 的位置，待土建人员补好洞并检查确实不漏水后，做好瓷砖地面，在短管顶部外壁周围抹一圈油灰，并将坐便器排水口环形沟槽对准短管轻轻向下挤压并使坐便器准确定位。

（2）蹲式大便器的接管工序。将 PVC—U 蹲便器连接管承口顶部安装至突出钢筋混凝土楼板面 25mm 的位置，待土建人员补好洞并检查确实不漏水后，在连接管承口内外壁涂油灰，将蹲便器排水口插入承口，把蹲便器与承口缝隙填满油灰，在蹲便器底填白灰膏，把承口周围填密实并使蹲便器准确定位。

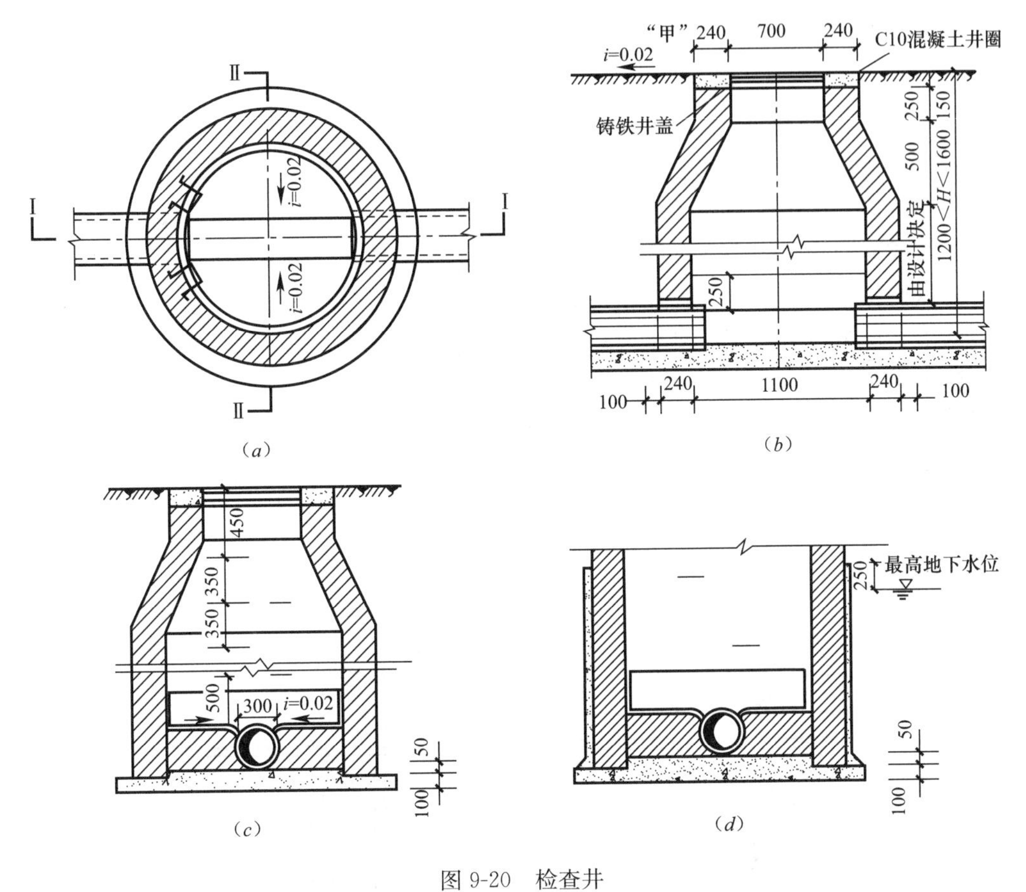

图 9-20　检查井

(a) 平面图；(b) Ⅰ—Ⅰ剖面图；(c) Ⅱ—Ⅱ剖面图；(d) Ⅱ—Ⅱ剖面图（用于有地下水）

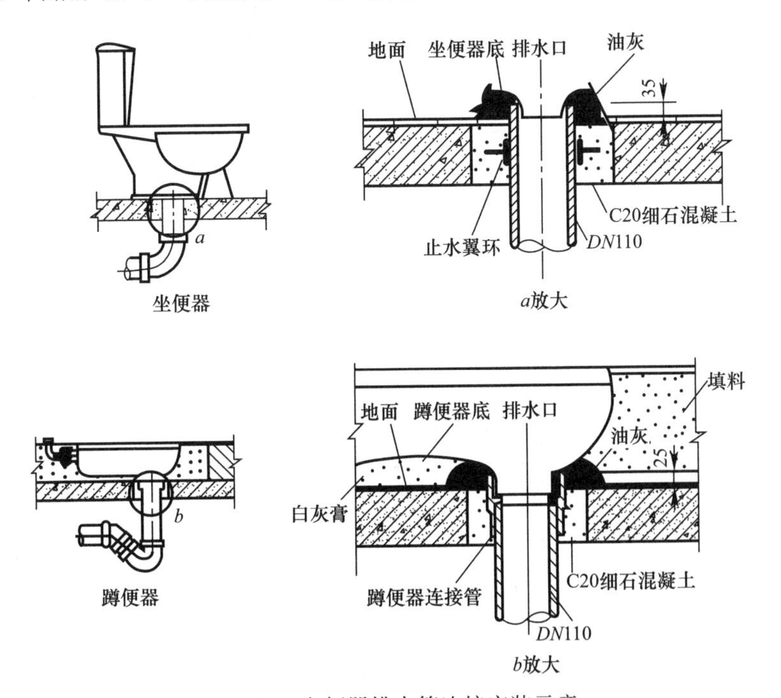

图 9-21　大便器排水管连接安装示意

第四节　室内给水排水施工图的识读

室内给水排水施工图主要反映室内给水排水方式、相关设备和材料的规格型号、安装要求及与相关建筑构造的结构关系等内容。其属于建筑室内生活设施的配套安装工程，因此要对建筑或装饰施工图中各种房间的功能用途、有关要求、相关尺寸和位置关系等有足够了解，以便相互配合做好预埋件和预留孔洞等工作。

识读给水排水施工图前，对相关的建筑施工图、结构施工图、装饰施工图应有一定的认识。给水排水的施工图主要包括施工说明、给水排水平面图、给水排水工程系统图、室内给水排水工程剖面图、给水排水设备安装图和给水排水安装详图等多种，但是涉及住宅建筑中的家庭居室装修改造，上述多数图样都很少接触，常用的主要是给水排水施工平面图、室内给水排水工程系统轴测图和给水排水安装详图等几种，其中最主要的是给水排水安装详图。图 9-22 是家庭装修中比较常见的给水排水工程施工图样。

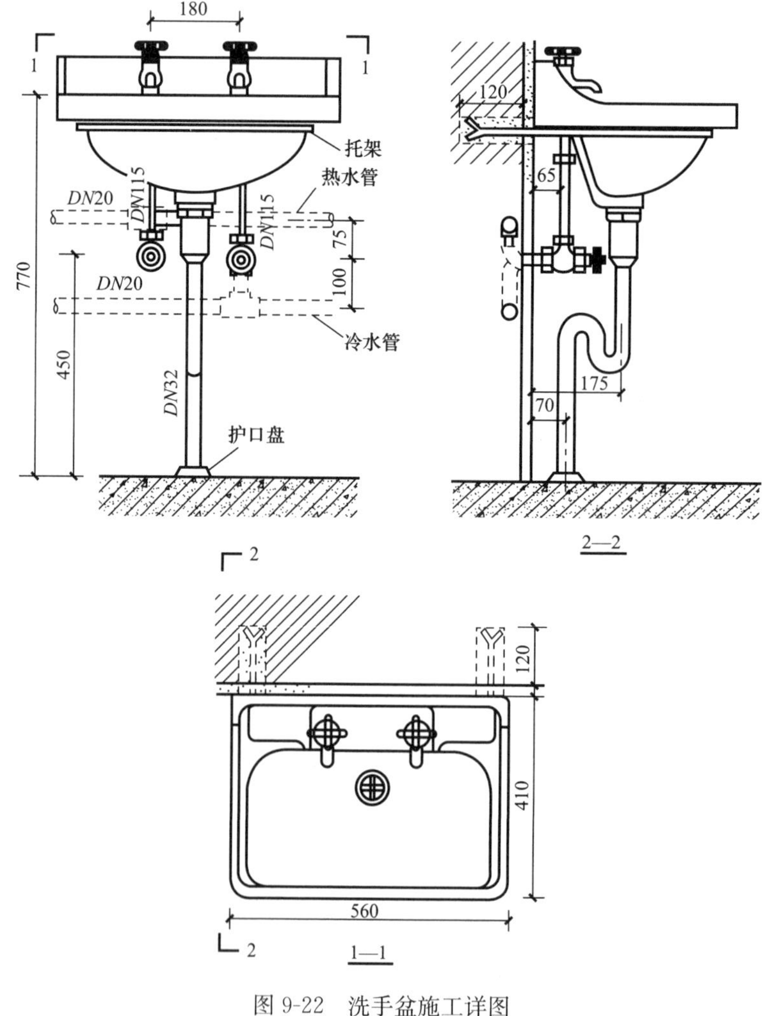

图 9-22　洗手盆施工详图

一、室内给水排水平面图

室内给水排水平面图是在建筑平面图的基础上，根据给水排水工程制图标准的规定绘制的，是反映给水排水设备、管网平面布置情况的图样，也是室内给水排水安装图中最基本和最重要的组成部分。

1. 给水排水平面图的绘制特点

对于高层住宅建筑和较复杂的工程，应将给水平面图与排水平面图分开绘制。对于一般的中、小型住宅工程，可以将给水和排水平面图绘制在同一张图样中。平面图上应有必要的文字标注和技术说明，如房间名称、地面标高、设备定位尺寸、详图索引及相关的工艺要求等。

室内给水排水平面图是采用与建筑平面图相同的投影方法形成的。这种图样不仅反映卫生设备、管道的布置、建筑的墙体、门窗孔洞等内容，还表达了给水排水设备、管线的平面位置关系。与建筑平面图不同的是有关给水排水的主体设备、管线等用较粗的线型绘制，以便突出安装图样的重点，而建筑的平面轮廓则用细实线绘制。

2. 室内给水排水平面图的识读

识读平面图时，可按照用水设备→支管→竖向立管→水平干管→室外管线的顺序，沿给水排水管线迅速了解管路的走向、管径大小、坡度及管路上各种配件、阀门、仪表等情况。

单户住宅室内的给水排水施工比较简单，识图相对比较容易一些。如图 9-23 所示为典型的住宅建筑套房局部室内平面图，其中厨房和卫生间部分表达了给水排水系统的布置情况。

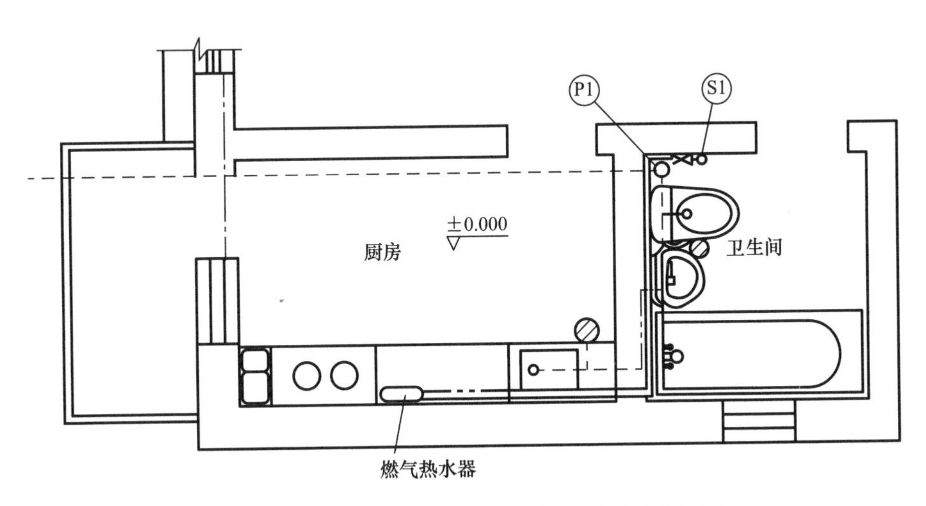

图 9-23　某住宅室内厨房和卫生间给水排水平面图

图 9-23 中套房住宅的厨房内有燃气热水器和洗涤池两件设备和一个地漏，卫生间有浴盆、洗手盆、坐便器三件卫生设备和一个地漏。燃气热水器、洗涤池、浴盆、洗手盆、坐便器共用一根水平给水干管，水平干管通过水表和阀门与竖立干管 S1 相接（图中用粗实线圆圈画出，洗涤池、浴盆、洗手盆共用一根给水热水干管，如图中双点画线所示），热水干管接至燃气热水器引出管。排水水平干管最前端为洗涤池，然后依次是厨房地漏、浴盆、洗手盆、卫生间地漏、坐便器，最后接至排水竖立管 P1，管线暂用粗虚线表示。

给水排水竖向立管一般都是贯通住宅楼的各层，最后由一层埋入地下后引至室外，与室外给水排水管网相接。

对于住宅室内的给水排水系统安装，应全面地考虑该套住宅的给水排水系统与整个系统的设计与施工关系。通常情况下，住宅楼底层给水排水平面图除反映室内给水排水系统相关内容外，还能够反映与室内给水排水相关的室外部分系统图样。

二、室内给水排水系统图

各种公共与民用建筑的给水排水管道都是纵横交错敷设的，为了清楚地表达整个管网的连接方式和走向，通常采用斜等轴测图分别绘制给水系统、排水系统的工程系统图。一般采用单线线型和图例表示管线及各种配件。各楼层间如果布置格局、设备相同则可只画一层，其余的楼层标注明确即可。给水排水系统图主要包括：

（1）管网相互关系，整个管网各楼层之间的关系，管网的相互连接及走向关系。

（2）管线上各种配件关系，如检查口、阀门、水表、存水弯的位置和形式等。

（3）管段及尺寸标准管路编号、各段管径、坡度及标高等。

识读系统图时，应将给水排水系统图与给水排水平面图进行对比，通过各立管编号找出它们与平面图的联系，从而形成对整个管线系统的整体认识。图 9-24 的左图是一简单的二层小楼的给水系统图，从给水水平干管标注的符号为 *DN*32，可以看出其管径即为 32mm，在标高 1500mm（均指管心标高）处转折后引至竖向立管，由竖向立管向上引至顶层水平干管，再经支管引至各用水设备。

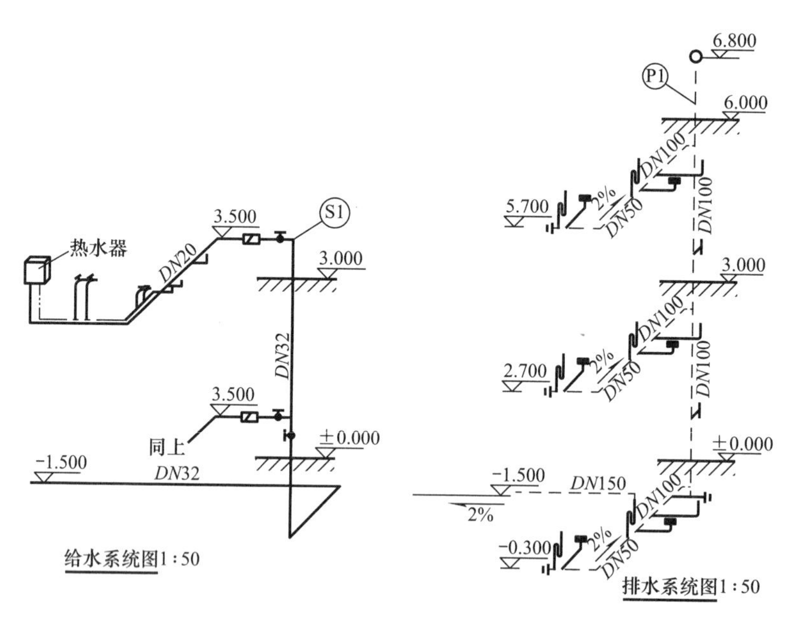

图 9-24　住宅楼室内给水排水系统图

从供水竖管标注的符号上看，其管径为 *DN*320 通过对楼层和水平支管标高数据的计算得知楼层水平支管中心距各楼层地面高差为 500mm，管径则变为 *DN*20。供水管线在一层设总阀门，在每层楼的水平支管上均设置用户给水阀门，阀门后部安装一个计量用的水表。洗涤槽、浴缸、洗手盆均设冷热两个出水口，热水管由燃气热水器引至各用水设备出水口（双点画线为热水管）。

图 9-24 的排水系统图中，竖向排水干管贯通楼层，并设置检查口。每个楼层均有一条水平排水干管，其端部设清扫口，以方便检修。竖向排水干管、水平排水干管及末端管径为 $DN50$ 的坐便器至竖向立管这一段的管径均采用 $DN100$ 的排水管。水平排水干管需向下做成 2% 的坡度与排水立管连接，以方便排水。楼顶的通气管伸出屋面的高度为 0.8m，管上部设通风帽。

三、消防给水平面图和系统图

消防给水系统在较大型建筑中一般都是独立的给水系统，管径一般都比较粗。住宅建筑所采用的普通消防给水系统的管径比较粗，自动喷洒消防给水系统的给水管线随着输水距离和节点的变化，其管径由输水始点至出水口逐渐变细。有的住宅建筑生活给水和消防给水共用一个引水管。

图 9-25 为一个普通住宅套房室内消防给水平面图和系统图，FPL-1 是 1 号消防喷头给

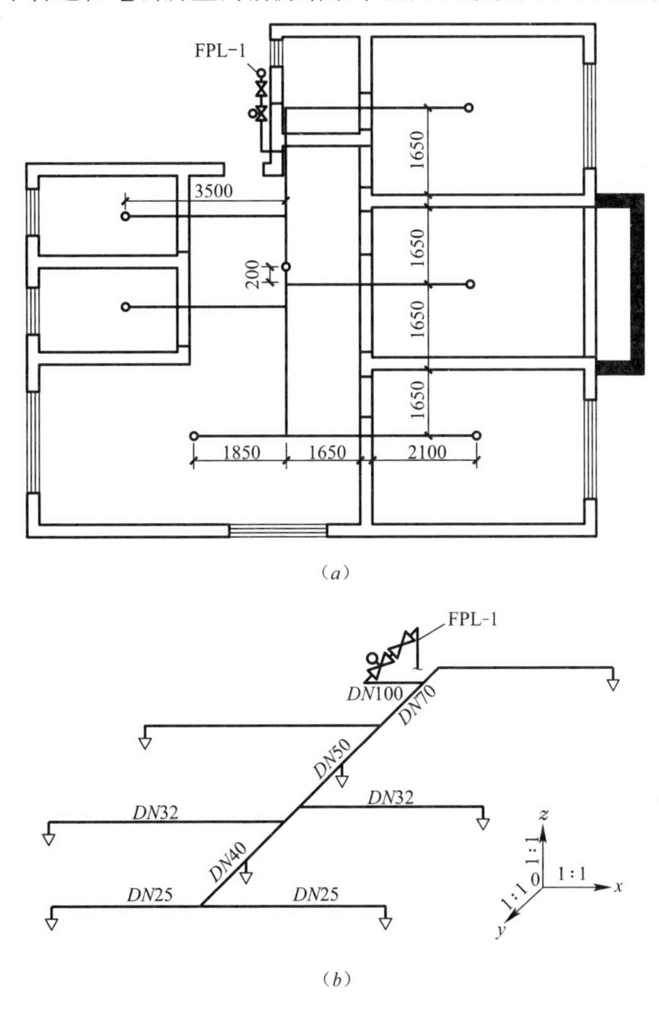

图 9-25 某住宅套房室内消防喷淋系统

（a）给水平面图；（b）给水系统图

水立管，是从楼的底层升上来的。在该层由给水立管引出水平干管，先后安装截止阀和消防警报阀两个阀门，然后到达各水平支管，终端为距离不同的消防喷淋头。消防喷淋头符号在系统图中的画法为倒三角形，平面图中则是小圆圈。

从消防给水系统图中可以看出，给水干管从给水阀门端开始直至各喷淋头的出水位置，管径由粗渐细，依次为 *DN*100、*DN*70、*DN*50、*DN*40。而输水支管接近干管段为 *DN*32，远端段则为 *DN*250 而住宅平面图中所标注的尺寸均为输水管线和消防喷淋头的定位尺寸。

四、室内给水排水详图

又称大样图，能够详细表达该结构或位置的安装方法。给水排水工程的安装施工国家已有标准图集和通用图集可供选用，除有特定要求外，一般不必绘制详图，只要标注规定的索引符号表达标准详图的来源即可。因此有时要查阅相关的给水排水标准图集。

1. 蹲便器安装详图识读

识读设备安装详图时，应首先根据设计说明所述图集号及索引号找出对应详图，了解详图所述节点处的安装做法。蹲便器的安装是住宅中常见的施工安装工程，也是标准图集中规范的安装详图，如图 9-26 所示。

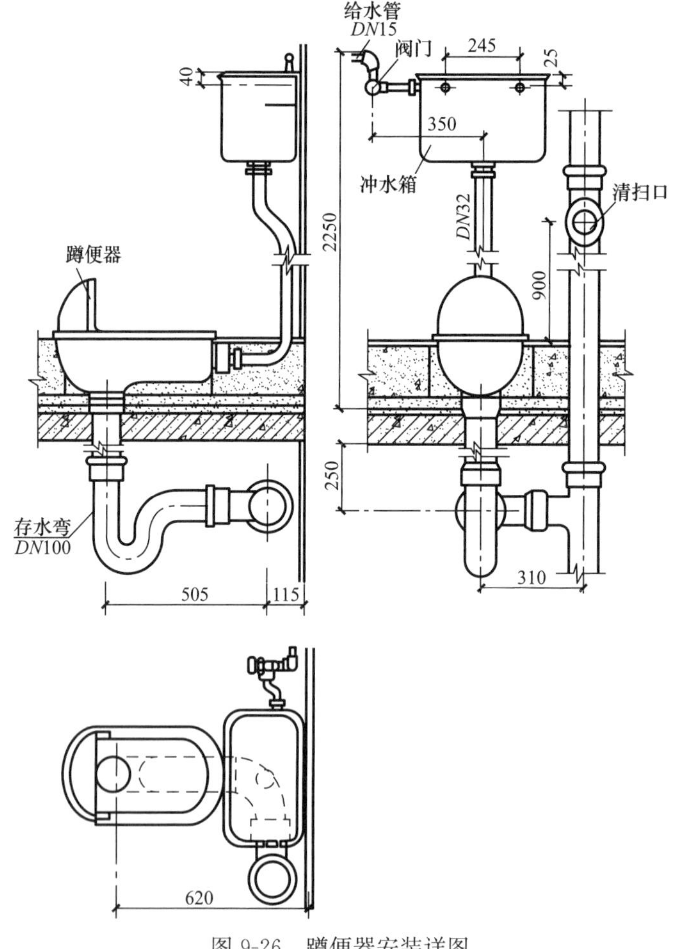

图 9-26　蹲便器安装详图

该安装详图由蹲便器的正向、侧向和水平等三个方向的投影图组成，很清楚地表达了这种蹲便器的安装位置、管件连接方式、固定方法等。

（1）首先在右侧的侧投影图上部可以看到管径为 $DN15$ 的给水管是明管，由上面进入水箱侧面。水箱用埋入墙中的两个螺栓固定在墙上。左侧的正投影图中水箱部位所标注的尺寸“40”和右侧的侧投影图中的“245”是水箱的安装定位尺寸。

（2）由水箱向下至大便池段是管径为 $DN32$ 的输水立管。

（3）对照正投影图和侧投影图了解到大便池埋设在楼板或地面上的砂浆中。水平投影图中的尺寸标注“620”和右侧的侧投影图中“310”是大便池的安装定位尺寸。

（4）综合分析水平投影图和侧投影图可以知道大便池的污水流经管径为 $DN100$ 的存水弯、90°弯头和三通后进入排水立管，从正投影图中可以看出存水弯与排水立管（管径中心）的距离为“505”，而排水立管距墙面的定位尺寸是“115”。侧投影图中上部标注的尺寸“350”是阀门的安装尺寸；下部标注的尺寸“250”为存水弯的高度安装尺寸，排水立管旁标注的尺寸“900”为扫除口的定位尺寸。

2. 给水排水管线详图识读

住宅装修的给水排水工程施工中，除了设备安装以外，工程量较大的就是各种给水排水管线的敷设，主要集中在厨房和卫生间等室内空间。

图 9-27 是普通住宅装修中常见的卫生间排水管线的平面图和系统图，系统图是用单线条画出来的。它没有管件之间的装配尺寸。

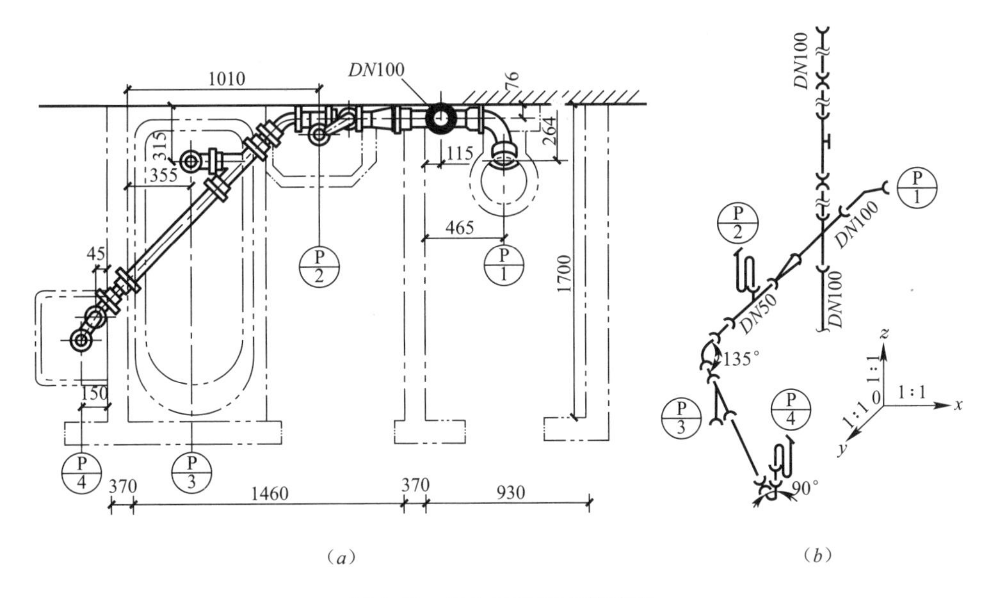

图 9-27　卫生洁具排水管路图

（a）平面图；（b）系统图

在平面图上我们可以很清楚地看出 1 号位置是厕所内的坐便器污水排出口，2、3 号的位置分别是卫生间里洗手盆、浴盆的污水排出口。而与浴盆隔着一道墙的 4 号位置则是厨房内洗涤池的污水排水口（即图中带有“P”和序号的圆圈）的平面图。

根据平面图与系统图对照来看，图中除一个管径尺寸和土建尺寸外，都是排水管道安装尺寸。位于厕所内的 1 号和 2 号排水口之间的排水立管与 1 号排水口至排水立管之间的

水平管管径均为 $DN100$，其余水平排水管管径则为 $DN50$。

在系统图中可以看出水平排水管 1 号排水口通过三通直接与排水立管相接，2 号排水口到 3 号排水口，需要弯折 135°安装，4 号排水口则向上弯 90°连接回水弯，如图 9-27 所示。

第五节 建筑消防工程图的识读

一、建筑消火栓系统消防图识读实例

某七层住宅须设消火栓系统，采用水池、水泵、水箱给水方式。根据消防规范要求，可以不设环状管网，采用单出口消火栓，每支水枪的水量为 2.5L/s，共计 2 支，水量大于或等于 5L/s，消火栓直径为 $DN50$；水龙带口径为 $DN50$，长度为 25m；水枪枪口径为 ϕ16mm。消火栓设备布置在楼梯口窗户对面，消火栓中心距地面 1.1m，水池与水泵在地下室。

地下室消防设备平面图如图 9-28 所示，一～七层消防设备平面图如图 9-29 所示，屋

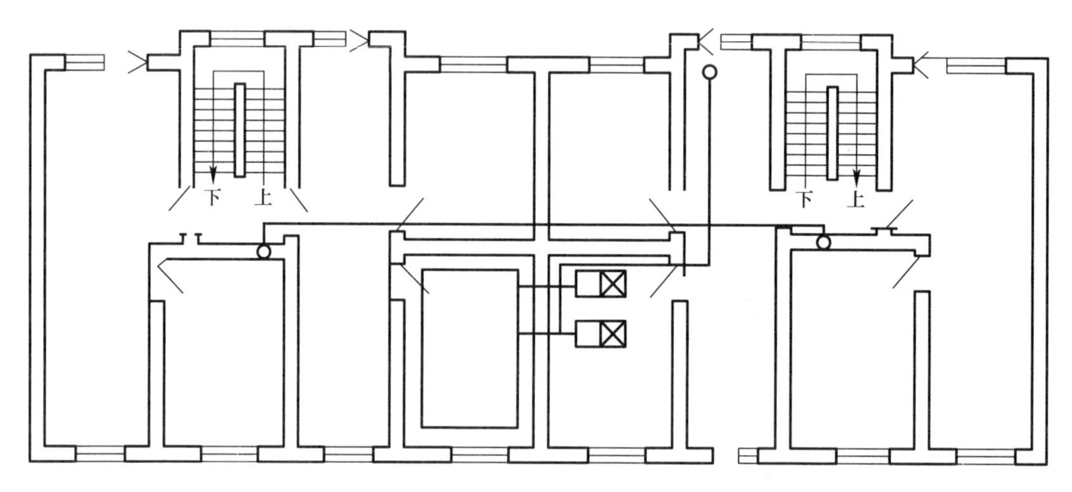

图 9-28　地下室消防设备平面图

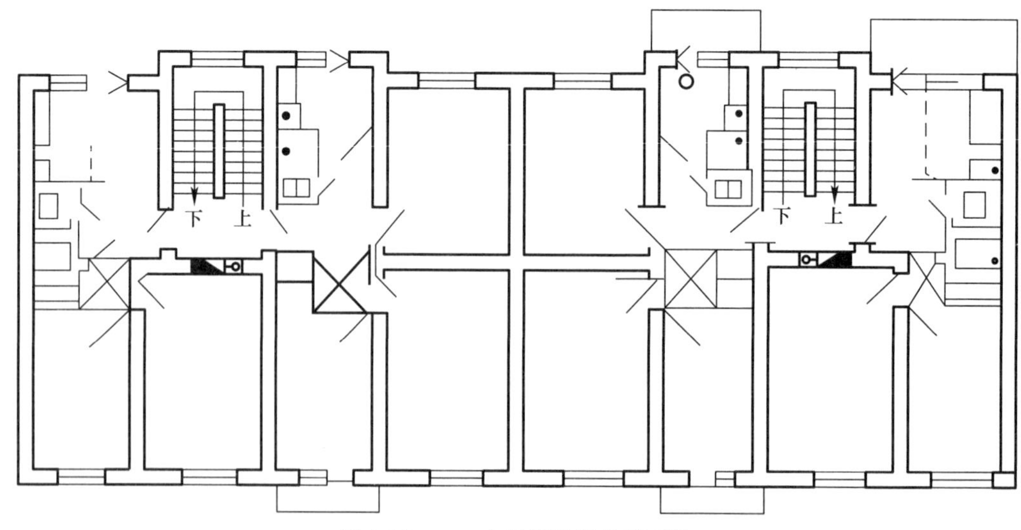

图 9-29　一～七层消防设备平面图

顶水箱间平面图如图 9-30 所示，消火栓系统轴测图如图 9-31 所示。

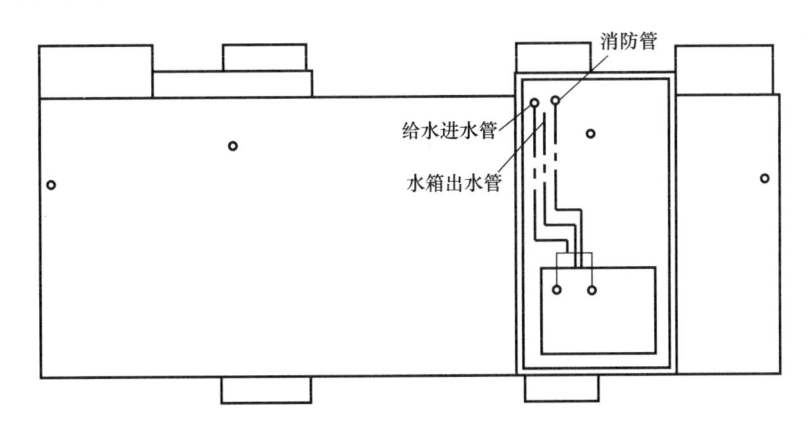

图 9-30　屋顶水箱间平面图

在地下室有两台消防水泵，抽取储水池内的水加压进入水平干管，水平干管连接两根立管并与北面一根立管连接；在一～七层平面图上楼梯口窗台对面的墙上有消防立管连接消火栓设备，各层有两根消防立管连接各自的消火栓设备，且在一～七层平面图上的北面有来自消防水箱的出水立管。

在消防系统图中，水池为 8 号钢板矩形水箱，水泵型号为 IS65—40—200，流量 $Q=17\sim32m^3/h$，扬程 $H=0.55\sim0.45MPa$，电动机功率 $Z=7.5kW$。水泵吸口安装吸水阀，水泵出水管上安装止回阀，管径 *DN*65，水平管在地下室顶棚下，标高−0.300m，连接两根 *DN*65 立管；各立管均连接 7 个 *DN*50 的消火栓设备，共计 14 个消火栓设备，每个立管下均有阀门。

水泵压水时，水能进入两立管，但不能进入高位水箱，因为高位水箱的出口处安装有向下的止回阀。高位水箱的水可以自流入消防给水管网，水箱流出管的管径为 *DN*65。高位水箱底标高为 19.600m，箱顶标高为 23.400m，水箱出口管标高为 19.800m，水箱为 8 号钢板矩形水箱。8 号钢板矩形水箱的制作见有关标准图，消火栓设备安装也可见有关标准图。

消防管道除水箱、水池、水泵、阀门、消火栓采用法兰或螺纹连接外，其他均为焊接。

每套消火栓设备均有 1 个 *DN*50 消火栓、1 条长 25m 的麻织水龙带，1 个 $DN50\times\phi16$ 水枪，1 个钢板消防箱，共计 14 个消火栓设备，则有 14 个相应的消防箱、消火栓、水龙带、水枪，其他阀门数均可由系统图计算可得。

通过比例及楼层标高可计算出消防管道的长度。

二、建筑自动喷水灭火系统消防图识读实例

某地上四层商场、地下停车场设有湿式自动喷水系统，闭式喷头 *DN*15（出水口径 12.7mm），采用水池、水泵、水箱给水方式。

地下室除设有自动喷水系统外，还安装有水池、水泵，如图 9-32 所示；地上一～四层安装有自动喷水系统，如图 9-33 所示；屋顶设有水箱间，如图 9-34 所示；自动喷水系统图如图 9-35 所示。

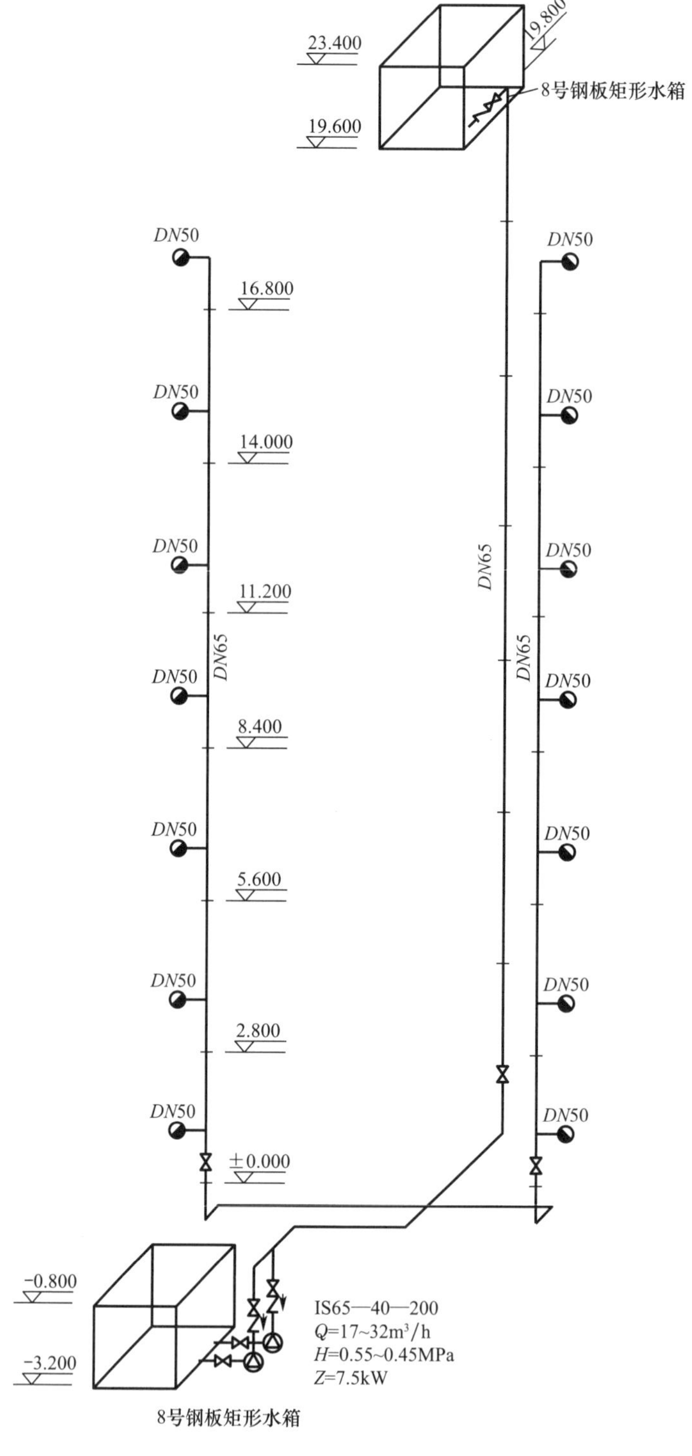

图 9-31　消火栓系统轴测图

地下室左边有储水池、两台水泵和从屋顶水箱来的立管，右边设有喷水系统，标明了各管段的管径，喷头向上安装，喷头数为 32 个。

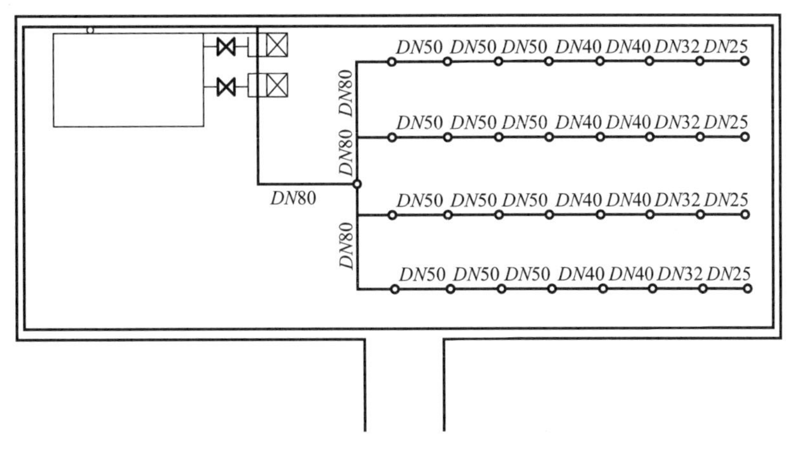

图 9-32　地下室平面图

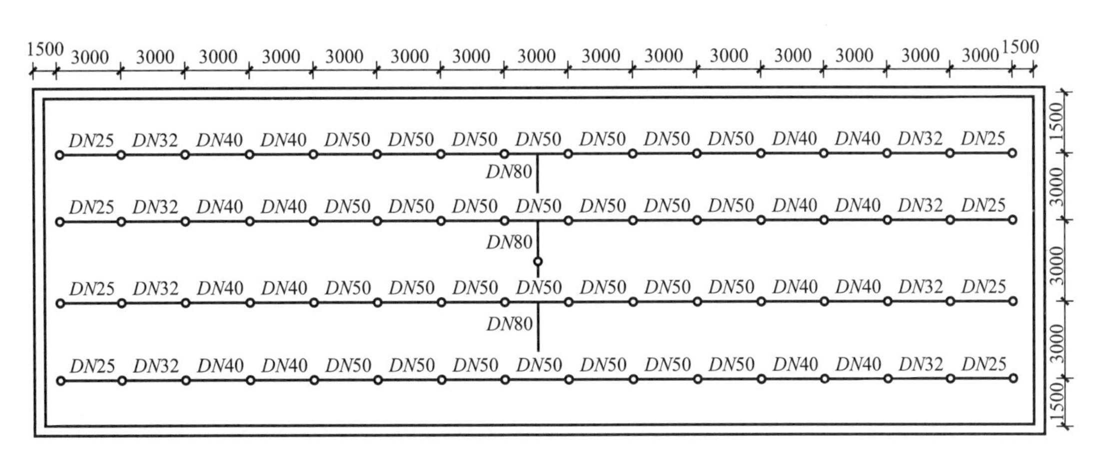

图 9-33　一～四层平面图

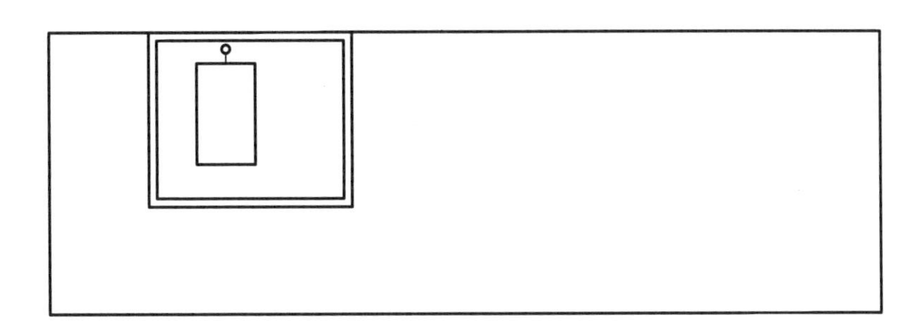

图 9-34　屋顶水箱平面图

在一～四层平面图中，水平干管在中间，左右分出 4 根支管，每根支管上安装有向下喷水的喷头，每层喷头的数量为 16×4=64 个，标明了各管段的管径。

在自动喷水系统图中，两台 IS100—65—200 水泵的性能参数为 Q=65～125m^3/h、H=0.55～0.45MPa、N=22kW，从水池抽水（水泵进水管上安装闸阀、出水管上安装止回阀，闸阀与湿式报警阀进口连接），再由出口送入立管。地上四层与地下一层的各管段分别标有管径。屋顶水箱出水管上安装闸阀与止回阀，垂直管接入湿式报警阀，水箱位置已标明标高。

该管道系统除水池、水箱、水泵、阀门、喷头采用法兰或螺纹连接外，其他管道均采用焊接。

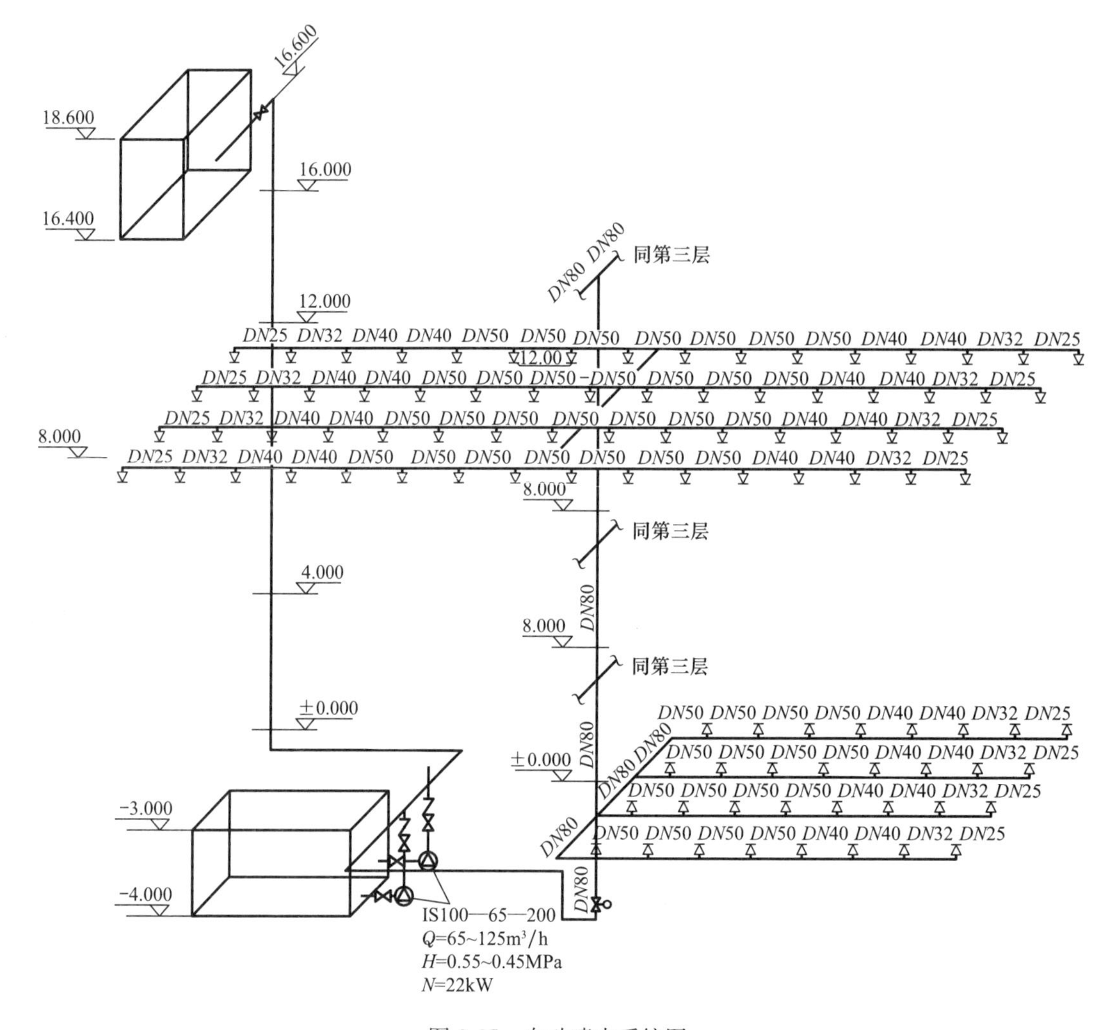

图 9-35　自动喷水系统图

练习题

练习 9-1：小区内管道应该如何进行标高？

练习 9-2：什么厨房适合设置地漏？设置地漏时应该注意哪些问题？

练习 9-3：建筑给水都有哪些方式？

练习 9-4：给排水系统图都包含了哪些内容？

练习 9-5：请举例说明管道轴测图应该如何进行识读？

第十章　怎样识读暖通空调及燃气工程图

第一节　暖通空调工程图识读基本知识

一、图线

（1）图线的基本宽度 b 和线宽组，应根据图样的比例、类别及使用方法确定。

（2）基本宽度 b 宜选用 0.18mm、0.35mm、0.5mm、0.7mm、1.0mm。

（3）图样中仅使用两种线宽时，线宽组宜为 b 和 $0.25b$。三种线宽的线宽组宜为 b、0.56 和 $0.25b$，并应符合表 10-1 的规定。

线　　宽　　　　**表 10-1**

线宽比	线　宽　组			
b	1.4	1.0	0.7	0.5
$0.7b$	1.0	0.7	0.5	0.35
$0.5b$	0.7	0.5	0.35	0.25
$0.25b$	0.35	0.25	0.18	(0.13)

注：需要缩微的图纸，不宜采用 0.18 及更细的线宽。

（4）在同一张图纸内，各不同线宽组的细线，可统一采用最小线宽组的细线。

（5）暖通空调专业制图采用的线型及其含义，宜符合表 10-2 的规定。

线型及其含义　　　　**表 10-2**

名称		线型	线宽	一般用途
实线	粗		b	单线表示的供水管线
	中粗		$0.7b$	本专业设备轮廓、双线表示的管道轮廓
实线	中		$0.5b$	尺寸、标高、角度等标注线及引出线；建筑物轮廓
	细		$0.25b$	建筑布置的家具、绿化等；非本专业设备轮廓
虚线	粗		b	回水管线及单根表示的管道被遮挡的部分
	中粗		$0.7b$	本专业设备及双线表示的管道被遮挡的轮廓
	中		$0.5b$	地下管沟、改造前风管的轮廓线；示意性连线
	细		$0.25b$	非本专业虚线表示的设备轮廓等
波浪线	中		$0.5b$	单线表示的软管
	细		$0.25b$	断开界限
单点长画线			$0.25b$	轴线、中心线
双点长画线			$0.25b$	假想或工艺设备轮廓线
折断线			$0.25b$	断开界线

（6）图样中也可使用自定义图线及含义，但应明确说明，且其含义不应与《暖通空调制图标准》（GB/T 50114—2010）发生矛盾。

二、比例

总平面图、平面图的比例，宜与工程项目设计的主导专业一致，其余可按照表 10-3 选用。

比　　例　　　表 10-3

图名	常用比例	可用比例
剖面图	1∶50、1∶100	1∶150、1∶200
局部放大图、管沟断面图	1∶20、1∶50、1∶100	1∶25、1∶30、1∶150、1∶200
索引图、详图	1∶1、1∶2、1∶5、1∶10、1∶20	1∶3、1∶4、1∶15

第二节　暖通空调施工图的主要内容

暖通空调工程施工图通常由文字与图纸两部分组成。文字部分包括图纸目录、设计施工说明、设备及主要材料表。图纸部分包括基本图和详图。基本图主要是指空调通风系统的平面图、剖面图、系统轴测图以及流程图等。详图主要是指系统中某局部或部件的放大图、加工图以及施工图等。若详图中采用了标准图或其他工程图纸，在图纸目录中必须附说明。

一、文字部分

（一）图纸目录

图纸目录包括该工程的设计图纸目录、在该工程中使用的标准图纸目录或其他工程图纸目录。在图纸目录中必须完整地列出设计图纸的名称、图号、图幅大小以及备注等，见表 10-4。

图 纸 目 录　　　表 10-4

序号	图纸编号	图纸内容	图幅	备注
01	NS-01	设计与施工说明、图例	A2	
02	NS-02	一层采暖平面图	A1	
03	NS-03	二～四层采暖平面图	A1	
04	NS-04	五层采暖平面图	A1	
05	NS-05	供暖系统图	A1	
…	…	…	…	

（二）设计施工说明

设计施工说明通常作为整套设计图样的首页，简单项目可不做首页，其内容可与平面图等合并。它主要包括下述内容：建筑概况、设计方案概述、设计说明、主要设计参数的选择、设计依据以及施工时应注意的事项等。

1. 设计说明

暖通空调工程设计说明是为了帮助工程设计、审图、项目审批等技术人员了解本项目的设计依据、引用规范和标准、设计目的、设计思想、设计主要数据和技术指标等主要内容。作为设计成果，设计说明作为图样首页仅对整个工程项目的主要内容加以陈述，其设计结果与图表的计算过程应在设计计算说明书中做详细论述。

设计说明包括以下内容：

(1) 设计依据：整个设计引用的各种标准规范、设计任务书以及主管单位的审查意见等。

(2) 建筑概况：需要进行的空调通风工程范围简述（含建筑和房间）。

(3) 暖通空调室内外设计参数：室外设计参数说明暖通空调工程项目的气象条件（如室外冬夏季空气调节、通风的计算湿度及温度等）；室内设计参数说明暖通空调工程实施对象需要实现的室内环境参数（例如，室内冬夏季空调通风温湿度及控制精度范围，新风量、换气次数，室内风速、含尘浓度或洁净度要求、噪声级别等）。

(4) 采暖、空调冷热负荷、冷热量指标：为整个工程的造价、装机容量提供依据。

(5) 采暖设计说明：采暖系统的形式、水力计算情况、管道敷设方式以及散热器型号等。

(6) 空调设计说明：说明空调房间名称、性质及其产生热、湿、有害物的情况；空调系统的划分与数量；各系统的送、回、排、新风量，室内气流组织方式（送回风方式）；空气处理设备（空调机房主要设备）；系统消声、减振等措施、管道保温处理措施。

(7) 通风设计说明：通风系统的数量、系统的性质及用途等；通风净化除尘与排气净化的方案等措施；各系统送排风量，主要通风设备容量、规格型号等；其他例如防火、防爆、防振和消声等的特殊措施。

(8) 热源、冷源情况：热媒、冷媒参数，所需的冷热源设备（如冷冻机房主要设备、锅炉房主要设备等）容量、规格、型号，系统总热量、总冷量、总耗电量等系统综合技术参数。

(9) 系统形式和控制方法。必要时，需说明系统的使用操作要点，如空调系统季节转换、防排烟系统的风路转换等。

2. 施工说明

施工说明的内容是指施工中应当注意、用施工图表达不清楚的内容。施工说明各条款是工程施工中必须执行的措施依据，它有一定的法律依据。凡施工说明中未提及，施工中未执行，且其结果又引起施工质量等不良后果的，或者按施工说明执行且无其他因素引起的不良后果，设计方需承担一定责任。为此施工说明各条款的内容非常重要，应介绍设计中使用的材料和附件、连接方法、系统工作压力和特殊的试压要求等，若与施工验收规范相符合，可不再标注。说明中还应介绍施工安装要求及注意事项，通常包括以下内容：

(1) 需遵循的施工验收规范。

(2) 各风管材料和规格要求，风管、弯头、三通等制作要求。

(3) 各风管、水管连接方式，支吊架、附件等安装要求。

（4）各风管、水管、设备、支吊架等的除锈、油漆等的要求和做法。

（5）各风管、水管、设备等保温材料与规格、保温施工方法。

（6）机房各设备安装注意事项、设备减振做法等。

（7）系统试压、漏风量测定、系统调试以及试运行注意事项。

（8）对于有安装于室外的设备，需说明防雨、防冻保温等措施及其做法。

对于经验丰富的施工单位，也可简化上述条款，但是相应的施工要求和做法应指明需要遵循的国家标准或规范的条款。

由于施工需注意的事项有许多，说明中很容易遗留有关内容，施工说明末尾经常采用“本说明未尽事宜，参照国家有关规范执行”，以避免遗漏相关条款。

（三）设备及主要材料表

设备及主要材料表内的设备应包含整个暖通空调工程所涉及的所有设备，其格式应符合《暖通空调制图标准》GB/T 50114—2010 的要求。设备及主要材料表是工程各系统设备与主要材料的型号和数量上的汇总，应包括散热器、通风机、空调机组、风机盘管、冷热源设备、换热器、水系统所需的水泵、水过滤器以及自控设备等，还应包含各种送回风口、风阀、水阀、风和水系统的各种附件等。风管与水管通常不列入材料表。

设备及材料表是业主投资的主要依据，也是设计方实施设计思想的重要保证，施工方订货、采购的重要依据，为此，各项目的描述不当、遗漏或多余均会带来投资的错误估计，可能造成工期延误，甚至造成设计方、业主方、施工方之间的法律纠纷。所以，正确无误地描述设备及主要材料表中的各项目非常重要。

二、图纸部分

（一）基本图

1. 平面图

平面图包括建筑物各层楼面采暖、通风及空调系统的平面图、空调机房平面图、制冷机房平面图等。平面图应绘出建筑轮廓、主要轴线号、轴线尺寸、室内外地面标高以及房间名称。首层平面图上应绘出指北针。平面图必须反映各设备、风管、风口及水管等安装平面位置与建筑平面之间的相互关系。一般规定如下：

1）平面图通常是在建筑专业提供的建筑平面图上，采用正投影法绘制，所绘的系统平面图应包括所有安装需要的平面定位尺寸。

2）绘制时，应保留原有建筑图的外形尺寸、建筑定位轴线编号、房间和工段等各区域名称。

3）绘制平面图时，有关工艺设备画出其外轮廓线，非本专业的图（如门、窗、梁、柱、平台等建筑构配件、工艺设备等）均用细实线表示。

4）若车间仅一部分或几层平面与本专业有关，可以仅绘制有关部分和层数，并画出切断线。对于比较复杂的建筑，应局部区域绘制，例如车间，应在所绘部分的图面上标出该部分在车间总体中的位置。

5）平面图中表示剖面位置的剖面线应在平面图中有所表示，剖视线应尽量少拐弯。指北针应画在首层平面上。

6）管道和设备布置平面图应按假想除去上层板后俯视规则绘制，否则应在相应垂直剖面图中表示平剖面的剖切符号。

室内暖通空调设计中平面图纸按其系统特点通常应包括：各层的设备布置平面图；管线平面图；空调水管布置平面图；空调通风工程平面图；风管系统平面图；空调机房平面图；冷冻机房平面图等。风管系统平面图根据系统的复杂程度有时又可分为风口布置平面图、风管布置平面图、新风平面图或排风平面图，风管与水管也可以绘制在一个平面图上。

（1）采暖平面图。采暖平面图应绘出散热器位置，注明规格、数量和安装方式；采暖干管、立管、支管位置、编号、走向、管道安装方式；管道的阀门、放气、泄水、固定支架、补偿器、入口装置、减压装置、疏水器、管沟以及监察入孔位置；注明干管管径及标高、坡度。二层以上的多层建筑，其建筑平面相同的，采暖平面二层至顶层可用一张图纸，散热器数量应分层标注。当采用低温地板辐射采暖时，还应按房间标注出管道、发热电缆的定位尺寸、管（线）长度、管径或发热电缆规格、管线间距以及伸缩缝的位置等。当地板采暖厂家设计、施工时，图中应标出该房间的设计温度和设计热负荷等参数，供厂家使用。当采用分户计量时，应标出热量表位置，必要时，应画大样图表述。

（2）空调通风系统平面图。空调通风系统平面图主要说明通风空调系统的设备，系统风道，冷、热媒管道以及凝结水管道的平面布置，它主要包括以下内容：

1）空调通风风管布置平面图。空调通风平面图是指风管系统管道布置，按下列要求绘制：风管系统通常以双线绘出，包括风管的布置，消声器、调节阀、防火阀各部件设备的位置等，并且注明系统编号以及送、回风口的空气流动方向。

① 风管按比例用中粗双线绘制，并且注明风管与建筑轴线或有关部位之间的定位尺寸。

② 标注风管尺寸时，只注两风管变径前后尺寸。

③ 风管立管穿楼板或屋面时，除标注布置尺寸和风管尺寸外，还应标注所属系统编号和走向。

④ 风管系统中的变径管、弯头、三通都应适当地按比例绘制。

2）空调水管布置平面图。空调水系统包括空调冷热水、凝结水管道等，必须画出反映系统水管及水管上各部件、设备位置的平面布置图。下面以风机盘管系统的水系统平面布置图为例，说明空调系统中的水系统平面布置图绘制规则：

① 水管通常采用单线方式绘制，并且以粗实线表示供水管、粗虚线表示回水管，并注明水管直径与规格以及管径中心离建筑墙、柱或有关部位的尺寸。

② 供水管、回水管和凝水管等应标注其坡度与坡向。

③ 风机盘管、管道系统相应的附件采用中粗实线按比例和规定符号画出，若遇特殊附件则按自行设计的图例画出。

④ 系统总水管供多个系统时，必须注明系统代号和编号。

此外，对于应用标准图集的图纸，还应注明所用的通用图和标准图索引号。对于恒温、恒湿的房间，应注明房间各参数的基准值和精度要求。

当建筑装修未确定时，风管和水管可先画出单线走向示意图，注明房间送、回风量或风机盘管数量、规格，待建筑装修确定后，再按规定要求绘制平面图。对于改造工程，由于现场情况复杂，可暂不标注详细定位尺寸，但是要给出参考位置。

（3）空调冷冻机房平面图。冷冻机房平面图的内容主要包括：制冷机组的型号与台数及其布置；冷冻水泵、冷凝水泵、水箱、冷却塔的型号与台数及其布置；冷（热）媒管道的布置；各设备、管道和管道上的配件（如过滤器、阀门等）的尺寸大小和定位尺寸。

空调冷冻机房平面图必须反映空气处理设备与风管、水管连接的相互关系和安装位置，同时应尽可能说明空气处理与调节原理。通常含以下内容：

1）空气处理设备：应注明机房内所有空气处理设备的型号、规格、数量，并且按比例画出其轮廓和安装的定位尺寸。空调机组宜注明各功能段（如风机段、表冷段、加热段、加湿段和混合段等功能）名称、容量。

2）风管系统：各送风管、回风管、新风管、排风管等采用双线风管画法，注明与空气处理设备连接的安装位置，对风管上的设备（如管道加热器、消声设备等）必须按比例根据实际位置画出，对于各调节阀、防火阀以及软接头等可根据实际安装位置示意画出。

3）水（汽）管系统：采用单粗线绘制，若机房水汽管并存，则采用代号标注区分。所画系统应充分反映各水（汽）管与空气热湿处理设备之间的连接关系和安装位置，对于管道上附件（如水过滤器、各种调节阀等）可按比例画出其安装位置。

4）轴线的尺寸：绘出连接设备的风管、水管位置及走向，注明尺寸、管径及标高。标注出机房内所有设备和各种仪表、阀门、柔性短管、过滤器等管道附件的位置。

（4）锅炉房平面图。锅炉房平面布置图应注明设备定位尺寸及设备编号，绘出燃气、水、风、烟和渣等管道平面图，并且注明管道阀门、补偿器、管道固定支架的安装位置以及就地安装的测量仪表位置等，注明各种管道管径、定位尺寸及安装标高，必要时还应注明管道坡度和坡向。

2. 剖面图

从某一视点，通过对平面图剖切观察绘制的图称为剖面图。它是为说明平面图难以表达的内容而绘制的，与平面图相同，采用正投影法绘制。图中所说明的内容必须与平面图相一致。常见的包括空调通风系统剖面图、空调机房剖面图和冷冻机房剖面图等，经常用于说明立管复杂、部件多以及设备、管道、风口等纵横交错时垂直方向上的定位尺寸。图中设备、管道与建筑之间的线型设置等规则与平面图相同，此外，还应包括以下内容：

（1）注意剖视和剖切符号的正确应用。

（2）在平面图上被剖到或见到的有关建筑、结构、工艺设备均应用细实线画出。标出地板、楼板、门窗、顶棚及与通风有关的建筑物、工艺设备等的标高，并且应注明建筑轴线编号和土壤图例。

（3）标注空调通风设备及其基础、构件、风管、风口的定位尺寸及有关标高、管径以及系统编号。

（4）标出风管出屋面的排出口高度以及拉索位置，标注自然排风帽下的滴水盘与排水管位置、凝水管用的地沟或地漏等。

平面图、系统轴测图上能表达清楚地可不绘制剖面图。剖面图和平面图在同一张图上时，将剖面图置于平面图的上方或右上方。

3. 系统轴测图

系统轴测图采用三维坐标，其主要作用是从总体上表明系统的构成情况以及各种尺寸、型号、数量等。系统轴测图上包括系统中设备及配件的型号、尺寸、定位尺寸、数量以及连接于各设备之间的管道在空间的曲折、交叉、走向和尺寸、定位尺寸等。系统轴测图上还应注明该系统的编号。通过系统轴测图可以了解系统的整体情况，对系统的概貌有个全面的认识。

暖通空调系统轴测图可以用单线绘制，也可以用双线绘制。轴测图通常采用45°投影法，以单线按比例绘制，其比例应与平面图相符，特殊情况除外。暖通空调系统轴测图主要包括采暖水系统轴测图、空调风系统轴测图、空调冷冻水系统轴测图、冷却水系统轴测图以及凝结水系统轴测图等。一般将室内输配系统与冷热源机房分开绘制。

（1）采暖系统图。采暖系统图又称采暖系统轴测图，主要表达采暖系统中的管道、设备的连接关系、规格与数量。不表达建筑内容。内容包括：

1）采暖系统中的所有管道、管道附件、设备。

2）管道规格、水平管道标高、坡向与坡度。

3）散热设备的规格、数量、标高，散热设备与管道的连接方式。

4）系统中的膨胀水箱、集气罐等与系统的连接方式。

采暖系统图的绘制方法如下：

1）采暖系统轴测图应以轴测投影法绘制，并且宜用正等轴测或正面斜轴测投影法。当采用正面斜轴测投影法时，y轴与水平线的夹角应选用45°或30°。目前，多采用正面斜轴测绘制，y轴与水平线的夹角为45°。

2）采暖系统轴测图宜用单线绘制。供水干管、立管用粗实线，回水干管用粗虚线，散热器支管、散热器、膨胀水箱等设备用中粗实线，标注用细线。

3）系统轴测图宜采用与相对应的平面图相同的比例绘制。

4）需要限定高度的管道，应标注相对标高。管道应标注管中心标高，并且应标在管段的始端或末端。散热器宜标注底标高，对于垂直式系统，同一层、同标高的散热器只标右端的一组。

5）柱式、圆翼形式散热器的数量，应注在散热器内；光管式、串片式散热器的规格、数量，应注在散热器的上方。

6）当采用供热工程制图标准时，阀门应按其要求进行绘制，此时阀门宜按比例绘制阀体和阀杆。当采用暖通空调制图标准时，可按其所示的阀门轴测画法绘制，这时需绘制阀杆的方向，阀体和阀杆的大小依据其实际尺寸近似按比例绘制，即大致反映其大小。在工程实践中，许多时候可不绘制阀杆，阀门的大小也并不严格按照比例绘制。

（2）空调水系统轴测图。空调水系统的轴测图通常用单线表示，基本方法与采暖系统相似。联系平面图与轴测图一起识图，能帮助理解空调系统管道的走向及其与设备的关联。

（3）空调风系统轴测图。通风空调系统轴测图一般应包括以下内容：表示出通风空调系统中空气（或冷热水等介质）所经过的所有管道、设备及全部构件，并且标注设备与构件名称或编号。绘制空调通风系统轴测图应注意的事项如下：

1）用单线或双线按比例绘制管道系统轴测图，标注管径、标高，在各支路上标注管径和风量，在风机出口段标注总风量和管径。由于双线轴测图制图工作量大，所以在用单线轴测图能够表达清楚的情况下，很少采用。

2）按比例（或示意）绘出局部排风罩以及送排风口、回风口，并且标注定位尺寸、风口形式。

3）管道有坡度要求时，应标注坡度、坡向，若要排水，应在风机或风管上表示出排水管及阀门。

当系统较为复杂时会出现重叠，为使图面清晰，一个系统经常断开为几个子系统，分别绘制，断开处应标识相应的折断符号。也可将系统断开后平移，使前后管道不聚集在一起，断开处要绘出折断线或用细虚线相连。

4. 流程图

流程图，又称原理图，主要包括：系统的工作原理及工作介质的流程；控制系统之间的相互关系；系统中的管道、设备、仪表和部件；控制方案及控制点参数等。它应该能充分表达设计者的设计思想和设计方案。原理图不按投影规则绘制，也不按比例绘制。原理图中的风管和水管通常按粗实线单线绘制，设备轮廓采用中粗线。原理图可以不受物体实际空间位置的约束，根据系统流程表达的需要，来规划图面的布局，使图面线条简洁，系统的流程清晰。若可能，应尽量与物体的实际空间位置的大体方位相一致。对于垂直式系统，通常按楼层或实际物体的标高从上到下的顺序来组织图面的布局。

空调系统原理图包括以下内容：

（1）系统中所有设备以及相连的管道，注明各设备名称（可用符号表示）或编号，各空气状态参数（温湿度等）视具体要求标注。

（2）绘出并标注各空调房间的编号，设计参数（冬夏季温湿度、房间静压以及洁净度等），可以在相应的风管附近标注系统和各房间的送风、回风、新风与排风量等参数。

（3）绘出并标注系统中各空气处理设备，有时需要绘出空调机组内各处理过程所需的功能段，各技术参数视具体要求标注。

（4）绘出冷热源机房冷冻水、冷却水、蒸汽和热水等各循环系统的流程（包括全部设备和管道、系统配件、仪表等），并且宜根据相应的设备标注各主要技术参数，如水温、冷量等。

（5）测量元件（压力、温度、湿度和流量等测试元件）与调节元件之间的关系、相对位置。

在工程实践中，对于大型的工程，要在一张图上完整详细地表达全部的系统和过程几乎是不可能的。这时就可能要绘制多张原理图，各原理图重点表达通风空调工程的一个部分或子项。例如，可以将冷热源机房的原理图与输配系统的原理图分开绘制；将水系统与风系统原理图分开绘制。水系统又可细分为热水系统和冷水系统；风系统又可分为循环风系统、新风系统、排风系统、防排烟系统。在工程实践中，应用较多的是水系统原理图；冷热源机房热力系统原理图；不含冷热源的空调系统原理图（重点表达空气处理过程）。

（二）详图

详图主要包括：

（1）设备、管道的安装节点详图。例如，热力入口处通过绘制详图将各种设备、附件、仪表、阀门之间的关系表达清楚。

（2）设备、管道的加工详图。当用户所用的设备由用户自行制造时，需绘制加工图，如水箱、分水缸等。

（3）设备、部件基础的结构详图等，如水泵的基础和换热器的基础等。

部分详图有标准图可供选用。

第三节　建筑采暖施工图识读

一、采暖工程施工图的识读要点

（1）先根据平面图和轴测图（必要时辅以立面图、剖面图）弄清整个管道系统的组成情况。与室内给排水管道系统不同的是，室内采暖管道系统是一个封闭的系统，其管道布置有多种不同形式。冬季采暖用的热水可来自热水锅炉、水加热器或区域性热水管网。热水要靠水泵来循环，管道系统内的水温是变化的，尤其是在系统启动或停止时水温变化更大，因此在管道系统的最高处要设有膨胀水箱。为了及时排放运行过程中析出的气体，在管道系统的特定部位，还应装设集气罐。

（2）识读施工图时，应先查明建筑物内散热器的位置、型号及规格，了解干管的布置方式，干管上的阀门、固定支架、补偿器的位置。采暖施工图上的立管都进行编号，编号写在直径为 8～10mm 的圆圈内。采暖施工图的详图包括标准图和详图。标准图是室内采暖管道施工图的主要组成部分，供水、回水立管与散热器之间的具体连接形式和尺寸要求，一般都由标准图反映出来。

（3）应注意施工图中是如何解决管道热胀问题的，要弄清补偿器的形式和管道固定支架的位置。

（4）对于蒸汽采暖系统，要注意疏水阀和凝结水管道的设计布置。

二、建筑采暖施工图识读内容

（一）平面图

室内采暖平面图主要表示管道、附件及散热器在建筑平面上的位置与它们之间的相互关系，是施工图中的主体图。识读时要掌握的主要内容和注意事项如下：

（1）查明建筑物内散热器（热风机、辐射板）的平面位置、种类、片数及散热器的安装方式，即散热器是明装、暗装或半暗装的。

散热器一般布置在各个房间的外墙窗台下，有的也沿走廊的内墙布置。散热器以明装较多，只有美观上要求较高或热媒温度高需防止烫伤时，才采用暗装。暗装或半暗装一般都在图样说明书中注明。

散热器的种类较多，有翼型散热器、柱型散热器、光管散热器、钢管串片散热器、扁管式散热器、板式散热器、钢制辐射板及热风机等。散热器的种类除可用图例识别外，一般在施工说明中注明。

各种形式散热器的规格及数量应按下列规定标注：柱型散热器只标注数量；圆翼形散热器应标注根数和排数，如 3×2 表示两排每排 3 根；光管散热器应标注管径、长度和排数，如 *D*108×3000×4 表示管径为 108mm 管长 3000mm，共 4 排；串片式散热器应标注长度和排数，如 1.0×3 表示长度 1.0m，共 3 根。

（2）了解水平干管的布置方式，干管上的阀门、固定支架、补偿器等的平面位置和型号，以及干管的管径。

识读时须注意干管是敷设在最高层、中间层还是在底层。供水、供汽干管敷设在最高层说明是上分式系统；供水、供汽干管出现在底层说明是下分式系统。在底层平面图上还会出现回水干管或凝结水干管（虚线），识读时也要注意到。识读时还应搞清补偿器的种类、形式和固定支架的形式与安装要求，以及补偿器和固定支架的平面位置等。

（3）通过立管编号查清系统立管的数量和布置位置。立管编号的标志是内径为 8～10mm 的圆圈，圆圈内用阿拉伯字注明编号。单层且建筑简单的系统有的可不进行编号。一般用实心圆表示供热立管，用空心圆表示回水立管（也有全部用空心圆表示的）。

（4）在热水采暖系统平面图上还标有膨胀水箱、集气罐等设备的位置、型号及设备上连接管道的平面布置和管道直径。

（5）在蒸汽采暖系统平面图上还表示有疏水装置的平面位置及其规格尺寸。

水平管的末端常积存有凝结水，为了排除这些凝结水，在系统末端设有疏水器。另外，当水平干管抬头登高时，在转弯处也要设疏水器。识读时要注意疏水器的规格及疏水装置的组成。一般在平面图上仅注出控制阀门和疏水器的位置，安装时还要参考有关的详图。

（6）查明热媒入口及入口地沟的情况。热媒入口无节点图时，平面图上一般将入口组成的设备如减压阀、混水器、疏水器、分水器、分汽缸、除污器和控制阀门等表示清楚，并注有规格，同时还注出管径、热媒来源、流向与参数等。如果热媒入口的主要配件、构件与国家标准图相同时，则注明规格及标准图号，识读时可按给定的标准图号查阅标准图。当有热媒入口节点图时，平面图上注有节点图的编号，识读时可按给定的编号查找热媒入口放大图进行识读。

（二）系统图

采暖系统图表示从热媒入口至出口的采暖管道、散热设备、主要附件的空间位置和相互间的关系。系统图是以平面图为主视图，采用 45°正面斜投影法绘制出来的。识读时要掌握的主要内容和注意事项如下：

（1）查明管道系统的连接，各管段的管径、坡度、坡向，水平管道和设备的标高以及立管编号等。

采暖系统图清楚地表明干管与立管之间，以及立管、支管与散热器之间的连接方式，阀门的安装位置和数量。散热器支管有一定的坡度，其中供水支管坡向散热器，回水支管则坡向回水立管。

(2) 了解散热器的类型、规格及片数。当散热器为光管散热器时，要查明散热器的型号（A型或B型）、管径、排数及长度；当散热器为翼型散热器或柱型散热器时，要查明规格与片数，以及带脚散热器的片数；当采用其他特殊采暖设备时，应弄清设备的构造和底部或顶部的标高。

散热器上应标明规格和数量，并按下列规定标注：柱型、圆翼型散热器的数量应标注在散热器内，如图10-1所示；光管式、串片式散热器的规格与数量应标注在散热器的上方，如图10-2所示。

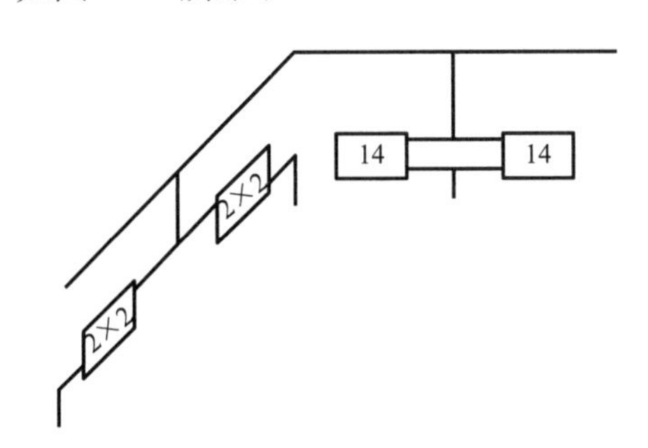

图10-1　柱型、圆翼型散热器的画法

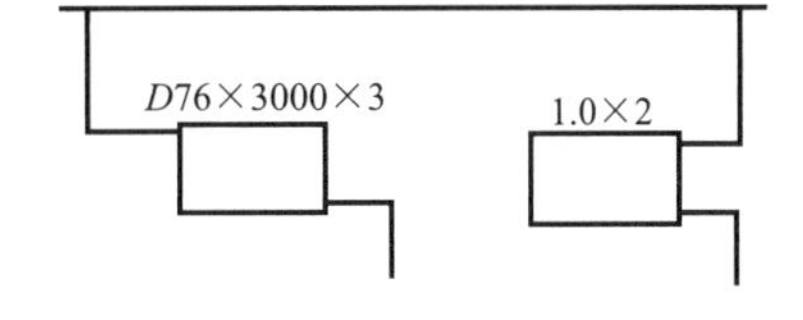

图10-2　光管式、串片式散热器的画法

(3) 查清其他附件与设备在系统中的位置，凡注明规格尺寸的，都要与平面图和材料表等进行核对。

(4) 查明热媒入口处各种设备、附件、仪表与阀门之间的关系，同时搞清热媒的来源、流向、坡向、标高与管径等。如有节点详图时则要查明详图编号，以便查找。

(三) 详图

室内采暖施工图的详图包括标准图和节点详图。标准图是室内采暖管道施工图的一个重要组成部分，供热管、回水管与散热器之间的具体连接形式、详细尺寸和安装要求，一般都用标准图反映出来。作为室内采暖管道施工图，设计人员通常只画平面图、系统图和通用标准图中没有的局部节点图。采暖系统的设备和附件的制作与安装方面的具体构造和尺寸以及接管的详细情况，都要参阅标准图。

现在施工中主要使用《采暖通风国家标准图集》。标准图主要包括：膨胀水箱和凝结水箱的制作、配管与安装；分汽罐、分水器、集水器的构造、制作与安装；疏水器、减压阀、调压板的安装和组成形式；散热器的连接与安装；采暖系统立、支、干管的连接；管道支、吊架的制作与安装；集气罐的制作与安装等。

三、建筑采暖施工图识读示例一

(一) 平面图识图

图10-3～图10-5为某学校办公楼的底层、标准层和顶层采暖平面图。

(1) 了解供暖的整体概况。明确供暖管道布置形式、热媒入口、立管数目及管道布置的大致范围。工程为热水供暖系统，其管道布置形式为单管跨越式。从底层平面图上看到该系统的热媒入口在房屋的东南角。图10-3中标明了立管编号，本系统共有12根立管。

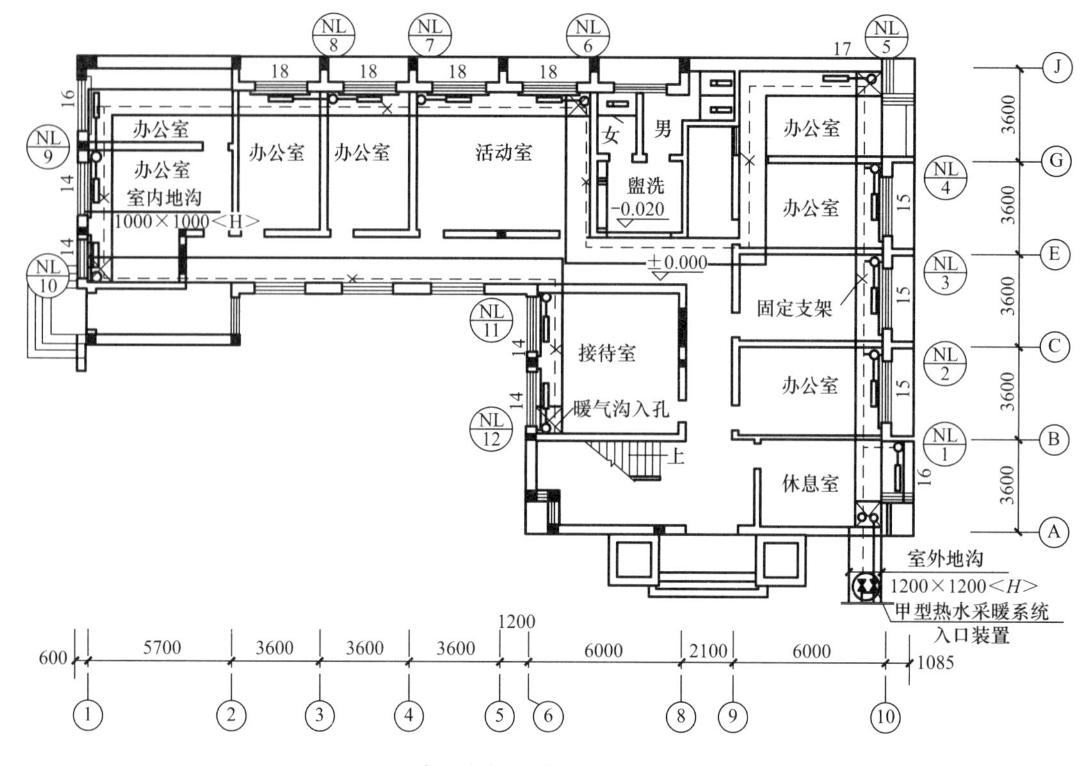

图 10-3　底层采暖图

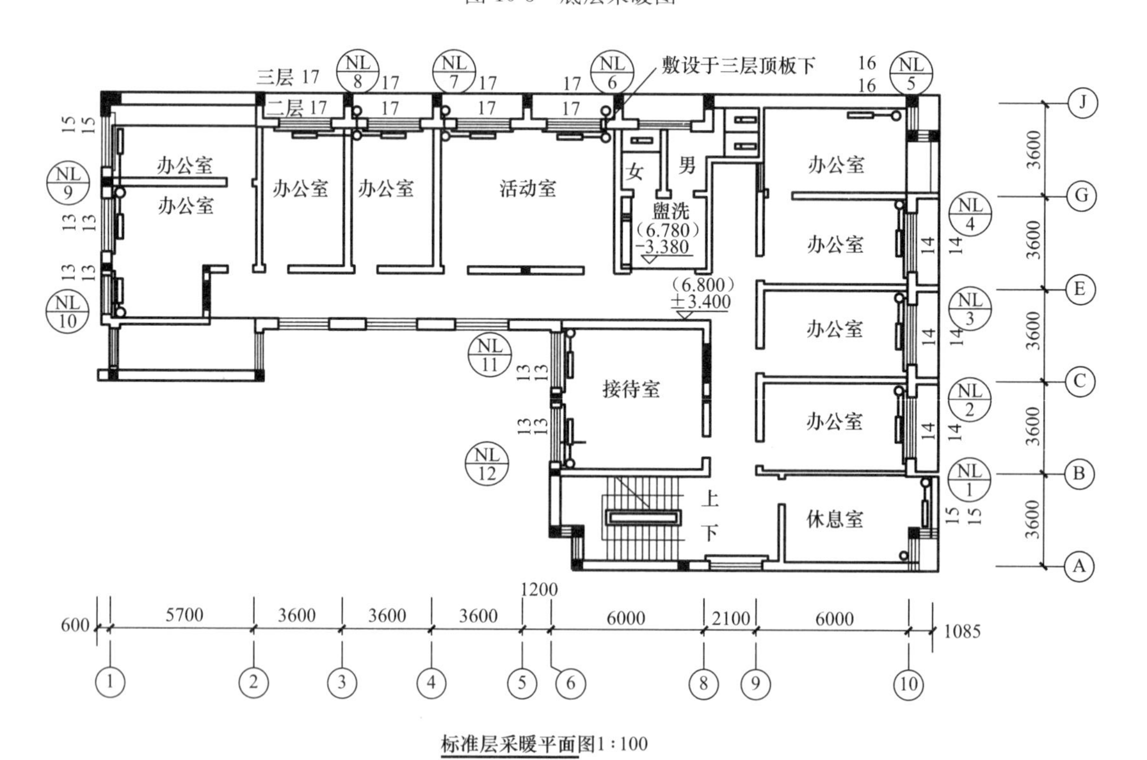

图 10-4　标准层采暖平面图

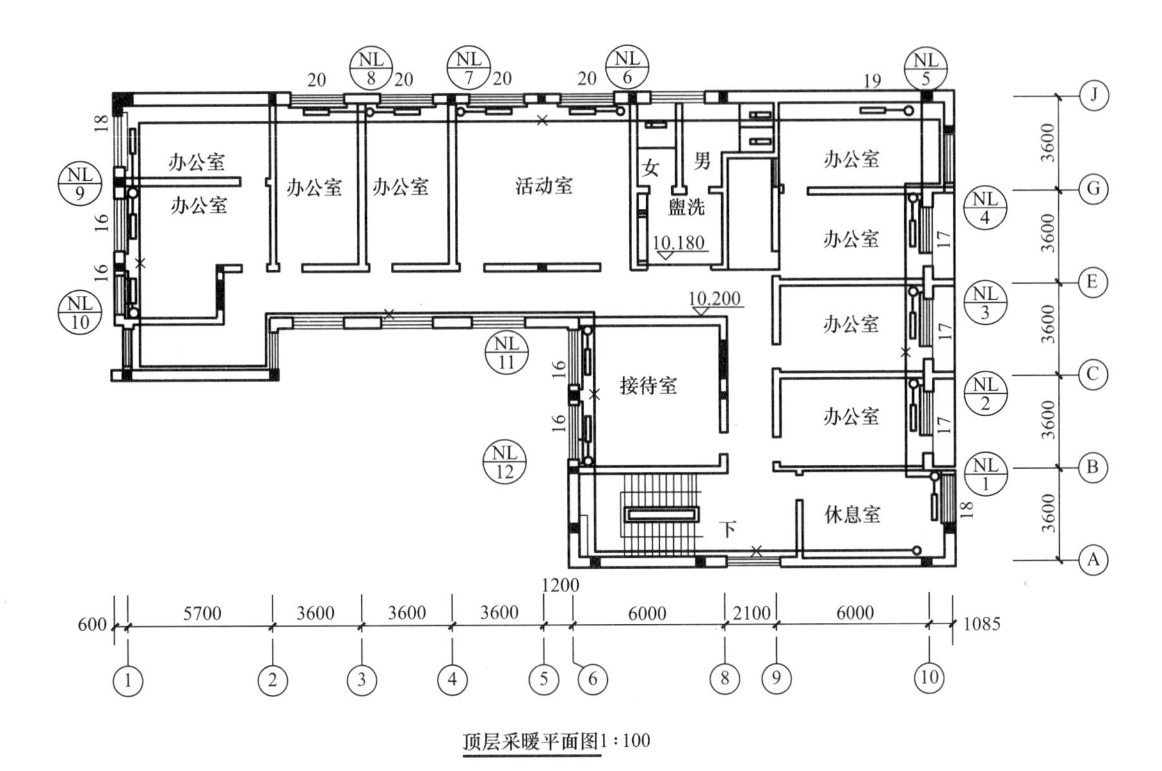

图 10-5　顶层采暖平面图

（2）分楼层识读各房间内供热干管、散热器的平面布置情况及散热器的片数等具体采暖状况。由图 10-3 可知，回水干管安装在底层地沟内，室内地沟用细实线表示。粗虚线则表示的是回水干管。从图 10-3 中还可看到标注的暖气沟入孔的位置。分别设立在外墙拐角处，共有 5 个。暖气沟入孔的设置是为检查维修的方便。另外从图中可以看到固定支架的布置情况，总共设有 7 个支架。在每个房间设有散热器，散热器一般是沿内墙安装在窗台下，立管处于墙角。散热器的片数可以从图中的数字读出。比如底层休息室的散热器的片数为 16 片。在图 10-4 中，既没有供热干管也没有回水干管，只反映了立管通过支管与散热器的连接情况。在本例中，因顶层（四层）的北外墙向外拉齐，因此立管在三层到四层处拐弯，图中表示出此转弯的位置，并且说明此管线敷设于三层顶板下。在图 10-5 中，用粗实线标明了供热干管的布置及干管与立管的连接情况。通过对散热器的平面布置情况以及散热器的片数的识读，可发现顶层的散热器的片数比底层及标准层的散热器的片数要多一些。

（3）结合供暖系统图，对供暖系统有个完整的了解。总体而言，识读供暖平面图时，要明确以下内容。

1）建筑物内散热器的平面位置、种类、片数及散热器的安装方式，即散热器是明装、暗装或半暗装的。一般散热器是安装在靠外墙的窗台下的，散热器的规格和数量应注写在本组散热器所靠外墙的外侧，若散热器远离房屋的外墙，可就近标注。

2）水平干管的布置方式，干管上的阀门、固定支架、补偿器等的平面位置及型号。识读时需注意干管是敷设在最高层、中间层还是底层，以此判断出是上分式系统、中分式系统还是下分式系统，在底层平面图上还需查明回水干管或者凝结水干管（虚线）的位置以及固定支架等的位置。当回水干管敷设在地沟内时，则需查明地沟的尺寸。

3）通过立管编号查清系统立管数量和平面布置。

4）查明膨胀水箱、集气罐等设备在管道上的平面布置。

5）若是蒸汽供暖系统，需查明疏水器等疏水装置的平面位置以及规格尺寸。

6）查明热媒入口。

（二）系统图识图

图 10-6 为某学校三层教室的供暖平面图，其散热器型号为铸铁柱形 M132 型。

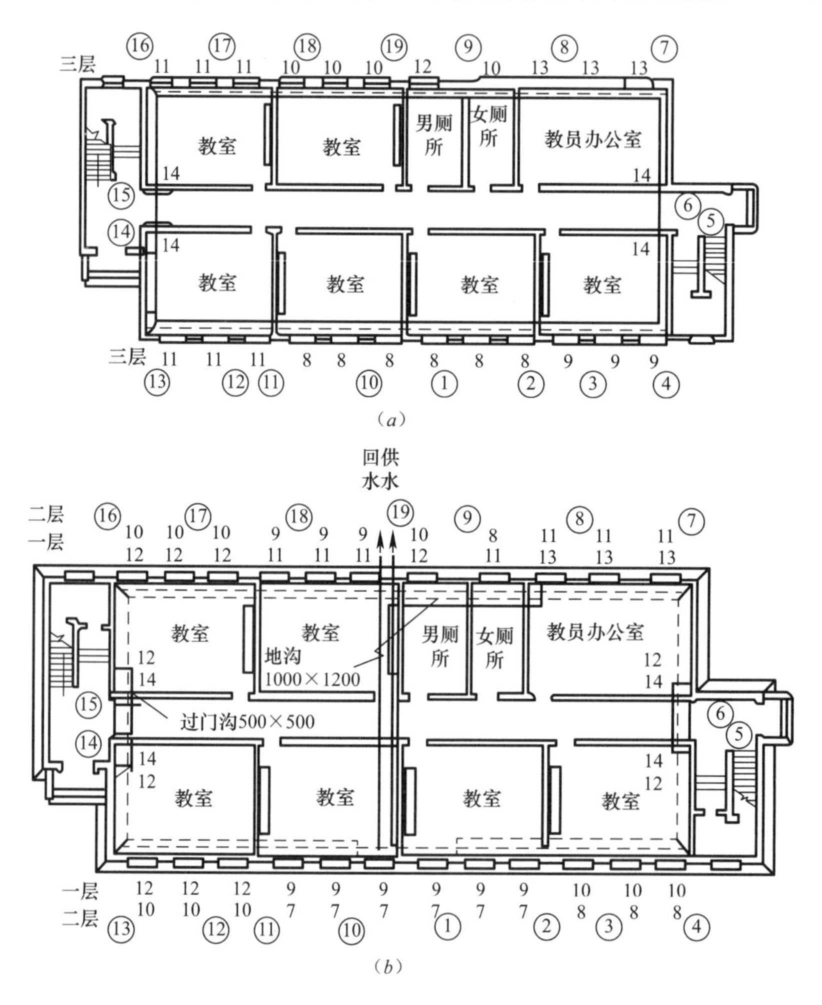

图 10-6　供暖平面图

（*a*）顶层供暖平面；（*b*）底层供暖平面图

由图 10-6 可知，每层有 6 个教室，一个教员办公室，男女厕所各一间，左右两侧有楼梯。从底层平面图可知，供热总管从中间进入后即向上行；回水干管出口在热水入口处，并能看到虚线表示的回水干管的走向。从顶层平面图可以看出，水平干管左右分开，各至男厕所，末端装有集气罐。各层平面图上标有散热器片数和各立管的位置。散热器均在窗下明装。供热干管在顶层上，则说明该系统属于上供下回式。

四、建筑采暖施工图识读示例一

图 10-7 是某器材仓库一层和二层采暖平面图，图 10-8 是该器材仓库的采暖系统图。识读时将平面图与系统图对照起来。

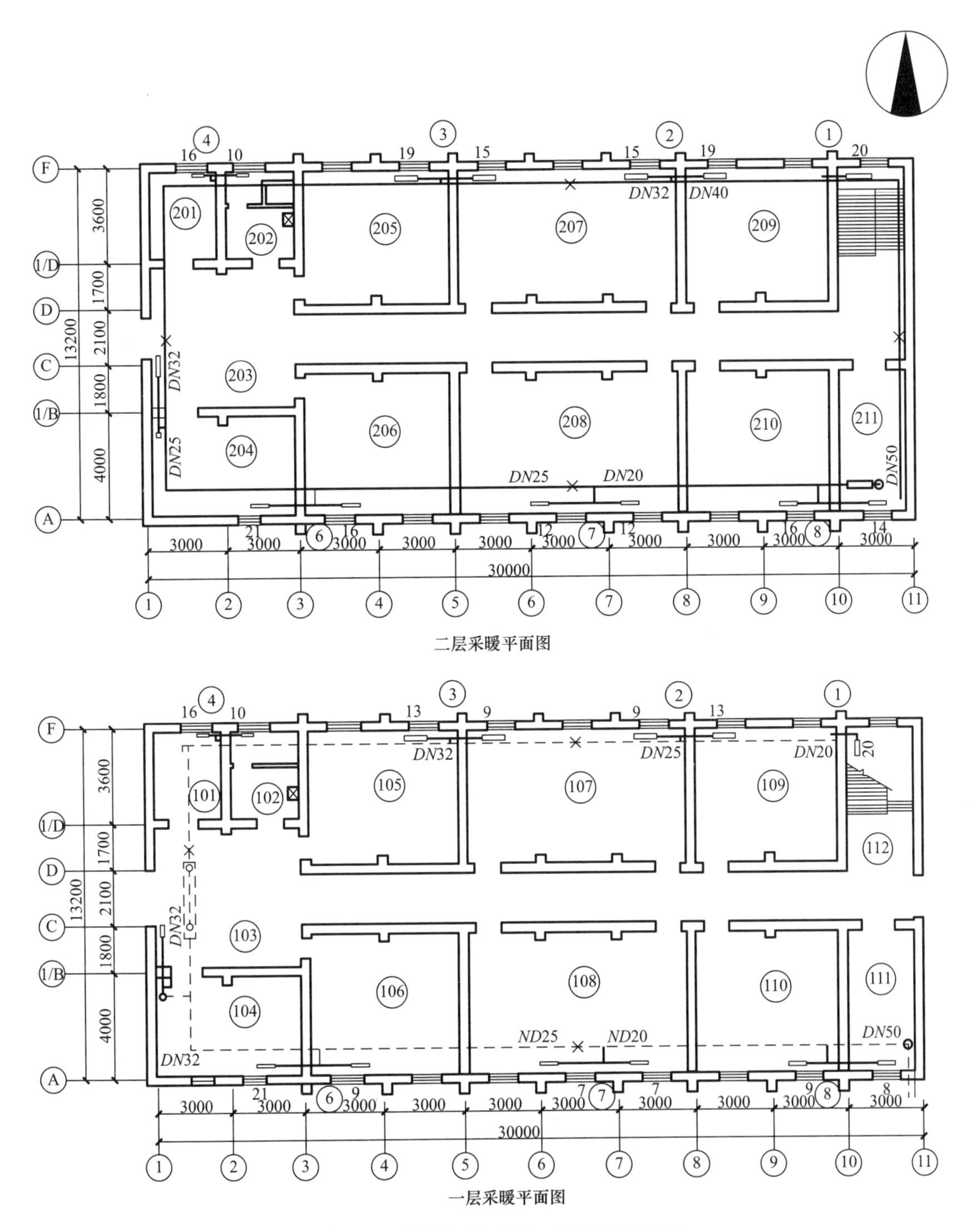

图 10-7　器材仓库一层和二层采暖平面图

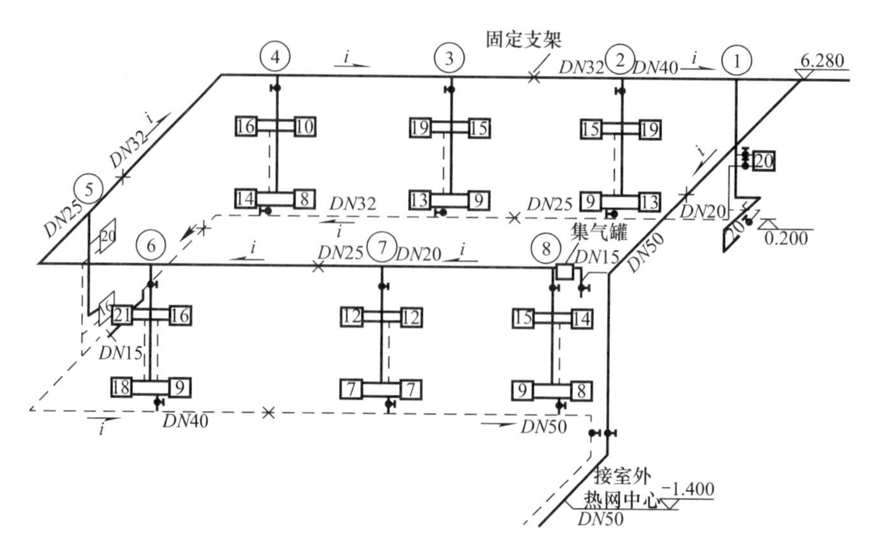

图 10-8　器材仓库采暖系统图

说明：

1）全部立管管径均为 $DN20$；接散热器支管管径均为 $DN15$。

2）管道坡度均为 $i=0.002$。

3）回水管过门装置做法见 S14 暖通 2。

4）散热器为四柱型，仅二层楼的散热器为有脚的，其余均为无脚的。

5）管道涂刷一道醇酸底漆，两道银漆粉。

（1）通过平面图对建筑物平面布置情况进行初步了解。了解建（构）筑物的总长、总宽及建筑轴线情况，本器材仓库总长 30m，总宽 13.2m，水平建筑轴线为①～⑪，竖向建筑轴线为Ⓐ～Ⓕ。了解建（构）筑物的朝向，出、入口和分间情况，该建筑物坐北朝南，东西方向长，南北方向短，建筑出、入口有两处：其中一处在⑩～⑪轴线之间，并设有楼梯通向二楼；另一处在Ⓒ～Ⓓ轴线之间。每层各有 11 个房间，大小面积不等。

（2）识读管道系统图上的说明。说明介绍图样上不能表达的内容，本例的说明介绍了建筑物内所用散热器为四柱型，其中二楼的散热片为有脚的。系统内全部立管的管径为 $DN20$，散热器支管管径均为 $DN15$。水平管道的坡度均为 $i=0.002$，管道油漆的要求是一道醇酸底漆，两道银粉漆。回水管过门装置可见标准图，其图号为 S14 暖通 2。

（3）掌握散热器的布置情况。本例除在建筑物的两个入口处将散热器布置在门口墙壁上外，其余的散热器全部布置在各个房间的窗台下，散热器的片数都标注在散热器图例内或边上，如 107 房间两组散热器均为 9 片，207 房间两组散热器均为 15 片。

（4）了解系统形式及热力入口情况通过对系统图的识读，可知本例为双管上分式热水采暖系统，热媒干管管径 $DN50$，标高 -1.400 由南向北穿过 A 轴轴线外墙进入 111 房间，在 A 轴轴线和 11 轴轴线交角处登高，并在总立管安装阀门。

（5）查明管路系统的空间走向，立、支管的设置、标高、管径、坡度等。本例总立管登高至二楼 6.00m，在顶棚下面沿墙敷设，水平干管的标高以⑪轴线与Ⓕ轴线交角处的6.280m为基准，按 $i=0.002$ 的坡度和管道长度计算求得。干管的管径依次为 *DN*50、*DN*40、*DN*32、*DN*25 和 *DN*20。通过对立管编号的查看，本例共8根立管，立管管径全部为 *DN*20，立管为双管式，与散热器支管用三通和四通连接。回水干管的起始端在109房间，标高0.200m，沿墙在地板上面敷设，坡度与回水流动方向同向；水平干管在103房间过门处，返低至地沟内绕过大门，具体走向和做法在系统图有所表示，如果还不清楚，可以查阅标准图，其图号为S14暖通2。回水干管的管径依次为 *DN*20、*DN*25、*DN*32、*DN*40 和 *DN*50，水平管在111房间返低至−1.400m，回水总立管上装有阀门。

在供水立管的始端和回水立管的末端都装有控制阀门（1号立管上未装，装在散热器的进、出口的支管上）。

（6）查明支架及辅助设备的设置情况。干管上设有固定支架，供水干管上有4个，回水干管上有3个，具体位置在平面图上已表示出来了。立、支管上的支架在施工图中是不画出来的，应按规范规定进行选用和设置。

第四节　建筑供暖系统施工图识读

建筑供暖系统施工图分室内和室外两部分。住宅室内装修中很少涉及室外部分，主要接触住宅建筑的供暖系统平面图、系统轴测图和安装详图。

住宅建筑的供暖系统施工图经常采用单线表示管路，一般均附有设计施工说明。而供暖工程图中有许多不易图示的做法，如表示刷漆、接口方式等一般用文字在施工说明中叙述。

1. 供暖工程平面图

绘制住宅建筑供暖平面图时经常采用1∶100的比例。图样应表达如下内容：

（1）住宅建筑的平面轮廓、定位轴线和建筑主要尺寸，如各层楼面标高、房间各部位尺寸等。

（2）为突出整个供暖系统，散热器、立管、支管用中实线画出；供热干管用粗实线画出；回水干管用粗虚线画出；回水立管、支管用中虚线画出。表示出供暖系统中各干管支管、散热器位置及其他附属设备的平面布置。每组散热器的近旁应标注片数。

（3）标注各主干管的编号，编号应从总立管开始按照①②③的顺序标注。为避免影响图形清晰，编号应标注在建筑物平面图形外侧。同时标注各段管路的安装尺寸、坡度，如0.3%，即管路坡度为千分之三，箭头指向下坡方向等，并应示意性表示管路支架的位置。立管的位置，支架和立管的具体间距、距墙的详细尺寸等在施工说明中予以说明，或按照施工规范确定，一般不做标注。

图10-9是住宅楼单元套房供暖工程平面图，该工程为常见的分户供暖形式，采用上给下回热水采暖系统。

图中入户门旁边的白色圆圈和黑色圆圈是热水输送立管和回水立管，并排布置在单元房入口处，是由楼下引入后贯穿各楼层。热水经水平供热管的闸阀后进入室内的各个散热器，而冷却水则经每个散热器的回水管集中返回总回水管，最后进入回水立管。散热器一般布置在窗或门边，以利于室内热对流。散热器每组均由多片组合而成。散热器前的数字表示片数。

本图在住宅室内入门处的“*DN*50”表示的是热水和回水立管的公称直径为 50mm，其余所标注的“*DN*32”均为热水和回水支管的公称直径为 32mm。如图 10-9 所示。

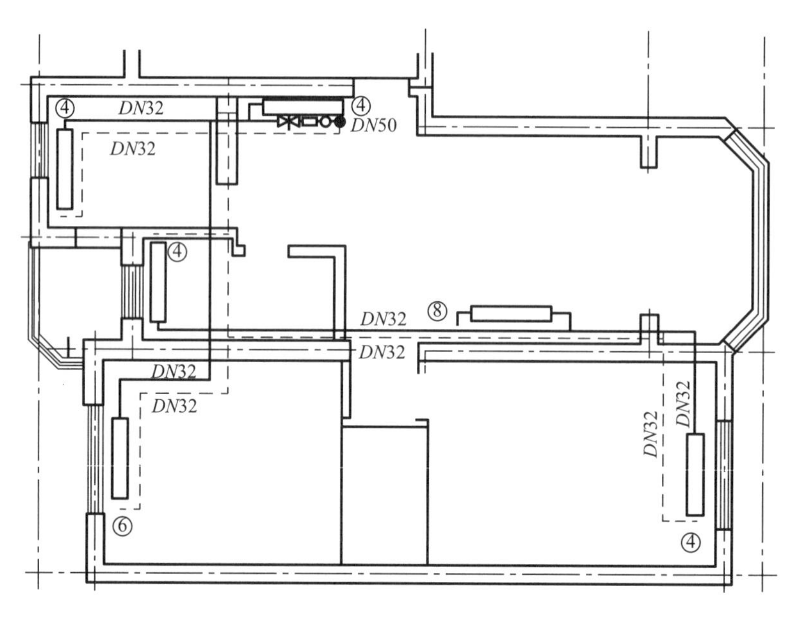

图 10-9 某住宅楼套房供暖工程平面图

2. 供暖工程系统图

供暖系统图是表示从热水（蒸汽）入口至出口的采暖管道、散热器、各种安装附件的空间位置和相互关系的图样，能清楚地表达整个供暖系统的空间情况。供暖系统图以供暖平面图为依据，采用与平面图相同的比例以正面斜轴测投影方法绘制，其作图方法和步骤如下：

（1）确定地面标高为±0.000 的位置及各层楼地面的标高。

（2）从室外热水（蒸汽）引入管画起，先画总立管和建筑顶层棚下的供暖干管。干管的位置、走向应与供暖平面图一致。

（3）根据供暖平面图中各个立管的位置，画出与供暖干管相连接的各个立管。

（4）画出各楼层的散热器及与散热器连接的立管、支管。

（5）接着依次画出回水立管、回水干管，直至回水出口。在管线中需画出每一个固定支架、阀门、补偿器、集气罐等附件和设备的位置。

（6）标出各立管的编号、各干管相对于各层楼面的主要标高、干管各段的管径尺寸、坡度等，并在散热器的近旁标注片数。

识读供暖系统图时应与供暖平面图对照识读，要先查明管道系统的立管编号、管道标高、各段管径、坡度坡向等。可以从平面图了解散热器、管线等平面位置，再由平面图与系统图对照找出平面上各管线及散热器的连接关系，了解管线上如阀门、膨胀水箱、集气罐、疏水器等配件的安装位置及标高。

图 10-10 是某住宅楼供暖系统图，此系统图反映了供暖系统管路连接关系、空间走向及管路上各种配件和散热器在管路上的位置，并反映管路各段管径和坡度等。从系统图上

可看出，该系统为单管自然循环上供下回垂直跨越式热水供暖系统。标注有立管的系统编号 L1～L4，供水干管的标高为 9.900m。供暖系统热水出入口的标高为−0.700m，热水出入口与供水干管的末端均设置了闸阀，敷设在地沟中。图中还标注了水平干管的坡度和坡向。

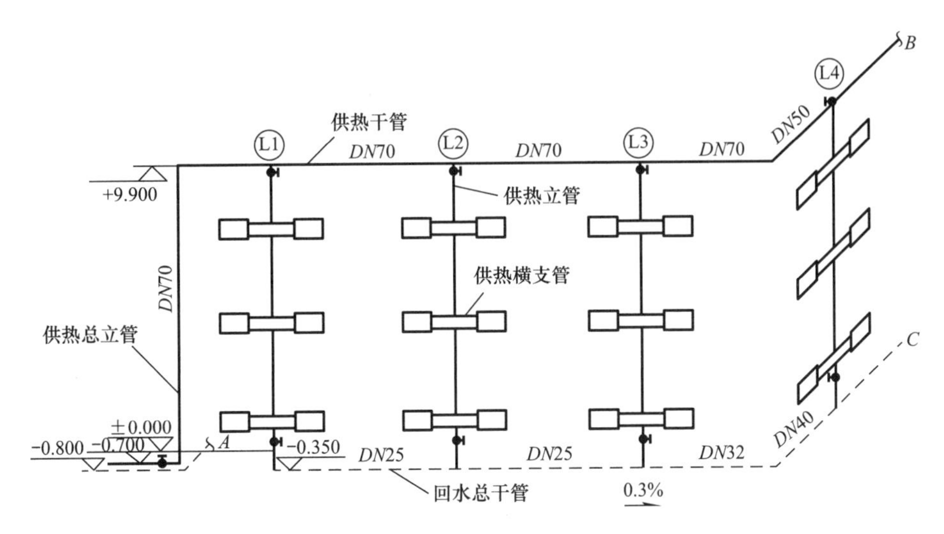

图 10-10　某住宅楼供暖系统图

3. 供暖工程安装详图

由于供暖平面图和系统轴测图中的管路及设备均用图例画出，所用的比例较小，很难清楚地表达设施构造及安装情况。设计时常采用常用 1∶5、1∶10、1∶20 等较大的比例，以利于安装，这种图样称为安装详图。供暖工程安装详图有散热器的安装详图、集气罐的构造及与管路的连接详图、补偿器的构造详图等多种。这类图样有国家标准及地区性标准图集，一般不必画出，只要用详图索引符号索引即可。图 10-11 为散热器安装详图及有关尺寸，图中可以看到散热器的形式及固定构造，以及管线连接管穿墙、穿板做法及散热器距墙距地尺寸等。

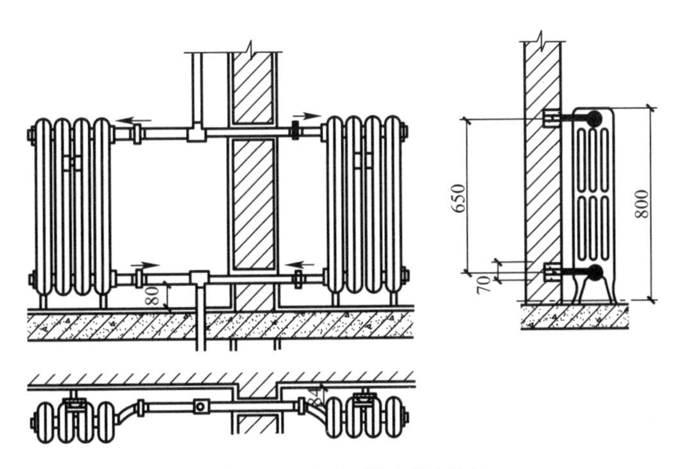

图 10-11　散热器安装详图

第五节　通风空调施工图识读

一、通风空调施工图的识读方法和步骤

通风空调施工图的识读，应遵循从整体到局部、从大到小、从粗到细的原则，同时要将图样与文字对照起来，将各种图样对照起来。识图的过程是一个从平面到空间的过程，还要利用投影还原的方法，再现图样上各种图线、图例所表示的管件与设备的空间位置及管路的走向。

识图的顺序是先看图样目录，了解建设工程的性质与设计单位，弄清楚整套图共有多少张，分为哪几类；其次是看设计施工说明与材料设备表等一系列文字说明；然后再按照原理图、平面图、剖面图、系统轴测图及详图的顺序逐一详细识读。

对于每一张图样，识图时首先要看标题栏，了解图名、图号、图别与比例，以及设计人员；其次看所画的图形、文字说明和各种数据，弄清各系统编号、管路走向、管径大小、连接方法、尺寸标高与施工要求；对于管路中的管道、配件、部件与设备等应弄清其材质、种类、规格、型号、数量与参数等；另外，还要弄清管路与建筑、设备之间的相互关系及定位尺寸。

1. 识图顺序

（1）看图样目录，看有多少张图样，大致是哪些图样。看清图例和符号表，有助于识图。

（2）详细识读设计说明。通过识读设计说明，可了解室内外的空调设计参数，冷源与热源的情况，风系统与水系统的形式和控制方法，消声、隔振、支吊、防火、防腐、保温的做法，管道、管件的材料选取及安装要求，系统试压的要求及应遵守的施工规范等。

（3）识读系统轴测图和系统流程图可对系统有一个整体的认识和了解，迅速抓住系统的来龙去脉，结合设计说明可更好地理解设计意图。

当一个系统较小、较简单时，可用轴测画法形象、具体地描述整个系统。轴测图与平面图在设备及管道的相对位置、相对标高与实际走向上是对应的，但不要求按比例和实际尺寸绘制，鉴于两者的对应关系，两个图需交替着、对照着识读，这样更利于理解。

（4）对系统大致了解后，再开始详细识读平面图、剖面图和详图。平面图主要是用来确定设备及管道的平面位置；剖面图主要用来确定设备和管道的标高。平面图与剖面图需与轴测图对照起来，再加上详图的补充说明，就能更好地从空间上和局部上理解图样。

2. 识图详细步骤

（1）系统轴测图的识读步骤具体如下：

1）空调水系统图。

① 识读图中文字说明，通过图中管道的标识文字、线型、线条的粗细、管径的标识方式来区分图中表示的系统的数目与种类（如空调冷、热水系统，空调冷却水系统、凝结

水系统等）。

② 针对每个系统，从源头出发，查清横干管与立管的数目，先识读干管再识读分支管。干、支管的识读内容：管道的标识，管内介质，管道的材质，管径，管径随标高或走向的变化，管道的坡度；管道上分支的数目，分支的口径与去向；管道上管件、阀门、仪表、设备及部件的种类、型号与数量，以及安装的部位与顺序；设备及部件的型号、规格与数量，设备接口的数量与口径，设备标高。

2）空调风系统图。

① 识读图中文字说明，分清图示的是什么系统（如新风系统、排风系统与空调系统等）。

② 找到新风竖井或排风竖井或空调箱。考察竖井随标高的变化，竖井上分支进（出）的数目与口径，其总进口（总出口）上设备及部件的数目、规格与型号，设备及部件的连接顺序。

③ 考察与竖井或空调箱连接的分支上的情况。

当一个系统比较庞大时，就需用系统流程图来描绘一个系统。

系统图主要表达系统中的所有设备、管道、阀门与仪表等，这与流程图和轴测图的要求是一致的。流程图与轴测图的区别在于，流程图中的设备、管道与阀门等并不按其实际的位置、走向与标高来表示，而是将所有的设备按其大致位置不加重叠地全部展开在图样上，然后用管道按系统的原理将所有的设备连接起来，并加上阀门和仪表等，这样的图样由于没有了相对位置、标高与实际走向等方面的干扰，因此更便于对庞大、复杂系统的理解。

（2）系统流程图的识读步骤具体如下：

1）首先识读图中文字说明，通过管道标识、线型、文字标识及大型设备等来识别图上表达了几个系统。

2）通过识读竖向轴线和水平方向各层面的功能分布来对建（构）筑物的大小及功能有一个大致的了解。

3）针对每个系统，从系统的源头出发或从大型设备出发来识读主干管，随后再识读分支管。

（3）平面图的识读步骤具体如下。

1）首先识读图中文字说明，弄清平面图表达的主要内容。根据线型、管道标识与设备类型来区分平面图上表达了哪几个部分（如新风，排风，回风，空调冷、热水，冷却水，凝结水等）。

2）识读水平轴线和纵向轴线，看清平面图所表达的部位，以及建筑结构的情况。

3）读取平面图上主要设备的台数，设备的平面定位尺寸，设备的接口数量及规格。

4）从设备的接口出发或从进、出此平面的源头出发来识读各部分的干管和分支管，识读时需注意管道的平面定位尺寸。

5）识读平面图中的剖切符号及剖视方向。

（4）剖面图的识读步骤具体如下：

1）识读图中文字说明。确认相应平面图上的剖切符号的所在位置及剖切方向，将剖面图与平面图上的剖切符号对应起来识读，进一步确认剖切位置和方向。查看剖切到的建筑结构方面的情况。

2）识读剖面图上主要设备的型号、位置、标高及与建筑结构的关系，设备接口的数量、口径及位置。

3）顺着设备的接口查看每个管道的分支。

（5）详图的识读步骤详图一般表达的是一些设备的接管详细做法，一些阀组的安装做法等，识读时应抓住主要设备或阀件，识读每个分支管路。

二、通风空调施工图识读示例一

某车间排风系统的平面图、剖面图、系统轴测图如图 10-12 所示，设备材料清单见表 10-5。该系统属于局部排风，其作用是将工作台上的污染空气排到室外，以保证工作人员的身体健康。系统工作状况是由排气罩到风机为负压吸风段，由风机到风帽为正压排风段。

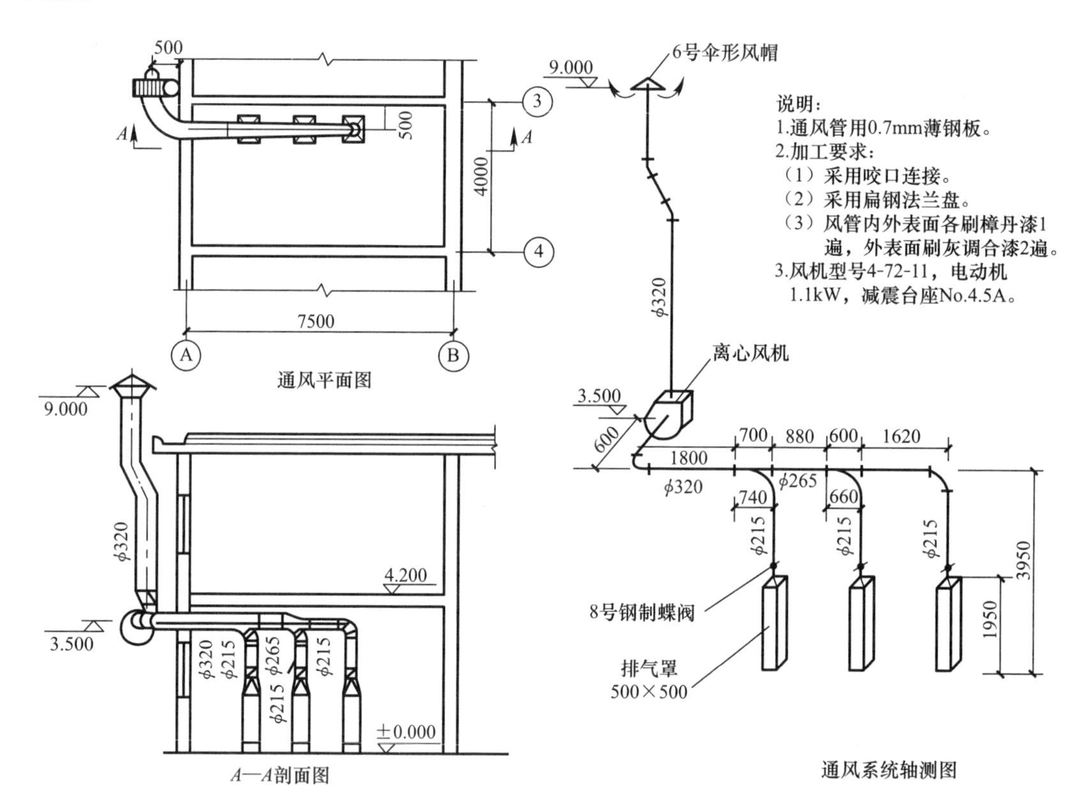

图 10-12　排风系统施工图

设备材料清单　　表 10-5

序号	名称	规格型号	单位	数量	说明
1	圆形风管	薄钢板 δ=0.7mm，ϕ215mm	m	8.50	
2	圆形风管	薄钢板 δ=0.7mm，ϕ265mm	m	1.30	
3	圆形风管	薄钢板 δ=0.7mm，ϕ320mm	m	7.80	
4	排气罩	500mm×500mm	个	3	

续表

序号	名称	规格型号	单位	数量	说明
5	钢制蝶阀	8号	个	3	
6	伞形风帽	6号	个	1	
7	帆布软管接头	ϕ320/ϕ450L=200mm	个	1	
8	离心风机	4-72-11 H=65mm，L=2860mm	台	1	
9	电动机	JQ2-21-4 N=1.1kW	台	1	
10	电动机防雨罩	下周长1900型	个	1	
11	风机减震台座	No. 4. 5A	座	1	

1. 施工图设计说明的识读

由施工图设计说明可知：

（1）风管采用0.7mm的薄钢板。排风机使用离心风机，型号为4-72-11，所附电动机是1.1kW；风机减震台座采用No. 4. 5A型。

（2）加工要求：使用咬口连接，法兰采用扁钢加工制作。

（3）油漆要求：风管内表面、外表面各刷樟丹漆1遍，灰调合漆2遍。

2. 平面图的识读

通过对平面图的识读可知风机、风管的平面布置和相对位置：风管沿③轴线冀装，距墙中心500mm；风机安装在室外③和Ⓐ轴线交叉处，距外墙面500mm。

3. 剖面图的识读

通过对A—A剖面图的识读可以了解到风机、风管、排气罩的立面安装位置、标高和风管的规格。排气罩安装在室内地面，标高是相对标高±0.000，风机中心标高为+3.500m。风帽标高为+9.000m。风管干管为ϕ320mm，支管为ϕ215mm，第一个排气罩和第二个排气罩之间的一段支管为ϕ265mm。

4. 系统轴测图的识读

系统轴测图形象具体地表达了整个系统的空间位置和走向，还反映了风管的规格和长度尺寸，以及通风部件的规格型号等。

实际工作中，细读通风空调施工图时，常将平面图、剖面图、系统轴测图等几种图样结合起来一起识读，可随时对照。这样即可以节省看图时间，还能对图纸看得深透，还能发现图纸中存在的问题。

三、通风空调施工图识读示例二

空气调节系统包括通风系统和空气的加温、冷却与过滤系统两个范畴，有时通风系统有单独使用的情况，但除主要设备外，一些输送气体的风机、管线等设备、附件往往是共用的，因此通风系统与空气的加温、冷却与过滤系统的施工图画法基本上是相同的，统称空调系统工程施工图。家庭住宅装修中主要接触的是空调工程平面图和空调工程安装详图。

1. 空调工程施工图

（1）空调工程平面图主要表明空调通风管道和空调设备的平面布置。其主要特点是：

1）空调工程平面图中一般采用中粗实线绘制墙体轮廓；用细实线绘制门窗；使用细单点长画线绘制建筑轴线，并标注房间尺寸、楼面标高和房间名称等。

2）根据空调系统中各种管线、风道尺寸大小，由风机箱开始，采用分段绘制的方法，按比例逐段绘制送风管的每一段风管、弯管、分支管的平面位置，并标明各段管路的编号、坡度等。用图例符号绘出主要设备、送风口、回风口、盘管风机、附属设备及各种阀门等附件的平面布置。

3）标明各段风管的长度和截面尺寸及通风管道的通风量、方向等。

4）图样中应注写相关技术说明，如设计依据、施工和制作的技术要求、材料质地等。空调工程中的风管一般都是根据系统的结构和规格需要，采用镀锌铁皮分段制作的矩形风管，安装时将各段风管、风机用法兰连接起来即可，图 10-13 为某住宅送风系统平面图。

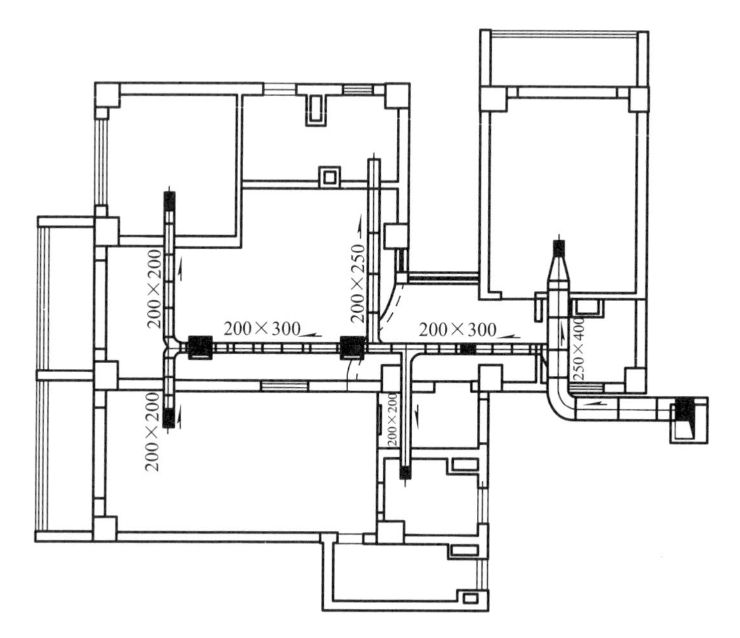

图 10-13　某住宅送风系统平面图

回风平面图的绘制过程与送风平面图相似，只不过是送风口改成了回风口，图 10-14 为某住宅回风系统平面图。

（2）空调工程安装详图将各种空调构件、设备及附件的制造和安装结构用较大的比例绘制出来的图样，称为安装详图。通常采用 1∶5、1∶10、1∶20 等的比例。空调系统中通风管件的安装是经常性施工项目，风管、吊架安装详图也是比较常见的，详图中一般都标注详细的安装尺寸，它是风管安装的依据。风管、吊架安装详图如图 10-15 所示。

除通风部分的管道以外，多数空调工程安装详图都比较复杂。如厂家提供的各种设备详图、空调机房安装详图、设备基础详图等。这类设备图样基本上都是按照机械制图标准绘制的，识读时应予以注意。还有各专业安装标准详图的图集供选用，绘制施工图时不必再画相关详图，只在图中标明详图索引符号即可。

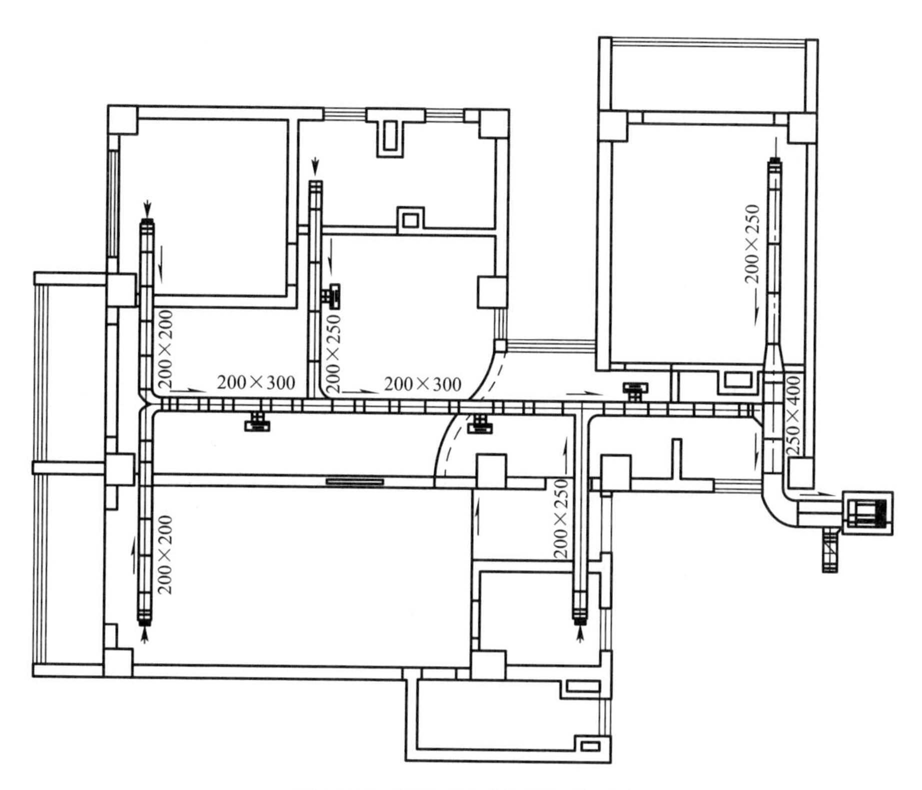

图 10-14　某住宅回风系统平面图

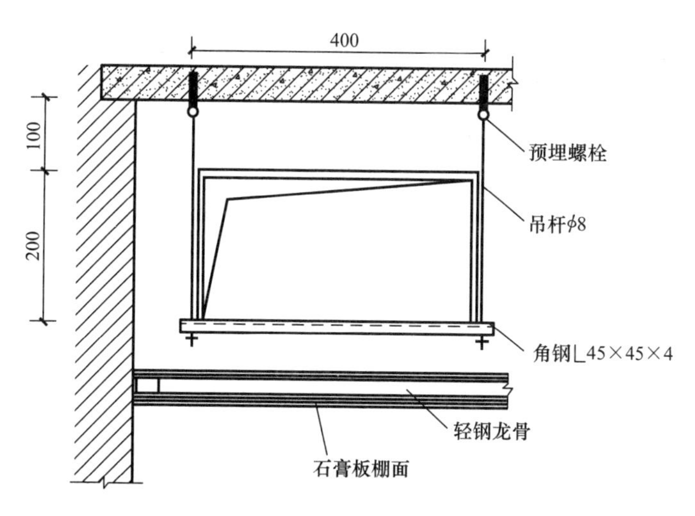

图 10-15　风管、吊架安装详图

2. 空调系统工程图样识读

图 10-16 为某住宅楼内单元套房的空调平面图。

该工程为半集中式中央空调，新风管引自设在套房室外的共用送风机等设备。空调采用风机盘管加送新风系统，即空调制冷（热）机组在使水产生低（高）温后，用循环泵把水送入水系统中，流动冷（热）水流经风机盘管散发冷（热）量到房间内，之后经回水管再流回空调制冷（热）设备中，与此同时新风机产生的新风沿风管送入各房间，使空气保

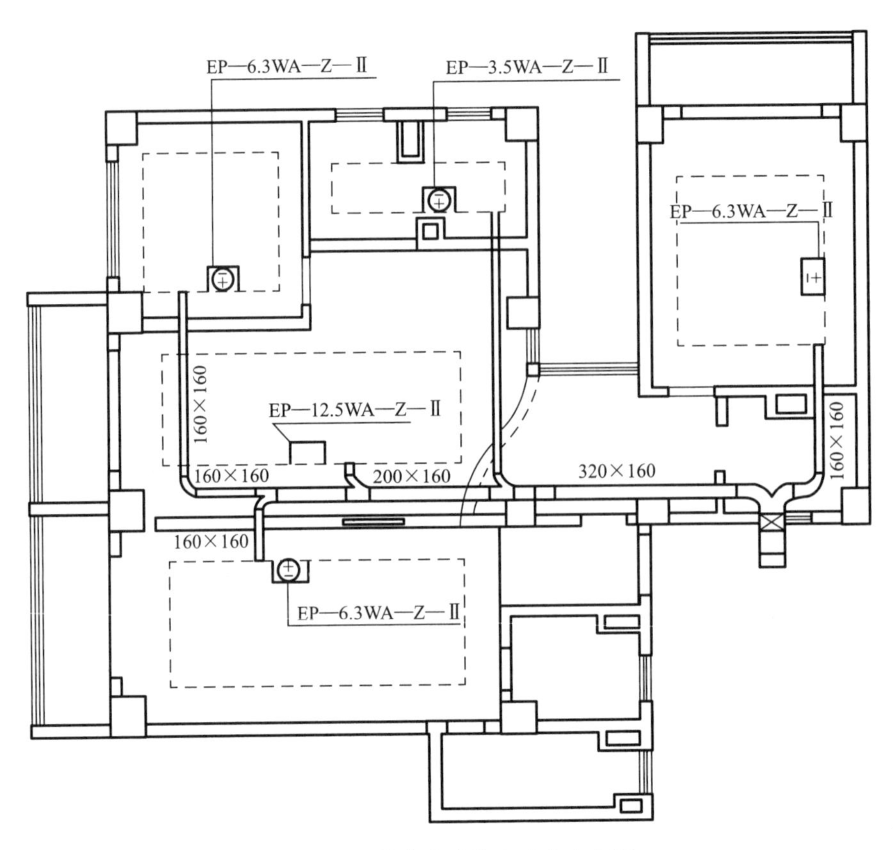

图 10-16　某住宅半集中式中央空调

持清新。在这个过程中，室内的风机盘管选用可在室内进行二次调节的设备，以灵活控制室内的空气流通，达到节约能源的目的。

该平面图中绘制了新风系统平面图与风机盘管的位置，标注了各种管线的截面尺寸，中风管边上所标注“160×160”等，表示这段风管为矩形管水平宽 160mm、高 160mm。机盘管所标注的“EP-6.3WA—Z—Ⅱ”为型号及规格。

四、通风空调施工图识读示例三

空调箱是空气调节系统处理空气的主要设备，空调箱需要供给冷冻水、热水或蒸汽。制造冷冻水就需要制冷设备，设置制冷设备的房间称为制冷机房，制冷机房制造的冷冻水要通过管道送到机房的空调箱中，使用过的水经过处理再回到制冷机房循环使用。由此可见，制冷机房和空调机房内均有许多管路与相应设备连接，这些管路和设备的连接情况要用平面图、剖面图和系统图来表达清楚。一般用单线条来绘制管线图。

如图 10-17、图 10-18 和图 10-19 所示分别为冷、热媒管道的底层平面图、二层平面图和系统轴测图。

从图中可见，水平方向的管子用单线条画出，立管用小圆圈表示，向上、向下弯曲的管子、阀门及压力表等都用图例符号来表示，管道都在图样上加注图例说明。

从图 10-17 中可以看到从制冷机房接出的两根长的管子（即冷水供水管 L 与冷水回水管 H）在水平转弯后。就垂直向上走。在这个房间内还有蒸汽管 Z、凝结水管 N 与排水管

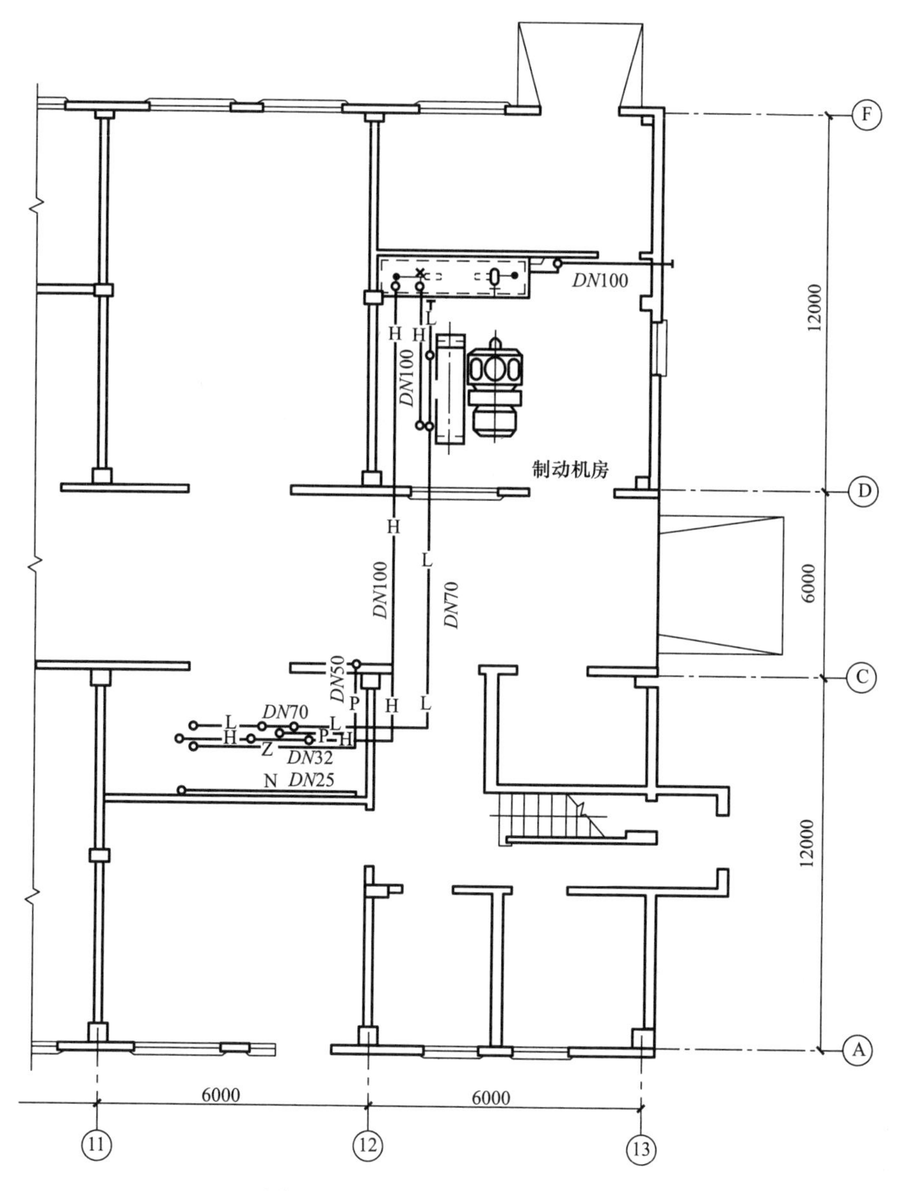

图 10-17　冷、热媒管道底层平面图

P，它们都吊装在该房间靠近顶棚的位置上，与图 10-18 二层管道平面图中调-1 管道的位置是相对应的。在制冷机房平面图中还有冷水箱、水泵和相连接的各种管道，同样可根据图例来分析和识读这些管子的布置情况。由于没有剖面图，可根据管道系统图来表示管道与设备的标高等情况。

图 10-19 为表示管道空间方向情况的系统图。图中画出了制冷机房和空调机房的管路及设备布置情况，也表明了冷、热媒的工作运行情况。从调-1 空调机房和制冷机房的管路系统来看，从制冷机组出来的冷媒水经立管和三通进到空调箱，分出三根支管（两根将冷媒水送到连有喷嘴的喷水管；另一支管接热交换器，给经过热交换器的空气降温）；从热交换器出来的回水管 H 与空调箱下的两根回水管汇合，用 *DN*100 的管子接到冷水箱，冷水箱中的水由水泵送到冷水机组进行降温。当系统不工作时，水箱和系统中存留的水都由排水管 P 排出。

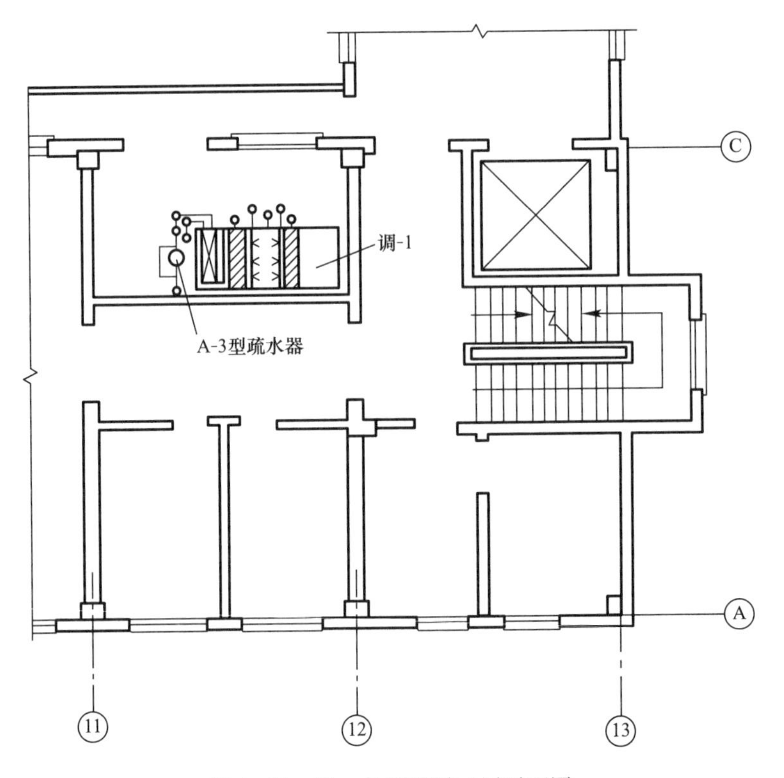

图 10-18　冷、热媒管道二层平面图

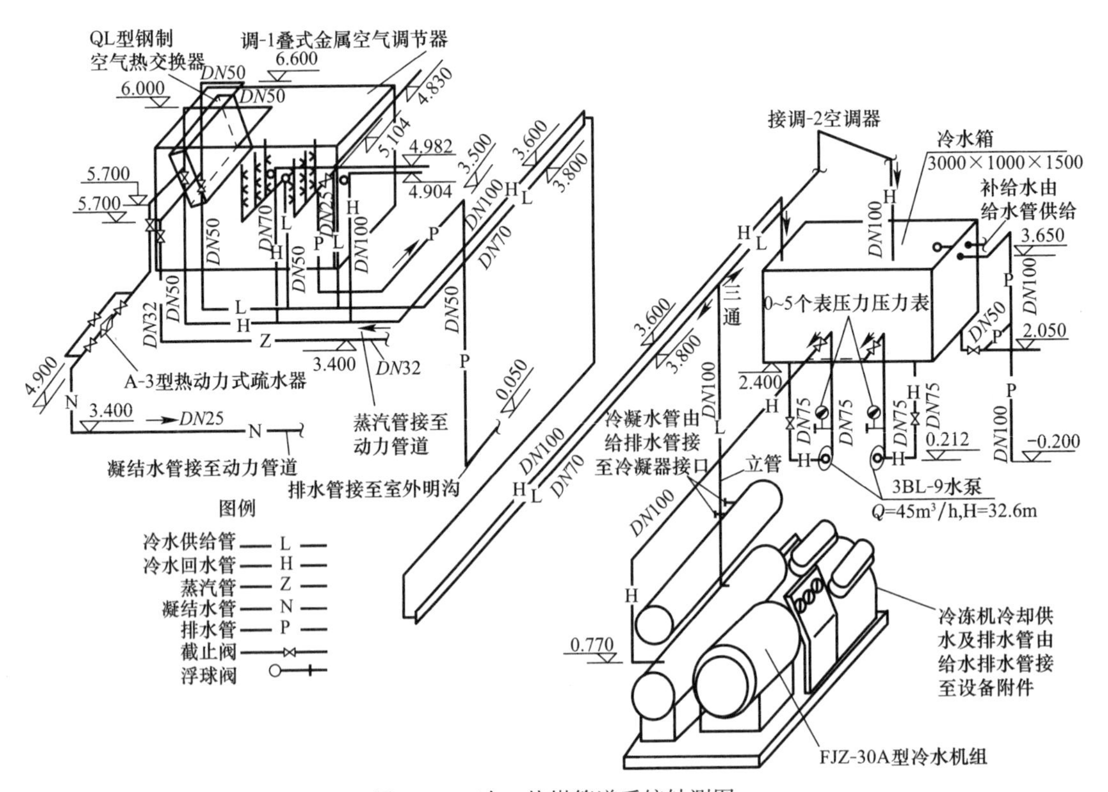

图 10-19　冷、热媒管道系统轴测图

第六节　燃气工程图及识读

一、燃气管道工程图的组成

燃气管道工程图主要由各层平面图、系统图与详图组成。

1. 平面图

平面图主要表明建筑物燃气管道和设备的平面布置，一般应包括以下内容：

(1) 引入管的平面布置及与庭院管网的关系。

(2) 燃气设备的类型与平面位置。

(3) 各干管、立管、支管的平面布置，管径尺寸及各立管编号。

(4) 各种阀门、燃气表的平面布置及规格。

2. 系统图

系统图是表示燃气管道系统空间关系的立体图，主要表明燃气管道系统的具体方向、管路分支情况、立管编号、管径尺寸与管道各部分标高等。

3. 详图

详图表明某一具体部位的组成和做法，一般没有特殊要求时不绘施工详图，参阅《建筑设备施工安装图册》。

二、燃气工程图的常用图例

燃气用具图例见表 10-6，室内燃气管道图例见表 10-7。

燃气用具图例　　表 10-6

名称	图例	名称	图例
燃气表		热水器	
单眼灶		燃气灶	
双眼灶		烘烤箱	

室内燃气管路图例　　表 10-7

名称	图例	名称	图例
焊接管		旋塞	
铸铁管		火嘴	
橡胶管		管堵	

三、燃气管道工程图的识读

首先识读平面图，先了解引入管、干管、立管、燃气设备的平面位置，然后将系统图与平面图对照进行；识读时，沿着燃气流向，从引入管开始，依次识读各立管、支管、燃气表、器具连接管与灶具等。图 10-20、图 10-21 为某住宅燃气管道工程图。

图样设计说明：引入管采用无缝钢管，焊接连接；室内燃气管道采用低压流体输送用镀锌焊接钢管，螺纹联接。燃气系统中的阀门采用内螺纹旋塞阀 X13F—1.0 型。燃气表采用 LML2 型民用燃气表，流量为 3.0m^3/h。

由图 10-20（*a*）、图 10-21 可看出，在③轴与④轴间、Ⓒ轴墙北侧，有一标高为 −0.900m、*D*57×3.5 的无缝钢管由北到南埋地敷设；临近Ⓒ轴墙外表时，转弯垂直向上敷设，穿出室外地面至标高为 0.800m 处，又转弯穿Ⓒ轴墙进入一层厨房内，这部分管道称为引入管。从系统图中引入管各部分标高可看出，该引入管的引入方式为地上低立管引入方式。

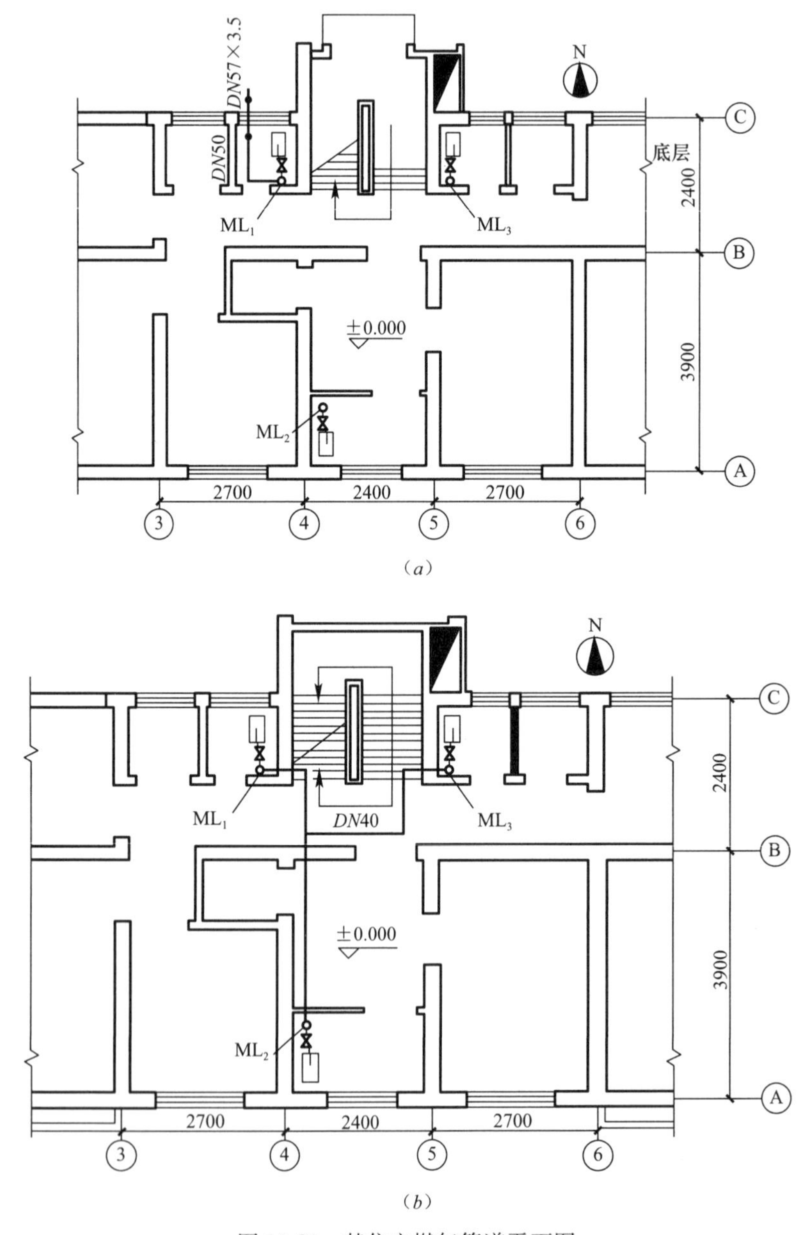

图 10-20 某住宅燃气管道平面图

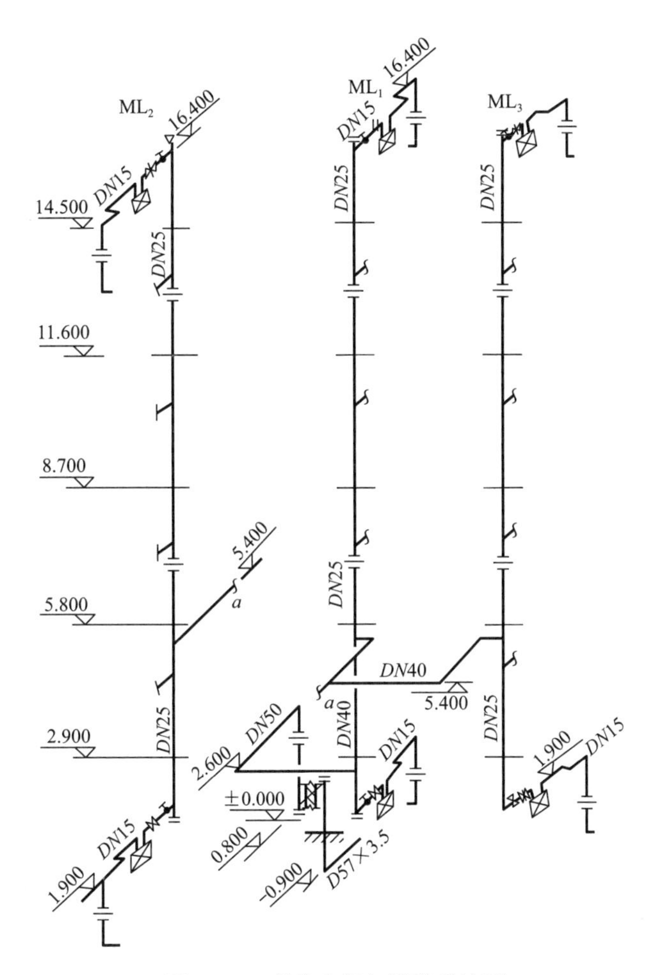

图 10-21　某住宅燃气管道系统图

引入室内（一层厨房）后，经三通转弯，沿Ⓒ轴墙由下向上沿墙明敷（管道材质为镀锌焊接钢管，管径为 *DN*50），至标高为 2.600m 时，转弯沿墙水平往南敷设，至一层厨房门口处又水平转弯由西往东走，接 ML_1 立管。该 ML_1 立管下端，标高为 1.900m 处水平地接公称直径为 *DN*15 的支管，经一层燃气表接一层厨房灶具。该立管从标高 2.600m 处向上敷设。二层至三层之间的立管管径为 *DN*40。ML_1 立管，标高 5.400m 处接一管径为 *DN*40 的支管分别接至 ML_2、ML_3 立管。ML_1 立管穿过各层楼楼板至立管 ML_1 顶部，ML_1 立管在各层楼分别接出支管到各层楼用气灶具。

由标准层平面图和系统图可看出，ML_1 立管在标高 5.400m 处接出 *DN*40 的分支管，由北到南沿④轴墙明敷至 ML_2 立管；在④轴与Ⓑ轴的交角处从 *DN*40 管道上又接一 *DN*40 的管道沿Ⓑ轴墙由西向东敷设至⑤轴墙，转弯接至 ML_3 立管。

ML_2 立管上，从 5.400m 处即三层楼板下向下的立管部分，管径为 *DN*25，分别接二层、一层的用气支管至灶具。ML_2 立管上，从标高为 5.400m 起向上的立管部分，管径均为 *DN*25，在各层楼距楼地面为 1.900m 处分别接用气支管到灶具。

ML_3 立管上的接管情况与 ML_2 立管上的接管相同。

由上述可见，该工程引入管布置在厨房处用低立管引入的方式；燃气立管是布置在厨房内的一个墙角处；各燃气支管全部设于厨房内的；仅有三根立管相连的水平管敷设在三层走道、厅的楼板下面。

练习题

练习 10-1：暖通空调的设计应该考虑哪些问题？

练习 10-2：了解供暖系统，都需要了解哪些？

练习 10-3：什么是上供下回式？

练习 10-4：热水采暖系统由哪几个部分组成？

第十一章　怎样识读电气工程图

第一节　概　　述

建筑电气技术人员可以依次进行交流，依据电气施工图进行设计施工、购置设备材料、编制审核工程概预算，以及指导电气设备的运行、维护和检修。

电气工程图种类很多，一般按功能可以分成电气系统图、内外线工程图、动力工程图、照明工程图、弱电工程图及各种电气控制原理图。

一、建筑电气施工图的特点

连接导线在电气图中使用非常多，在施工图中为了使表达的意义明确并且整齐美观，连接线应尽可能水平和垂直布置，并且尽可能减少交叉。

导线的表示可以采用多线和单线的表示方法（图 11-1）。

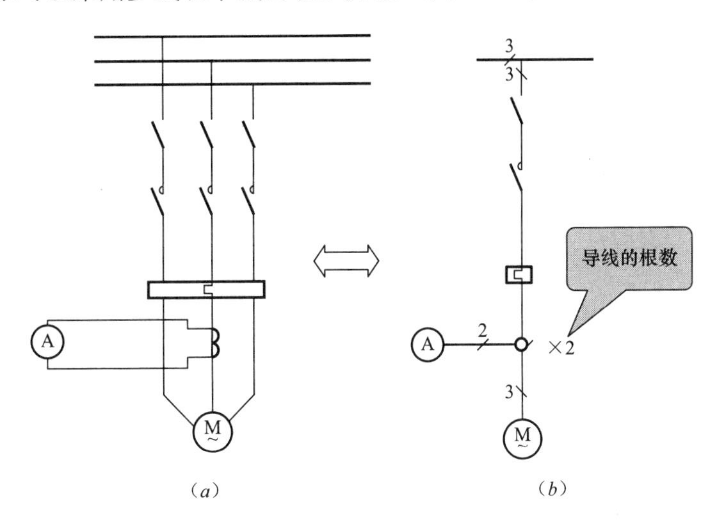

图 11-1　导线的表示方法

(*a*) 多线表示；(*b*) 单线表示

当单线表示多根导线其中有导线离开或汇入（图 11-2）时，一般可加一根短斜线来表示。

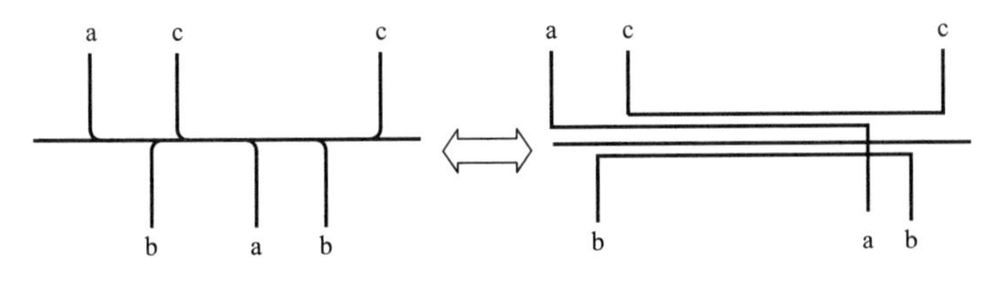

图 11-2　导线汇入或离开线组

在建筑电气施工图中的电气元件和电气设备并不采用比例画出其形状和尺寸，均采用图形符号进行绘制（图 11-3）。

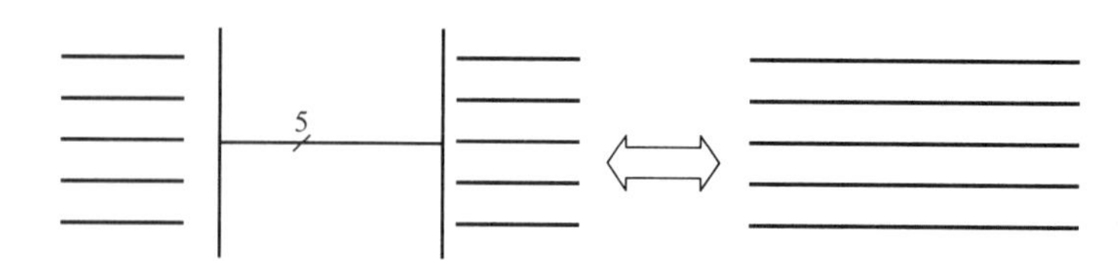

图 11-3 简图中导线的示意表示法方法

为了进一步对设计意图进行说明，对设备的容量、安装方式、线路的敷设方法等进行补充说明。

二、建筑电气施工图的组成

建筑电气施工图由目录、设备材料表、施工说明、系统图、平剖面图（平面图）组成。

三、电气线路在平面图上的表示方法

电气施工图一般都绘制在简化了的土建平面图上，为了图出重点，土建部分用细实线表示，电气管线用粗实线表示。

导线的文字标注形式为

$$a-b(c\times d)e-f$$

式中 a——线路编号；

d——导线的截面积（mm^2）；

b——导线的型号；

c——导线的根数；

e——敷设方式；

f——线路的敷设部位。

四、照明及动力设备在平面图上的标注

（1）用电设备的文字标注

$$\frac{a}{b}\text{或}\frac{a}{b}+\frac{c}{d}$$

式中 a——设备编号；

b——额定功率（kW）；

c——线路首段熔断器体或断路器整定电流（A）；

d——安装标高（m）。

（2）配电箱的文字标注。ab/c 或 $a-b-c$，当需要标注引入线的规格时，则标注为：

$$a\frac{b-c}{d(e\times f)-g}$$

（3）照明灯具的标注形式为

$$a-b\frac{c\times d\times l}{e}f$$

第二节 识读电气施工图的基本知识

新的《电气图用图形符号》国家标准代号为GB/T 4728。为了保证电气图用符号的通用性，不允许对GB/T 4728中已给出的图形符号进行修改和派生，但如果某些特定装置的符号在GB/T 4728中未作规定，允许按已规定的符号适当组合派生。在GB/T 4728中，某些设备、器件、元件给出的图形符号，有优选型和其他型，选用符号时，应尽量选用优选形和最简单型，但同一张图样中只能选用一种图形。

电气图应用的图形符号引线一般不能改变位置，但某些符号的引线变动不会影响符号的含义，则引线允许画在其他位置。电气安装施工基本图例见表11-1。

电气安装施工基本图例 **表11-1**

名称	图例符号	名称	图例符号
单极开关	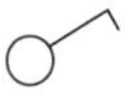	暗装三极开关	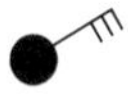
密封防水单极开关	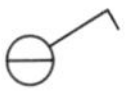	防爆三极开关	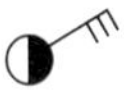
双极开关		单极三线双控开关	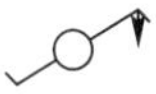
密闭防水双极开关	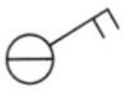	暗装声光双控开关	
三极开关	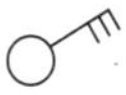	单极拉线开关	
密封防水三极开关	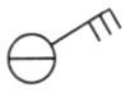	单极限时开关	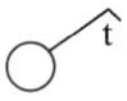
暗装单极开关		多拉开关	
防爆单极开关		定时开关	
暗装双极开关	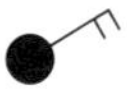	应急灯	
防爆双极开关		弯灯	
漏电开关	 LD	球形灯	
有指示灯的开关		局部照明灯	
荧光灯的一般符号		花灯	
防爆荧光灯		五管荧光灯	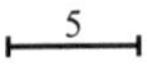 5
三管荧光灯	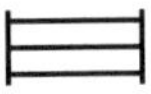	灯的一般符号	
暗装三级开关	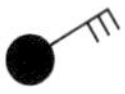	装饰吊灯	
防爆三级开关	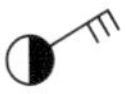	吸顶灯	

续表

名称	图例符号	名称	图例符号
天棚灯		台灯或落地灯	
聚光灯		壁灯	
泛光灯		单相插座	
没光灯		暗装单相插座	
带保护接点插座		密封防水单相插座	
暗装保护接点插座		防爆单相插座	
密闭保护接点插座		带熔断器插座	
防爆保护接点插座		熔断器	
专用插座		多种电源配电箱	
带接地三相插座		照明配电箱	
暗装接地三相插座		电能表	Wh
密闭接地三相插座		安全灯	
防爆接地三相插座		室内分线盒	
有单极开关的插座		指示灯	
防水防尘灯		热水器	
嵌灯		风扇的一般符号	∞

电子元器件和设备安装图例见表 11-2。

电子元器件和设备安装图例 **表 11-2**

名称	图例符号	名称	图例符号
消防喷淋器		门铃	
消防烟感器		门铃按钮	
警卫信号报警器		电阻的一般符号	
红外探测器	R	电容的一般符号	
门磁开关	C	二极管	

续表

名称	图例符号	名称	图例符号
发光二极管		电视接线插座	(T) (TV)
光敏二极管		紧急求助按钮	(A)
晶体管		电话插座	(H)
光电池		扬声器	
光电管		继电器	K

照明灯具安装方式及电子元件标注的文字代号见表11-3。

照明灯具安装方式及电子元件标注的文字代号 **表11-3**

表达内容	代号	表达内容	代号	表达内容	代号	表达内容	代号
线吊式	CP	吸顶式或直附式	S	顶棚内安装	CR	放大器	A
吊线器式	CP3	壁装式	W	座装	HM	熔断器	F
管吊式	P	台上安装	T	指示灯	H	晶体、电子管	V
固定线吊式	CP1	支架安装	SP	光电池	B	拾声器、送话器	B
链吊式	Ch	柱上安装	CL	照明灯	E		
嵌入式	R	墙壁内安装	WR	蓄电池	G		

第三节　照明工程施工图

一、照明工程施工图识读示例一

照明工程施工图的识图步骤：看图纸目录→识读施工图说明→电气总平面图→系统图→分层平面图→了解标准图集。

以一栋三单元，六层砖混结构，现浇混凝土楼板为例，说明照明工程图的识读过程（图11-4～图11-9）。

为了便于理解图11-5中的接线关系，以从客厅到卧室的支线为例画出了接线原理（图11-10）。

图11-11画出了接线原理图和平面图，不得在管线中间进行导线结构，而只能在接线盒或灯头盒及开关盒内进行。

二、照明工程施工图识读示例二

1. 住宅套房电气照明平面图

图11-12是一个较简单的照明线路图，从这个平面图上我们可以看出它实际上是一单元式套房，是有二室二厅、一卫、一厨的住宅。楼梯间户门入口处照明配电箱的旁边有一个带黑点的双箭头符号，表明进入分户配电箱前的电源主干线可以垂直向上下接入其他分配

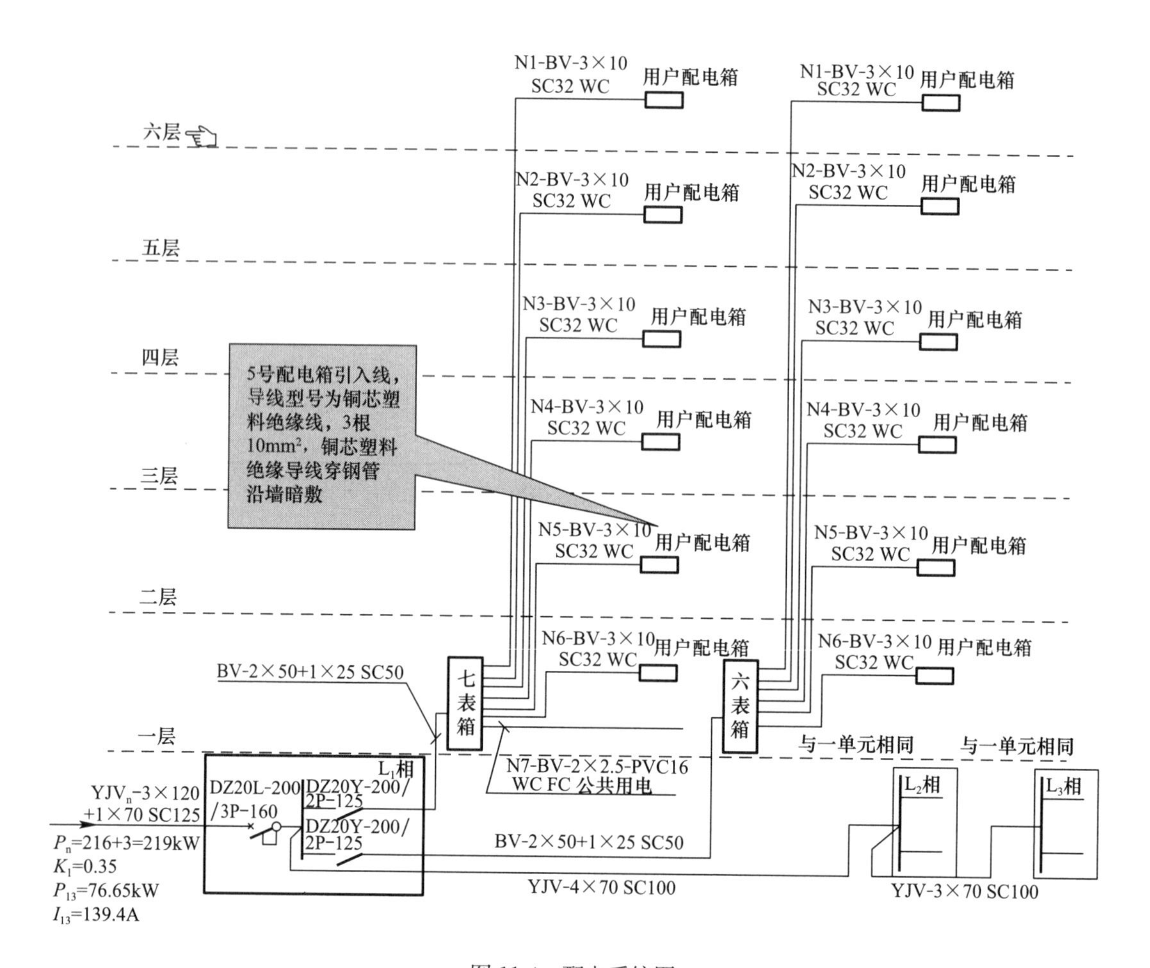

图 11-4　配电系统图

电箱。而这户的电源从分户配电箱引出后，分别向图样的左、中、右三个方向引出①、②、③、④总共四条供电线路，从图中我们可以看出这四条主要供电线路上都标有数字“3”，说明这四个方向的导线都是由三根导线所组成，当然根据行业默认的条件说明这三根导线分别是相线、零线和保护线。从线路的走向和位置上来看，这些导线都属于暗敷设施工。

（1）①号供电线路。①号供电线路是由位于入户门旁边的照明配电箱左侧引出，负责向餐厅、厨房、次卧室、卫生间和主卧室外侧的 4 只暗装保护接点插座和 4 只密闭专用插座供电的专用线路，共有各种暗装插座 8 个。每个暗装插座旁分式的分子数表示电流强度（A）。

（2）②号供电线路。②号供电线路由照明配电箱的中部左侧引出，分别向餐厅、厨房、次卧室、卫生间、主卧室和客厅阳台的各种灯具供电。根据相关图例、数字和字母符号，我们看出餐厅安装的是悬挂高度距地面 2.2m 的 40W 吊线器式的普通灯，室内安装暗装插座和密闭专用插座各一个。厨房安装的是高度 2.4m 的 25W 的吸顶灯，室内安装密闭专用插座和个。次卧室和主卧室安装的是悬挂高度 2.2m 的 40W 的链吊式荧光灯，室内分别安装普通暗装插座两个和三个。引入卫生间的是一盏吸顶安装高度 2.4m 的 25W 防水灯，室内安装密封专用插座一个。而阳台安装的则是高度 2.4m 的 25W 吸顶灯和一个普通暗装插座。上述灯具均由单极暗装开关控制。②号供电线路总计有各种灯具 6 盏和相关配套的控制开关。

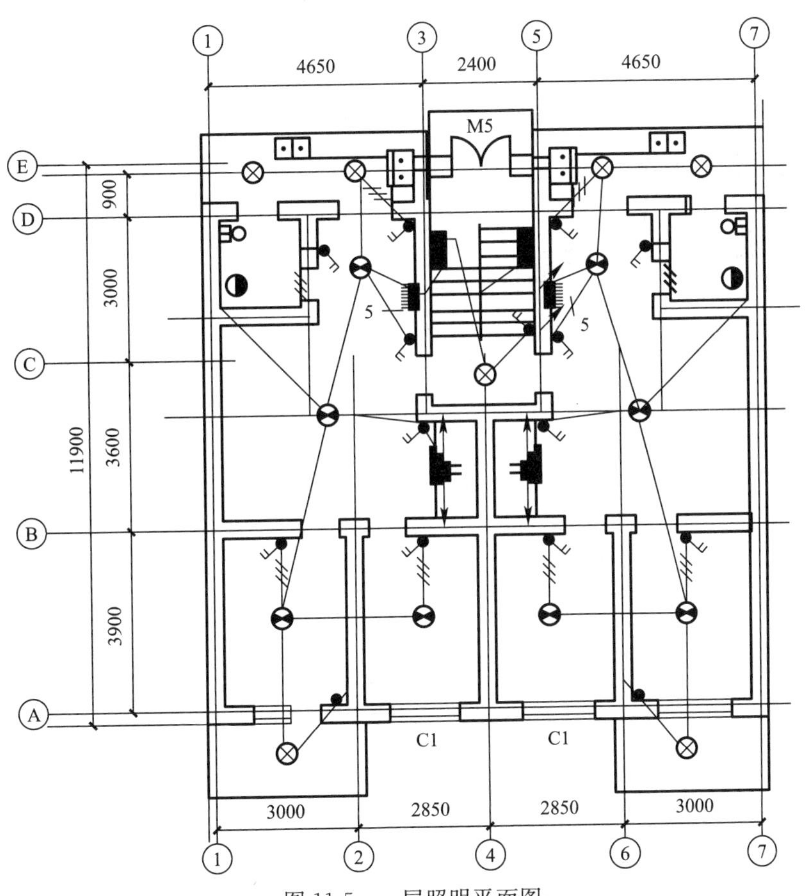

图 11-5　一层照明平面图

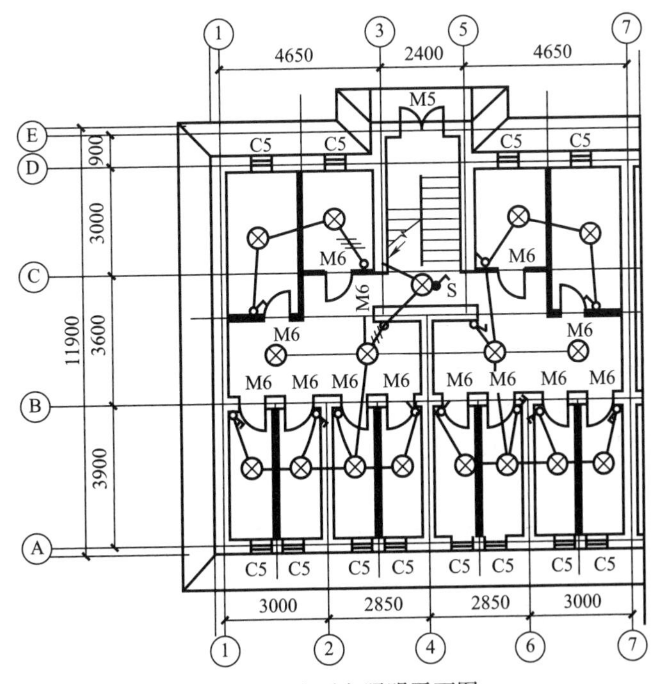

图 11-6　地下室照明平面图

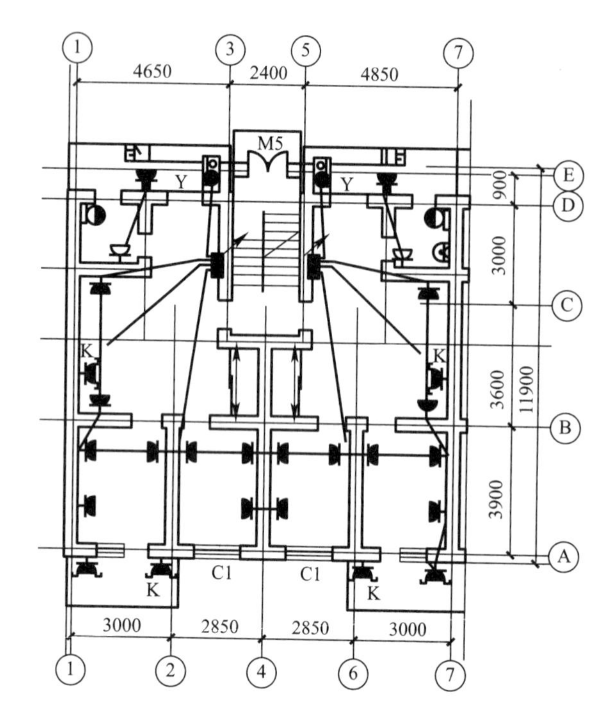

图例	说　明
	一般插座距地0.3m
	卫生间防水插座距地1.8m
K	空调插座距地1.8m
Y	油烟机插座距顶0.2m防溅型
	阳台插座距地1.8m带开关
	炊具插座距地0.5m带熔断器

图 11-7　一层插座平面图

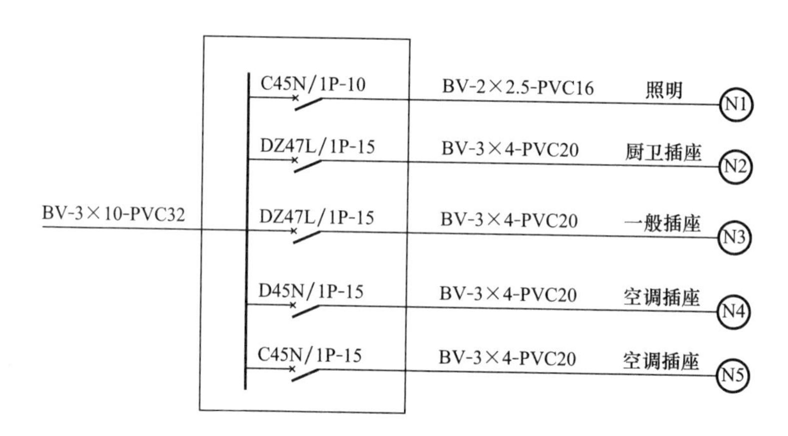

图 11-8　用户配电箱接线方案图

（3）③号供电线路。③号供电线路由照明配电箱的中部右侧引出，主要负责向客厅照明灯和门灯提供电源。这条供电线路包括 10 盏 8W 内嵌式安装灯具（筒灯）、一盏 8 头 7W 管吊式安装吊灯和一盏 25W 座式安装的门灯，灯具的悬挂高度分别是距地面 2.4m 和 2.2m。它们由一个三极开关、一个单极开关分三路控制。客厅有不同暗装插座三个。

（4）④号供电线路。这条供电线路比较简单，主要是为右侧客厅、阳台及主卧室内侧所有的 6 个暗装保护接点插座提供专用电源。

2. 住宅楼室内电气照明电路图

图 11-13 为一住宅楼某层分户套房电气照明平面图，识读电气照明平面图时，应按下述步骤进行：

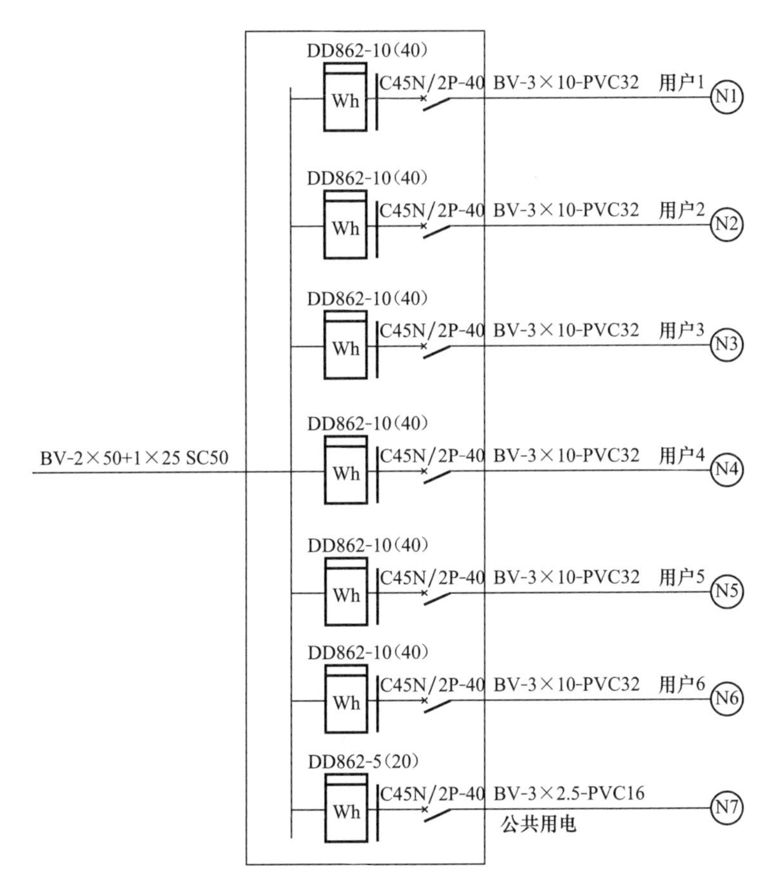

图 11-9　七表箱接线方案图

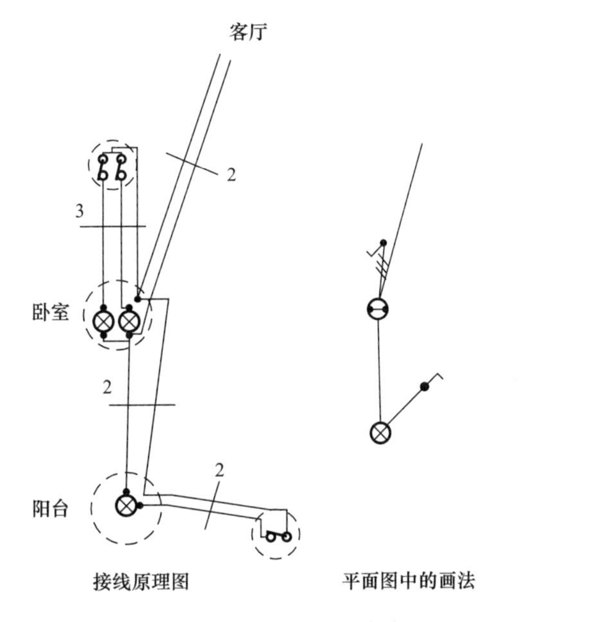

图 11-10　照明灯具接线根数关系

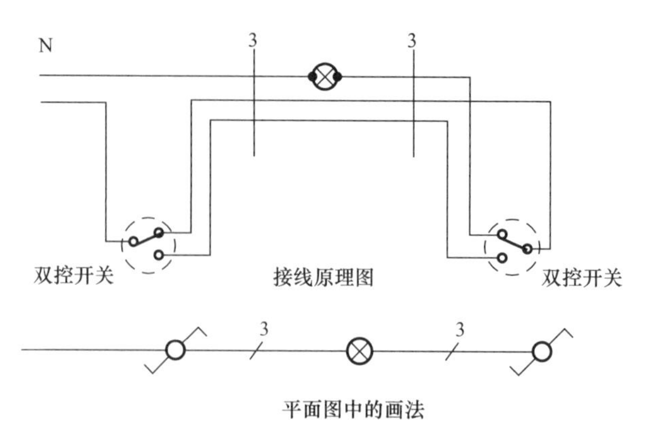

图 11-11　两地控制同一照明灯具接线关系

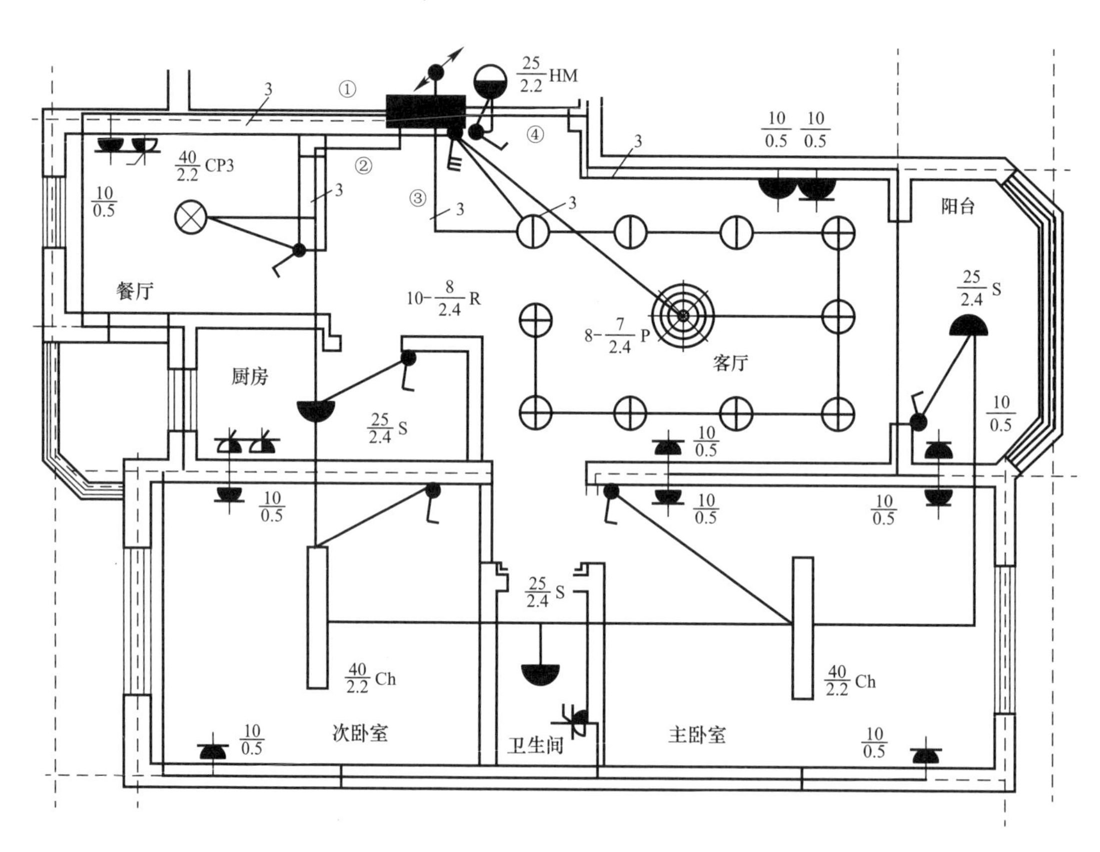

图 11-12　二室二厅住宅电气照明电路图

（1）从建筑平面图来看，这是一梯三户的单元式住宅类型。

（2）在楼梯间设有照明配电盘，旁边的带有圆黑点的双向箭头，表示该电源线是向上向下引通的干线。

（3）在每层的照明配电盘上，需要引出给 3 家送电的 3 条线路，右户为 N1；中户为 N2；左户为 N3。

（4）该层楼梯间的进户门处各有一门灯。它们的数字和文字符号的意义为："3"

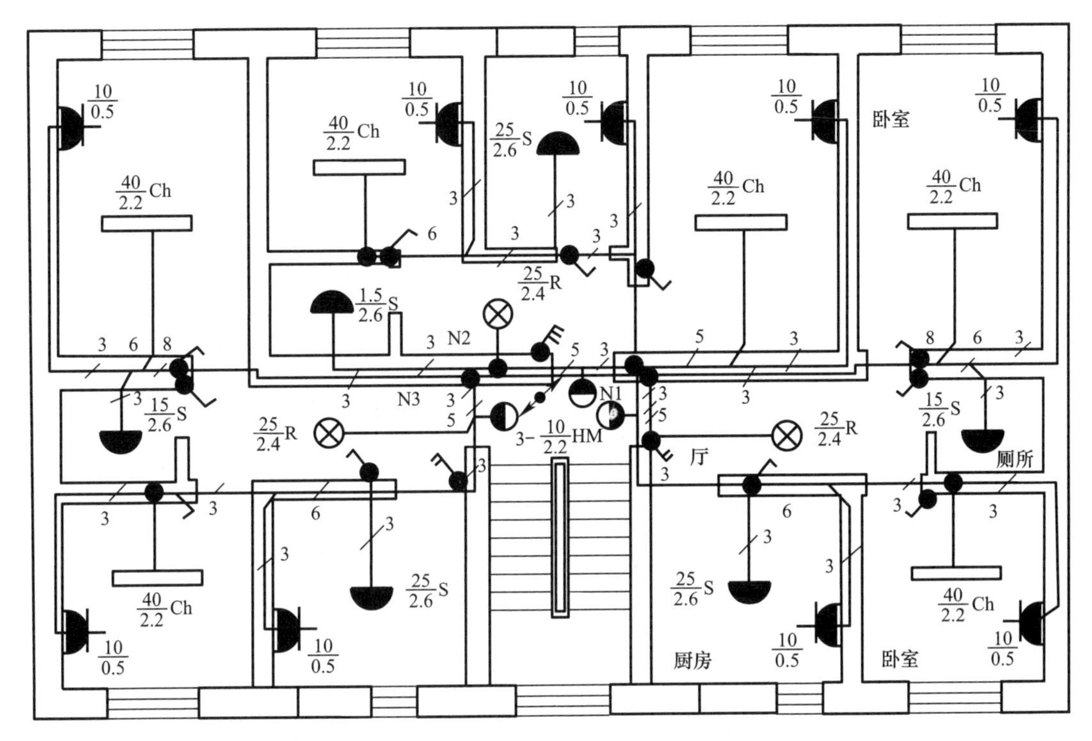

图 11-13　住宅楼某层分户套房电气照明平面图

为三盏灯；分母“2.2”为灯具安装距离楼层地面的高度；分子“10”为每盏灯的功率；“HM”按照文字符号所表达的含义为座装；根据图形符号的表示可以看出门灯为壁灯。

（5）该层左右两户的建筑和照明布局是对称布置的，因此只要了解其中的一户即可。以右侧住户照明布局为例，该户是两室、一厅、一厨和一厕，共 5 盏灯。

两间居室为高度 2.2m 的 40W 链吊式安装荧光灯；门厅为高度 2.2m 的 10W 座式安装壁灯；厨房和厕所分别为高度为 2.6m 的 25W 和 15W 的吸顶安装防水灯，各由一只单极开关控制。两间居室和厨房各有一个暗装单相插座。

（6）从图 11-14 的该户的导线敷设示意图上来看，进入右户的 N1 线路，包含 3 根导线：相线 L1、保护线 PE 和零线 N。为了识图的方便醒目，相线采用粗实线，保护线用中实线，零线用点画线绘制，接线盒用细双点画线表示。

从示意图上来看 N1 线路进入户内后，便进入接线盒，然后导线分为两个方向，一路向右接入大居室的接线盒，从这个接线盒内接出导线至大居室的荧光灯、插座以及厕所内的吸顶灯。大居室荧光灯的导线有两根，分别是相线和零线。而插座是 3 根导线，多了一根保护线。厕所的吸顶灯也是用了 3 根导线。

另一路线通向下方的接线盒。从这个接线盒，接出入户门上方座式安装的壁灯（门灯）和室内门厅普通灯各两根导线（一相一零）。再从该接线盒再接出导线至厨房，在厨房同样安装一接线盒。

由厨房接线盒接出两组导线，一组接至厨房内安装的吸顶灯和插座，有相线、零线和保护线 3 条导线。另一组从厨房接线盒再引出 3 根导线至小居室的接线盒。

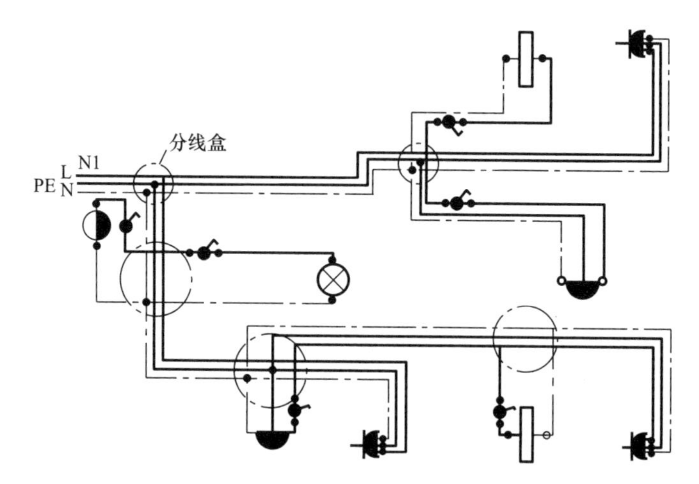

图 11-14　该户套房电气照明导线敷设示意图

从小居室接线盒同样接出两组导线。一组为两根导线接至室内荧光灯；另一组为三根导线引至室内插座。要注意开关应接在相线上，开关的两根导线都要经由接线盒，如图 11-14 所示。

中间的住宅单元与左右两户住宅单元的建筑和照明布局略有不同，二者之间除了灯具位置和荧光灯的数量有一些差别，其余的基本相同，在此就不再赘述了。

三、照明工程施工图识读示例三

图 11-15 是常见的住宅照明配电系统图。通过对系统图中下半部的图线、文字标注与上部表头所列相对应的项目分析识读后，我们可以看到系统图左侧配电箱的前端是每户的进线，为 3 根 10mm² 的塑料绝缘铜心线，穿 ϕ25mm 的钢管，沿墙用暗敷设的方法安装（BV-3×10-SC25-WC）。而位于配电箱右侧的后端是 4 条线路，自上而下对应平面图中所示的 1、2、3、4 号线路。1 号照明线路为 3 根 2.5mm² 的塑料绝缘铜心线，穿 ϕ16mm 的 PVC 电线管，沿墙采用暗敷设的方法安装（BV-3×2.5-PVC16-WC）。2 号空调线路和 4 号厨房插座线路，各为 3 根 6mm² 的塑料绝缘铜心线，穿 ϕ20mm 的 PVC 电线管，沿墙用暗敷设的方法安装（BV-3×6-PVC20-WC）。3 号房间插座线路为 3 根 4mm² 的塑料绝缘铜心线，穿 ϕ20mm 的 PVC 电线管，沿墙采用暗敷设的方法安装（BV-3×4-PVC20-WC）。

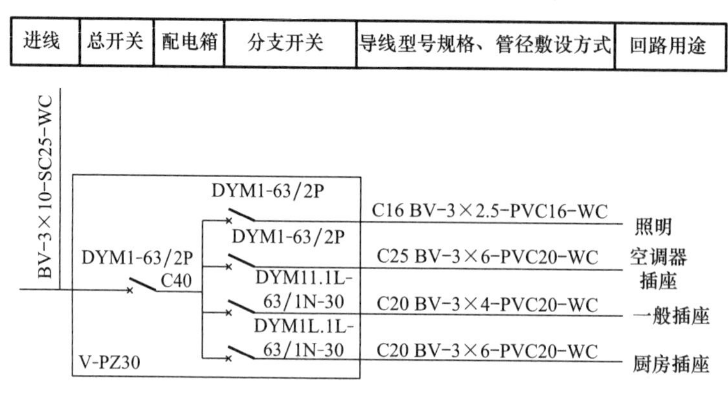

图 11-15　常见的住宅照明配电系统图

第四节　防雷工程平面图

一、防雷措施和防雷装置

常见的防雷装置有接闪杆、接闪线、接闪网、接闪带与避雷器等类型，不同类型的防雷装置有着不同的保护对象。接闪杆主要用于保护建（构）筑物和变配电设备；接闪线主要用于保护电力线路；接闪网和接闪带主要用于保护建（构）筑物；避雷器主要用于保护电力设备。

1. 防直击雷

防直击雷的主要措施是设法引导雷击时的雷电流按预先安排好的通道流入大地，从而避免雷云向被保护物体放电。其防雷装置一般由接闪器、引下线和接地装置（接地体）三个部分组成。

（1）接闪器。接闪器是直接用来接受雷击的部分，通常有接闪杆（图 11-16）、接闪

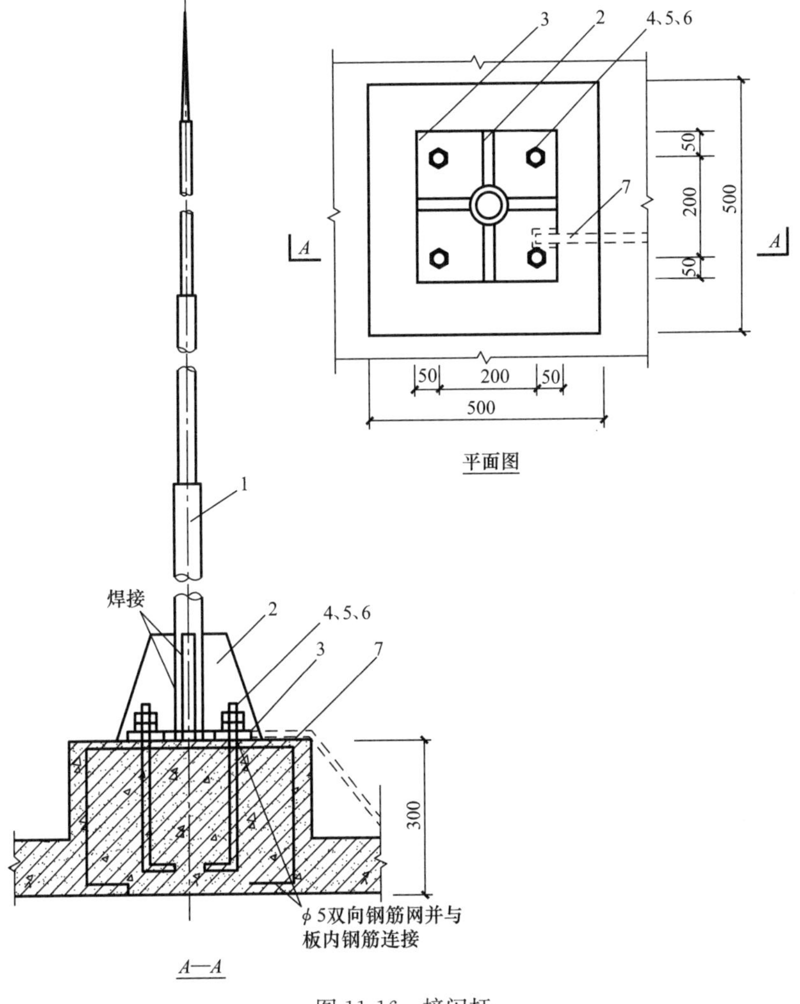

图 11-16　接闪杆

1—接闪器；2—支撑钢板；3—底座钢板；4、5、6—埋地螺栓、螺母；7—引下线

带、接闪网等。所有的接闪器都必须经过接地引下线与接地装置相连接。

1）接闪杆是安装在建（构）筑物突出部位或独立装设的针形导体，一般用镀锌圆钢（针长 1～2m，直径≥16mm）、镀锌钢管（长 1～2m，内径≥25mm）或不锈钢钢管制成，可以附设在建（构）筑物顶部、地面或电杆上，下端经引下线与接地装置连接，如图 11-6 所示。接闪杆适用于保护细高的建（构）筑物，保护半径约为避雷针高度的 1.5 倍。

2）接闪网（带）一般采用圆钢（直径≥8mm）或扁钢（截面面积≥48mm²，厚度≥4mm）制成。接闪网一般安装在建（构）筑物顶部突出的部位上，如屋脊、屋檐、女儿墙等；接闪带一般采用－25×4 的镀锌扁钢相互连接成网格状。接闪网可用镀锌扁钢引下到接地装置，也可与建（构）筑物柱子、剪力墙内的主筋连接形成接地网，如图 11-17 所示。接闪网（带）适用于宽大的建（构）筑物。

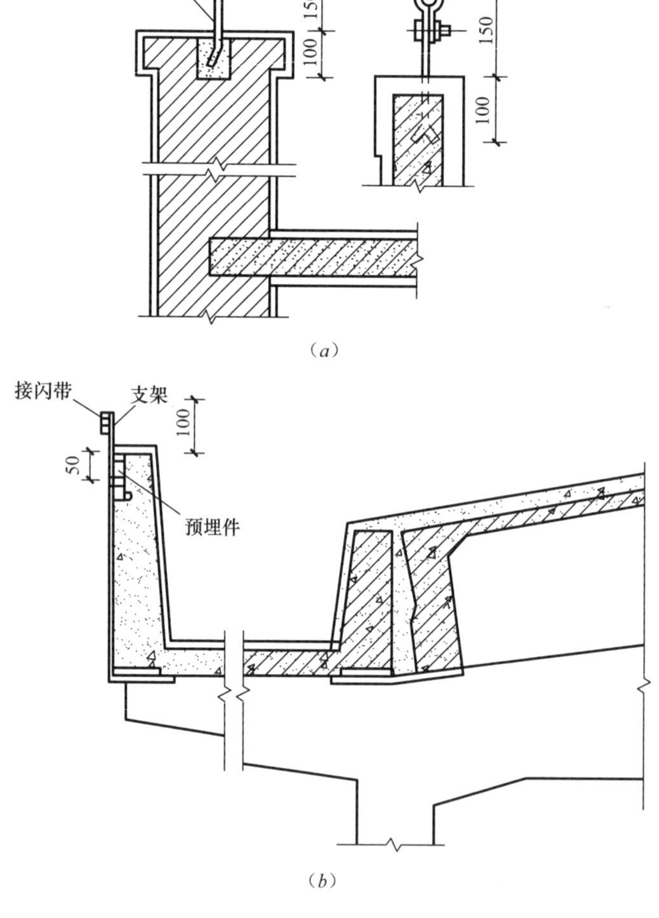

图 11-17　建（构）筑物顶接闪带

(a) 女儿墙上接闪带；(b) 平屋顶挑檐上接闪带

3）接闪线一般采用截面面积≥35mm² 的镀锌钢绞线，架设在架空线路之上，保护架空线路免受直接雷击，适用于长距离高压供电线路等较长的物体的防雷保护。

（2）引下线。引下线是连接接闪器和接地装置的金属导体，敷设方式分为明敷和暗敷两种：

明敷的引下线宜采用镀锌圆钢（直径≥8mm）或镀锌扁钢（截面≥25mm×4mm），沿建（构）筑物墙面敷设。为了便于测量接地装置的接地电阻和检修引下线，在距地面1.5～1.8m处设断接卡子或测试点，断接卡子以下与接地线连接。

引下线暗敷是利用建（构）筑物柱内的主筋做引下线。利用主筋做引下线时，钢筋直径≥16mm，每条引下线不得少于两根主筋。在距室外地坪0.5m处做断接卡子。图11-18为暗敷引下线的断接卡子。

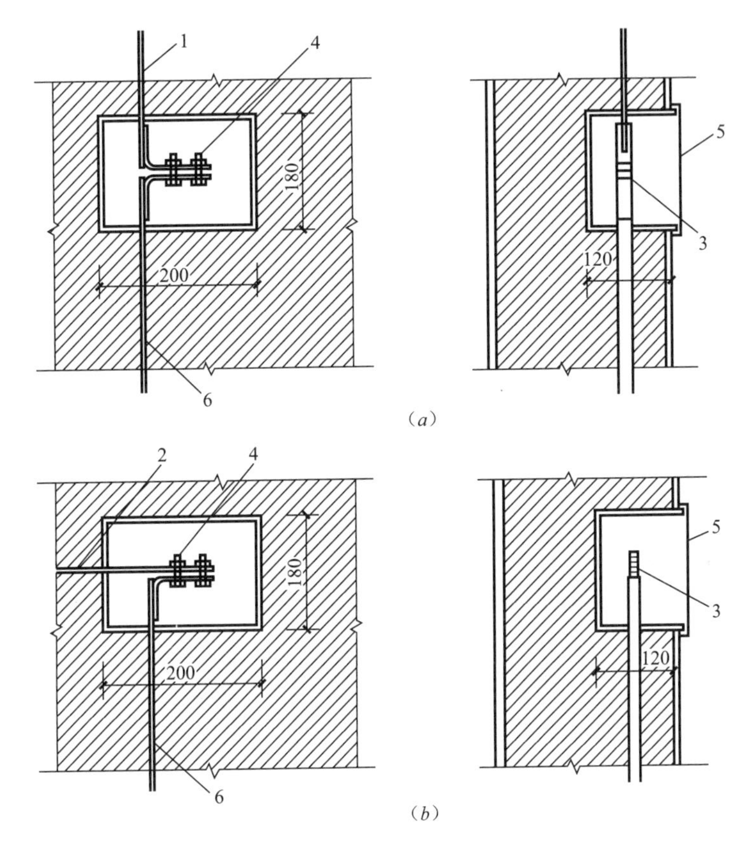

图11-18　暗敷引下线的断接卡子

(a) 专用安装引下线；(b) 利用柱筋做引下线

1—引下线；2—至柱钢筋引下线；3—断接卡子；4—镀锌螺栓；5—断接卡子箱；6—接地线

（3）接地装置。接地装置是指将雷电流或设备漏电电流导入大地的装置，一般由接地线和接地体组成。接地线是从引下线的断接卡子或接线处至接地体的金属导体；接地体是指埋入土壤中或混凝土基础中直接与大地接触的金属导体，接地体分为人工接地体和自然接地体。

人工接地体通常采用圆钢、扁钢、角钢、钢管等钢质材料制成，所用钢材的尺寸要求：圆钢直径≥10mm；扁钢厚度≥4mm；截面面积≥100mm^2；角钢厚度≥3mm，钢管壁厚≥3.5mm，长度宜为2.5m。接地体埋深≥0.5m，间距宜为5m。图11-19为垂直布置形式的人工接地体。

自然接地体是兼作接地体用的埋于地下的金属物体。一般利用钢筋混凝土建（构）筑物的基础钢筋作为自然接地体。

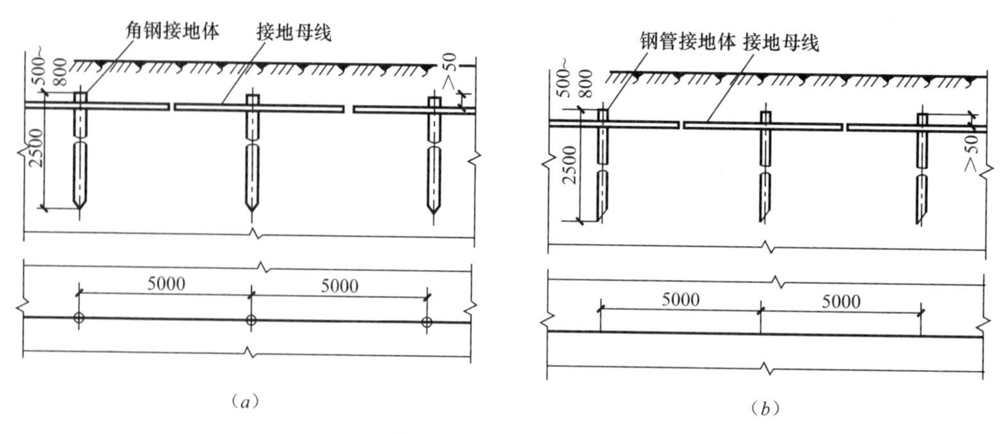

图 11-19　人工接地体
(a) 角钢接地体；(b) 钢管接地体

2. 防雷电感应

为防止感应雷产生火花放电，建筑内的金属设备、金属管道、金属构架、电缆金属铠装外皮、钢屋架与钢窗等较大的金属构件，以及突出屋面的金属物体等均应通过接地装置与大地做可靠连接。

3. 防雷电波侵入

为防止雷电波侵入，对电缆进、出线应在进、出端将电缆的金属外皮、钢管等与电气设备接地相连。当电缆转换为架空线时，应在转换处装设避雷器；避雷器、电缆金属外皮和绝缘子铁脚、金具等应连在一起接地；对低压架空进、出线，应在进、出处设置避雷器并与绝缘子铁脚、金具连在一起接到电气设备的接地装置上；当多回路架空进、出线时，可仅在母线或总配电箱处装设一组避雷器或其他形式的过电压保护器，但绝缘子铁脚与金具仍应接到接地装置上；进、出建（构）筑物的架空金属管道，在进、出处应就近接到防雷或电气设备的接地装置上。

避雷器是并联在被保护的电力设备或设施上的防雷装置，用以防止雷电流通过输电线路传入建（构）筑物和用电设备而造成危害。

二、建（构）筑物防雷接地工程图

图 11-20 为某医院大楼防雷平面图。图中为二级防雷保护，在屋顶采用 $\phi 12$ 镀锌圆钢做接闪带；接闪带支持卡采用 $\phi 12$ 镀锌圆钢，高 100mm，间隔 1000mm；避雷连接线采用 —25×4 镀锌扁钢，沿屋面垫层敷设，网格不大于 10m×10m。突出屋面的所有金属构件均应与接闪带可靠连接，如金属通风管、屋顶风机、金属屋面与金属屋架等。

大楼避雷引下点共 11 处，利用钢筋混凝土柱子内 2 根 $\phi 16$ 以上通长主筋作为避雷引下线，引下线上端与避雷带焊接，下端与接地网焊接。

图 11-21 为某医院大楼接地平面图。图中电气设备的保护接地、电梯机房与消防控制室等的接地共用统一接地装置。利用基础内两根主筋通长焊接做基础接地网。建筑物内手术室等重要设备间采用局部等电位联结（LEB），共设 17 处，从适当的地方引出两根大于 $\phi 16$ 的柱内主筋至局部等电位箱 LEB。局部等电位箱暗装，底距地 300mm。总等电位箱设置在配电室，接地网与总等电位箱间采用—40×4 镀锌扁钢焊接连接。

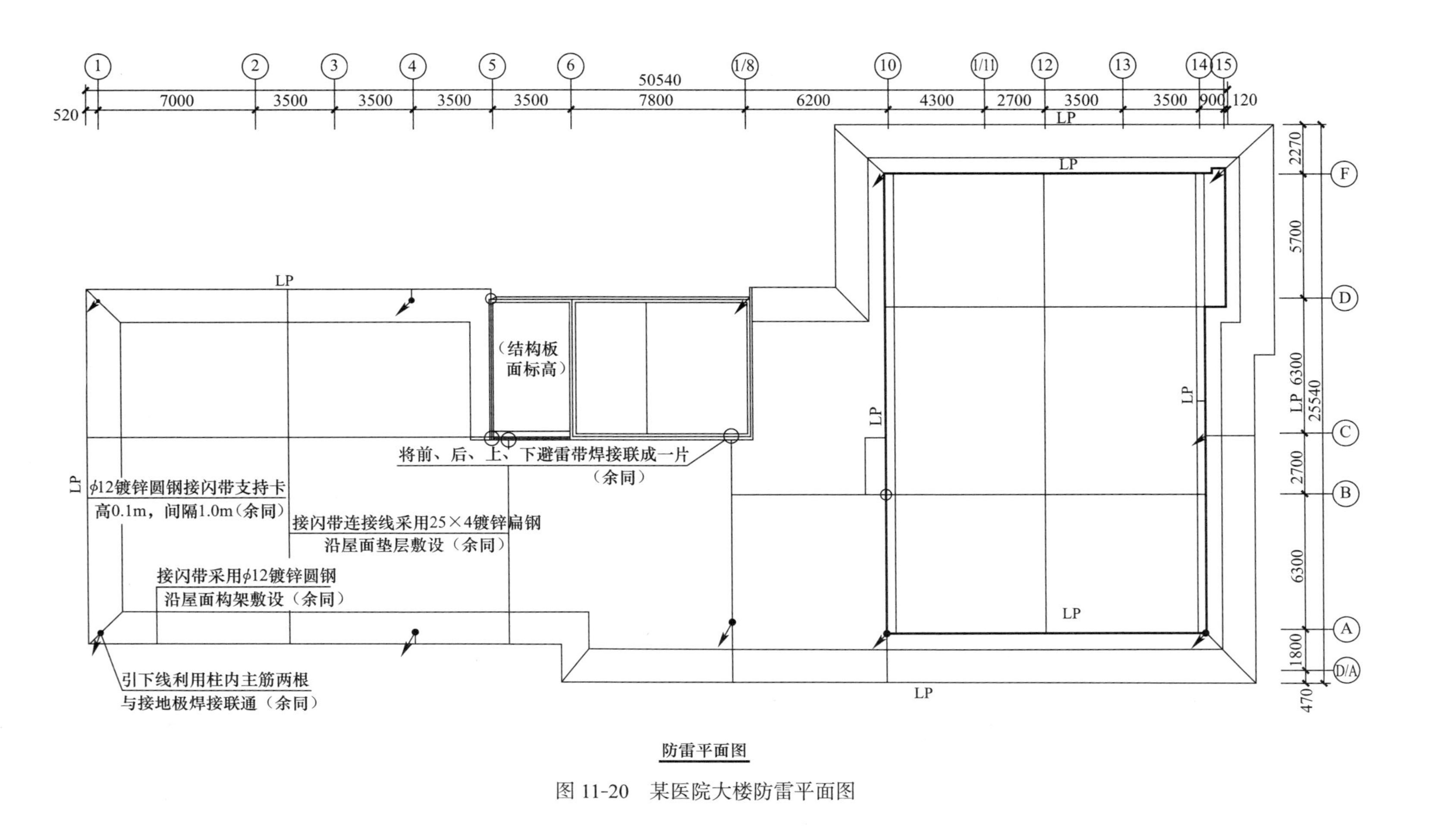

图 11-20 某医院大楼防雷平面图

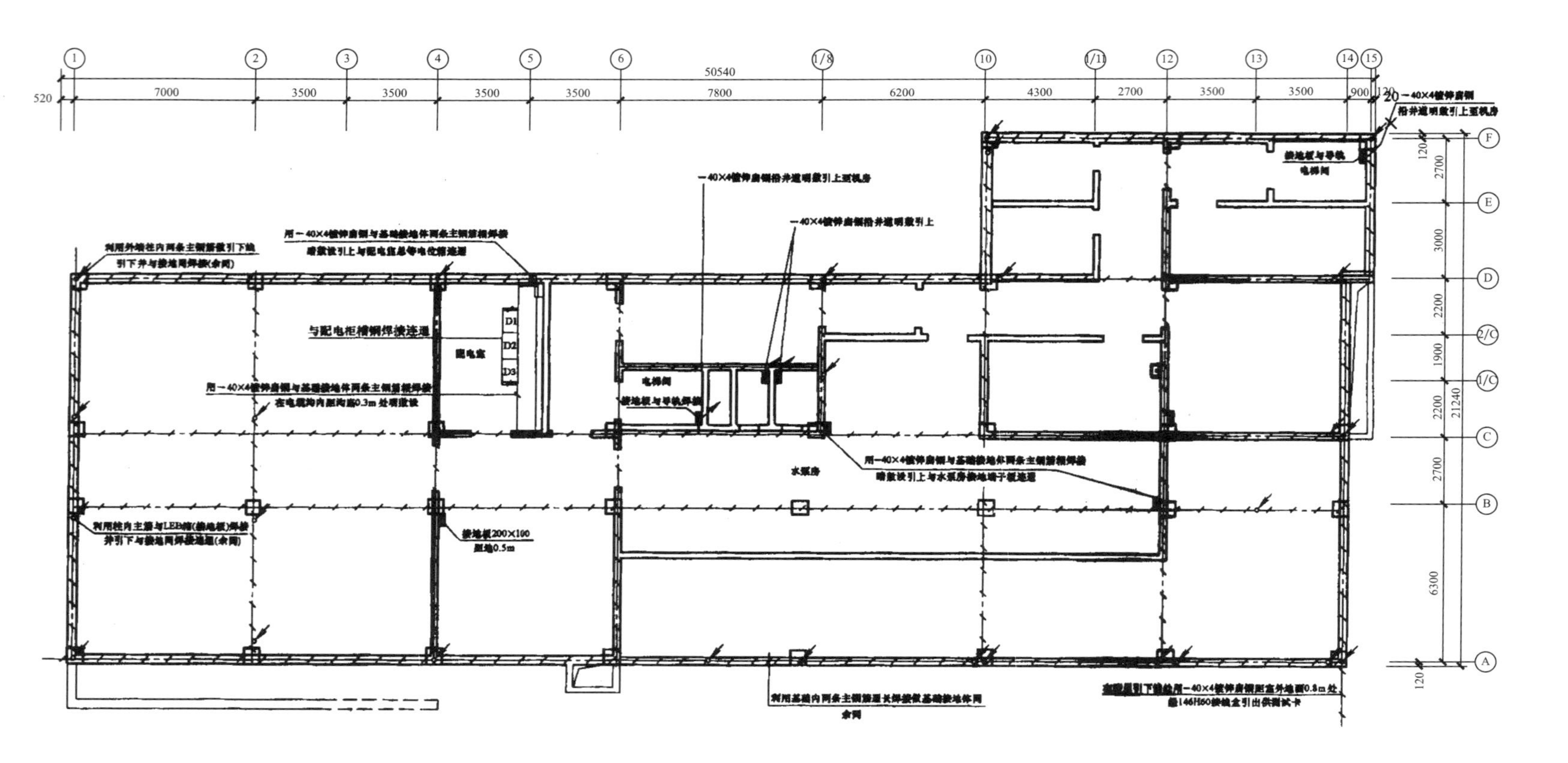

图11-21 某医院大楼接地平面图

从图中可以看出，建筑物内接地板共 8 处，接地板与接地网焊接连通；接地板的尺寸为 200mm×100mm，距地 500mm 敷设。在电梯间接地板与导轨焊接，明敷－40×4 镀锌扁钢沿井道引上至机房；电气竖井内明敷－40×4 镀锌扁钢沿井道引上；泵房内暗敷－40×4 镀锌扁钢引上与水泵房接地端子板连通。配电室的电缆沟内距沟底 300mm 明敷－40×4 镀锌扁钢与接地网连通，配电柜槽钢与接地网焊接连通。所有外墙引下线在室外地面下 800mm 处引出一根－40×4 镀锌扁钢，扁钢伸出室外，距外墙皮的距离不小于 1m，经 146H60 接线盒接测试卡子。

三、照明工程施工图识读

本建筑防雷按三类防雷建筑物考虑，用 $\phi10$ 镀锌圆钢在屋顶周边设置避雷网（图 11-22），每隔 1m 设计移出支持卡子。

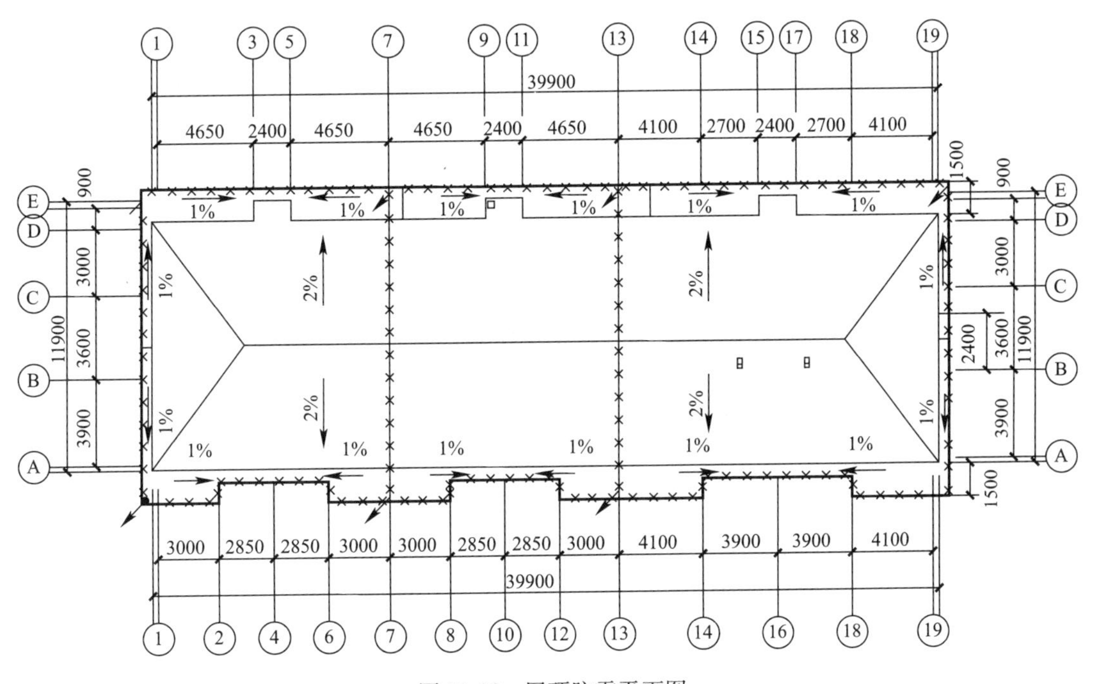

图 11-22　屋顶防雷平面图

利用构造柱内主筋作为防雷引下线，共分八处分别引下，要求作为引下线的构造柱主筋自下而上通长焊接，上面避雷网、下面与基础钢筋连接，施工中注意与土建密切配合。

在建筑物四角设接地测试点板，接地电阻小于 10Ω，若不满足应另设人工接地体。

所有突出屋面的金属管道及构件均应与避雷网可靠连接。

图 11-23 为总等电位连接平面图，由于整个连接体都与作为接地体的基础钢筋网相连，可以满足重复接地的要求，故没有另做重复接地。大部分做法采用标准图集，图中给出了标准图集的名称和页数。

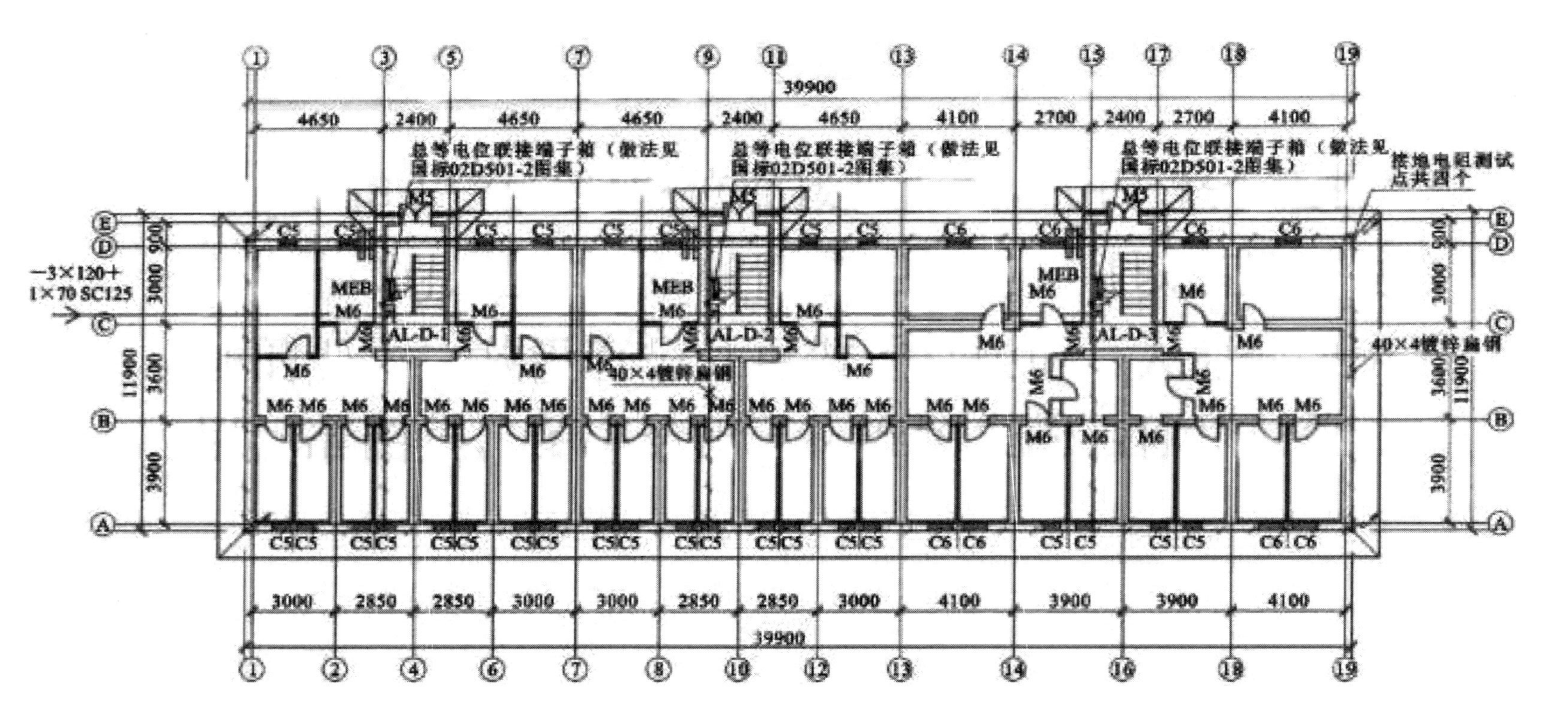

图 11-23　干线及总等电位接地平面图

第五节　建筑弱电电气施工图

一、弱电系统概况

1. 弱电系统概述

强电（电力）和弱电（信息）两者之间既有联系又有区别，一般来说强电的处理对象是能源（电力），其特点是电压高、电流大、功率大、频率低，主要考虑的问题是减少损耗、提高效率，弱电的处理对象主要是信息，即信息的传送和控制，其特点是电压低、电流小、功率小、频率高，主要考虑的是信息传送的效果问题，如信息传送的保真度、速度、广度、可靠性。

当前，住宅建筑逐渐实现了智能化管理，弱电工程在住宅建筑电气施工中的比例逐渐上升。火灾自动报警和灭火系统、防盗安保报警系统、有线电视系统、电话通信系统等弱电工程，已经成为满足人们居住环境需要必备的保障系统。

（1）火灾消防自动报警系统。火灾自动报警系统一般都采用24V左右的电压为工作电压，故称为弱电工程，但自动灭火装置中一般仍为强电控制。消防自动报警系统自动监测住宅内的火灾迹象，并自动发出火灾报警和执行某些消防措施。每户住宅所涉及的消防报警系统主要由住宅室内火灾探测器、报警控制按钮部分组成，联动控制、自动灭火装置等则作为住宅消防系统整体集中控制。

家庭住宅中较常见的是可燃气体探测器和烟感火灾探测器两种。可燃气体探测器是通过可燃气体敏感元件检测出可燃气体（燃气管道漏气）的浓度，当达到给定值时，就能发出报警信号。烟感火灾探测器是通过烟雾敏感元件检测烟雾，并发出报警信号的装置。常用的有离子感烟式和光电感烟式。烟雾报警器线路图如图11-24所示。

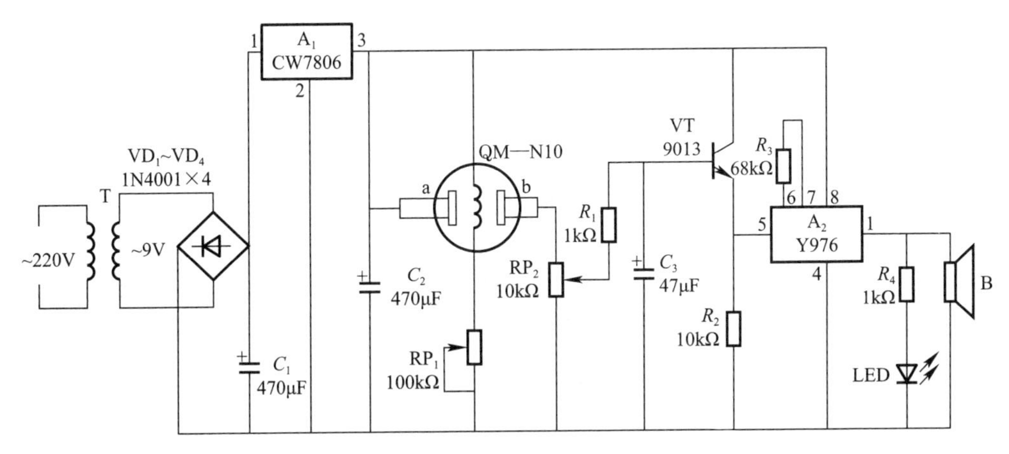

图11-24　烟雾报警器线路图

（2）有线电视系统。有线电视系统又称共用天线电视系统，是通过同轴电缆连接多台电视机，共用一套电视信号接收装置、前端装置和传输分配线路的有线电视网络。

有线电视系统工程图是有线电视配管、预埋、穿线、设备安装的主要依据，有系统图、有线电视设备平面图、设备安装详图等。除系统图外，其他图样绘制方法与照明电气工程图基本相同。共用天线电视系统图与照明电气系统图不同，识读时要熟悉规定的图形符号。同时住宅装修中一般都是接触电视接收终端的插座接线盒，不会对施工有较大的影响。

（3）防盗安保系统。防盗安保系统是住宅安全保障重要的监控设施之一，包括防盗报警器系统、电子门禁系统、对讲安全系统等内容。其设备主要有防盗报警器、电子门锁、摄像机等。主要有防盗报警系统框图、防盗监视系统设备及线路平面图。

（4）电话通信系统。电话通信系统工程主要包括电话通信、电话传真、电传、电脑联网等设备的安装。常用的施工图有电话配线系统框图、电话配线平面图、电话设备平面图等。

2. 弱电系统施工图

弱电系统工程虽然涉及火灾消防自动报警、有线电视、防盗安保、电话通信等多种系统，但工程图样的绘制除了图例符号有所区别以外，画法基本相同。主要有弱电系统平面图、弱电系统图和安装详图等几种。弱电系统平面图与照明电气平面图相似，主要是用来表示各种装置、设备元器件和线路平面位置的图样。弱电系统图则是用来表示弱电系统中各种设备和元器件的组成、元器件之间相互连接关系的图样，对指导安装和系统调试有重要的作用。

（1）弱电系统。平面图弱电系统平面图比照明电气平面图复杂，是指导弱电设备布置安装、信号传输线路敷设的依据。主要表达各种弱电设备、装置、元器件和传输线路的位置关系，一般情况下施工中应首先识读弱电系统平面图，了解和掌握各种系统的概况。住宅弱电系统平面图如图 11-25 所示。

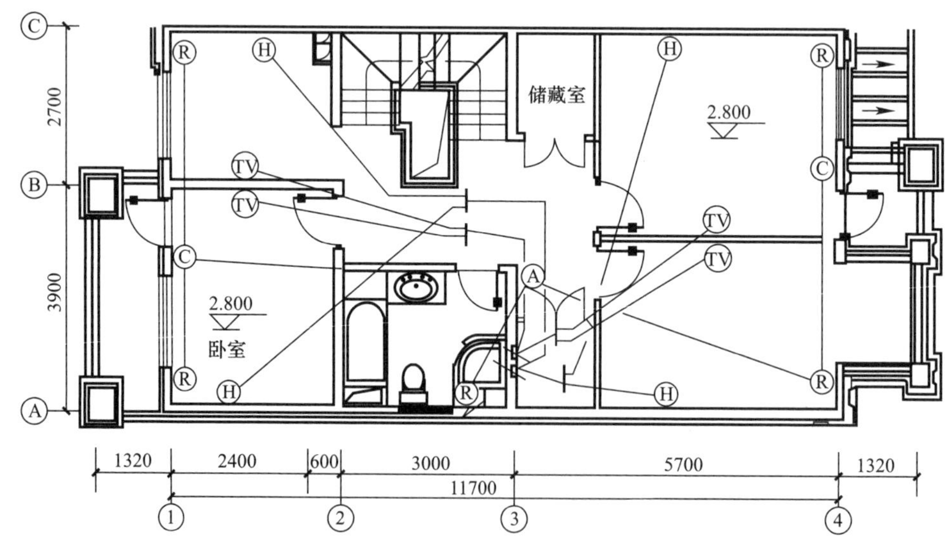

图 11-25　住宅弱电系统平面图

（2）弱电系统图和弱电装置原理框图。住宅建筑的弱电工程中还有弱电系统图和弱电装置原理框图等。弱电系统图是表示弱电系统中设备和元件的组成、元件和器件之间相互的连接关系，用于指导弱电系统整体安装施工。弱电装置原理框图则是说明弱电设备的功能、作用、原理的图样，主要用于系统调试。一般弱电系统工程的系统调试主要由专业施工队负责，住宅装修施工中很少直接接触，所以只要了解各分项工程简单的系统图就可以了。住宅建筑常见弱电系统图如图 11-26 所示。

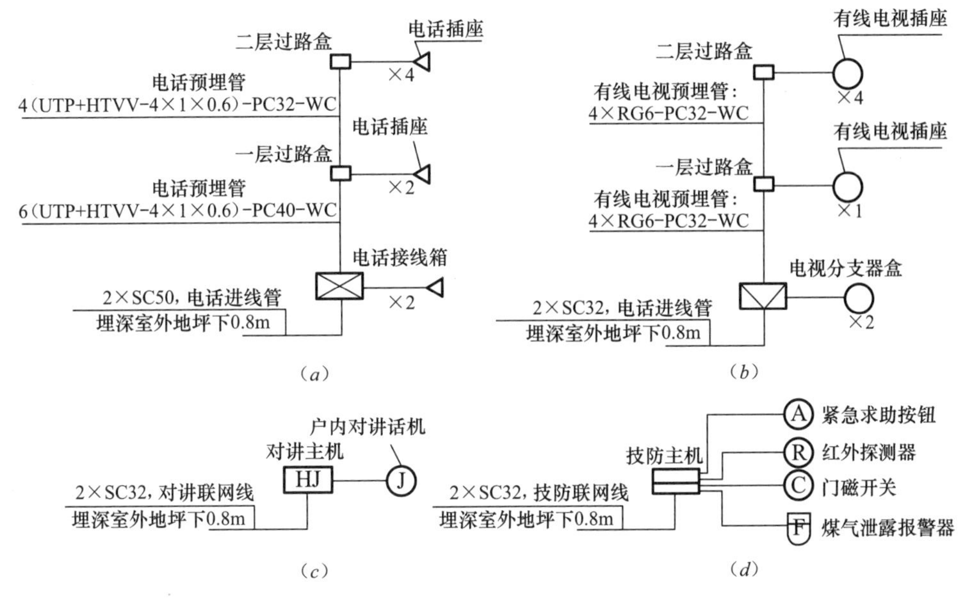

图 11-26　住宅建筑常见弱电系统图

(a) 电话系统图；(b) 电视系统图；(c) 可视对讲系统图；(d) 安全技防系统图

(3) 弱电系统电子设备施工图。电子设备电路安装图属于住宅装修电气安装施工中弱电部分，主要是表达各种家用电器设备、电子装置和电子产品的电子元器件的组成、工作线路及工作原理等安装图样。主要有电路原理图、元器件安装图和框图等三种。框图在住宅室内装修施工中很少接触，因此本书不作介绍。

1) 电路原理图。电路原理图是表示各种电子装置、系统工作原理的图样。在这种图上用图例符号按工作顺序排列各种电子元器件，并表示出各个元器件和电路的连接关系，如图 11-27 所示。有了这种电路图，就可以研究电路的来龙去脉，了解工作电流怎样在元器件和导线里流动，从而分析各种电子装置、设备产品的工作原理，用来指导电子设备和器件的安装、调试与维修。

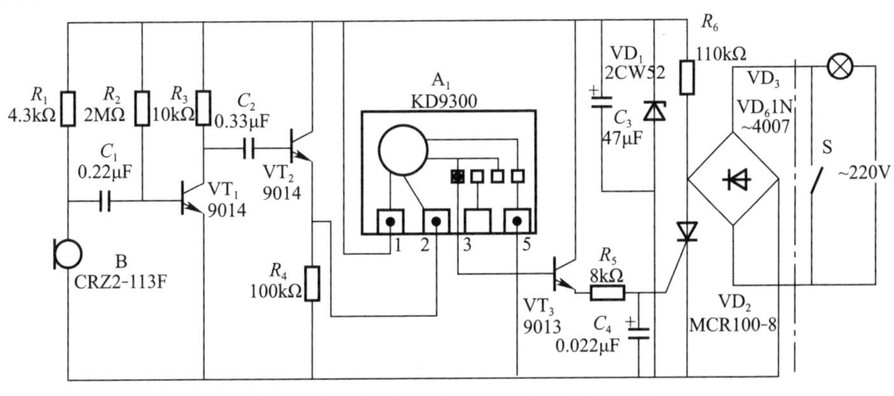

图 11-27　声控式延迟照明灯电路原理图

图 11-27 是现在住宅中常见的一种声控式延迟照明灯电路原理图。每当人们进入室内通道，随着走路的脚步声或拍手掌声，电灯就会自动点亮，延迟一段时间后电灯则会自动熄灭，从而给人们的生活带来不少方便。

其电路原理是：声控式延迟照明灯电路图中点画线右侧为普通开关照明电路，S 为电灯开关；点画线左侧为声控延迟电路。当开关 S 合上时，电灯就亮，延迟电路不起作用；S 断开时，声控式延迟电路即开始工作，一旦接收到声响，电灯即可点亮发光，约 20s 后电灯会自行熄灭。再次收到声响，电灯仍可再次被点亮。

2）元器件安装图，又称布线图，有实体图和线路板安装图两种形式。电路原理图只说明电路的工作原理，看不出各种元件的实际形状、位置和连接方式。而有了安装图，我们就能很方便地知道各种元器件的位置。安装图一般很接近于实际安装和接线情况。

通常安装图采用印制电路板作为底图，在图上用图例、符号画出每个元器件在印制板的什么位置，焊在哪些接线孔上，表示出各个元器件和电路的连接情况，每个元器件旁还注明元器件的型号、数值。如图 11-28 就很清楚地表明了上述声控延迟照明灯的印制板上边的元器件排列和线路板上的接线情况。

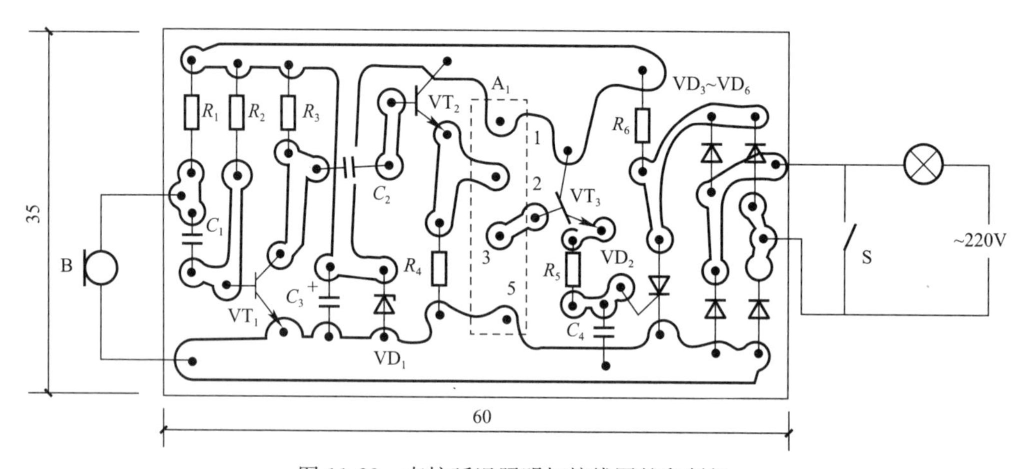

图 11-28 声控延迟照明灯接线图的印制板

二、电视、电话的电路图识读示例一

图 11-29 为电视、电话的系统图及平面图，从图中可以看出，电话及有线电视均采用电缆埋地引入后在地下层明敷再穿管引至各单元的电话组线箱和电视分配器箱。而电视及电话设备的安装一般由电视台及电讯部门的专业人员来完成。从平面图可看出在楼梯间设了主线箱及分配器箱，客厅和主卧各设一个电视插座，电话系统采用传统布线方式，每户考虑两对线。

图 11-30 为标准层弱电平面图

三、照明熄灯装置的电路图识读

在现代家庭装饰装修中，照明装置中经常采用的一种调光装置。即住宅照明灯在电源开关断开后，灯光不是立即消失，而是在 1～2min 内逐渐变暗后熄灭，它给人们带来很大的方便，这种电气产品是典型的强电与弱电结合的照明装置，如图 11-31 所示。

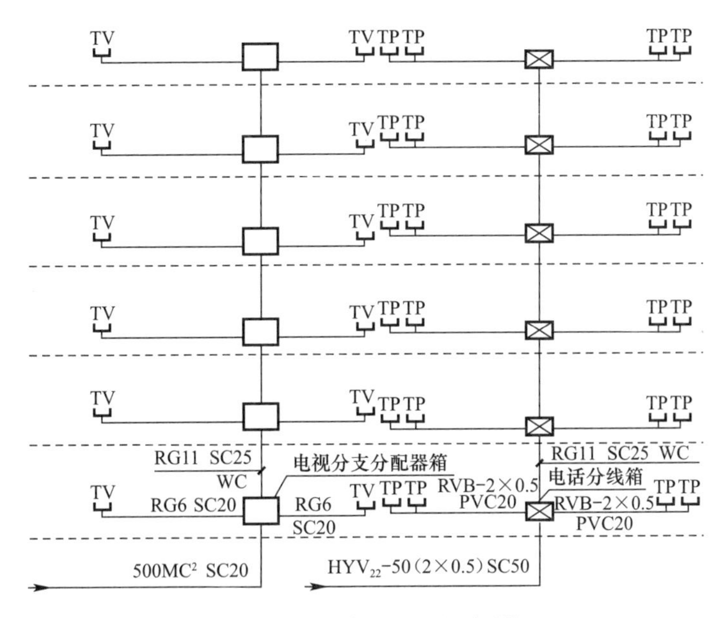

图 11-29　有线电视、电话系统

从电路图中我们可以看到整个线路是由一盏 15～100W 普通的白炽灯、1 只开关、1 只二极管（2CP17）、4 只整流二极管（2CZ11C）、1 只晶闸管（3CT11A-400V）、1 只电容（450V-20μF）、1 只电位器和 2 只固定电阻所组成的。

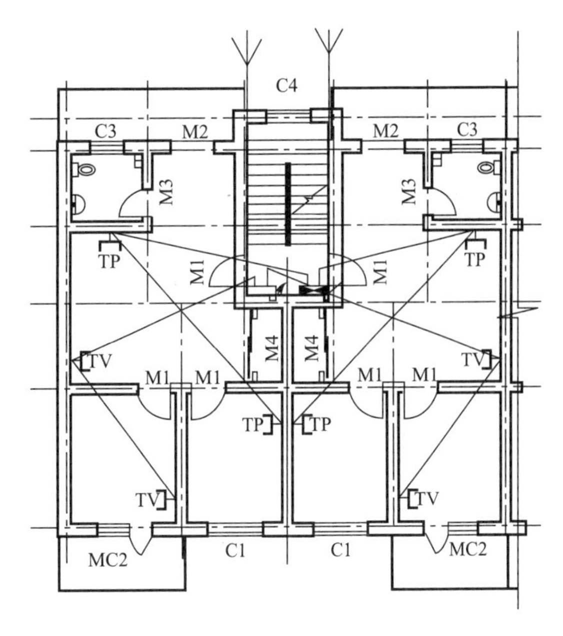

图 11-30　标准层弱电平面

其电路原理是，当开关闭合时，照明灯可以像平时一样被接通，这时该装置的接线端子虽然与开关的两个接线端相连，但根本就不工作。只有当开关被断开后，交流电压才能被二极管 VD_3～VD_6 整流，加到晶闸管 SCR 的阳极与阴极上。同时，电源正极通过 C、R_1、RP_1 和 VD，为晶闸管控制极提供一个触发电流，使 SCR 导通。而电容 C 则充电，充电过程使 SCR 保持导通，直到充足电为止。电阻 R_1 和电位器 RP_1 的作用是限制起始充电电流；电阻 R_2 与 C 并联，能够使开关闭合期间将电容内的电荷放掉，这样才能保证电容 C 两端的初始电压为零，使该装置延长的时间相同。

四、火灾自动报警系统工程图识读

图 11-32～图 11-34 为某酒店火灾自动报警与联动系统工程图。

1. 系统图分析

该系统消防报警中心设在 1 层，设备包括报警控制器、消防电话、消防广播及电源。

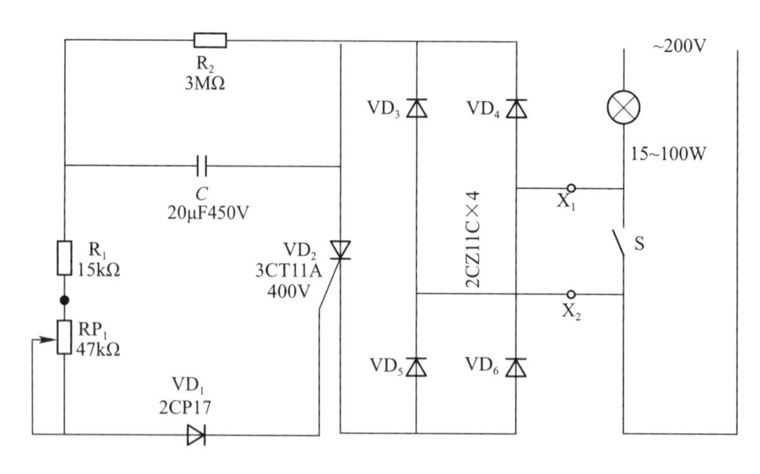

图 11-31　渐暗熄照明灯装置电路图

（1）配线标注情况。其报警总线 FS 标注为 RVS—2×1.0 GC15CEC/WC。消防电话线 FF 标注为 BVR—2×0.5 GC15FC/WC。火灾报警控制器的右手面也有 5 个回路标注，依次为 C，FP，FC1，FC2，S，对应图的下面依次说明：C 为 RS—485 通信总线 RVS—2×1.0GC15WC/FC/CEC；FP 为 24VDC 主机电源总线 BV—2×4 GC15WC/FC/CEC；FC1 为联动控制总线 BV—2×1.0 GC15WC/FC/CEC；FC2 为多线联动控制线 BV—1.5GC20WC/FC/CEC；S 为消防广播线 BV—2×1.5 GC15WC/CEC。这些标注比较详细，较好理解。

在火灾报警与消防联动系统中，最难懂的是多线联动控制线。消防联动主要就是指多线联动控制线，而这部分的设备是跨专业的，如消防水泵、喷淋泵的起动；防烟设备的关闭与排烟设备的打开；工作电梯轿厢下降到底层后停止运行，消防电梯投入运行等。需要联动的设备的数量在火灾报警与消防联动的平面图上是不表示的，只有在动力平面图中才能表示出来。

（2）接线端子箱每层楼一台，包括短路隔离器。

（3）火灾显示盘 AR 每层楼一台，总线形式与报警控制器相连。

消火栓箱报警按钮：在系统图中，纵向第 2 排图形符号为消火栓箱报警按钮，×3 代表地下层有 3 个消火栓箱，如图 11-34 所示。报警按钮的编号为 SF01、SF02、SF03。消火栓箱报警按钮的连接线为 4 根线，之所以是 4 线，因为消火栓箱内还有水泵起动指示灯，而指示灯的电压为直流 24V 的安全电压，因此形成了两个回路，每个回路仍然是两线。线的标注是 WDC，去直接起动泵。同时，每个消火栓箱报警按钮也与报警总线相接。

（4）火灾报警按钮。火灾报警按钮的编号为 SB01，SB02，SB03。同时火灾报警按钮也与消防电话线 FF 连接，每个火灾报警按钮板上都设置有电话插孔，插上消防电话就可以使用，其 8 层纵向第 1 个图形符号就是电话符号。

（5）水流指示器纵向第 4 排图形符号是水流指示器 FW，每层楼一个。

（6）感温火灾探测器编码为 ST012 的母座带有 3 个子座，分别编码为 ST012—1、ST012—2、ST012—3，此 4 个探测器只有一个地址码，三～七层没有设置感温探测器，其他每层楼数目不同，共 59 个。

（7）感烟火灾探测器每层楼均设置，其数目不同。

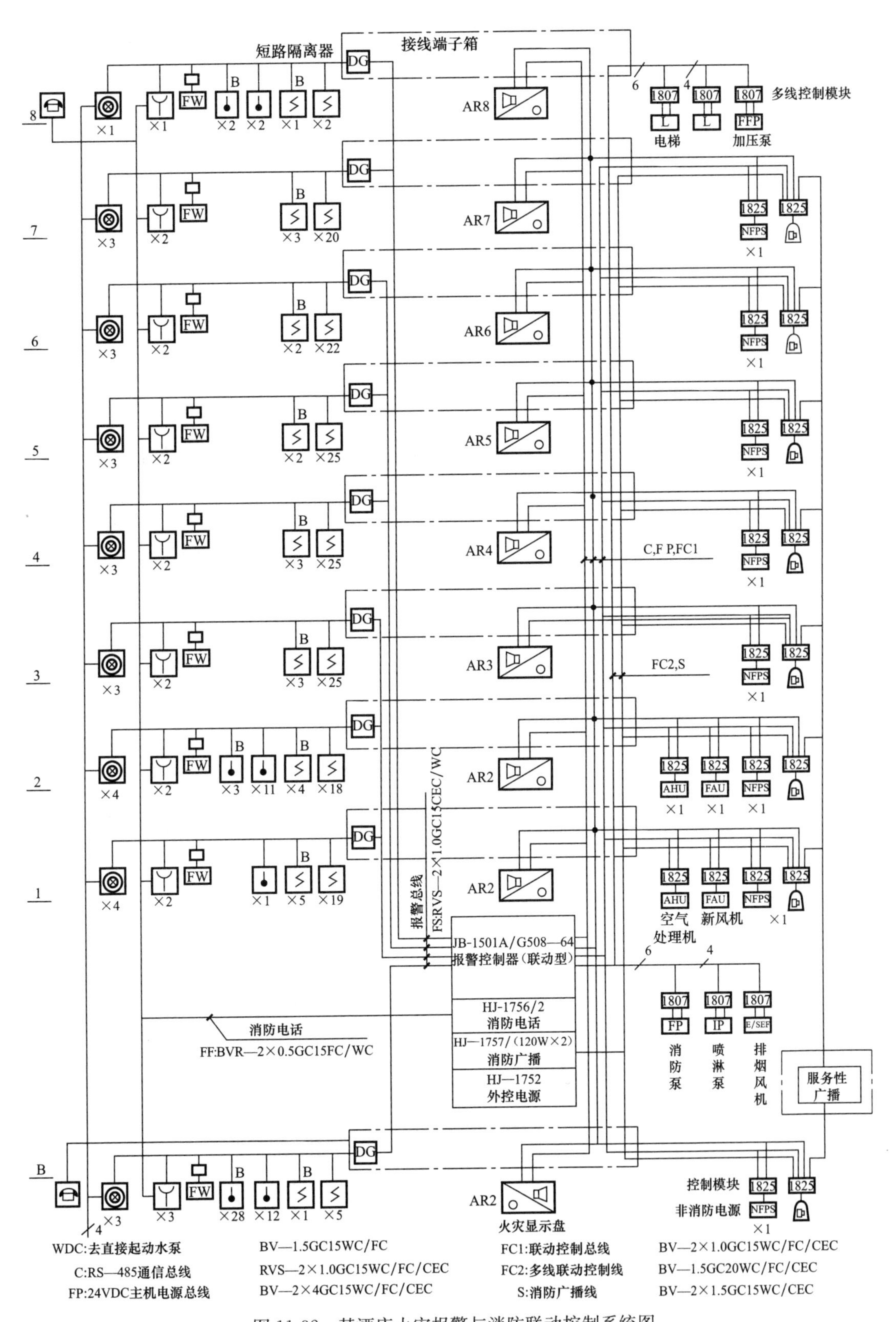

图 11-32　某酒店火灾报警与消防联动控制系统图

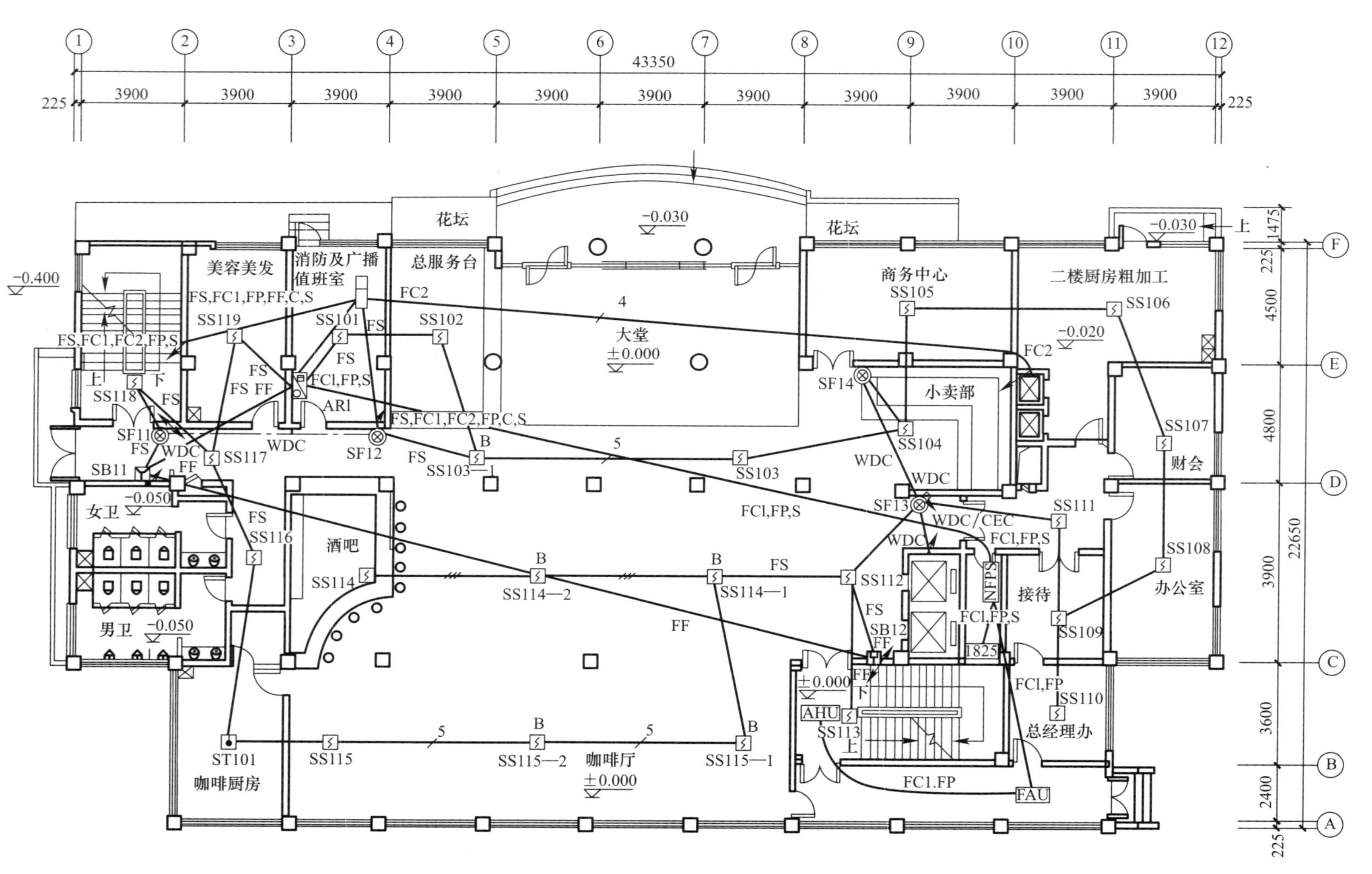

图11-33 某酒店一层火灾报警与联动控制平面图

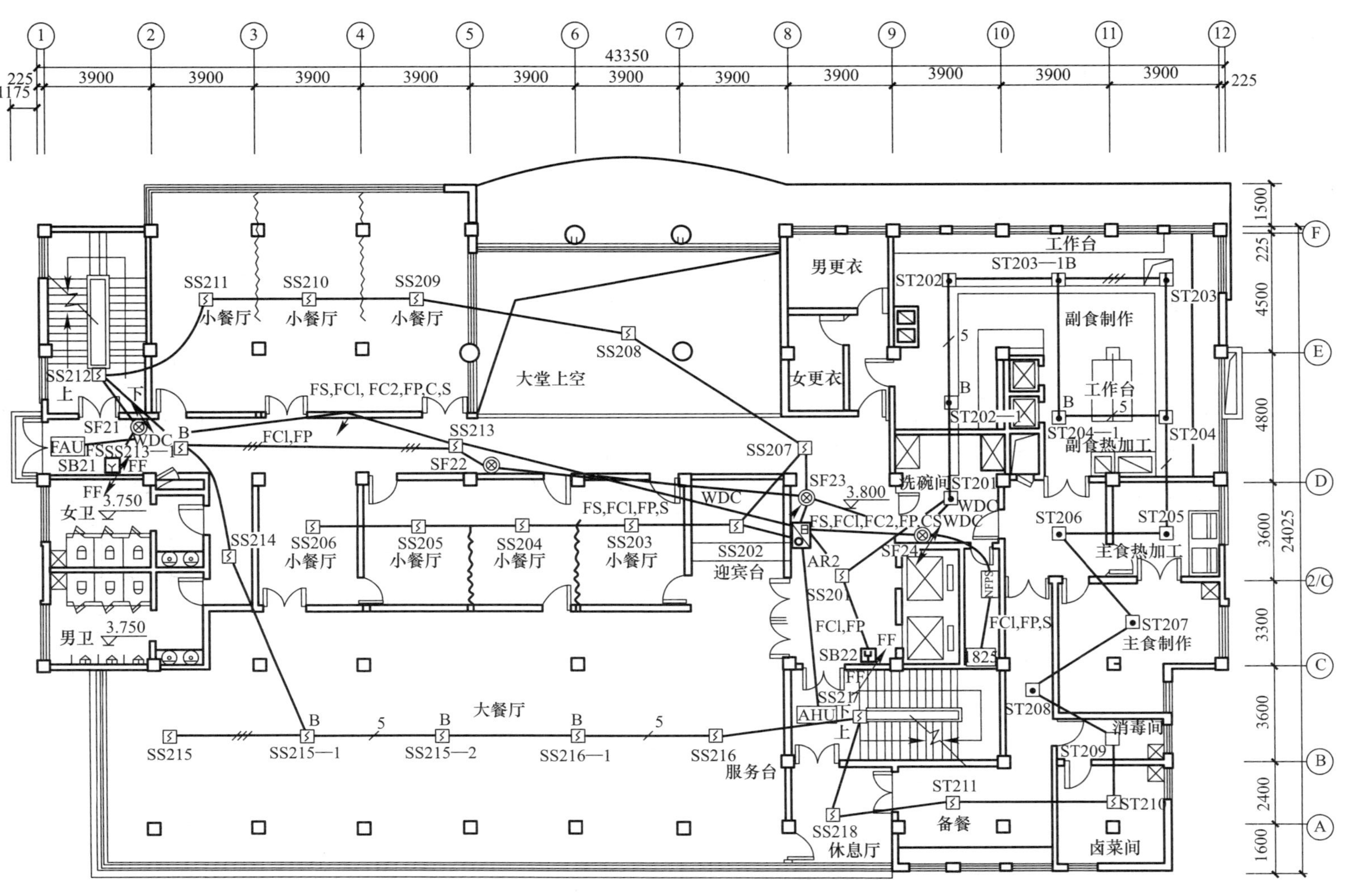

图11-34　某酒店二层火灾报警与联动控制平面图

系统图的右面基本上是联动设备，而 1807 与 1825 是控制模块，该控制模块是将报警控制器送出的控制信号放大，再控制需要动作的消防设备。

2. 平面图分析

识读平面图时，要从消防报警中心开始。消防报警中心在一层，将其与本层及上、下层之间的连接导线走向关系搞清楚，就容易理解工程情况。从系统图已知连接导线按功能分共有 8 种，即 FS、FF、FC1、FC2、FP、C、S 和 WDC，其中来自消防报警中心的报警总线 FS 必须先进各楼层的接线端子箱（火灾显示盘 AR）后，再向其编址单元配线；消防电话线 FF 只与火灾报警按钮有连接关系；联动控制总线 FC1 只与控制模块 1825 所控制的设备有连接关系；联动控制线 FC2 只与控制模块 1807 所控制的设备有连接关系；通信总线 C 只与火灾显示盘 AR 有连接关系；主机电源总线 FP 与火灾显示盘 AR 和控制模块 1825 所控制的设备有连接关系；消防广播线 S 只与控制模块 1825 中的扬声器有连接关系。而控制线 WDC 只与消火栓箱报警按钮有连接关系，再配到消防泵，与消防报警中心无关系。

从图 11-33 的消防报警中心可知，在控制柜的图形符号中共有 4 条线路向外配线，为了分析方便，将其编成 N1、N2、N3、N4：N1 配向②轴线（为了简化分析，只说明在较近的横向轴线，不考虑纵向轴线，读者可以在对应的横轴线附近找），有 FS、FC1、FC2、FPC、S 共 6 种功能导线，再向地下层配线；N2 配向③轴线，本层接线端子箱（火灾显示盘 AR1），再向外配线，通过全面分析可以知道有 6 种功能线 FS、FC1、FP、S、FF、C；N3 配向④轴线，再向二层配线，同样有 6 种功能线；N4 配向⑩轴线，再向地下层配线，只有 FC2 一种功能的导线（4 根线）。这 4 条线路都可以沿地面暗敷设。N2 线路：即控制柜到火灾显示盘 AR1，从 AR1 共有 4 条线路向外配线，图中可看出由两条 FS、FF、FC1、FP、S、C6 种功能线；FS 连接感温探测器与感烟探测器，FF 连接手动报警按钮，再向地下层配线，其他功能线包括电源总线、联动控制总线及消防电话线配向电梯井隔壁房间的控制模块。其他线路分析如上述相同。

五、煤气泄漏报警器的电路图识读

从图 11-35 可知，煤气泄露报警器电路由电源电路、气敏探测电路、音响报警电路等几部分组成。其主要元器件有：RQ、A_1、A_2、A_3 和 YD、LED 等几个。RQ 为 QM-N5

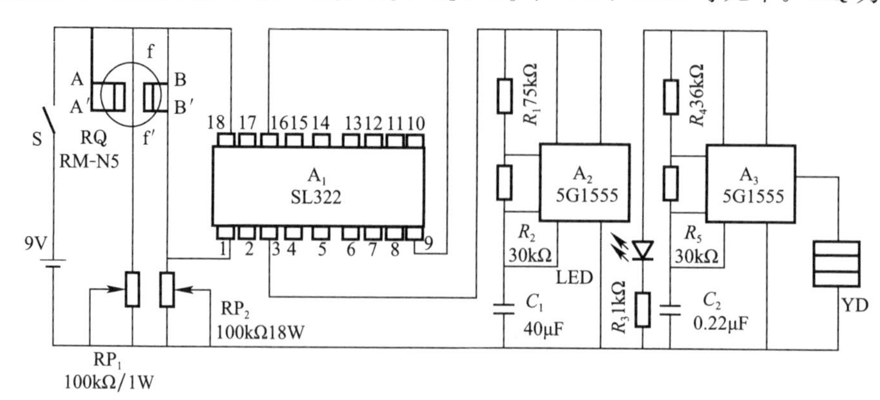

图 11-35　煤气泄露报警器线路图

型气敏元件，它是用金属氧化物半导体材料制成的“气—电”能换器件。A_1 为 SL322 型发光显示电平指示驱动器。A_2、A_3 为 5G1555 集成电路。YD、LED 分别是压电陶瓷蜂鸣片和发光二极管。其余的为各种阻容元件和电源。

煤气泄露报警器的工作原理为，9V 直流电源经电位器 RP_1 限流，为 RQ 的丝极 f—f′提供触发电流，将 A—A′、B—B′极预热，在清净的空气中此时两极间（A—A′、B—B′）电阻较大，其输出端 B—B′对地电压较低，气敏元件无信号输出。

当气敏元件 QM 感受到一定浓度的有害气体时，在气敏元件表面立即会发生化学吸附，其内部的导电率将急剧增高而呈现低阻抗，使 B—B′端对地电位上升，就这样产生了“气—电”信号。当“气—电”信号电压进一步升高时，A_1 的③脚立即由低电位变为高电位，A_2、A_3 则相继获得工作电流。这时作为指示灯的发光二极管 LED 就会一闪一闪地发光，压电陶瓷蜂鸣片 YD 也会发出“嘀嘀”的报警声。

六、电子防盗报警的电路图识读

防盗报警系统工程图主要有防盗报警系统框图、防盗报警系统设备及线路平面图。平面图用于设备的安装和线路的敷设，系统框图用于分析了解系统工作概况。

图 11-36 与图 11-37 为某汽车服务中心防盗报警系统，表 11-4 为该系统的材料清单。

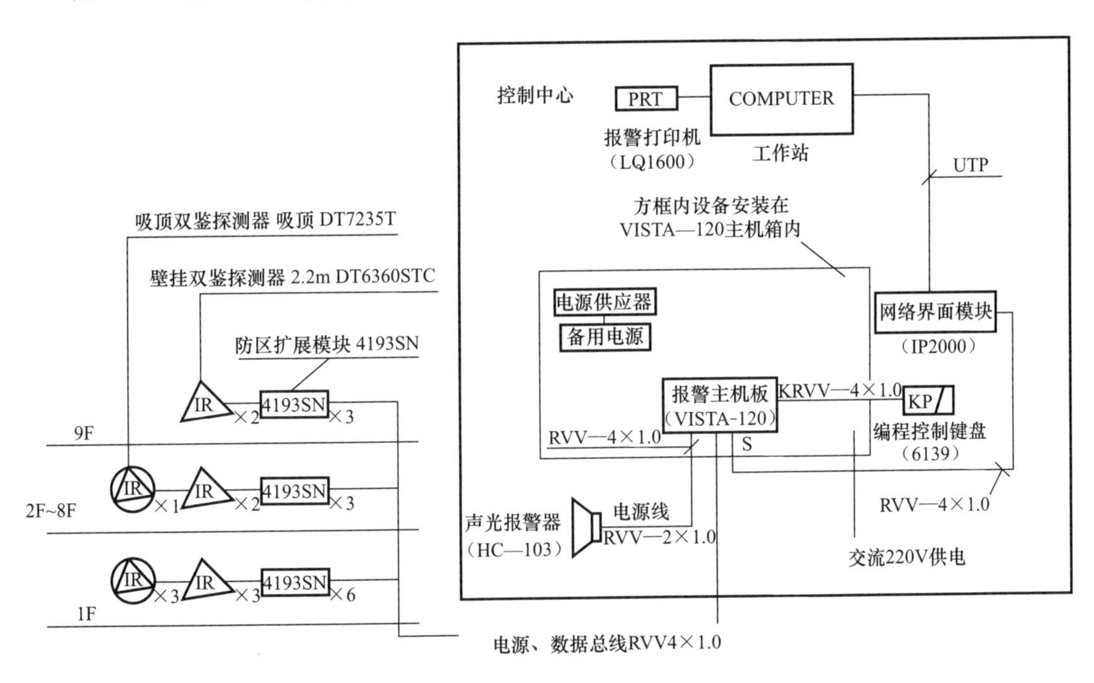

图 11-36　某汽车服务中心防盗报警系统图

防盗报警系统施工图样的有关说明：

（1）本系统控制主机设于 1 层监控中心内。该系统中共有 29 个双鉴探测器。每个探测器的信号线缆为 RVV 4×1.0mm^2。

（2）楼内有吊顶的区域，探测器采用吸顶安装方式；楼梯闽或其他没有吊顶的区域，探测器采用壁装方式，壁装高度应不低于 2.2m。

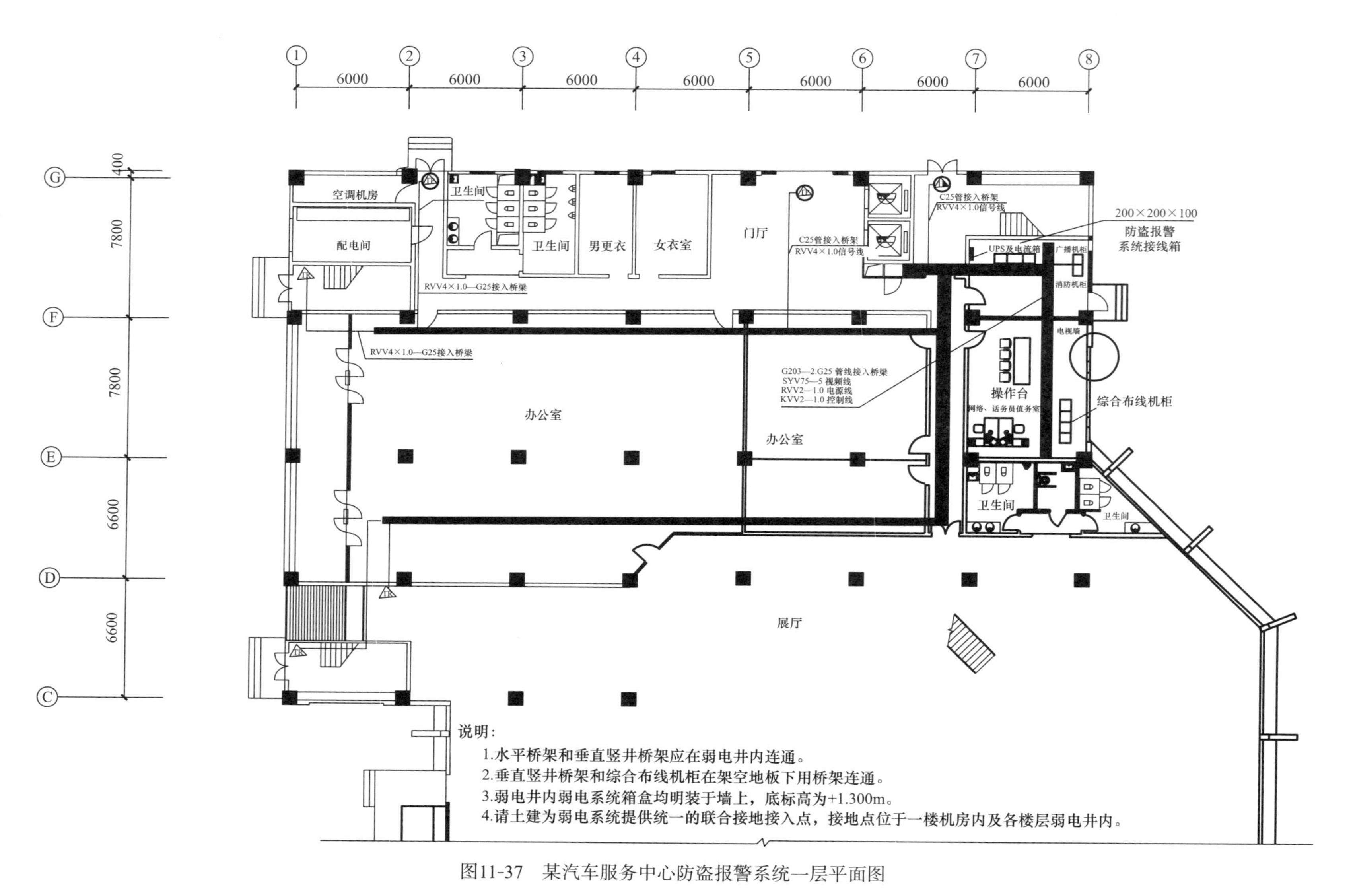

说明：

1.水平桥架和垂直竖井桥架应在弱电井内连通。

2.垂直竖井桥架和综合布线机柜在架空地板下用桥架连通。

3.弱电井内弱电系统箱盒均明装于墙上，底标高为+1.300m。

4.请土建为弱电系统提供统一的联合接地接入点，接地点位于一楼机房内及各楼层弱电井内。

图11-37　某汽车服务中心防盗报警系统一层平面图

防盗报警系统材料清单　　表 11-4

序号	名称	型号及规格	单位	数量
1	报警主机	VISTA—120	台	1
2	编程控制键盘	6139	台	1
3	总线延伸模块	4297	块	1
4	网络接口模块	IP2000	块	1
5	声光报警器	HC—103	只	1
6	报警打印机	LQ16000	台	1
7	防区扩展模块	4193SN	块	29
8	吸顶双鉴探测器	DT6360STC	只	10
9	壁挂双鉴探测器	DT7235T	只	19
10	电源箱	配套	套	1
11	信号线	PVV 4×1.0	米	1000
12	金属软管	G20	米	150
13	镀锌钢管	G25	米	450

(3) 弱电机房内的主机等设备由 UPS 配电箱或插座提供电源，所有探测器利用机房内的探测器供电器集中供电（12V DC）。

图 11-36 为防盗报警系统图，该图右侧为系统控制中心，包括工作站、报警打印机、电源供应器、报警主机、网络界面模块、编程控制键盘及声光报警器等设备组成，工作站与网络界面模块通过双绞线（UTP）连接，控制中心由交流 220V 供电，在图中既有设备的型号，又表示了各个设备的连接关系，并且表示了线缆的规格与型号。该图左侧表示建（构）筑物每层的设备、设备数量及线缆的规格型号，从图中可看出一层 3 个吸顶双鉴探测器、3 个壁挂双鉴探测器、6 个防区扩展模块；二层 1 个吸顶双鉴探测器、两个壁挂双鉴探测器、3 个防区扩展模块；一～九层共有 10 个吸顶双鉴探测器、19 个壁挂双鉴探测器、29 个防区扩展模块。控制中心与每层通过 4 根 RVV 1.0mm^2 导线相连。

图 11-37 为防盗报警系统一层平面图，监控中心在 F～G 与⑦～⑧轴线间，防盗报警接线箱尺寸为 200mm×200mm×100mm，本层共由 6 个探测器，①轴线 3 个，C 轴线 3 个，图中黑线部分为电缆桥架，探测器信号线一部分敷设在电缆桥架上，另一部分敷设在吊顶内，线缆采用 RVV 4×1.0mm^2 穿 G25 钢管敷设。

七、门禁系统工程图识读

门禁系统工程图通常包括设备安装图、系统图及平面图，在有些图中给出了系统详细的材料清单。识图顺序一般为先系统图，再平面图，然后设备安装图。系统图表示整个建（构）筑物的设备连接关系及设备组成；平面图表示每层设备的安装位置；安装图表示设备间详细的连接，相当于节点大样图；材料清单表示整个建筑的门禁系统所用的材料，为全面识图提供帮助。

图 11-38～图 11-40 分别为某汽车服务中心内门禁系统设备安装示意图、系统图及平

面图。表 11-5 为该门禁系统材料清单。

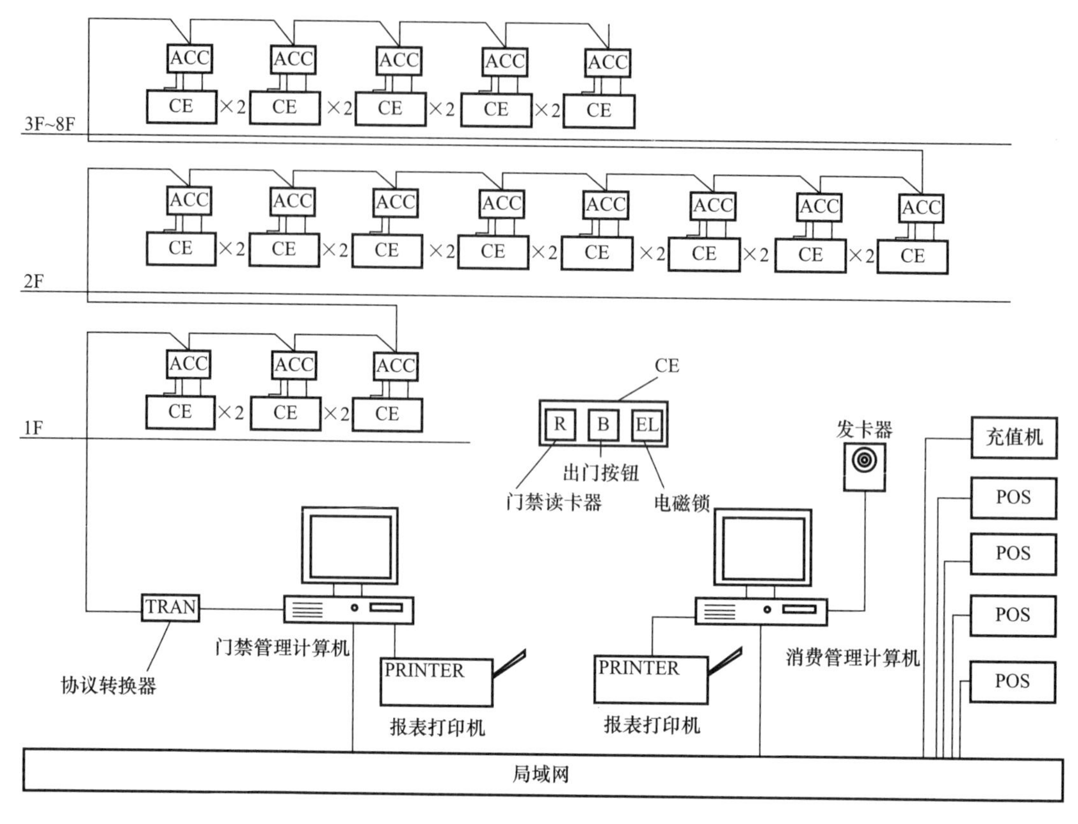

图 11-38 某汽车服务中心门禁系统图

门禁系统施工图样的有关说明：

1）所有现场门禁设备由大楼供配电系统考虑供电，大楼供配电系统提供的 220V 电源应直接入门禁设备自带的变压、整流装置，不可采用电源插座方式。

2）现场门禁控制器及其变压、整流设备应选择在楼层吊顶内为隐蔽安装。相关设备应固定在安装面上，防止掉落。

3）强电系统管线敷设时应按照国家及行业规范与弱电系统管线保持一定距离。

4）电磁锁安装由承包商配合安装，表面修复工作由承包商完成。

5）在现场门禁设备的安装位置旁应考虑设置检修孔。

6）门禁系统现场控制器、电磁锁、开关电源等设备，安装及管线预埋情况参考门禁系统安装示意图。

7）消费系统终端设备由大楼内 UPS 系统统一考虑供电，消费 POS 机、充值机摆放的桌子等设备由业主提供。

8）消费管理计算机暂考虑安装在 2 楼办公室。

9）门禁系统待消防系统报警模块位置确定后再考虑接入方式。

门禁系统图分析：从图 11-38 可以看出，门禁系统的管理由两台计算机、两部打印机、一个发卡器、一台充值机、四台 POS 机组成，整个系统通过局域网相连；一层 3 套

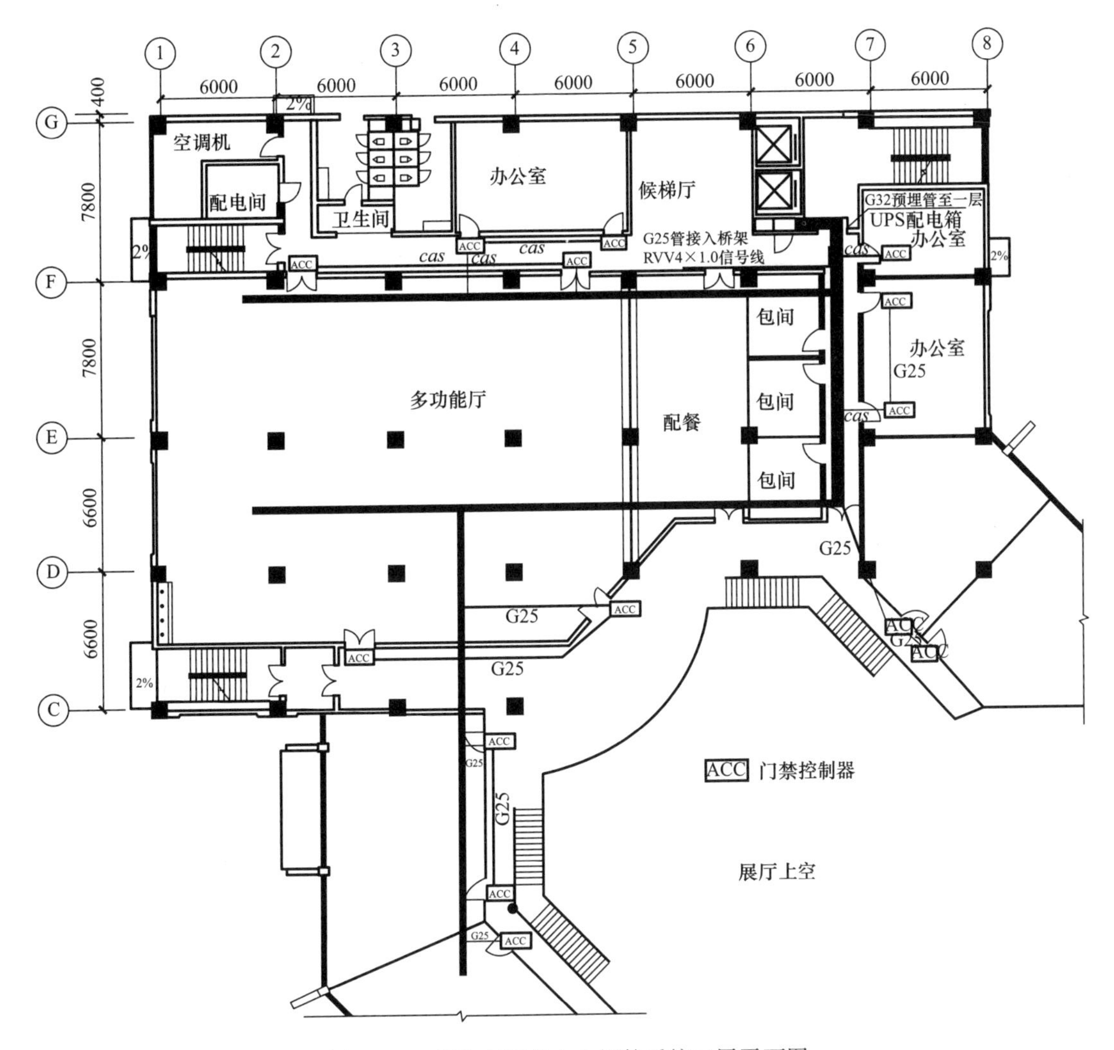

图 11-39 某汽车服务中心门禁系统二层平面图

门禁控制器、二层 8 套门禁控制器、三～八层各 5 套门禁控制器，整个系统共 41 套门禁控制器，门禁器之间首尾相连，每套门禁控制器包括门禁读卡器、出门按钮和电磁锁。在图中“×2”表示两个门禁器为一套。

门禁系统二层平面图分析：由图 11-39 可知，弱电竖井在电梯井旁边，门禁系统采用 RVV—4×1.0mm^2 线缆，穿 G25 钢管接入桥架内，桥架与门禁控制器之间及每个门禁控制器之间的线缆穿 G25 的钢管敷设，在本楼层共有 8 套门禁控制器。

门禁系统设备安装示意图分析：由图 11-40 可知，本系统门禁系统设备安装为双门门禁设备安装，从图中可看出，电磁锁安装在门的上方，线缆采用 2×RVVP—2×0.75mm^2，穿 G20 钢管与门禁控制器连接；门内侧安装紧急破碎按钮和出门按钮，门外侧安装读卡器，紧急破碎按钮、出门按钮和读卡器通过穿 G20 钢管的 UTP 与门禁控制器连接；门禁控制器与接线盒之间敷设 G32 钢管，穿 RVVP—2×0.75mm^2 线缆，门禁控制器接 220V 交流电源，由开关电源控制；开关电源与门禁控制器之间敷设 G20 钢管，电源与开关之间敷设 G28 钢管，电源线缆采用 RVVP—3×1.5mm^2。

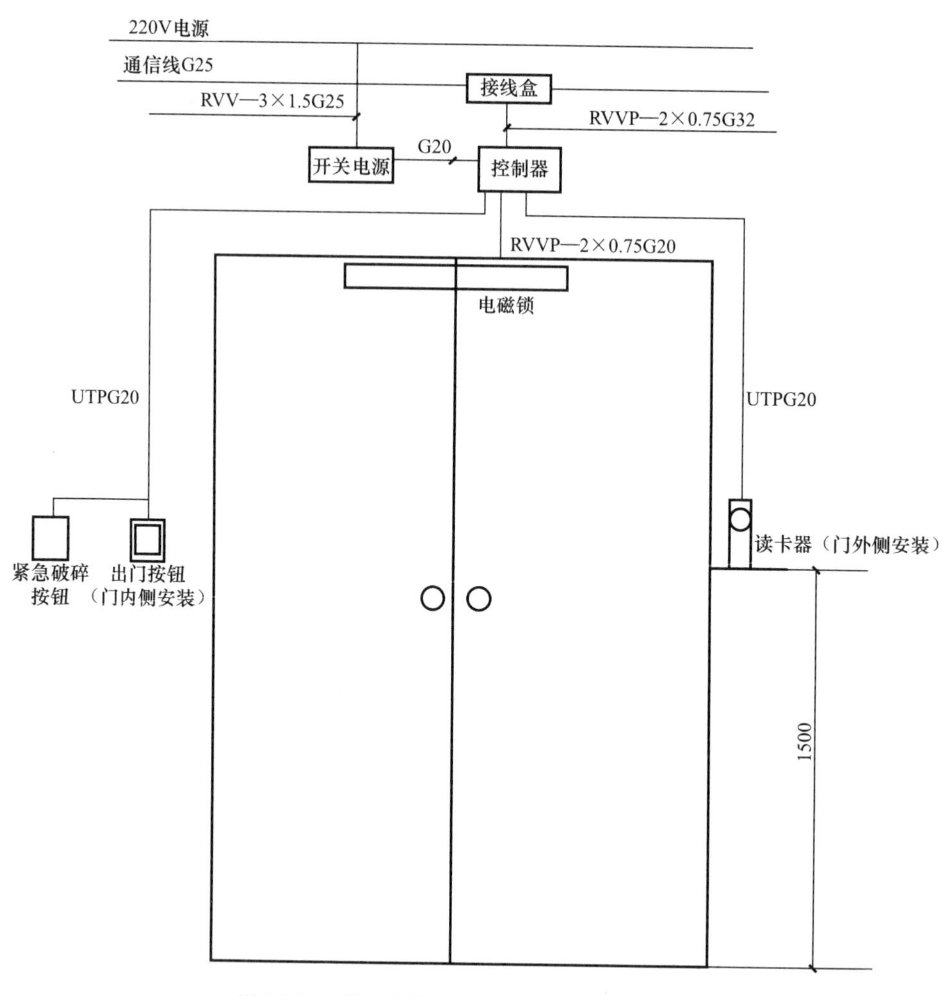

图 11-40　某汽车服务中心门禁设备安装示意图

门禁系统材料清单　　**表 11-5**

序号	名称	型号及规格	单位	数量
1	门禁管理计算机	GX280	台	2
2	门禁管理软件		套	1
3	报表打印机	STYLUS PHOTO R310	台	2
4	发卡器	DAC FK　IC	台	1
5	IC 卡	HIFARE I（S50）	张	500
6	485 协议转换卡	CP 1321	套	2
7	消费机	DAC SF-F1/C F1	台	5
8	充值机	DAC ZD　CZGM	台	1
9	手持消费 POS 机	DAC XF—SC	台	4
10	后备电源	MD 1000S（带 2 个电池）	台	1
11	中燃器	DAC TX　ZJ	台	1
12	门禁控制器	DAC MJ　K2	套	41
13	门禁读卡机	DAC GY　IC/C	台	80

续表

序号	名称	型号及规格	单位	数量
14	门禁控制器电源	DAC MJ　DY	套	41
15	单门磁力锁	600 LED	套	61
16	双门磁力锁	600D　LED	套	19
17	出门按钮	R86	个	80
18	紧急破碎按钮	702	个	80
19	信号线	UTP	m	7
20	信号线	RVVP—2×0.75	m	4500
21	电源线	RVVP—3×0.75	m	3800
22	镀锌钢管	G32	m	500
23	镀锌钢管	G25	m	500
24	镀锌钢管	G20	m	400
25	接线盒	86 型	个	140

练习题

练习 11-1：居室内的插座都有哪些类型？

练习 11-2：适合在楼梯间安装的灯都有哪些种类？

练习 11-3：居室适合采用什么开关（灯的开关）？

练习 11-4：电气工程图都有哪些？

练习 11-5：举例说明两室一厅的标准房间的电线应该如何铺设？

参考文献

［1］ 中华人民共和国国家标准．总图制图标准 GB/T 50103—2010［S］．北京：中国建筑工业出版社，2011.

［2］ 中华人民共和国国家标准．房屋建筑制图统一标准 GB/T 50001—2010［S］．北京：中国建筑工业出版社，2011.

［3］ 中华人民共和国国家标准．建筑制图标准 GB/T 50104—2010［S］．北京：中国建筑工业出版社，2011.

［4］ 中华人民共和国国家标准．建筑结构制图标准 GB/T 50105—2010［S］．北京：中国建筑工业出版社，2011.

［5］ 中华人民共和国国家标准．建筑给水排水制图标准 GB/T 50106—2010［S］．北京：中国建筑工业出版社，2011.

［6］ 中华人民共和国国家标准．暖通空调制图标准 GB/T 50114—2010［S］．北京：中国建筑工业出版社，2011.

［7］ 高竞．怎样识读建筑工程图［M］．北京：中国建筑工业出版社，1998.

［8］ 魏明．建筑构造与识图［M］．北京：机械工业出版社，2011.

［9］ 陈梅，郑敏华．建筑识图与房屋结构［M］．武汉：华中科技大学出版社，2010.

［10］ 刘仁传．建筑识图［M］．北京：中国劳动社会保障出版社，2012.